Informationsorientierte Prototypenplanung zur Effizienzsteigerung im Produktionsplanungsprozess

Information Oriented Prototype Planning for Efficiency Optimization in Production Planning Processes

Von der Fakultät für Maschinenwesen
der Rheinisch-Westfälischen Technischen Hochschule Aachen
zur Erlangung des akademischen Grades eines
Doktors der Ingenieurwissenschaften
genehmigte Dissertation

vorgelegt von

Max Kleine Büning

Berichter:

Univ.-Prof. Dr.-Ing. Dipl.-Wirt.-Ing. Achim Kampker, M. B. A.
Univ.-Prof. Dr.-Ing. Dipl.-Wirt.-Ing. Günther Schuh

Tag der mündlichen Prüfung: 20. Mai 2019

ERGEBNISSE AUS DER ELEKTROMOBILPRODUKTION

Max Kleine Büning

Informationsorientierte Prototypenplanung zur Effizienzsteigerung im Produktionsplanungsprozess

Herausgeber:
Prof. Dr.-Ing. Achim Kampker

Band 7

Bibliografische Information der Deutschen Nationalbibliothek
Die Deutsche Nationalbibliothek verzeichnet diese Publikation in der Deutschen Nationalbibliografie; detaillierte bibliografische Daten sind im Internet über https://portal.dnb.de abrufbar.

Max Kleine Büning:

Informationsorientierte Prototypenplanung zur Effizienzsteigerung im Produktionsplanungsprozess

1. Auflage, 2019

Gedruckt auf holz- und säurefreiem Papier, 100% chlorfrei gebleicht.

Apprimus Verlag, Aachen, 2019
Wissenschaftsverlag des Instituts für Industriekommunikation und Fachmedien
an der RWTH Aachen
Steinbachstr. 25, 52074 Aachen
Internet: www.apprimus-verlag.de, E-Mail: info@apprimus-verlag.de

Druck: KN Digital Printforce GmbH, Stuttgart

ISBN 978-3-86359-744-3

D 82 (Diss. RWTH Aachen University, 2019)

Vorwort und Danksagung

Die vorliegende Dissertation entstand während meiner Tätigkeit als wissenschaftlicher Mitarbeiter am Chair of Production Engineering of E-Mobility Components der Rheinisch-Westfälischen Technischen Hochschule (RWTH) Aachen.

Mein ausdrücklicher Dank gilt Herrn Professor Achim Kampker und Herrn Professor Günther Schuh. Das entgegengebrachte Vertrauen sowie die Möglichkeit, in dem geschaffenen praxisorientierten und herausfordernden Umfeld am Campus und weltweit zu arbeiten und zu forschen waren die wesentlichen Voraussetzungen für die Entstehung der vorliegenden Arbeit. Herrn Professor Manfred Christian Wirsum danke ich für die Übernahme des Prüfungskommissionsvorsitzes und Herrn Professor Stefan Pischinger danke ich für die Übernahme des Beisitzes.

Weiterhin bedanke ich mich vielmals bei Herrn Dr. Kai Kreisköther für die intensive Unterstützung in der Entstehung und Durchsicht der vorliegenden Arbeit sowie bei Herrn Dr. Christoph Deutskens für die stets vertrauensvolle Zusammenarbeit und Wertschätzung. Zudem bedanke ich mich besonders bei Herrn Dr. Carsten Nee für alle Türen, die er mir immer wieder öffnet.

Ohne den ausführlichen wissenschaftlichen Diskurs im Kollegenkreis und die gemeinsame Zeit am Lehrstuhl, in Aachens Kneipen und in Mexiko wäre die Erstellung dieser Arbeit deutlich trister gewesen. Ein großer Dank geht an Marius Schumacher, Ansgar Hollah, Dr. Hanno Voet, Saskia Wessel, Sarah Fluchs, Christoph Lienemann, Ruben Förstmann, Sebastian Kawollek, Benjamin Bride, Jan-Philipp Ganser, Dr. Nemanja Sarovic, Sebastian Bertram, Sören Bethlehem, Dr. Heiner Heimes, Dr. Andreas Maue, Dr. Sebastian Bohr, Daniel Mock und Peter Niesing. Ebenfalls bedanken möchte ich mich bei meinen studentischen Mitarbeitern und Abschlussarbeitern sowie den Mitgliedern der Gruppe Electric Powertrain.

Herzlich bedanken möchte ich mich zudem bei den Kellerkindern aus Ostbevern, die mir immer wieder zeigen was wirklich wichtig ist im Leben. Ebenso bedanke ich mich bei meinen Kommilitonen für die gemeinsamen intensiven Jahre in der Mathebib, welche den Grundstein für diese Arbeit gelegt haben. Besonders bedanke ich mich ebenfalls bei Hanna, Lina, Peter, Andrea, Jan, Frieda, Tilda und Theresa, die für mich ein unendlich wichtiges Stück Heimat sind.

Für die fortwährende Unterstützung, die geschenkte Ruhe und den wertvollen Ausgleich in den Bergen bedanke ich mich vielmals bei meiner Freundin Antonia. Ohne dich wäre diese Arbeit nicht möglich gewesen!

Mein herzlichster Dank gilt meinen Eltern Elisabeth und Aloys Kleine Büning für die bedingungslose Unterstützung auf meinem Lebens- und Bildungsweg. Sie vermittelten mir stets den notwendigen Rückhalt, eine realistische Perspektive auf das Wesentliche und einen gesunden Optimismus. Ihnen widme ich in großer Dankbarkeit diese Arbeit.

Max Kleine Büning

München im Mai 2019

Inhaltsübersicht

Zusammenfassung

Die Automobilindustrie sieht sich in der Produktionsplanung elektrischer Traktionsmotoren durch einen differenzierten und komplexen Lösungsraum einem gesteigerten Informationsbedarf ausgesetzt. Gleichzeitig bietet der Prototypenbau als modellhaft vereinfachtes Abbild einer Serienproduktion die Möglichkeit, bereits frühzeitig im Produktentstehungsprozess Informationen für die Produktionsplanung zu generieren. Dadurch können die Integrierte Produkt- und Prozessentwicklung befähigt und Produktionsplanungsprozesse effizienter durchgeführt werden. Kostensteigernde Experimente stehen jedoch im Widerspruch zu effizienten Produktentstehungsprozessen, wenn sie nicht informationsfokussiert eingesetzt werden. Ziel und Ergebnis der vorliegenden Arbeit ist somit die Entwicklung einer Methodik zur effizienzorientierten Planung von Prototypen zur Informationsgenerierung für die Produktionsplanung. Hierfür stellt die existierende wissenschaftliche Literatur keine geeignete Lösung zur Verfügung. Daher wurde eine Methodik mit sechs Modulen zur Überwindung des beschriebenen Theorie- und Praxisdefizits entwickelt. Als zentraler Lösungsbaustein dient hierbei die Inversion der führenden (Zeit) und folgenden (Informationen) Planungsgrößen in der Prototypenentwicklung. Durch die zeitliche Flexibilisierung von Prototypenphasen bei gleichzeitiger Beibehaltung notwendiger Deadlines im automobilen Produktentstehungsprozess kann die Information als konstituierende Größe für Prototypen definiert werden. Diese werden nicht mehr starr und zeitorientiert, sondern dynamisch und wertbeitragsorientiert festgelegt.

In Modul 1 (Informationsbedarfsanalyse) wird der Informationsbedarfsraum auf der Grundlage einer antizipierten Prozesskette eines bestehenden Produktmodells exploriert. In Modul 2 (Informationswertanalyse) werden die identifizierten Informationsbedarfsklassen hinsichtlich ihres möglichen Wertbeitrages für den spezifischen Produktentstehungsprozess bewertet. Weiterhin werden in Modul 3 (Informationskostenanalyse) mögliche Experimente konzipiert, welche in bestehende Prototypen oder zusätzliche Primotypen eingeplant werden können. Die sich daraus ergebenen Prototypenintegrationskosten sowie die Primotypenvollkosten werden den Informationswerten in Modul 4 (Informationsbeschaffungsplanung) gegenübergestellt werden. Dadurch wird der Gestaltungsraum der Informationsgenerierung durch Prototypenphasen hinsichtlich des Erkenntnisbeitrags, des Wertbeitrags sowie der Kosten effizienzorientiert optimiert. Auf der Basis der dadurch entwickelten Informationsgenerierungs- und Prototypenstrategie können in Modul 5 (Informationsgenerierung) Informationen in Experimenten anhand des Prototypen- und Primotypenbaus generiert und weiteres unbekanntes Unwissen aufgedeckt werden. Durch den serienproduktionsfernen Kontext, welchem die prototypisch generierten Informationen entstammen, müssen diese in Modul 6 (Informationstransfer) zum Teil noch auf ein Serienproduktionsszenario angepasst werden und können somit der Produktionsplanung zur Verfügung gestellt werden.

Die Validierung der entwickelten Methodik in der Praxis zeigt, dass diese effizient und effektiv eingesetzt werden kann, um die Informationsgenerierung für die Produktionsplanung elektrischer Traktionsmotoren für die Elektromobilität zu nutzen. Das Fallbeispiel eines innovativen Axialflussmotors stellt heraus, dass durch den Einsatz der Methodik notwendige Informationen erzeugt werden, durch die sich zeitliche, kostenseitige und qualitative Wertbeiträge für Produktentstehungsprozesse ergeben können.

Summary

The automotive industry faces an increased need for information in the production planning of electric traction drives due to a differentiated and complex solution space for these applications. At the same time, prototype construction as a simplified model representation of series production offers the possibility to generate information for production planning early in the product development process. This enables an integrated product and process development approach and allows production planning processes to be carried out more efficiently. However, cost-increasing experiments conflict efficient product development processes if not applied information oriented. Therefore, the aim and result of the present work is thus the development of a methodology for the efficiency-oriented planning of prototypes for the generation of information for production planning. The existing scientific literature does not provide an applicable solution for this task. Therefore, a method with six modules was developed to overcome the described theoretical and practical deficits. The inversion of the leading (time) and following (information) planning parameters in prototype development serves as the central solution. By making prototype phases more flexible in terms of time while at the same time maintaining necessary deadlines in the automotive product development process, the information can be defined as a constituent variable for prototypes. They are no longer assigned rigid and time-oriented, but dynamic and value contribution-oriented.

In Module 1 (Information Need Analysis), the information demand is explored based on an anticipated process chain of an existing product model. In Module 2 (Information Value Analysis), these information demands are evaluated with regard to their possible value contribution for the specific product development process. In Module 3 (Information Cost Analysis), possible experiments are designed, which can be planned into existing prototypes or additional primotypes. The resulting prototype integration costs and the primotype total costs are compared to the information values in Module 4 (Information Procurement Planning). Thus, the design space of information generation is optimized by prototype phases with regard to the contribution of knowledge, the contribution of value as well as the costs in an efficiency-oriented approach. Based on the developed information generation and prototype strategy, information can be generated during experiments in Module 5 (Information Generation) using prototype and primotype construction. Additionally, further unknown unknowns can be uncovered. Due to the context remote from series production, from which the prototypically generated information originates, it must be adapted to a series production scenario in Module 6 (Information Transfer) and can finally be provided to production planning.

The validation of the developed methodology in practice shows that it can be used efficiently and effectively to generate information for the production planning of electric traction drives in electric mobility. The case study of an innovative axial-flux-motor shows, that necessary information can be created by the use of the methodology which can contribute temporal, cost-related and qualitative value for product development processes.

Inhaltsverzeichnis

Abbildungsverzeichnis

Tabellenverzeichnis

Abkürzungsverzeichnis

a	Annum (lat.: Jahr)
AC	Alternating Current (engl.: Wechselstrom)
ASM	Asynchronmotor
Aufl.	Auflage
BLDC	Brushless Direct Current (engl.: Bürstenloser Gleichstrommotor)
Bsp.	Beispiel
bzw.	beziehungsweise
CAD	Computer Aided Design (engl.: Rechnerunterstütze Konstruktion)
CAM	Computer Aided Manufacturing (engl.: Rechnerunterstützte Herstellung)
DC	Direct Current (engl.: Gleichstrom)
d.h.	das heißt
DSM	Design-Struktur-Matrix
ebd.	Ebenda (Verweis auf die zuvor bereits angegebene Veröffentlichung)
EC	Electrically Commutated (engl.: Elektrisch kommutierter Motor)
EDV	Elektronische Datenverarbeitung
engl.	Englisch
ErP	Energy related Products (engl.: energieverbrauchsrelevante Produkte)
et al.	et alii (lat.: und andere)
EU	Europäische Union
f.	folgende
ff.	fortfolgende
FSM	Fremderregter Synchronmotor
Hg.	Herausgeber
i.d.R.	in der Regel
inkl.	inklusive
IKT	Informations- und Kommunikationstechnologie
IoT	Internet of Things (engl.: Internet der Dinge)
IPE	Integrierte Produktentwicklung
IPPE	Integrierte Produkt- und Prozessentwicklung
IT	Informationstechnologie
kW	Kilowatt
kWh	Kilowattstunde
lat.	Lateinisch
li.	links
Magn.bestück.	Magnetbestückung
NVH	Noise Vibration Harshness (engl.: Geräusch Vibration Härte)
OEM	Original Equipment Manufacturer (engl.: Originalbauteilhersteller, Synomym u.a. für Automobilhersteller)
P	Prototyp
PEEK	Polyetheretherketon (Kunststoff)

PEM	Production Engineering of E-Mobility Components (engl.: Produktionsentwicklung für Komponenten der Elektromobilität)
PEP	Produktentstehungsprozess
PLM	Product Lifecycle Management (engl.: Produkt-Lebenszyklus-Man agement)
PPS	Produktionsplanung und -steuerung
PSM	Permanentmagneterregte Synchronmaschine
r	Reifegrad
$r_{Inf.bed.}$	Reifegrad der Informationsgenerierung
re.	rechts
RM	Reluktanzmotor
RoE	Return on Engineering (engl.: Ertrag durch Entwicklungsarbeit)
RWTH	Rheinisch Westfälische Technische Hochschule
S.	Seite
SMC	Soft Magnetic Composites (engl.: Weichmagnet. Verbundmaterialien)
SOP	Start of production (engl.: Produktionsbeginn)
s.o.	siehe oben; obenstehend
s.u.	siehe unten; untenstehend
$t_{Inf.bed.}$	Zeitpunkt des Informationsbedarfs
$t_{Inf.gen.}$	Zeitpunkt der Informationsgenerierung
u.a.	unter anderen, unter anderem
VDI	Verein Deutscher Ingenieure
vgl.	vergleiche
z.B.	zum Beispiel
ZIM	Zentrales Innovationsprogramm Mittelstand

1 *Einleitung:* Informationsorientierung als Stellhebel zur Effizienzsteigerung?

„Ein Bild sagt mehr als tausend Worte.“[1]

„Ein Prototyp sagt mehr als tausend Bilder.“[2]

Die Verfügbarkeit von Informationen zur Qualifizierung notwendiger Entwicklungsprozesse in der Produkt- und Prozessentwicklung sowie zur Senkung des Risikos bei betrieblichen Entscheidungssituationen stellt einen entscheidenden Erfolgsfaktor in Innovationsprozessen dar.[3] Gleichzeitig steht die Informationsverfügbarkeit dem Informationsangebot bei der Entwicklung disruptiver Produkte wie zum Beispiel elektrischer Antriebe für die Elektromobilität diametral entgegen.[4] Obwohl der Prototypenbau im Produktentstehungsprozess bis zu 25% der Kosten generiert,[5] wird er vornehmlich für die Validierung von Reifegraden des Produktentwicklungsstandes eingesetzt.[6] Dabei birgt die physische Produktmodellgenerierung umfassenderes Informationsgenerierungspotential, was das einführende Sprichwort sowie seine Adaption deutlich machen soll. Die vorliegende Arbeit greift dieses Potential auf und stellt eine Methodik zur Verfügung, welche zur Nutzbarmachung und Nutzung dieses Informationsgenerierungspotentials befähigt. Durch den nutzenorientierten Fokus auf Informationen als führende Planungsgröße trägt die Methodik durch die Bereitstellung dieser Informationen zu einer Effizienzsteigerung im Produktentstehungsprozess bei. Dies wird durch die Motivation bestärkt, dass Informationsvorsprung einen Wettbewerbsvorsprung schafft.[7]

Nach der Beschreibung der dieser Forschungsarbeit zugrundeliegenden Ausgangssituation in Kapitel 1.1 wird in Kapitel 1.2 die Problemstellung erläutert. Zudem wird in Kapitel 1.3 die Zielsetzung des hier dokumentierten Forschungsprozesses definiert. Die Grundlagen dessen werden in Kapitel 1.4 dargelegt, wonach in Kapitel 1.5 die grundlegenden Forschungsfragen formuliert werden und in Kapitel 1.5 die übergeordnete Struktur der Arbeit abgeleitet wird.

1.1 Ausgangssituation

Mit dem stattfindenden Übergang zur Elektromobilität geht für Unternehmen der Automobil- und Zulieferbranche ein tiefgreifender technologischer Wandel einher. Die technologischen Anpassungen betreffen hierbei nicht nur den Produktbereich, sondern insbesondere auch die für die Leistungserstellung notwendigen Produktionsprozesse.[8] Somit entsteht neben der Marktunsicherheit eine technische

---

[1] International gebräuchliches Sprichwort mit Ursprung im asiatischen und angloamerikanischen Kulturraum; zuerst wissenschaftlich aufgegriffen von BARNARD im Kontext des Marketing; vgl. Barnard (1921): A Picture's Worth, S. 96.

[2] Adaption des oben genannten Sprichworts; entstanden am PEM der RWTH Aachen (2017).

[3] Vgl. Berndt (2004): Competitiveness und Ethik, S. 49.

[4] Vgl. Kampker et al. (2018): Prototyping im elektrischen Antriebsstrang, S. 5.

[5] Vgl. ebd.

[6] Validiert in Experteninterviews Produkt- und Prozessentwicklung für elektrische Antriebe 01/2018.

[7] Vgl. Berndt (2004): Competitiveness und Ethik, S. 49.

[8] Vgl. Proff et al. (2014): Radikale Innovationen in der Mobilität, S. 8.

Unsicherheit über die Realisierung der disruptiven Innovation. Diese äußert sich vor allem in einem Informationsdefizit, also einer Lücke zwischen notwendigen und verfügbaren Informationen.[9] Das führt zur Notwendigkeit, Kompetenzen aufzubauen und dafür Informationen zu generieren.[10] Gleichzeitig sind aufgrund eines hohen Innovations- und Wettbewerbsdrucks neue Ansätze in der Produkt- und Prozessentwicklung von Elektrofahrzeugen notwendig, um den aufkommenden Herausforderungen gerecht zu werden.[11]

Die Produktionsplanung für Elektromotoren für die elektromobile Traktion ist durch einen extensiven Informationsbedarf charakterisiert, welcher sich durch einen komplexen Produktionsprozess mit einem weit differenzierten Produktionstechnologieportfolio, anhaltender Disruption sowie einer geringen Vorerfahrung neuer Marktteilnehmer wie automobiler OEM und StartUps in der entsprechenden Produktionsdomäne ergibt (vgl. hierzu Kapitel 2.1 und Kapitel 2.2). Sie ist vornehmlich mit zwei aufeinander folgenden Kernherausforderungen konfrontiert: Zunächst ist in den frühen Phasen ein fundiertes Feedback für eine qualifizierte integrierte Produkt- und Prozessentwicklung für die Entwicklung produzierbarer und ökonomisch effizienter Produkte notwendig. Nachfolgend liegt der Fokus auf der Prozessentwicklung sowie der Aggregation der Prozesse in ein Produktionssystem. Aufgrund eines bereits in frühen Entwicklungsphasen erreichten hohen Reifegrades hat der Prototypenbau mechatronischer Produkte und insbesondere elektrischer Motoren ein hohes inhärentes Informationsgenerierungspotential, welches jedoch größtenteils unausgeschöpft bleibt.[12] Die Nutzung des Prototypenbaus zur Generierung von Informationen folgt dabei den Forderungen von KAMPKER ET AL., Innovations- und Lernprozesse zu parallelisieren und bewusst zu gestalten, um erfolgreich zu sein. Dabei soll das Potential physischer Produktmodellentstehung im Entwicklungsprozess intensiv für konstruktive und wertschöpfende Aktivitäten im Innovationsprozess genutzt werden.[13]

Informationen stellen einen zentralen und integralen Bestandteil des Produktentstehungsprozesses dar.[14] Ihnen wird sogar die Schlüsselrolle für ökonomischen Erfolg zugewiesen.[15] Jedoch existieren grundsätzlich Lücken in der Informationsverfügbarkeit.[16] Die Generierung von Informationen, Wissen und Kompetenzen ist somit die notwendige Voraussetzung für betriebliche Innovationen[17] sowie für Einzigartigkeit und Wettbewerbsfähigkeit von Unternehmen.[18] Der Umfang und die Qualität der verfügbaren oder verfügbar gemachten Informationen bestimmt in erheblichem Maß die Güte von Planungsergebnissen.[19] Unter Berücksichtigung der intensiven Wettbewerbssituation und dem damit einhergehenden hohen Kostendruck, verkürzten Markteinführungszeiten und Produktzyklen sowie einer weitgehenden technologischen Diffusion bei Produkttechnologien und Komponenten steht jedoch die Effizienz in Produktentstehungsprozessen und somit auch Produktionsplanungsprozessen als Teil dieser

---

[9] Vgl. Proff et al. (2014): Radikale Innovationen in der Mobilität, S. 12.
[10] Vgl. Kampker et al. (2013): Elektromobilität, S. 38.
[11] Vgl. Botthof und Hartmann (2015): Zukunft der Arbeit, S. 78.
[12] Vgl. Kampker et al. (2017): Experimental engineering, S. 1; vgl. hierzu auch Abbildung 2-19.
[13] Vgl. Kampker et al. (2017): Think Big, Start Small, S. 107; KAMPKER ET AL. bezeichnen die proaktive Nutzung von Prototypen im Produktentstehungsprozess als Hardware Engineering (engl.: Produktentwicklung mit physischen Produktmodellen); siehe dazu Kapitel 3.3.3.
[14] Vgl. Keuper (2009): Wissens- und Informationsmanagement, S. 7.
[15] Vgl. Teece und Nonaka (2001): Managing industrial knowledge, S. 1.
[16] Vgl. Penschke et al. (1996): Parallele Gestaltung von Produkten und Fertigungsprozessen, S. 46.
[17] Vgl. Jacobsen (2000): Intelligenz von Unternehmen, S. 3ff; die Begriffe Informationen, Wissen und Kompetenzen werden in Kapitel 3.4 definiert und abgegrenzt.
[18] Vgl. Keuper (2009): Wissens- und Informationsmanagement, S. 294.
[19] Vgl. Wittmann (1959): Unvollkommene Information, S. 83.

und die Informationsbeschaffung dafür ebenfalls im Mittelpunkt des Handelns innovierender Unternehmen.[20] So kann die Informationsgenerierung keinem Selbstzweck dienen und muss ebenfalls unter Berücksichtigung des Zielbilds der Ressourceneffizienz geplant und durchgeführt werden. Daher stellt sich die Frage, ob und wie das dem Prototypenbau inhärente Informationsgenerierungspotential ausgeschöpft und gleichzeitig eine Effizienzsteigerung im Produktionsplanungsprozess erreicht werden kann.

1.2 Problemstellung

Das effiziente Schließen der Informationslücke zwischen bestehender und notwendiger Information im Produktentstehungsprozess ist eine Kernfunktion betrieblicher Innovationsbestrebungen. Insbesondere die effiziente Erarbeitung neuen technologischen Wissens für neue Produkte und Prozesse ist dafür ein zentraler Erfolgsfaktor.[21] Die Produktionsplanung ist hierbei auf unterschiedliche Informationen aus den Domänen der Produktentwicklung, Wirtschaftlichkeit, Prozessentwicklung und Produktionssystementwicklung angewiesen. Diese Informationen dienen der Generierung von Wissen, welches in einen Produktionssystemplan sowie eine physische Realisierung der Produktionsprozesse und Betriebsmittel transferiert werden kann. Besonders im technischen und technologischen Umfang sind diese Informationen implizit oder explizit oftmals nicht verfügbar.[22] Die gezielte Generierung von Informationen ist somit ein probates Mittel, um die Unsicherheit in Entwicklungs- oder Entscheidungsfunktionen zu mitigieren.[23] Besonders in disruptiven Entwicklungsprozessen fehlt dazu jedoch das Metawissen über die gesamte Menge des notwendigen Wissens, den sogenannten Informationsraum. Unbekanntes Unwissen intensiviert das Hindernis einer effizienten Produktionsplanung weiterhin.[24] Die umfassende Antizipation von Informationslücken stellt somit eine weitere Problemstellung im Kontext einer handhabbaren Informationsallokation im Produktentstehungsprozess dar.[25] Gleichzeitig ist die aufwandsarme Generierung umfassender Informationen als Grundlage einer wirksamen Planung nahezu unmöglich, was den Fokus auf neue Ansätze der Wissensgenerierung lenkt.[26] Hierbei zeichnet sich die im Fokus dieser Arbeit stehende Produktionsplanung für Elektromotoren durch einen besonders hohen Informationsbedarf aus.[27]

Die Nutzbarmachung und Nutzung von Prototypen ist ein probates Mittel zur Generierung von Informationen für die Produktionsplanung.[28] Obwohl jedoch bis zu 25% der Kosten von Produktentstehungsprozessen für den Aufbau von Prototypen verausgabt werden, werden Prototypenphasen vornehmlich für die Validierung von Entwicklungsständen und Reifegraden eingesetzt.[29] Hauptsächliche Hindernisse in der Nutzbarmachung und Nutzung von Prototypen zur Informationsgenerierung für die Pro-

[20] Vgl. Kampker et al. (2017): Experimental engineering, S. 1.
[21] Vgl. Kaltwasser (1994): Wissenserwerb, S. 16.
[22] Vgl. Kampker et al. (2017): Experimental engineering, S. 2.
[23] Vgl. Wittmann (1959): Unvollkommene Information, S. 31.
[24] Vgl. Kampker et al. (2017): Experimental engineering, S. 2.
[25] Vgl. Proff et al. (2014): Radikale Innovationen in der Mobilität, S. 119.
[26] Vgl. Wittmann (1959): Unvollkommene Information, S. 27.
[27] Vgl. Kampker et al. (2017): Experimental engineering, S. 2.
[28] Vgl. Schuh (2012): Innovationsmanagement, S. 217; Geuer (1996): Rapid Prototyping in der Produktentwicklung, S. 71.
[29] Vgl. Kampker et al. (2018): Prototyping im elektrischen Antriebsstrang, S. 2; zudem validiert in Experteninterviews Produkt- und Prozessentwicklung für elektrische Antriebe 01/2018.

duktionsplanung liegen in organisatorischen Rahmenbedingungen, einer fixen und zeitlich determinierten Planung von Prototypen, hohen Kosten und geringen Skaleneffekten für zusätzliche Prototypen sowie dem serienproduktionsfernem Kontext des Prototypenbaus.[30]

Zusammenfassend kann festgehalten werden, dass die effizienzorientierte Generierung von Informationen für die Produktionsplanung die zentrale Problemstellung der vorliegenden Arbeit darstellt. Kernherausforderung ist hierbei neben der Antizipation des notwendigen Informationsraums die effizienzorientierte Planung nutzbarer Prototypenphasen im Produktentstehungsprozess. Aufgrund fehlender theoretischer oder praktischer Ansätze, welche die Problemstellung auflösen (vgl. Kapitel 3.6), wird somit der Handlungsbedarf für eine methodische Unterstützung der Informationsgenerierung durch Prototypen im Produktentstehungsprozess deutlich.

1.3 Zielsetzung

Der theoretische und praktische Handlungsbedarf wird durch die Zielsetzung der vorliegenden Arbeit aufgegriffen. Dieser besteht in der Praxis aus einem verstärkten Informationsdefizit für die Produktionsplanung von Elektromotoren sowie der fehlenden Nutzbarmachung und Nutzung von Prototypenphasen zur Schließung dieser Informationslücke. In der Theorie besteht ein Defizit aufgrund fehlender Ansätze, um die Prototypenphasen effizienzorientiert zur Informationsgenerierung für die Produktionsplanung einzusetzen. Somit soll eine Methodik entwickelt werden, welche die Nutzung von Prototypen zur Informationsgenerierung für die Produktionsplanung ermöglicht. Durch die effizienzorientierte Planung und Generierung der Informationen über den gesamten Produktentstehungsprozess ist davon auszugehen, dass eine durch die Methodik erfolgende Informationsbereitstellung zu einem Effizienzgewinn für die Produktionsplanung und den gesamten Produktentstehungsprozess führt. Die Entwicklung erfolgt im Kontext der Elektromobilität mit dem Fokus auf elektrische Traktionsmotoren.[31]

Ziel der vorliegenden Arbeit ist die Entwicklung einer Methodik zur effizienzorientierten Planung von Prototypen zur Informationsgenerierung für die Produktionsplanung im Produktentstehungsprozess. Diese soll die eingangs beschriebenen Barrieren durch eine strukturierte Informations- und Prototypenplanung sowie eine Flexibilisierung der Prototypenphasen überwinden. Dabei soll die Arbeit einen Beitrag zur Effizienzsteigerung in der Produktionsplanung durch frühzeitige und effiziente Informationsbereitstellung leisten. Insbesondere soll die Anwendbarkeit der Methodik für Innovationsprozesse elektrischer Maschinen zur elektromobilen Traktion gewährleistet sein.

Für eine anforderungsgerechte Entwicklung der Methodik muss der Stand der Technik im Betrachtungsbereich sowie der Stand der Forschung im Gestaltungsbereich der Arbeit untersucht werden. Das zu erzeugende Grundverständnis über die Produktionsplanung für elektromobile Traktionsmotoren sowie die Defizite im Bereich Informationsverfügbarkeit und Prototypennutzung im praktischen Bereich sowie über das Informationsmanagement, Prototypennutzung als auch Produktentstehung und Defizite im theoretischen Bereich zur Auflösung des Praxisproblems stellen ein eigenes Teilziel dieser Arbeit dar. So sollen auf der Basis der herausgearbeiteten Defizite theoretische und praktische Anforderungen

[30] Vgl. Kampker et al. (2017): Experimental engineering, S. 1.

[31] Durch den in den Kapiteln 2.1, 2.2 sowie 2.3.4 herausgearbeiteten hohen Informationsbedarf sowie einem bestehenden Informationsdefizit in der industriellen Praxis besteht für die Produktionsplanung elektrischer Antriebe für die Elektromobilität ein besonderer Handlungsbedarf, welcher durch die vorliegende Forschungsarbeit speziell adressiert wird. Die in Kapitel 4 und 5 entwickelte Methodik ist jedoch über diesen Anwendungsfall hinaus für die Serienproduktionsplanung physischer Produkte generisch anwendbar.

an die Methodik abgeleitet werden, auf dessen Basis die Konzeption und Ausarbeitung dieser erfolgen kann. Durch eine Validierung anhand eines Praxisbeispiels soll abschließend die Effektivität der entwickelten Methodik bewiesen werden.

Der Anwender wird bei der Nutzung der Methodik darin unterstützt, Prototypenphasen effizienzorientiert zur Informationsgenerierung für den Produktionsplanungsprozess zu nutzen. Der **Nutzen für die Praxis** der vorliegenden Arbeit besteht somit in der Anwendbarkeit der Methodik für Innovationsprozesse im Allgemeinen und für die Elektromotorenproduktionsplanung im Speziellen. Geeignete Methoden, Modelle und Hilfsmittel ermöglichen somit eine Informationsplanung, Informationsgenerierung und Informationsanwendung, um die Produktionsplanungsprozesse dieser disruptiven Innovation effizienter auszuführen beziehungsweise überhaupt erst zu befähigen.

Die systematische Analyse bestehender Ansätze der Prototypenplanung zur Informationsgenerierung stellt den **Nutzen für die Forschung** dar. Durch die bisher theoretisch nicht auf die Produktionsplanung bezogenen Prototypenphasen beinhaltet der methodische Ansatz zudem einen wissenschaftlichen Neuheitsgrad.

1.4 Wissenschaftstheoretische Einordnung der Arbeit

Der einer Forschungsarbeit zugrundeliegende Erkenntnisprozess ist stark von den angewandten Werkzeugen und der Ausgangslage sowie der subjektiven Wahrnehmung des Forschenden und der Wahrnehmung und Interpretation der „scientific community“, in dessen Kontext ebendiese Arbeit eingebettet ist, abhängig. Um die Intersubjektivität der erlangten Forschungsergebnisse zu gewährleisten, werden sowohl die grundlegende Erkenntnisperspektive als auch das methodologische Vorgehen des durchgeführten Forschungsprozesses nachfolgend beschrieben.[32]

1.4.1 Wissenschaftstheoretischer Bezugsrahmen

Die wissenschaftstheoretische Einordnung der Arbeit ist Grundlage für die Darlegung der Erkenntnisperspektive. Ulrich und Hill nehmen eine grundsätzliche Aufgliederung der Wissenschaften in Formal- und Realwissenschaften vor. Während sich die Formalwissenschaften, zu denen unter anderen die Philosophie, die Logik sowie die Mathematik zu zählen sind, mit der Konstruktion von Zeichensystemen und mit der Schaffung und Untersuchung von Regeln zur Verwendung dieser Zeichen befassen, beschreiben, erklären und gestalten die Realwissenschaften empirisch wahrnehmbare Wirklichkeitsausschnitte. Dabei sind die Formalwissenschaften aufgrund ihrer analytischen Natur durch einen fehlenden Realitätsbezug gekennzeichnet und die Richtigkeit ihrer Aussagen wird durch logische Widerspruchsfreiheit bewiesen. Dieser Beweis erfolgt in den Realwissenschaften aus der Synthese von ebendieser logischen Widerspruchsfreiheit als auch aus der hinreichenden Robustheit einer Faktenanalyse. Die Realwissenschaften können zudem in Grundlagenwissenschaften und angewandte Handlungswissenschaften differenziert werden. Die Grundlagenwissenschaften, zu denen Naturwissenschaften wie die Physik, Chemie und Biologie gezählt werden können, stellen Theorien zur Erklärung beobachtbarer Realphänomene auf und verifizieren oder falsifizieren diese durch den wissenschaftlichen Erkenntnisprozess.[33] Der Forschungsgegenstand angewandter Handlungswissenschaften wiederum, zu denen insbesondere

---

[32] Vgl. Binder und Kantowsky (1996): Technologiepotentiale, S. 3.
[33] Vgl. Ulrich und Hill (1976): Wissenschaftstheoretische Grundlagen (Teil I), S. 304.

die Sozialwissenschaften gehören, ist die Analyse menschlicher Handlungsalternativen bei der Gestaltung sozialer und technischer Systeme. Es stehen die Entwicklung von Entscheidungsmodellen und Entscheidungsprozessen im Vordergrund.[34]

Die vorliegende Arbeit fällt in das Spannungsfeld aus ingenieurswissenschaftlicher Forschung und Betriebswirtschaftswissenschaft und ist je nach Perspektive auf den Forschungsgegenstand sowohl den Grundlagen- als auch den Handlungswissenschaften zuzuordnen.[35] Die Betriebswirtschaftswissenschaft oder Betriebswirtschaftslehre „befasst sich mit dem wirtschaftlichen Handeln von Betrieben".[36] Die Ingenieurswissenschaft oder Technikwissenschaft schafft „kognitive Voraussetzungen für Innovation in der Technik und Anwendung technischen Wissens und legt die Grundlagen für die Reflexion ihrer Implikationen und Folgen".[37] Die betriebswirtschaftswissenschaftlichen Aspekte folgen hierbei dem entscheidungstheoretischen Ansatz nach HEINEN, welcher Probleme praktisch-normativ als Entscheidungsprozesse formuliert und auf praktische Probleme ausgerichtet ist.[38] So untersucht die Arbeit insbesondere Ziel-Mittel- bzw. Input-Output-Zusammenhänge und die kausalen Zusammenhänge zur Erreichung zielwirksamer Handlungsoptionen.[39] Die ingenieurswissenschaftliche Seite fokussiert sich nach dem Verständnis von SPUR auf die Betriebswissenschaft, insbesondere die Produktionstechnik und deren Planung, also die Entwicklung von leistungserstellenden Produktivsystemen in unternehmerischen Organisationen.[40] Die Schnittstelle zwischen beiden wissenschaftlichen Fakultäten bildet die Innovationstheorie, also die Transformation einer Idee in ein erfolgreich vermarktetes Produkt, welche gleichzeitig betriebswirtschaftliche als auch ingenieurswissenschaftliche Aspekte vereinigt.[41] Die erläuterte Systematik der Wissenschaft sowie die Verortung der Ingenieurs- und Betriebswissenschaften in ebendieser wird in Abbildung 1-1 zusammenfassend dargestellt.

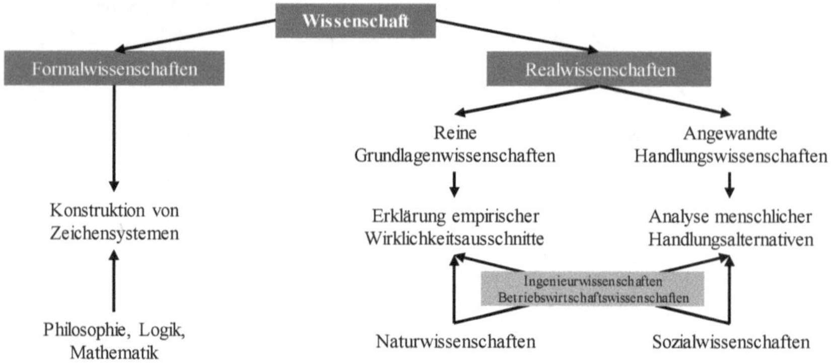

Abbildung 1-1: Systematik der Wissenschaft[42]

[34] Vgl. Ulrich und Hill (1976): Wissenschaftstheoretische Grundlagen (Teil I), S. 305.
[35] Vgl. Ulrich und Hill (1976): Wissenschaftstheoretische Grundlagen (Teil II), S. 347.
[36] Domschke und Scholl (2005): Grundlagen der Betriebswirtschaftslehre, S. 1.
[37] Kornwachs (2013): Technikwissenschaften, S. 18.
[38] Vgl. Heinen (1992): Einführung in die Betriebswirtschaftslehre, S. 22ff.
[39] Vgl. Ulrich und Hill (1976): Wissenschaftstheoretische Grundlagen (Teil II), S. 347.
[40] Vgl. Spur (1991): Vom Wandel der industriellen Welt, S. 424ff.
[41] Vgl. Heertje et al. (1988): Technology innovation, S. 2; Grønhaug und Kaufmann (1988): Innovation, S. 493.
[42] In Anlehnung an Ulrich und Hill (1976): Wissenschaftstheoretische Grundlagen (Teil I), S. 305.

Nach KUHN bedarf es für den Fortschritt der Forschung eines Paradigmas, also eines zentralen, allgemein anerkannten Grundmodells, um die Intersubjektivität, also die identische Erkennbarkeit und Nachvollziehbarkeit eines Sachverhaltes, zu gewährleisten.[43] Dieses Paradigma wird von GUBA und LINCOLN als grundlegendes „belief system", also der konsensuellen Weltsicht, bezeichnet, welches den Wissenschaftler in seiner „scientific community" nicht nur epistemologisch (also erkenntnisleitend) sondern sogar ontologisch (also existenzstiftend) verortet.[44] Das Paradigma des Strebens nach objektiver Erkenntnis als unabdingbares Postulat der theoretischen Naturwissenschaften muss für die angewandten Wissenschaften nicht unbedingt erfüllt sein. Dies ist vor allem drauf zurückzuführen, dass die der angewandten Wissenschaft zugrundeliegenden Probleme aus der Praxis und nicht aus dem Theoriezusammenhang entstehen.[45] „Nicht die Gültigkeit von Theorien ist hier das zu untersuchende Problem, sondern die Anwendbarkeit von Modellen und Regeln für wissenschaftsgeleitetes Verhalten in der Praxis."[46] Dabei ist nicht das Erklären beobachtbarer bestehender Wirklichkeiten sondern der Entwurf neuer Wirklichkeiten handlungsleitend für die angewandten Wissenschaften. Die Wahrheit wissenschaftlicher Aussagen sowie die Anforderungen an wissenschaftliche Theorien hinsichtlich Allgemeingültigkeit, Bestätigungskraft und Erklärungskraft sind hierbei weniger Ziele anwendungswissenschaftlicher Arbeit als vielmehr Leistungsfähigkeit, Zuverlässigkeit oder universelle Anwendbarkeit.[47] Diesem Anspruch stellt sich die vorliegende Arbeit. Hierfür folgt sie dem systemtheoretischen Ansatz nach ULRICH zur Gewinnung und Ordnung wissenschaftlicher Erkenntnis. Dieser interdisziplinäre Ansatz erscheint geeignet für die Erforschung von Problemstellungen zur Beeinflussung sozialer Systeme und weist als angewandte, realitätsorientierte Unternehmensführungslehre eine umfassende Nähe zu den Ingenieurswissenschaften auf. Insbesondere die multifaktorielle Berücksichtigbarkeit von systeminhärenten und umweltlichen Einflüssen motiviert zu dessen Einsatz.[48]

1.4.2 Forschungsmethodologie

Durch angewandte Wissenschaften wird theoretisches, formales und empirisches Wissen erzeugt, kodifiziert und gesammelt. Die Erzeugung erfolgt durch methodische Weise, nachvollziehbare Begründung, intersubjektive Überprüfung und Integration in bestehende Wissensbestände und Wissenszusammenhänge. Durch kulturell, historisch und disziplinär variante Perspektiven bezieht sich das Wissen stets nur auf bestimmte Aspekte des Gegenstandsbereichs. Zugrunde liegende Voraussetzungen sind zu benennen und durchgeführte Kognitionen und Vorgehensweisen zu explizieren.[49] Daher wird die der Arbeit zugrunde liegende Forschungsmethodologie nachfolgend erläutert.

In anwendungsorientierten Wissenschaften muss der Anwendungszusammenhang der Entwürfe selbst und mit wissenschaftlichen Methoden untersucht werden.[50] Dazu ist neben der „logischen Wahrheit" als Widerspruchslosigkeit auch die „faktische Wahrheit", also der empirisch belastbare Gehalt

[43] Vgl. Kuhn und Neurath (1962): Structure of scientific revolutions, S. 10.
[44] Vgl. Guba. Egon G. und Lincoln (1994): Qualitative Research, S. 163.
[45] Vgl. Ulrich (1982): Anwendungsorientierte Wissenschaft, S. 3.
[46] Ulrich (1982): Anwendungsorientierte Wissenschaft, S. 4.
[47] Vgl. Ulrich (1982): Anwendungsorientierte Wissenschaft, S. 4.
[48] Vgl. Ulrich und Hill (1976): Wissenschaftstheoretische Grundlagen (Teil I), S. 308; Ulrich (1970): Unternehmung als produktives System, S. 100ff.
[49] Vgl. Kornwachs (2013): Technikwissenschaften, S. 17.
[50] Vgl. Ulrich (1982): Anwendungsorientierte Wissenschaft, S. 8.

einer Aussage, einer intersubjektiv nachvollziehbaren Prüfung zu unterziehen.[51] Hierfür ist die vorliegende Arbeit an dem explorativen Forschungszyklus nach TOMCZAK ausgerichtet, welche die Forschung als iterativen Lernprozess begreift.[52] Dieser Ansatz präzisiert die Forderung nach KUBICEK, „die Konstruktion wissenschaftlicher Aussagen als einen von theoretischen Absichten geleiteten und auf systematischem Erfahrungswissen basierenden Lernprozess zu begreifen, der sowohl die Gewinnung von Erfahrungswissen als auch seine kreative Umsetzung in theoretische Aussagen problematisiert“.[53] Zentral in diesem Lernprozess ist der heuristische Bezugsrahmen als provisorisches Erklärungsmodell, welches forschungsleitend als Orientierungshilfe für die Lösung praktischer Probleme dienen soll. Er grenzt den Objektbereich der Arbeit und die konkrete Problemstellung ab, legt Grundbegriffe und Variablen zur Erfassung dessen fest und systematisiert Arbeitshypothesen über Vermutungen zu Wirklichkeitszusammenhängen.[54] Durch eine immer weitere Präzisierung der theoretischen Perspektive wird ein heuristischer Bezugsrahmen erzeugt, welcher eine genaue Problemdefinition, Erklärungen sowie mögliche Lösungshinweise enthält. Konkret bedeutet dies im Falle des hier dargestellten Vorhabens, dass ausgehend von industriellen Anwendungsfällen und publizierten Forschungsergebnissen ein Beitrag für die Schließung der Theorielücke entwickelt werden soll (vgl. Abbildung 1-2). Die Grundlage dafür liefern Anwendungsfälle aus der Entwicklung von Produktionssystemen für Elektromotoren in der Automobilindustrie. Auf Basis dieser Daten wird ein Modell der Realität entwickelt, dass in der Beschreibung des Prototypeneinsatzes in der Produktentwicklung besteht. Ausgehend von diesem Modell werden dann Lösungen für eine Methodik zur informationswertorientierten Planung von Prototypenphasen zur Effizienzsteigerung im Produktionsplanungsprozess erforscht.

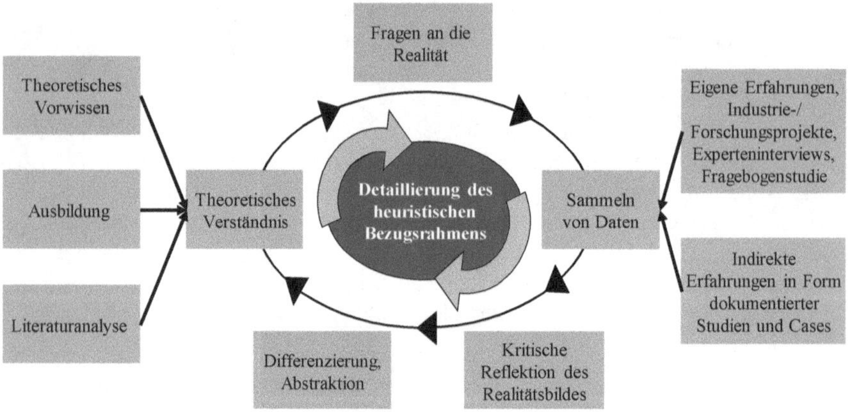

Abbildung 1-2: Detaillierung des heuristischen Bezugsrahmens zur Schließung der Theorielücke[55]

[51] Vgl. Ulrich und Hill (1976): Wissenschaftstheoretische Grundlagen (Teil II), S. 345.
[52] Vgl. Tomczak (1992): Forschungsmethoden, S. 84.
[53] Kubicek (1976): Heuristisches Forschungsdesign, S. 84.
[54] Vgl. Ulrich und Hill (1976): Wissenschaftstheoretische Grundlagen (Teil I), S. 306.
[55] Vgl. Tomczak (1992): Forschungsmethoden, S. 84.

Thematisch ordnet sich die Forschungsarbeit, wie bereits oben dargestellt, in den Forschungsbereich der Effizienzsteigerung in Innovationsprozessen ein. Da der Lösungsansatz insbesondere die Prototypenplanung in Produktentstehungsprozessen adressiert, ergibt sich der nachfolgend in Abbildung 1-3 dargestellte heuristische Bezugsrahmen. Dieser Bezugsrahmen stellt das wesentliche Suchfeld für die Literaturrecherche dar und ist damit auch der Rahmen, in den sich die erarbeitete Lösung einordnet.

Abbildung 1-3: Zugrundeliegender heuristischer Bezugsrahmen der Forschungsarbeit

Zentraler Aspekt des heuristischen Bezugsrahmens ist der Ansatz des Return on Engineering, in dem KAMPKER ET AL. eine Effizienzsteigerung im Industrialisierungsprozess durch kundenwertorientierte strategische und operative Ausrichtung fordert. Diese Effizienzsteigerung kann durch die Anwendung bestimmter Methoden insbesondere durch Zeit- und Kostenersparnis erzielt werden.[56] Dieser Ansatz ist am Chair of Production Engineering of E-Mobility Components PEM der RWTH Aachen entstanden, dessen Mitarbeiter der Autor der vorliegenden Forschungsarbeit war. Die Tätigkeit an dem Lehrstuhl sowie die Leitung von und Mitarbeit an verschiedenen interdisziplinären Forschungs- und Industrieprojekten, deren thematischer Schwerpunkt auf der Entwicklung, Optimierung und Industrialisierung von Produktionssystemen für die Elektromotorenproduktion lag, prägten das Vorverständnis des Autors maßgeblich. Die hierbei gesammelten Erfahrungen flossen sowohl in die Problemformulierung als auch in die Lösungserarbeitung ein. Hervorzuheben ist hierbei das Forschungsprojekt KERME,[57] welches die integrierte Produkt- und Prozessentwicklung von Elektromotoren thematisierte sowie das Forschungsnetzwerk StanD,[58] in dem die Auswirkungen innovativer Ansätze des Spritzgussprozesses für die Nutisolation auf die gesamte Produktentwicklung und Wertschöpfungskette untersucht wurden. Zudem oblag dem Autor die Verantwortung der inhaltlichen Arbeit und Weiterentwicklung im Forschungsgebiet Elektromotorenproduktion am genannten Lehrstuhl in der Rolle des Forschungsgruppenleiters. Relevante Literatur wurde in den Themenfeldern Elektromotorenproduktion, Innovation und Prototypen untersucht und ausgewertet. Die kontinuierliche Diskussion sowohl mit Industrieexperten und Wissenschaftlern auf nationalen und internationalen Konferenzen, Kongressen und Fachseminaren als auch im Kollegium des PEM der RWTH Aachen ermöglichten dabei eine kritische Reflexion sowie ein gezieltes Vorgehen im iterativen Lernprozess, dessen letzter Stand in dieser Arbeit dargestellt ist.

[56] Vgl. Kampker und Deutskens (2015): Return on Engineering, S. 20; Kampker et al. (2017): Think Big, Start Small, S. 107ff.

[57] KERME: Skalierbarer und modularer Antriebsstrang für Elektrofahrzeuge – Kostengünstige Elektromobilität durch ressourceneffizient und modular gestaltete Elektromotoren (Fördergeber: Land Nordrhein-Westfalen und Europäische Union).

[58] StanD: Entwicklung neuartiger Elektromotoren mit innovativer Statornutisolation durch Dünnwandspritzguss (ZIM-Netzwerk, Fördergeber: Bundesministerium für Wirtschaft und Energie der Bundesrepublik Deutschland).

1.5 Forschungsfrage

Nach KUBICEK stehen Forschungsfragen zu einem theoretischen Problem im Mittelpunkt des explorativen Forschungsansatzes.[59] Das Ziel des dargelegten Forschungsvorhabens bestand in der Entwicklung einer Methodik zur informationswertorientierten Planung von Prototypenphasen zur Effizienzsteigerung in der Produktionsplanung. Wie in nachfolgenden Kapiteln aufgezeigt wird bestehen in der Literatur keine umfassenden Ansätze, welche ebendiesen Themenkomplex adressieren. Dadurch fehlt es auch an einer Durchdringung entsprechender Ansätze in der industriellen Anwendung. Daher ist die primäre Anforderung der im Rahmen der angestrebten Dissertation zu entwickelnden Lösung ein ganzheitlicher Ansatz zur Strukturierung von Prototypenphasen im Produktentstehungsprozess vor dem Hintergrund dynamischer Informationswerte. Aufgrund fehlender theoretischer Ansätze kann das dargelegte Forschungsvorhaben nicht von bestehenden Ansätzen abgegrenzt werden. Entscheidend ist jedoch die Anwendbarkeit der Methodik in der industriellen Realität. Um dies zu erreichen wird das Forschungsvorhaben entlang eines industriellen Produktentwicklungsprozesses entwickelt und als Demonstrator anhand eines realen Produkt- und Prozessentwicklungsprojektes für einen elektrischen Axialflussmotor validiert. Produktionsprozesse für Elektromotoren eignen sich aufgrund hoher Reifegrade bereits in frühen Phasen der Produktentwicklung sowie einer konstanten Disruption im automobilen Traktionsbereich besonders für die Anwendung der Methodik (vgl. hierzu Kapitel 2.1.5, 2.2.3 und 2.4.2). Gleichzeitig besteht der Anspruch, dass das methodische Vorgehen, welches im Zuge der Erreichung des Primärziels (ganzheitliche Methodik zur informationswertorientierten Planung von Prototypenphasen für Bereitstellung von Informationen zur Effizienzsteigerung in der Produktionsplanung) entwickelt wird, auf andere Produktgruppen angewendet werden kann. Insofern besteht für das übergeordnete Ziel des Vorhabens die folgende zentrale Forschungsfrage:

Können Prototypenphasen durch Informationsorientierung zu einer Effizienzsteigerung im Produktionsplanungsprozess für Elektromotoren beitragen?

Für die Beantwortung dieser Forschungsfrage ergeben sich nachgelagerte Teilforschungsfragen, die den Rahmen für das im folgenden Abschnitt erläuterte Vorgehen bilden:

- Wie müssen Prototypen gestaltet und wann müssen diese eingesetzt werden, um Erkenntnisse für einen effizienten Produktionsplanungsprozess zu generieren?
- Wie müssen Prototypenphasen für einen Erkenntnisgewinn gestaltet sein, um die Produktionsplanung effizient zu unterstützen?
- Wie können in Prototypenphasen erhobene Informationen transferiert und für die Serienproduktionsplanung nutzbar gemacht werden?
- Wie muss ein Informationsmanagementsystem gestaltet werden, um zu einem Erkenntnisgewinn für die Effizienzsteigerung in der Produktionsplanung durch Prototypenphasen beizutragen?

1.6 Aufbau der Arbeit

Der Aufbau der Arbeit orientiert sich an den Phasen der angewandten Wissenschaft nach ULRICH und ist in Abbildung 1-4 übersichtlich dargestellt. Insbesondere die Prüfung der Regeln und Modelle im

[59] Vgl. Kubicek (1976): Heuristisches Forschungsdesign, S. 25; Ulrich et al. (1984): Management, S. 193.

Anwendungszusammenhang tragen der Forderung nach Anwendungsorientierung der Forschungsarbeit Rechnung.

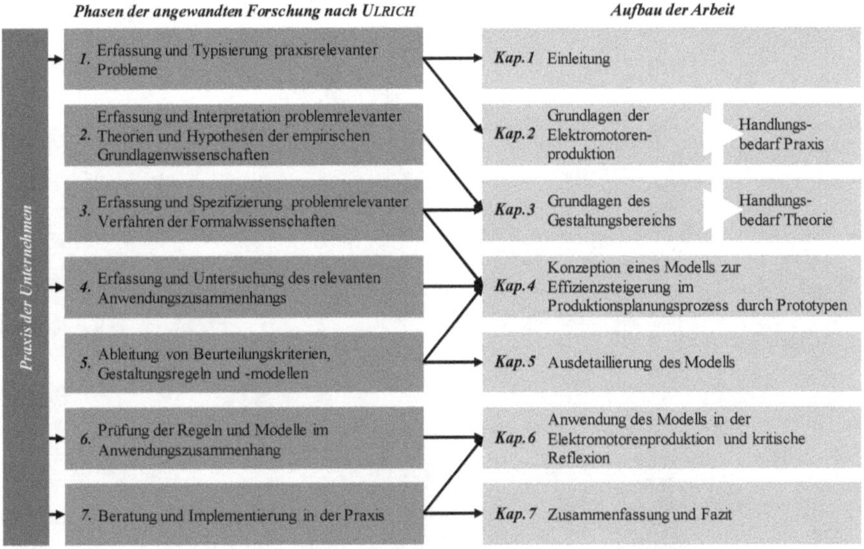

Abbildung 1-4: Aufbau der Arbeit nach angewandtem Forschungsansatz von ULRICH[60]

Dieser Aufbau folgt ebenso der operationsanalytischen Konzeption des sozialwissenschaftlichen Forschungsprozesses nach ULRICH UND HILL.[61] **Kapitel 1** führt in die Ausgangssituation, Problemstellung und Zielsetzung der Arbeit ein und ordnet die Arbeit wissenschaftstheoretisch ein, bevor die handlungsleitende Forschungsfrage und die Struktur der Arbeit vorgestellt werden. Die folgenden beiden Kapitel stellen den terminologisch-deskriptiven Teil der Arbeit dar. In **Kapitel 2** wird mit elektrischen Traktionsmotoren, deren Produktions- und Produktionsplanungsprozessen sowie dem praktischen Prototypeneinsatz der Betrachtungsbereich der Arbeit untersucht und ein Defizit aus der Praxis herausgearbeitet. In **Kapitel 3** erfolgt ebendiese Untersuchung für den Gestaltungsbereich mit dem Fokus auf Ansätze der Produkt- und Prozessplanung, dem Prototypeneinsatz in Produktentstehungsprozessen und des Informationsmanagements sowie der Effizienz in Produktionsplanungsprozessen. Im empirisch-induktiven **Kapitel 4** werden Hypothesen und Lösungsansätze für die Effizienzsteigerung im Industrialisierungsprozess durch informationsorientierte Prototypenplanung aufgestellt, welche in **Kapitel 5** durch die Ausdetaillierung der Methodik analytisch-deduktiv aufgegriffen werden. In **Kapitel 6** erfolgt die Validierung der Methodik im Anwendungszusammenhang sowie eine kritische Reflexion, was wiederum einen empirisch-induktiven Schritt darstellt. Die Arbeit schließt mit einer Zusammenfassung in **Kapitel 7**.

---

[60] Eigene Abbildung nach Ulrich et al. (1984): Management, S. 193.
[61] Vgl. Ulrich und Hill (1976): Wissenschaftstheoretische Grundlagen (Teil II), S. 348.

2 *Betrachtungsbereich:* Produktionsplanung für die Elektromotorenproduktion

Eine niedrige Time-to-market[62] hat sich aufgrund der hohen Wettbewerbsintensität sowie einer geringen technologischen Differenzierbarkeit aufgrund weitreichender technologischer Diffusion zu dem zentralen Erfolgsfaktor in der Automobilindustrie entwickelt. Dadurch steht die Effizienz in der Produkt- und Prozessentwicklung und somit die Informationsverfügbarkeit als Befähiger hierzu im Fokus automobiler Innovationsprozesse.[63] Gleichzeitig stellt diese Informationsverfügbarkeit und -beschaffung eine große Hürde in der Entwicklungsarbeit dar. Als Beispiel kann die Produktionsplanung für elektrische Traktionsmotoren in der Automobilindustrie herangezogen werden. In diesem Kapitel wird herausgearbeitet, dass sich Unternehmen dieser Branche einer Lücke zwischen Informationsbedarf und Informationsverfügbarkeit ausgesetzt sehen, welche sich durch eine anhaltende Disruption der elektrischen Antriebstechnologie sowie fehlender Erfahrung in diesem Produktsegment begründet. Zusätzlich kann die Elektromotorenproduktion aufgrund einer stark diversifizierten Prozessschritt- und Technologiemorphologie als informationsintensiv in der Produktionsplanung angesehen werden. Hierfür wird in Kapitel 2.1 der Produktgestaltungsraum der Elektromotoren und in Kapitel 2.2 der Lösungsraum für die Elektromotorenproduktionstechnologien beschrieben. Kapitel 2.3 erläutert daraufhin den Produktentstehungsprozess mit dem Fokus auf die Produktionsplanung für Elektromotoren für die elektromobile Traktion, woraufhin in Kapitel 2.4 der praktische Prototypeneinsatz in dieser beschrieben wird. In Kapitel 2.5 wird abschließend ein Handlungsbedarf aus der industriellen Praxis abgeleitet.

2.1 Elektromotoren für die Elektromobilität

Der Elektromotor[64] ist neben dem elektrischen Energiespeicher eine der determinierenden Kernkomponenten eines Elektrofahrzeugs.[65] Die grundsätzliche Aufgabe und Funktion einer elektrischen Maschine ist die Wandlung elektrischer Energie in kinetische Energie, insbesondere Rotation.[66] Zudem wird die Möglichkeit der Rekuperation[67] genutzt und der Motor dabei als Generator eingesetzt.[68] Neben dem Elektromotor besteht der elektrische Traktionsantrieb zudem aus einer Leistungselektronik, einem elektrischen Energiespeicher, Verkabelung, Kühlung sowie zumeist einem Getriebe.[69] Die Produktionsplanung dieser Komponenten steht jedoch nicht im Fokus der vorliegenden Arbeit.[70]

[62] Engl.: Zeit zum Markt; Time-to-market bezeichnet die Zeit, welche ein Unternehmen benötigt um eine neue Technologie oder ein neues Produkt in einen Markt einzuführen.

[63] Vgl. Kampker et al. (2017): Experimental engineering, S. 1.

[64] Auch: elektrischer Antrieb, elektromechanischer Wandler, elektrische Maschine; unter den Begriff der elektrischen Maschine sind jedoch auch Transformatoren und Elektromagneten zu fassen.

[65] Vgl. Beretta (2013): Automotive Electric Drives, S. 173ff.

[66] Vgl. Schröder (2009): Grundlagen elektrische Antriebe, S. 77.

[67] Unter Rekuperation wird die Energierückgewinnung, also die Rückumwandlung kinetischer in elektrische Energie verstanden.

[68] Vgl. Hofmann (2014): Hybridfahrzeuge, S. 113.

[69] Vgl. Hilgers (2017): Alternative Antriebe, S. 8.

[70] Wie bereits in Kapitel 1.3 dargelegt fokussiert die Arbeit den Elektromotor als Teilkomponente des elektrischen Antriebes aufgrund des erhöhten Informationsbedarfs für die Produktion dieser Komponente, welcher nachfolgend in diesem Kapitel aufgezeigt wird. Die darauf aufbauend in Kapitel 4 und 5 entwickelte Methodik ist jedoch über diesen Anwendungsfall hinaus für die Serienproduktionsplanung physischer Produkte generisch anwendbar.

Elektromotoren bestehen in der Regel aus einem feststehenden **Stator**,[71] welcher durch Elektromagnetismus[72] ein sich rotierendes Magnetfeld erzeugt. Dieses erzeugt in Wechselwirkung mit dem Magnetfeld des **Läufers**[73] ein Drehmoment, wodurch dieser rotieren kann. Der Läufer ist auf einer **Welle** befestigt, welche in einem **Gehäuse** über eine Lagerung aufgehangen ist. Zudem bedarf ein Elektromotor unterschiedlicher Sensorik (z.B. Drehzahl, Temperatur) sowie elektrische, mechanische oder fluide Anschlüsse und weitere Peripheriekomponenten.[74] Die Kernkomponenten eines Elektromotors sowie wichtige Grundfunktionen dieser sind anhand des exemplarischen Beispiels einer permanenterregten Radialflussmaschine (vgl. Kapitel 2.1.1.1 und Kapitel 2.1.2) in der nachfolgenden Abbildung 2-1 dargestellt.

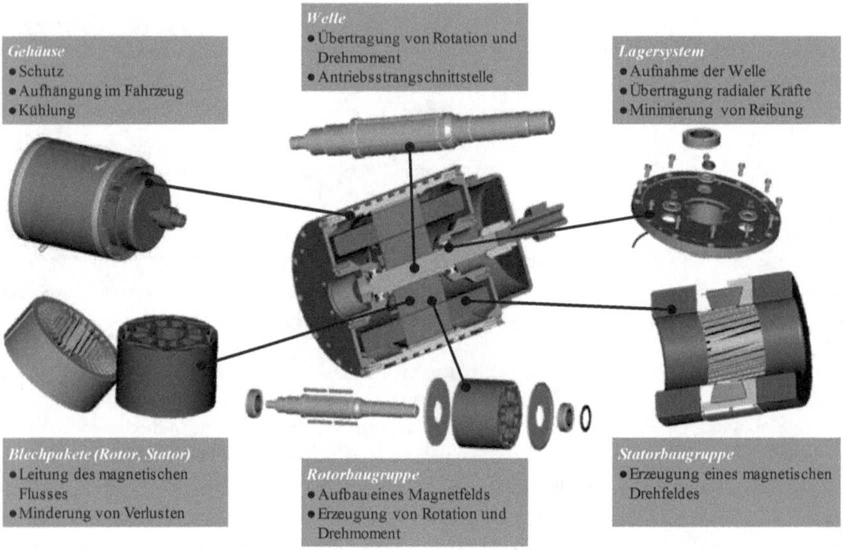

Abbildung 2-1: Exemplarischer Aufbau und Komponentenfunktionen eines Elektromotors[75]

Die vorliegende Arbeit beschäftigt sich mit dem Informationsbedarf[76] während der Planung einer Elektromotorenproduktion für elektromobile Traktionsanwendungen.[77] Dieser ist maßgeblich von der

---

[71] Auch: Läufer.

[72] Elektromagnetismus beschreibt den Effekt eines entstehenden Magnetfeldes um bewegte elektrische Ladungen nach dem Biot-Savart-Gesetz.

[73] Auch: Rotor, Anker, Polrad.

[74] Vgl. Hofmann (2014): Hybridfahrzeuge, S. 113.

[75] Eigene Abbildung; die Konstruktion und Abbildungen des dargestellten Elektromotors sind in dem vom Land Nordrhein-Westfalen sowie der Europäischen Union geförderten Forschungsprojekt KERME: Skalierbarer und modularer Antriebsstrang für Elektrofahrzeuge – Kostengünstige Elektromobilität durch ressourceneffizient und modular gestaltete Elektromotoren in Kooperation mit dem IEM und WZL der RWTH Aachen sowie den Unternehmen Aumann, Engiro, Ph-Mechanik, Konzept und Tridelta entstanden, welches durch den Autor der vorliegenden Forschungsarbeit geleitet wurde.

[76] Der Begriff des Informationsbedarfs wird in Kapitel 2.3.3 eingeführt und erläutert.

[77] Es existieren elektrische Antriebsformen wie zum Beispiel die Gleichstrommaschine, welche aufgrund bestimmter Eigenschaften für elektromobile Traktionsanwendungen nicht geeignet sind. Die Besonderheiten dieser Elektromotorenbauart werden in der vorliegenden Arbeit nicht berücksichtigt. Neben Elektromotoren für

Gestalt des Elektromotors abhängig, dessen Gestaltungsmöglichkeiten einer hohen Diversität unterliegen. Aufgrund dessen wird nachfolgend die Vielfalt der für die Elektromobilität relevanten Erregerprinzipien, Flussrichtungen, Motortopologien und -architekturen, verwendete Materialien sowie disruptiven Ansätze aufgezeigt und abschließend der Einfluss auf den Informationsbedarf herausgearbeitet.

2.1.1 Erregerprinzipien

Die Energiewandlung im Elektromotor kann durch grundlegend verschiedene Erregerprinzipien vollzogen werden, welche alle auf der Erzeugung sich bewegender magnetischer Felder gründen, jedoch maßgebliche Unterschiede in der Motortopologie, insbesondere der Rotortopologie, bedingen.[78] In diesem Abschnitt werden der Aufbau sowie die Funktion der verschiedenen Elektromotorentypen beschrieben und Unterschiede erarbeitet, welche maßgeblichen Einfluss auf die Produktionstechnik und damit den Informationsbedarf für die Produktionsplanung haben. Hierbei liegt der Fokus auf den für die Elektromobilität relevanten Technologien Asynchronmotor, fremderregter und permanenterregter Synchronmotor sowie Reluktanzmaschine.[79] Für die Erläuterung des Aufbaus von Elektromotoren mit den verschiedenen Erregerprinzipien wird auf die etablierteste Bauart, die Radialflussmaschine, zurückgegriffen. Diese wird durch die Einführung des zugrundeliegenden Begriffs der Flussrichtung sowie der Implikationen auf Bauform und Produktionstechnik in Kapitel 2.1.2 eingeordnet. Die Funktionsweise der Erregerprinzipien gilt jedoch grundsätzlich auch für andere Bauformen, insbesondere die Axialflussmaschine, welche im Fokus des Validierungskapitels 6 steht.

2.1.1.1 Synchronmotor

Es existieren zwei verschiedene relevante Arten von Synchronmotoren mit Relevanz für den elektromobilen Traktionseinsatz, die fremderregte und die permanentmagneterregte Synchronmaschine.[80] Diese unterscheiden sich insbesondere durch den Aufbau und die Erzeugung des Magnetfeldes im Rotor und werden nachfolgend erläutert. Der Synchronmotor ist der am häufigsten in der elektromobilen Traktion eingesetzte Motor.[81]

Permanenterregter Synchronmotor

Aufbau: Der Stator des Permanenterregten Synchronmotors[82] besteht auf einem rotationssymmetrischen, mit Nuten versehenen Hohlzylinder, welcher als Paket[83] gestapelter und verbundener Elektrobleche[84] besteht. Die Nuten sind i.d.R. mit Elektroisolierpapier[85] ausgekleidet. In diesen Nuten befinden

---

die Traktion von Kraftfahrzeugen werden zum Beispiel auch Eigenschaften von Motoren für Pedelecs berücksichtigt.

[78] Vgl. Schröder (2009): Grundlagen elektrische Antriebe, S. 350.

[79] Vgl. Finken et al. (2008): Electrical machine types, S. 1.

[80] Weitere Unterformen wie der Synchron-Hysteresemotor haben insbesondere aufgrund der geringen Leistung und Effizienz in der elektromobilen Traktion keine Relevanz und werden daher nicht weiter berücksichtigt; vgl. Hering et al. (1999): Handbuch der elektrischen Maschinen, S. 184.

[81] Vgl. Hofmann (2014): Hybridfahrzeuge, S. 123.

[82] Abkürzung: PSM.

[83] Auch: Kern.

[84] Elektroblech bezeichnet kaltgewalztes Band aus Eisen-Silizium-Legierungen. Das weichmagnetische Material zeichnet sich durch eine hohe magnetische Permeabilität und geringe Ummagnetisierungsverluste aus und ist mit einem Isoliermaterial (i.d.R. auf Harzbasis) beschichtet, um Wirbelstromverluste im Betrieb zu vermindern.

[85] Elektroisolierpapier bezeichnet ein mit Harz getränktes Papier oder flächiges Polyestermaterial und wird für die Isolation elektrischer Leiter eingesetzt.

sich aus Kupferlackdraht[86] gewickelte Spulen, welche in einem bestimmten Schema verlegt und zu einem Spulensystem verschaltet werden.[87] Diese können als konzentrierte Wicklungen (eine Spule ist um einen Statorzahn gelegt) und verteilte Wicklungen (eine Spule ist um mehrere Statorzähne gelegt, die Spulen der einzelnen Phasen überlappen sich) ausgeführt werden. Der Rotor des PSM besteht ebenfalls aus einem gestapelten Blechpaket sowie hartmagnetischen Materialien wie Selten-Erden Magneten (z.B. Neodym-Eisen-Bor oder Ferrite), welche in oder am Blechpaket befestigt sind. Der Rotor ist im Stator über eine Welle im Gehäuse koaxial gelagert.[88]

Funktion: Die Spulen des Stators werden mit untereinander versetzten, i.d.R. dreiphasigen Wechselströmen oder durch Blockkommutierung und Frequenz- sowie Amplitudenmodulation erzeugten Wechselströmen gespeist.[89] Durch den Effekt des Elektromagnetismus entsteht im Luftspalt zwischen Stator und Rotor ein Magnetfeld, welches ausgeprägte Pole hat und rotiert. Die Magnetfelder von Rotor und Stator wechselwirken im Luftspalt,[90] der Rotor folgt dem Statormagnetfeld synchron und ohne Gegenlast phasengenau. Bei der Belastung des Motors mit einem Lastmoment bleibt die Drehzahl konstant, der Rotor verschiebt sich jedoch um einen Phasenwinkel versetzt hinter das Statordrehfeld. Wird das Lastmoment über das sogenannte Kippmoment hinaus gesteigert, kommt der Motor zum Stehen. Im Falle einer variablen Frequenz des Drehspannungssystems im Stator ist auch die Rotordrehzahl variabel, jedoch stets synchron zur Erregerfrequenz.[91] Das Produkt aus Drehzahl und Drehmoment des Motors ergibt die abgegebene Leistung.

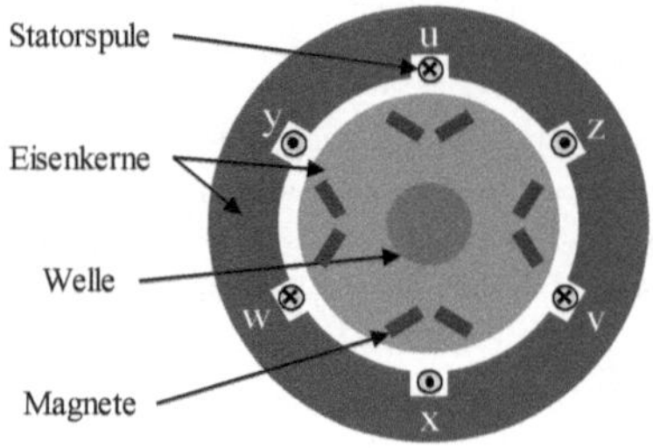

Abbildung 2-2: Schematischer Aufbau eines PSM[92]

---

[86] Es existieren Anwendungen, in dem die Spulen aus Aluminiumlackdraht gefertigt sind. Der Isolierlack besteht i.d.R. aus Polymerverbindungen.

[87] Vgl. Spring (2009): Elektrische Maschinen, S. 327.

[88] Vgl. ebd.

[89] Im letzten Fall bezeichnet man den Motor als elektrisch kommutierten Motor (EC-Motor; engl.: electrically commutated; auch: Brushless-DC-Motor (BLDC-Motor; engl.: Bürstenloser Gleichstrommotor)), welcher vom prinzipiellen Aufbau und von der Funktion dem PSM gleich ist. Der BLDC-Motor ist i.d.R. mit konzentrierten Wicklungen ausgeführt; vgl. Chau (2015): Electric vehicle drives, S. 72; Chau (2015): Electric vehicle drives, S. 75.

[90] Das Drehmoment ergibt sich durch die aus der Wechselwirkung des Statormagnetfeldes mit den Ampèreschen Oberflächenströmen entstehenden Lorentzkraft. Die Lorentzkraft bezeichnet die Kraft, die eine bewegte elektrische Ladung in einem Magnetfeld erfährt.

[91] Vgl. Schröder (2009): Grundlagen elektrische Antriebe, S. 350; Binder (2012): Elektrische Maschinen und Antriebe, S. 507.

[92] Eigene Abbildung nach Spring (2009): Elektrische Maschinen, S. 327; Gerling (2016): Elektrische Antriebe, S. 141; eine ähnliche Abbildung findet sich unter anderem in Nee (2014): Wertschöpfungsnetzwerke in der Elektromotorenproduktion, S. 19f.

Fremderregter Synchronmotor

Aufbau: Der Stator des Fremderregten Synchronmotors[93] ist prinzipiell identisch zu der PSM ausgeführt. Der Unterschied ist im Rotor zu finden, welcher analog zum Stator mit Spulen aus Kupferlackdraht, der sogenannten Erregerwicklung, ausgestattet ist. Diese Spulen werden über Schleifringe[94] und Schleifkontakte[95] mit elektrischen Polen im statischen Teil des Elektromotors verbunden. Der Rotor kann als sogenannte Vollpolmaschine (rotationssymmetrischer Zylinder) oder Schenkelpolmaschine (ausgeprägte Pole) ausgeführt sein.[96] Der Schenkelpolrotor trägt seine Wicklungen an sogenannten Polschenkeln während der Vollpolrotor diese auf ungefähr zwei Dritteln des Rotorumfangs verteilt.[97]

Funktion: Im Stator des FSM wird analog zum PSM ein sich rotierendes Magnetfeld im Luftspalt erzeugt. Die Wicklungen im Rotor werden zudem über die Schleifringe und Schleifkontakte mit Gleichstrom versorgt, wodurch ein Rotormagnetfeld erzeugt wird. Dieses Magnetfeld wechselwirkt wiederum mit dem Statormagnetfeld im Luftspalt und erzeugt ein Drehmoment. Der große Vorteil im Vergleich zum PSM liegt in der Regelbarkeit des Rotormagnetfeldes, jedoch ist der Gesamtwirkungsgrad geringer.[98] Das Betriebsverhalten (Drehzahl-Drehmoment-Verhalten) entspricht in etwa dem PSM.

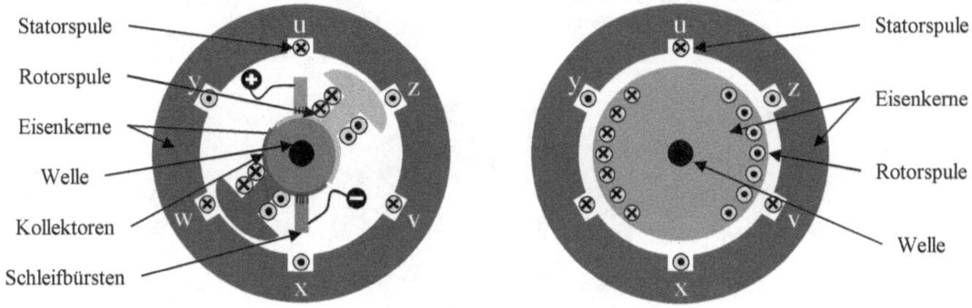

Abbildung 2-3: Schematischer Aufbau von Schenkelpol- und Vollpolbauweise eines FSM[99]

2.1.1.2 Asynchronmotor

Es existieren zwei Bauformen der Asynchronmaschine. Zum einen besteht die Möglichkeit der Schleifringläuferausführung, in der Rotorwicklungen über Schleifringe aus dem Rotor heraus geführt und kurzgeschlossen werden. Diese Bauform hat aufgrund von Funkenflug sowie Verschleiß keine Relevanz für den elektromobilen Traktionseinsatz.[100] Zum anderen existiert die Kurzschlussläufer-Asynchronmaschine, welche nachfolgend erläutert wird.[101]

---

93 Abkürzung: FSM.
94 Auch: Kollektoren.
95 Auch: Bürsten.
96 Vgl. Schröder (2009): Grundlagen elektrische Antriebe, S. 350; Gerling (2016): Elektrische Antriebe, S. 128.
97 Vgl. Heuck et al. (2010): Elektrische Energieversorgung, S. 180.
98 Vgl. Schröder (2009): Grundlagen elektrische Antriebe, S. 350; Gerling (2016): Elektrische Antriebe, S. 128; Babiel (2014): Elektrische Antriebe in der Fahrzeugtechnik, S. 115.
99 Eigene Abbildung nach Spring (2009): Elektrische Maschinen, S. 327; Gerling (2016): Elektrische Antriebe, S. 128; Teigelkötter (2013): Energieeffiziente elektrische Antriebe, S. 102.
100 Vgl. Böcker (2010): Elektrofahrzeuge, S. 59; Chau (2015): Electric vehicle drives, S. 40.
101 Weitere Unterformen wie die Spaltpolmaschine oder der Kondensatormotor haben ebenfalls keine Relevanz für die Elektromobil-Traktion; vgl. Binder (2012): Elektrische Maschinen und Antriebe, S. 733.

Aufbau: Der Stator des Asynchronmotors[102] ist ebenfalls prinzipiell identisch zur PSM aufgebaut und der Unterschied ist wiederum im Rotor zu finden. Dieser besteht aus einem zylinderförmigen Elektroblechpaket, in welches Stäbe aus Aluminium oder Kupfer eingelassen sind. An den Stirnflächen des Blechpakets sind diese Stäbe über sogenannte Kurzschlussringe miteinander elektrisch leitend verbunden. Der Rotor ist nicht elektrisch leitend mit dem Stator oder Gehäuse über eine Lagerung verbunden.[103]

Funktion: Der Begriff Induktionsmaschine weist auf die Funktionsweise des Asynchronmotors hin. Das analog zum PSM erzeugte magnetische Drehfeld des Stators führt zu einem sich lokal und zeitlich ändernden Magnetfeld im Rotor. Durch dieses werden in den Rotorstäben Spannungen induziert.[104] Durch die sich bildende Läufermasche zweier sich benachbarter kurzgeschlossener Stäbe fließt somit ein Strom, der durch den Elektromagnetismus wiederum ein Magnetfeld um die einzelnen Stäbe erzeugt. Dieses tritt im Luftspalt in Wechselwirkung mit dem Magnetfeld des Stators, woraufhin ein Drehmoment erzeugt wird, welches den Rotor antreibt. Die Drehzahl des Rotors läuft mit einem Schlupf gegenüber der des Statormagnetfeldes, da die Käfigstäbe ansonsten keiner relativen Magnetfeldänderung mehr ausgesetzt sind und der durch Induktion erzeugte Stromfluss somit zum Erliegen kommt. Der Rotor läuft asynchron.[105] Wird der Motor mit einem Lastdrehmoment beaufschlagt steigt der Schlupf und das sich ergebende Drehmoment. Zudem sinkt die Drehzahl. Das maximale Drehmoment wird im Kippmoment erzeugt.[106]

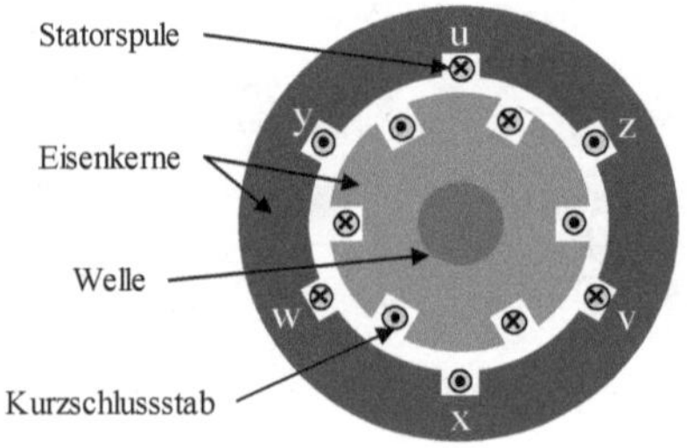

Abbildung 2-4: Schematischer Aufbau eines ASM[107]

2.1.1.3 Reluktanzmaschine

Reluktanzmaschinen[108] werden mit ferromagnetischen Rotoren betrieben, welche keine magnetische Erregung durch Erregerwicklungen oder Permanentmagnete haben.[109] Es existieren zwei relevante Bauformen der Reluktanzmaschine, die geschaltete und die synchrone. Diese werden nachfolgend erläutert.

---

[102] Auch: Induktionsmotor, Induktionsmaschine.

[103] Vgl. Spring (2009): Elektrische Maschinen, S. 228; Schröder (2009): Grundlagen elektrische Antriebe, S. 270; Schröder (2009): Grundlagen elektrische Antriebe, S. 282f; Binder (2012): Elektrische Maschinen und Antriebe, S. 269.

[104] Induktion bezeichnet die Erzeugung einer elektrischen Spannung in einem Leiter durch ein sich veränderndes Magnetfeld.

[105] Vgl. Binder (2012): Elektrische Maschinen und Antriebe, S. 270.

[106] Vgl. Hofmann (2014): Hybridfahrzeuge, S. 122.

[107] Vgl. Spring (2009): Elektrische Maschinen, S. 228; eine ähnliche Abbildung findet sich unter anderem in Nee (2014): Wertschöpfungsnetzwerke in der Elektromotorenproduktion, S. 19f.

[108] Reluktanz bezeichnet den magnetischen Widerstand.

[109] Vgl. Binder (2012): Elektrische Maschinen und Antriebe, S. 733.

Geschaltete Reluktanzmaschine

Aufbau: Der Stator der geschalteten Reluktanzmaschine besteht aus einem hohlzylinderförmigen Blechpaket mit ausgeprägten Polen, welche mit konzentrierten Wicklungen bestückt sind. Der Rotor besteht auch aus einem Blechpaket oder anderem ferromagnetischen Material und besitzt ebenfalls ausgeprägte Pole.[110]

Funktion: Durch die ausgeprägten Zähne verändert sich der Luftspalt zwischen Rotor und Stator periodisch, was zu einer ebenfalls periodischen Änderung der Reluktanz in diesem Bereich führt. Dadurch wird der Rotor durch eine Tangentialkraft bewegt, da sich die Rotorbereiche mit geringem magnetischen Widerstand an den Bereichen hoher magnetischer Feldstärke im Luftspalt ausrichten. Durch eine schrittweise Weiterschaltung des Magnetfelds wird der Rotor aufgrund eines tangentialen magnetischen Zugs mitgezogen. Der Läufer rotiert synchron mit dem Statormagnetfeld.[111]

Das Reluktanzmoment wird zunehmend auch in der Tolopologieoptimierung von konventionellen Synchron- oder Asynchronmaschinen berücksichtigt, was zu einer Steigerung der Leistungsdichte und Effizienz führt.[112]

Synchrone Reluktanzmaschine

Aufbau: Der Aufbau des Stators der synchronen Reluktanzmaschine ist prinzipiell analog zu dem des Synchron- und Asynchronmotors. Der Rotor ist zylinderförmig und bildet durch Aussparungen im Material ebenfalls Pole mit einer magnetischen Vorzugsrichtung.

Funktion: Im Gegensatz zur geschalteten Reluktanzmaschine wird das Statormagnetdrehfeld durch einen mehrphasigen Wechselstrom erzeugt. Die ausgeprägten Pole des Rotors folgen diesem analog zu der oben beschriebenen Reluktanzmotorbauweise.[113]

Abbildung 2-5: Schematischer Aufbau synchrone (li.) und geschaltete (re.) Reluktanzmaschine[114]

[110] Auch: Zähne; Binder (2012): Elektrische Maschinen und Antriebe, S. 733; Schröder (2009): Grundlagen elektrische Antriebe, S. 419.

[111] Vgl. Binder (2012): Elektrische Maschinen und Antriebe, S. 733; Schröder (2009): Grundlagen elektrische Antriebe, S. 419.

[112] Vgl. Pellegrino et al. (2016): Reluctance and permanent magnet motors, S. 28; Schröder (2009): Grundlagen elektrische Antriebe, S. 395.

[113] Vgl. Binder (2012): Elektrische Maschinen und Antriebe, S. 773.

[114] Eigene Abbildung in Anlehnung an Finken et al. (2008): Electrical machine types, S. 4.

2.1.1.4 Vergleichende Darstellung und Relevanz für die Elektromobilität

Sämtliche erläuterte Erregerprinzipien finden Anwendung in Motoren für die elektromobile Traktion.[115] Die häufigste Bauweise ist hierbei aufgrund der hohen Effizienz und Leistungsdichte die Permanenterregte Synchronmaschine (Bsp.: VW, BMW, Toyota). Des Weiteren werden ebenfalls häufig Asynchronmaschinen eingesetzt, welche sich durch Robustheit und geringe Kosten auszeichnen (Bsp.: Tesla). Fremderregte Synchronmaschinen werden seltener eingesetzt (Bsp.: Renault).[116] Reluktanzmaschinen finden aufgrund ihres geringen magnetischen Widerstands vor allem in Hybridantrieben Einsatz, welche nicht für einen Rekuperationsbetrieb ausgelegt sind.[117] Die zentralen Vor- und Nachteile der verschiedenen Erregerprinzipien sind in Tabelle 2-1 zusammenfassend dargestellt.

	ASM	PSM	FSM	RM
Vorteile	-Robustheit -Geringe Kosten -Hohe thermische Überlastfähigkeit	-Hohe Leistungsdichte -Hohe Effizienz	-Hohe Effizienz	-Geringe Kosten -Einfache Produzierbarkeit -Hohe thermische Überlastfähigkeit
Nachteile	-Geringe Leistungsdichte -Geringe Effizienz -Eingeschränkte Regel- und Steuerbarkeit	-Temperaturbeschränkung (Entmagnetisierung) -Hohe Kosten	-Verschleiß (Bürsten) -Geringer Entwicklungsstand -Hohe Kosten	-Mittlere Effizienz -Hohe Geräuschentwicklung

Tabelle 2-1: Kernvorteile und -nachteile von Motoren mit verschiedenen Erregerprinzipien[118]

Zusammenfassend ist festzustellen, dass verschiedene Elektromotorenarten (Asynchronmotor, Permanenterregter und Fremderregter Synchronmotor, Reluktanzmaschine) grundsätzlich für die elektromobile Traktion geeignet sind. Daraus ergibt sich bereits aus der Art der Leistungserzeugung ein diversifiziertes Portfolio an notwendigen Prozessen und Technologien in der Elektromotorenproduktion, was zu einem gesteigerten Informationsbedarf in der Planung ebendieser führt.[119]

2.1.2 Rotor- und Statoranordnungen

Zusätzlich zu den Erregerprinzipien existieren weitere Gestaltungsmöglichkeiten in der Architektur eines Elektromotors, welche Relevanz für die Elektromobilität und maßgeblichen Einfluss auf die Produktionstechnik haben. Zu nennen sind hier die Flussrichtung sowie die Aktivkomponentenanordnung im Elektromotor.

---

[115] Vgl. Beretta (2013): Automotive Electric Drives, S. 176.

[116] Vgl. Santiago et al. (2012): Electrical Motors in Electric Vehicles, S. 481.

[117] Vgl. Finken et al. (2008): Electrical machine types, S. 4.

[118] Vgl. Binder (2012): Elektrische Maschinen und Antriebe, S. 733; Hofmann (2014): Hybridfahrzeuge, S. 123; Hofmann (2014): Hybridfahrzeuge, S. 129; Beretta (2013): Automotive Electric Drives, S. 176ff; Beretta (2013): Automotive Electric Drives, S. 278; Zeraoulia et al. (2006): Electric Motor Drive Selection, S. 1761; Finken et al. (2008): Electrical machine types, S. 3; Wallentowitz und Freialdenhoven (2011): Elektrifizierung des Antriebsstranges, S. 83; Ehsani et al. (2007): Hybrid Electric Vehicle Drives, S. 723f; Gor et al. (2016): Electric Vehicle Drive Selection, S. 2; Zhu und Howe (2007): Electrical Machines and Drives, S. 766.

[119] Die Mechanismen zur Steigerung des Informationsbedarfes aufgrund hoher Komplexität in der möglichen Produktgestaltungsmorphologie sowie die sich daraus ergebenen konkreten Informationsdefizite werden in den Kapiteln 2.3.3 und 2.3.4 erläutert.

Flussrichtung

Die Flussrichtung eines Elektromotors beschreibt die Ausrichtung des magnetischen Flusses relativ zur Drehachse. Die etablierteste Bauform ist die **Radialflussmaschine**. Hierbei verläuft der magnetische Fluss radial zwischen Rotor und Stator und es ergibt sich eine koaxiale zylindrische (Rotor) bzw. hohlzylindrische (Stator) Bauform der Komponenten. Bei der **Axialflussmaschine** zeigt der magnetische Fluss in axialer Richtung zur Drehachse. Rotor und Stator sind scheibenförmig ausgeführt und laufen nebeneinander. Die Kompaktheit, die hohe Leistungsdichte sowie der Entfall der Wickelköpfe, welche nicht zur aktiven Magnetfelderzeugung beitragen, machen den Axialflussmotor zu einer relevanten automobilen Anwendung.[120] Zudem kann der Motor als Direktantrieb ohne Reduziergetriebe ausgeführt werden, was zu Kosten-, Bauraum- und Gewichtseinsparungen führen kann.[121] In **Transversalflussmaschinen** verläuft der magnetische Fluss quer zur Bewegungsrichtung (transversal). Durch mehrere axial verteilte, koaxiale Ringspulen wird der Strom in Umfangsrichtung geführt. Auf dem Rotor befinden sich mehrere versetzte Magnetringe oder Einzelmagnete. Die Magnetkreise schließen sich somit transversal zur Bewegungsrichtung. Durch aufeinanderfolgendes Anlegen von Spannungen an den verschiedenen Spulen ähnlich wie bei der geschalteten Reluktanzmaschine läuft das Statormagnetfeld axial durch den Stator und der Rotor folgt diesem, wodurch eine Rotation entsteht.[122]

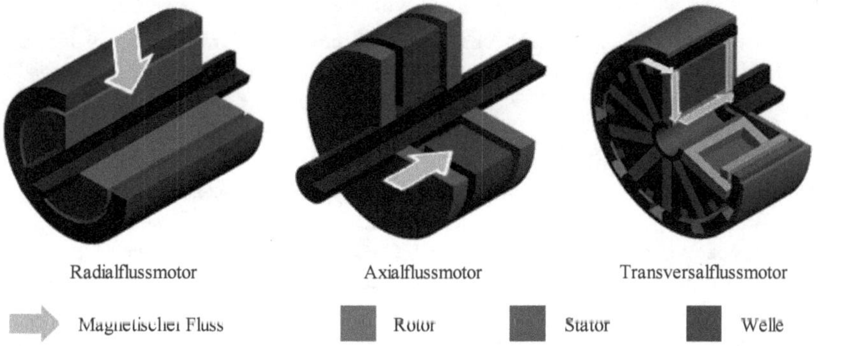

Abbildung 2-6: Elektrische Motoren mit unterschiedlichen Flussrichtungen[123]

Aktivkomponentenanordnung

Die größten Unterschiede in der Aktivteilanordnung sind bei dem Radialflussmotor in der Innen- und Aussenläuferbauweise zu finden. In der konventionellen Innenläuferbauweise liegt der zylindrische Rotor koaxial im Hohlzylinder des Stators. In der Außenläuferbauweise ist der Rotor außen um den Stator herum als Hohlzylinder oder Glocke ausgeführt. Vorteile ergeben sich hierbei oftmals in der Integration im Anwendungskontext. Bei Axialflussmotoren sind die Unterschiede in der Anzahl und Anordnung von Rotor und Stator zu finden. So besteht die Möglichkeit, mehrere Statoren oder Rotoren in einem Motor zu verwenden.

[120] Vgl. Zhao et al. (2014): Permanent Magnet Motors With Ferrite Magnets, S. 1.
[121] Vgl. Liebl et al. (2014): Energiemanagement im Kraftfahrzeug, S. 79.
[122] Vgl. Hofmann (2014): Hybridfahrzeuge, S. 126.
[123] Eigene Abbildung nach Trzesniowski (2014): Rennwagentechnik, S. 808.

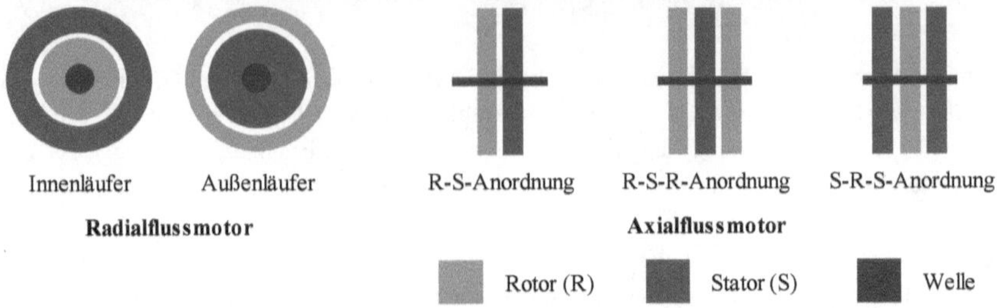

Abbildung 2-7: Aktivkomponentenanordnung von Radial- und Axialflussmotoren[124]

Zusammenfassend ist festzustellen, dass verschiedene Rotor- und Statoranordnungen (Flussrichtungen, Aktivkomponentenanordnungen) für die elektromobile Traktion geeignet sind. Die sich dadurch ergebende Komplexität in der Motorgestaltung führt zu einer weiteren Diversifizierung des Portfolios an notwendigen Prozessen und Technologien in der Elektromotorenproduktion, was zu einem weiter gesteigerten Informationsbedarf für ebendiese führt.[125]

2.1.3 Antriebs- und Motorarchitekturen und -topologien

Neben der vorhergehend aufgezeigten Vielfalt in den Erregerprinzipien sowie Rotor- und Statoranordnungen stellen die Gestaltungsparameter in der Antriebs- und Motorarchitektur und -topologie[126] einen weiteren Varianztreiber für die Elektromotorenproduktion und den damit einhergehenden Informationsbedarf in der Produktionsplanung dar. Der Begriff Produktarchitektur umfasst mit der Dekomposition der notwendigen Funktionen die *Funktionsstruktur* sowie mit der physischen Zusammensetzung der Komponenten die *Produktstruktur*, welche in der Transformation zu einem Produkt verknüpft sind.[127] Unter dem Begriff Topologie wird die Raumgestalt einzelner Komponenten oder Baugruppen gefasst.[128] Die hohe Varianz in den Gestaltungsmöglichkeiten von elektrischen Maschinen lässt sich insbesondere drauf zurückführen, dass Elektromotoren oftmals für spezielle Anwendungsfälle entwickelt werden, welche sich in Anforderungen und Randbedingungen unterscheiden. Die wichtigsten Einflussfaktoren auf die Produktgestalt sind hierbei insbesondere die Leistung (Drehzahl, Drehmoment), Einsatzbedingungen (bspw. Atmosphäre, Verschmutzung, Feuchtigkeit), Einbaubedingungen (Bauraum, mechanische und elektrische Anbindung), Spannungslage, Lebensdaueranforderungen, Geräuschanforderungen und weitere.[129] Die daraufhin entwickelte Produktarchitektur und eingesetzte Topologie hat einen maßgeblichen Einfluss auf Effizienz, Volumen, Masse und Kosten der Maschine.[130] Nachfolgend werden insbesondere für die notwendige einzusetzende Produktionstechnik entscheidende Gestaltungsmerkmale für den Gesamtmotor mit Gehäuse (Tabelle 2-2), Stator (Tabelle 2-3) und Rotor

---

[124] Eigene Abbildung in Anlehnung an Sitapati und Krishnan (2001): Comparison of Radial and Axial Field Machines, S. 1219ff; Chau et al. (2007): Outer-Rotor Motor, S. 2504.

[125] Die Mechanismen zur Steigerung des Informationsbedarfes aufgrund hoher Komplexität in der möglichen Produktgestaltungsmorphologie sowie die sich daraus ergebenen konkreten Informationsdefizite werden in den Kapiteln 2.3.3 und 2.3.4 erläutert.

[126] Als Antrieb wird im Kontext dieser Arbeit das gesamte mechatronische System zur Fortbewegung eiens Fahrzeugs verstanden, dessen Teilkomponente unter anderem ein Motor ist.

[127] Vgl. Feldhusen und Grote (2013): Pahl/Beitz Konstruktionslehre, S. 256.

[128] Vgl. ebd., S. 441.

[129] Vgl. Binder (2012): Elektrische Maschinen und Antriebe, S. 5ff.

[130] Vgl. Beretta (2013): Automotive Electric Drives, S. 277; Hofmann (2014): Hybridfahrzeuge, S. 113.

inklusive Welle (Tabelle 2-4) dargestellt. Aufgrund der Vielzahl möglicher Gestaltungsoptionen kann die Darstellung sowohl in den Parametern als auch in den Ausprägungen keinen Anspruch auf Vollständigkeit haben. Die Anzahl der tatsächlichen Gestaltungsmöglichkeiten ist nahezu unendlich.[131]

Parameter	Ausprägungen			
Verbauort	Zentral	Radnah	Radnabe	
Motorintegration	Alleinstehend	In Gesamtantrieb integriert		
Gehäusekonzept	Zylinder (Mit 2 Lagerschilden)	Topf (Mit 1 Lagerschild)	Ohne (Mit 2 Lagerschilden)	
Leistungselektronik-integration	Extern	Teilintegriert	Vollintegriert	Ohne
Getriebeintegration	Extern	Integriert	Ohne	
Getriebeart	Stirnradgetriebe	Planetengetriebe		
Übersetzung	Fest	Schaltbar (Mehrgang)		
Kühlkonzept	Passive Konvektionskühlung	Aktive Luftkühlung	Aktive Flüssigkeitskühlung	Ohne
Kühlmantel	Druckgussgehäuse	Blechmantel	Rohrhelix	Ohne
Sensornutzung	Drehzahl	Position	Temperatur	Ohne

Tabelle 2-2: Gestaltungsmorphologie[132] Antrieb inklusive Gehäuse[133]

---

[131] Vgl. Beretta (2013): Automotive Electric Drives, S. 277.

[132] Morphologie bezeichnet in diesem Kontext die Struktur eines Sachbereichs, also die Parameter und deren Ausprägungen eines Lösungsraumes; vgl. Shurig (1984): Technology Morphology, S. 129.

[133] Vgl. Ehsani et al. (2010): Modern Electric Vehicles, S. 151ff; Hofmann (2014): Hybridfahrzeuge, S. 131.

Parameter	Ausprägungen				
Bauart	Geschlossen	Offen	Jochring/ Stern		
	Jochring/ Einzelpole	Vollpolsegmente	Polkette		
Statorart	Gewickelte oder gesteckte Spulen	Statorkäfig (ISCAD)			
Wicklungsverteilung	Konzentriert	Verteilt			
Wickelschema	Schleifenwicklung	Einschichtwicklung	Zweietagenwicklung		
	Wellenwicklung	Bruchlochwicklung	Dreietagenwicklung		
Verschaltung	Stern	Dreieck			
Leiter	Einzeldraht	Litze	Hairpin	I-Pin	Kontinuier-licher Hairpin
Leiterorientierung	Orthozyklisch	Wild	Parallel (Hairpin)		
Leiterform	Rund	Eckig			
Endkappe	Mit	Ohne			
Verschaltring	Mit	Ohne			
Isolation	Papierschicht	Kunststoffschicht	Pulverschicht	Ohne	
Imprägnierung	Harzimprägnierung	Vollverguss	Backlack	Ohne	
Zusatzmaterial	Deckschieber	Phasentrenner	Bandagierung	Ohne	
Anschluss	Stecker	Kabelschuh	Blanker Draht	Schneidklemme	
Temperatursensor	Mit	Ohne			
Nutschränkung	Mit	Ohne			
Nutöffnung	Geschlossen	Offen	Teilgeschlossen (Polschuhe)		

Tabelle 2-3: Gestaltungsmorphologie Stator[134]

134 Vgl. Gor et al. (2016): Electric Vehicle Drive Selection, S. 3; Kampker et al. (2016): Slot insulation, S. 167; Binder (2012): Elektrische Maschinen und Antriebe, S. 80ff; Hagedorn et al. (2016): Handbuch der Wickeltechnik, S. 37ff; Fleischer et al. (2017): Quo Vadis Wickeltechnik?, S. 17ff; Akita et al. (2003): Manufacturing Method for Permanent Magnet Motors, S. 368; Zhu und Chan (2008): Electrical Machine Topologies, S. 2; Rix und Kamper (2012): Rotor and Stator Topologies, S. 2476; Patzak et al. (2016): ISCAD, S. 148ff.

	Parameter	Ausprägungen					
	Wellenstruktur	Vollwelle	Hohlwelle				
	Wellenart	Durchgehende Welle	Geteilte Welle				
	Wellenkühlung	Durchgehend	Kühlungsrohr	Sprühkühlung	Ohne		
	Erdungsring	Mit	Ohne				
	Wuchtart	Additiv	Subtraktiv	Ohne			
	Paketschränkung	Mit	Ohne				
ASM	*Erregung*	Schleifringwicklung	Kurzschlusskäfig				
ASM	*Stabform*	Rundstab	Tropfenform	Hochstab	Keilform	Doppelkäfig	
ASM	*Ringmantel*	Mit (Schutz vor Fließen durch Fliehkraft)	Ohne				
PSM	*Magnetort*	Oberfläche	Vergraben				
PSM	*Magnetanordnung*	Oberfläche	Oberfläche eingelassen	Vergraben tangential	Vergraben radial	Vergraben V-Anordnung	Vergraben W-Anordnung
PSM	*Magnetbefestigung*	Bandagiert	Verklebt	Kraftschluss	Verstemmt		
PSM	*Magnetlagen*	Einlagig	Mehrlagig	Axial laminiert			
PSM	*Magnetform*	Rechteckig	Rund				
PSM	*Paketsegmentierung (Axial)*	Einteilig	Mehrteilig				
FSM	*Rotorform*	Schenkelpol	Vollpol				
FSM	*Elektrischer Kontakt*	Schleifring (Kollektor)	Induktionsspule				
FSM	*Spulen*	Drahtwicklung	Hairpin				
RM	*Rotorform*	Ausgeprägte Pole	Reluktanztopologie				

Tabelle 2-4: Gestaltungsmorphologie Rotor inklusive Welle[135]

Zusätzlich zu den Gestaltungsparametern und deren Ausprägungen stellt die Dimensionierung der Maschine und ihrer Komponenten einen weiteren Varianztreiber mit Einfluss auf die Produktionstechnik dar. Hier sind Durchmesser und Länge der Aktivteile, Nutzahl und -geometrie, Polzahl sowie Drahtdurchmesser und Anzahl paralleler Drähte hervorzuheben.[136] Die Variation dieser Parameter erlaubt die Gestaltung einer elektrische Maschine hinsichtlich bestimmter Leistungs- und Einsatzanforderungen.

Zusammenfassend ist festzustellen, dass eine vielfältige Morphologie für die Gestaltung der Motorarchitektur und -topologie von Elektromotoren existiert, was zu einem weiter gesteigerten Informationsbedarf für die Elektromotorenproduktionsplanung führt.[137]

---

[135] Vgl. Hering et al. (1999): Handbuch der elektrischen Maschinen, S. 105; Hofmann (2014): Hybridfahrzeuge, S. 123; Zhu und Howe (2007): Electrical Machines and Drives, S. 746ff; Chau et al. (2008): Permanent-Magnet Brushless Drives, S. 2248; Zhu und Chan (2008): Electrical Machine Topologies, S. 1; Chen et al. (2010): Axial Segments Rotor, S. 3665; Wang et al. (2011): Topologies for Permanent-Magnet Machine, S. 3606; Chau (2015): Electric vehicle drives, S. 74; Pyrhönen et al. (2010): Rotating electrical machines, S. 397.

[136] Vgl. Pyrhönen et al. (2010): Rotating electrical machines, S. 282.

[137] Die Mechanismen zur Steigerung des Informationsbedarfes aufgrund hoher Komplexität in der möglichen Produktgestaltungsmorphologie sowie die sich daraus ergebenen konkreten Informationsdefizite werden in den Kapiteln 2.3.3 und 2.3.4 erläutert.

2.1.4 Materialeinsatz

Weitere varianzsteigernde Merkmale sind im vielfältig möglichen Materialeinsatz für identische Produktfunktionen und Komponenten zu identifizieren. Treibende Faktoren für die Varianz im Materialeinsatz sind hierbei neben den elektrischen, magnetischen, thermischen und mechanischen Eigenschaften der verschiedenen einsetzbaren Materialien (z.B. spezifische elektrische Leitfähigkeit/ Konduktivität bei Statorwicklung und Rotorkäfig, spezifischer elektrischer Widerstand/ Resistivität bei Isolatoren, magnetische Feldstärke und Flussdichte bei Permanentmagneten, Wärmeleitfähigkeit bei Imprägniermaterial, statische und dynamische Festigkeit bei Wellen- und Gehäusematerial) insbesondere die Kosten und Verarbeitbarkeit. Letztere wiederum begründet die weitere Komplexitätssteigerung der Produktion aufgrund unterschiedlich notwendiger Produktionstechnik sowie deren Verfahrensweisen.[138] Nachfolgend werden insbesondere für die notwendige Produktionstechnik entscheidende Materialeinsatzmöglichkeiten für Elektromotorkomponenten dargestellt. Im realen Einsatz wird die Komplexität noch durch mögliche Legierung bzw. Compoundierung des dargestellten Grundmaterials gesteigert.[139] Aufgrund der Vielzahl der möglichen Gestaltungsparameter kann auch diese Darstellung sowohl in den Parametern als auch in den Ausprägungen keinen Anspruch auf Vollständigkeit haben.

Parameter	Ausprägungen					
Wicklung	Kupfer		Aluminium			
Magnete	Ferrite	Aluminium-Nickel-Cobalt (Al-Ni-Co)	Samarium-Cobalt (Sm-Co)	Neodym-Eisen-Bor (Nd-Fe-B)		
Rotorkäfig	Aluminium		Kupfer			
Gehäuse	Aluminium	Gusseisen	Metallblech	Kunststoff		
Kern	Elektroblech		SMC (Soft Magnetic Composites)			
Primärisolation	Thermoplastische Materialien, hauptsätzlich Polymere wie Polyesterimid, Polyurethan, Polyimid		Isolierlack	Backlack		
Sekundärisolation	Lack	Harz	Kunststoff			
Nutisolatiton	Aramid-papier	Polyimid-folie	Polyester-folie	Polyurethan	Poly-carbonat	Epoxid-pulver

Tabelle 2-5: Gestaltungsmorphologie Materialeinsatz in Elektromotoren[140]

---

[138] Produktionstechnik bezeichnet Verfahren und Prozesse, welche beherrscht werden und wirtschaftlich nutzbar in Produktionssysteme integrieren lassen. Produktionssystem bezeichnet ein System, in welchem durch die Transformation von Inputfaktoren durch Material-, Energie-, Arbeits- und Produktionstechnikeinsatz Outputfaktoren erzeug werden. Verfahrensweisen bezeichnet in diesem Kontext die Art des Produktionstechnikeinsatzes, z.B. durch unterschiedliche Kinematik oder Parametrisierung.

[139] Legierung (für Metalle) und Compoundierung (für Kunstsoffe) bezeichnet eine gewünschte Eigenschaftsänderung eines Grundmaterials durch Hinzufügen von einem oder mehreren Zuschlagsstoffen.

[140] Vgl. Zhao et al. (2014): Permanent Magnet Motors With Ferrite Magnets, S. 1; Chau (2015): Electric vehicle drives, S. 70; Pyrhönen et al. (2010): Rotating electrical machines, S. 431ff; Stone et al. (2014): Electrical insulation for rotating machines, S. 73ff; Primärisolation bezeichnet die erste isolierende, direkt auf den Leitern befindliche Isolationsschicht; Sekundärisolation bezeichnet eine zusätzlich zur Primärisolation nachträglich aufgebrachte Isolationsschicht, welche auch als Verguss oder Imprägnierung bekannt ist.

Zusammenfassend ist festzustellen, dass eine vielfältige Morphologie für den Einsatz unterschiedlicher Materialien in Elektromotoren existiert, was zu einem weiter gesteigerten Informationsbedarf für die Elektromotorenproduktionsplanung führt (vgl. Kapitel 2.3.3).[141]

2.1.5 Disruption in der elektrischen Motortechnologie

Nachfolgend wird der Elektromotor als Teil des Traktionsantriebs in der Elektromobilität anhand von erarbeiteten Merkmalen auf eine mögliche Klassifizierung als **disruptive Technologie** hin untersucht und ein sich ergebener weiterer besonderer Informationsbedarf dadurch festgestellt. CHRISTENSEN charakterisiert disruptive Technologien durch ein völlig neues Wertangebot, welches sie in Märkte einführen. Produkte, welche auf disruptiven Technologien basieren, sind typischerweise kostengünstiger, einfacher, kleiner und benutzerfreundlicher.[142] BOWER definiert disruptive Technologien als wissenschaftliche Entdeckungen, welche übliche Produkt- oder Technologiefähigkeiten durchbrechen und die Basis für ein neues Wettbewerbsparadigma[143] schaffen.[144] Diese Definition wird von DANNEELS unterstützt, welcher herausstellt, dass disruptive Technologien die Wettbewerbsbasis durch eine Veränderung der Leistungsmerkmale ändert.[145] KASSICIEH bezeichnet disruptive Technologien als diskontinuierliche Innovationen, welche exponentielle Verbesserungen in dem wahrgenommenen Wert beim Kunden auslösen.[146] GOVINDARAJAN definiert disruptive Technologien durch einen unterschiedlichen Leistungsumfang im Vergleich zu konventionellen Technologien.[147] Vielen Definitionen ist die Beschreibung des technologischen Migrationspfades gemeinsam. So starten disruptive Technologien oftmals mit einer geringeren technologischen Reife als deren Konkurrenzprodukte in den etablierten Märkten. Durch neue Merkmale können Sie jedoch oftmals in Nischenmärkten oder neuen Märkten Kunden gewinnen und dadurch zu einer technologischen Reife gelangen, die schlussendlich zu einer Verdrängung etablierter Produkte führt.[148] Disruptive Innovationen sind in Abgrenzung zu **nachhaltigen Technologieverbesserungen**[149] zu sehen. Auch wenn diese diskontinuierlichen oder radikalen Charakter haben können, fokussieren sie auf die Verbesserung der Leistung bestehender Produkte. Nachhaltige Technologieverbesserungen können jedoch auch dazu führen, dass das Leistungsangebot eines Produktes über den Bedarf am Markt hinausgeht, was höhere Kosten und Preise oder geringere Margen mit sich bringt. Dadurch können diese Platz für disruptive Technologien in einem Markt schaffen,[150] wenn sie nicht durch diese verdrängt werden.[151] Zudem schaffen sie Platz für neue Wettbewerbsteilnehmer.[152] Der übliche Verlauf

---

[141] Die Mechanismen zur Steigerung des Informationsbedarfes aufgrund hoher Komplexität in der möglichen Produktgestaltungsmorphologie sowie die sich daraus ergebenen konkreten Informationsdefizite werden in den Kapiteln 2.3.3 und 2.3.4 erläutert.

[142] Vgl. Christensen (2016): The innovator's dilemma, S. 6.

[143] Aus dem Englischen: competitive paradigm; Paradigma bezeichnet die Gesamtheit der Grundauffassungen eines Bereiches, z.B. Marktes; Wettbewerbsparadigma bezeichnet somit die einen Markt zugrundeliegenden Voraussetzungen, Angebote, Wissen und Annahmen, welche den Wettbewerb beeinflussen.

[144] Vgl. Bower und Christensen (1995): Disruptive Technologies, S. 43ff.

[145] Vgl. Danneels (2004): Disruptive Technology Reconsidered, S. 249.

[146] Vgl. Kassicieh et al. (2002): Commercialization of Disruptive Technologies, S. 375.

[147] Vgl. Govindarajan und Kopalle (2006): Disruptiveness of Innovations, S. 191.

[148] Vgl. Christensen (2016): The innovator's dilemma, S. 6; Govindarajan und Kopalle (2006): Disruptiveness of Innovations, S. 191; Sandström (2011): High-end disruptive technologies, S. 109.

[149] Auch: Inkrementelle Innovationen, Produktoptimierung.

[150] Vgl. Christensen (2016): The innovator's dilemma, S. 6; Linton (2002): Disruptive and Discontinuous Innovation, S. 365; Weitert und Milling (2014): Wettbewerbsimplikationen technologischen Wandels, S. 13.

[151] Vgl. Bower und Christensen (1995): Disruptive Technologies, S. 43ff.

[152] Vgl. Weitert und Milling (2014): Wettbewerbsimplikationen technologischen Wandels, S. 11.

der Entwicklung der Produktleistung einer disruptiven Technologie wird in Abbildung 2-8 dargestellt. Es wird deutlich, dass ein höherer Kundenwert oder eine schnellere Entwicklung nicht zwangsläufig Teil einer Disruption sein muss.

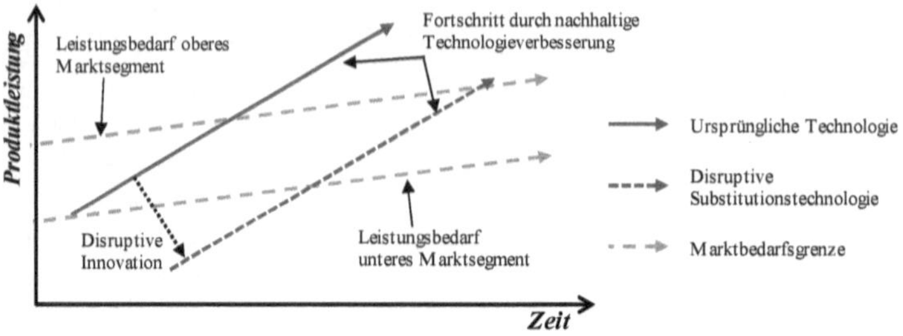

Abbildung 2-8: Einfluss disruptiver Innovationen auf Produktleistung und Märkte[153]

Die Industrialisierung inkrementeller Innovationen und disruptiver Technologien ist grundsätzlich unterschiedlich und beinhaltet andersartige Herausforderungen.[154] Während für inkrementelle Optimierung oftmals auf bestehende Erfahrungen und Wissen zurückgegriffen werden kann, haben die einer Industrialisierung von disruptiven Technologien einhergehenden Aufgaben forschungs- und entwicklungsorientierten Charakter. Sie stellen produzierende Unternehmen vor die Herausforderung aber auch die Chance, ihre Organisation neu erfinden zu müssen. Durch das Fehlen eines bekannten, erprobten und erwiesenermaßen funktionsfähigen Migrationspfades von der wissenschaftlichen Entdeckung hin zu einem leistungskonformen Produktionssystem ergeben sich völlig neue und umfassende Informationsbedarfe.[155] Bestehendes Wissen und Kompetenzen in einer Organisation sind üblicherweise nicht nutzbar,[156] da disruptive Innovationen in der Regel nicht auf bestehenden Erfahrungen und Fähigkeiten einer Organisation aufbauen.[157]

In der Literatur finden sich keine festgelegten, allgemein anerkannten messbaren Kriterien für die Disruptivität einer Innovation.[158] KASSICIEH gibt jedoch einige Anhaltspunkte, anhand dessen eine Innovation als Disruption klassifiziert werden kann. Er beschreibt drei hinreichende Veränderungen, welche auf eine Disruption hindeuten:

- Veränderung im Technologieparadigma, welche Einfluss auf die Entscheidung eines Unternehmens zur Kommerzialisierung eines bestimmten Produktes haben
- Veränderungen in Marktstrukturen, welche neue Teilnehmer in einen Markt einführen und den Output der bestehenden Marktteilnehmer verändert
- Veränderungen im Kundennutzen, für den Anwender ihre Produktnutzungsgewohnheiten ändern müssen, um von diesen zu profitieren

[153] Eigene Abbildung nach Christensen (2016): The innovator's dilemma, S. 6.
[154] Vgl. Kassicieh et al. (2002): Commercialization of Disruptive Technologies, S. 375.
[155] Vgl. ebd.
[156] Vgl. Govindarajan und Kopalle (2006): Disruptiveness of Innovations, S. 190.
[157] Vgl. ebd., S. 193.
[158] Vgl. ebd., S. 190.

Zudem definiert er detailliertere Ausprägungen zu den Veränderungen im Technologieparadigma:

- Einfluss auf Technologie- oder Produktparadigma
- Neues Technologie- oder Produktparadigma (Produktarchitektur oder Produkt)
- Veränderung in der Lernkurve zu einer Technologie
- Veränderung in der Technologiebasis
- Neue Produktfamilien[159]

Die Produktion elektrischer Motoren für Traktionsanwendungen in der Elektromobilität wird nachfolgend anhand dieser Anhaltspunkte auf ihre Charakterisierbarkeit als disruptive Technologie untersucht. Elektrofahrzeuge an sich wurden bereits durch CHRISTENSEN bei zunehmender Innovationsgeschwindigkeit als möglicherweise disruptiv vorausgesagt.[160] KAMPKER hat diese eindeutig als disruptiv charakterisiert.[161] Die Elektromotorenproduktion in diesem Kontext als disruptiv zu klassifizieren ist jedoch nicht direkt offensichtlich, da Elektromotoren bereits seit langem für andere, insbesondere stationäre Anwendungen industriell und in hohen Stückzahlen produziert werden. Nachfolgende Punkte weisen jedoch darauf hin, dass ebendiese eindeutig als disruptiv klassifiziert werden kann:

- **Neue Leistungsklassen:** Die für die automobile elektrische Traktion notwendige Antriebsleistung liegt in einem für Elektromotoren hohen Segment von über 40kW. Der Marktanteil von Motoren in dieser Leistungsklasse liegt innerhalb der EU bei unter 4%.[162] Weltweit ist dieser Anteil noch geringer, da Kleinstmotoren insbesondere in Asien produziert werden.[163]
- **Neue Stückzahlszenarien:** Der aktuell zu beobachtende Aufschwung der Elektromobilität geht mit einem zunehmenden Bedarf an Großserienproduktionen einher. Aktuell existieren jedoch noch kaum Produktionssysteme für elektrische Traktionsmotoren in diesem Stückzahlbereich, welche die Anforderungen der Elektromobilität erfüllen.[164]
- **Neue Qualitätsanforderungen:** Das neue Anforderungsprofil an den elektrischen Antrieb, die Einsatzbedingungen sowie das Qualitätsverständnis der Automobilindustrie haben dazu geführt, dass neue, verschärfte Qualitätsanforderungen an Elektromotoren, deren Haltbarkeit sowie die funktionale Sicherheit gestellt werden.[165] Dies stellt selbst in der industriellen Antriebsproduktion erfahrene Unternehmen vor neue Herausforderungen. So stehen etablierte Produktionstechnologien in zentralen Prozessschritten wie dem Wickeln in Konflikt mit grundsätzlichen Prozessanforderungen der Automobilindustrie wie deterministische Prozessverläufe, Prozessstabilität und Überwachbarkeit.[166] Ebenso sind deutlich längere Industrialisierungszeiten zu beobachten.[167] Der Trend zu höheren Qualitätsanforderungen liegt auch in der fehlenden Erfahrung von Automobilherstellern in der Elektromotorenproduktion begründet. So werden höhere Qualitätsanforderungen oftmals durch eine zusätzliche gewünschte Sicherheit aufgrund der geringen Erfahrung gerechtfertigt.[168]

---

[159] Vgl. Kassicieh et al. (2002): Commercialization of Disruptive Technologies, S. 375.
[160] Vgl. Christensen (2016): The innovator's dilemma, S. 90.
[161] Vgl. Kampker et al. (2013): Value Creation During Disruptive Innovations, S. 2.
[162] Vgl. Hering et al. (2012): Elektrotechnik und Elektronik, S. 301.
[163] Vgl. Waide und Brunner (2012): Electric Motor Driven Systems, S. 30f.
[164] Vgl. Nee (2014): Wertschöpfungsnetzwerke in der Elektromotorenproduktion, S. 23; Kampker et al. (2013): Elektromobilität, S. 22f.
[165] Vgl. Peter et al. (2013): Trends im Elektromaschinenbau, S. 435ff.
[166] Vgl. Kampker et al. (2017): Automotive process capability, S. 1ff.
[167] Validiert in Experteninterviews Produkt- und Prozessentwicklung für elektrische Antriebe 01/2018.
[168] Ebd.

- **Neue Packaging-Anforderungen:** Durch die mobile Anwendung sowie die Integration in den beschränkten Bauraum eines Fahrzeugs ergeben sich neue Anforderungen, insbesondere an die Leistungsdichte eines Motors.[169] Auch wenn Traktionsmotoren grundsätzlich ähnlich zu industriellen Anwendungen sind, ergeben sich hieraus maßgebliche Unterschiede.[170] Der Trend zu hocheffizienten Antrieben zur Reichweitensteigerung kann nicht als neu oder disruptionstreibend charakterisiert werden, da insbesondere durch gesetzliche und normative Anforderungen bereits ein Bestreben zu hoher Energieeffizienz im Bereich der Industrie- und Haushaltsgerätemotoren besteht.[171]
- **Neue Drehzahlanforderungen:** Eine Möglichkeit des Downsizing[172] ist die Einführung von Hochdrehzahlanwendungen, indem die Leistung eines Motors über eine hohe Drehzahl und nicht über ein hohes Drehmoment erzeugt und durch ein Getriebe auf Raddrehzahl und -drehmoment untersetzt wird. Auch hierbei unterscheiden sich die Automobiltraktionsmotoren von Industrieelektromotoren. Der Trend zu Hochdrehzahlanwendungen ist in der Automobilindustrie zu beobachten.[173]
- **Hochintegration:** Im Vergleich zu Industrie- und Haushaltsgerätemotoren ist insbesondere in der Automobilindustrie ein Trend zur Hochintegration von Funktionen zu elektrischen Antriebsmodulen zu erkennen. So werden Module wie die Leistungselektronik, Getriebe und Kühlung zusammen mit dem Motor in einem Gehäuse zu einem integrierten elektrischen Antrieb zusammengefasst. Darüber hinaus ist ein weiterer Trend hin zu vollintegrierten elektrischen Achsen zu erkennen, in der weitere Fahrzeugkomponenten verbaut sind.[174]
- **Fokus auf andere Erregertechnologien:** Aktuell wird insbesondere die PSM als Erregertechnologie in der Elektromobiltraktion verwendet, auch wenn noch unklar ist, welche Technologie sich final durchsetzen kann.[175] Der Marktanteil der PSM an den in der EU produzierten Elektromotoren liegt jedoch nur bei unter 5% und die damit einhergehende bestehende Kompetenz in der Elektromotorenproduktion dieser Technologie ist eher gering.[176] Zudem hat die aktuell dominante PSM-Technologie Kostennachteile gegenüber den anderen Erregertechnologien.[177]
- **Fokus auf andere Produktanordnungen und -topologien:** Die runddrahtgewickelte Radialflussmaschine stellt den etablierten Stand der Technik in der Elektromotorenproduktion dar. Aktuell können zwei Strömungen in der Automobilindustrie beobachtet werden. Zum einen wird auf OEM-Seite vermehrt an der Industrialisierung und dem Einsatz von Hairpinstatoren gearbeitet,[178] was eine grundlegend unterschiedliche Art der Produkttopologie darstellt.[179] Zum anderen rückt die

---

[169] Vgl. Binder (2012): Elektrische Maschinen und Antriebe, S. 4.

[170] Vgl. Chau (2015): Electric vehicle drives, S. 61; Schröder (2009): Grundlagen elektrische Antriebe, S. 397.

[171] Beispielhaft zu nennen ist hier die Ökodesign-Richtlinie 2009/125/EG der EU für ErP (energieverbrauchsrelevante Produkte).

[172] Downsizing (engl.: Verkleinerung) bezeichnet das Bestreben, eine gleiche Produktleistung aus einem kleineren oder leichteren Motor zu erzeugen.

[173] Vgl. Binder (2012): Elektrische Maschinen und Antriebe, S. 4.

[174] Als Beispiel für die Hochintegration können die Antriebe sämtlicher großer OEM wie z.B. VW, BMW, Toyota oder Tesla dienen. Als Beispiel für die elektrische Achse können Antriebe aus dem Zuliefererbereich wie z.B. Bosch, Bergische Achsen BPW, GKN oder Schäffler dienen.

[175] Vgl. Kampker et al. (2013): Value Creation During Disruptive Innovations, S. 2.

[176] Vgl. Hering et al. (2012): Elektrotechnik und Elektronik, S. 301.

[177] Vgl. Nee (2014): Wertschöpfungsnetzwerke in der Elektromotorenproduktion, S. 22.

[178] Validiert in Experteninterviews Produkt- und Prozessentwicklung für elektrische Antriebe 01/2018.

[179] Hairpinstatoren stellen keine grundlegend neue Art der Statorproduktion dar, da diese in einfacherer Form zum Beispiel bereits für die Produktion von Statoren für Starter-Generatoren eingesetzt wurden; sie stellen jedoch zum etablierten Stand der Technik einen großen Unterschied dar, welcher in den ersten Generationen der elektrischen Traktionsmotorenproduktion in der Automobilindustrie aus der Flyer- und Einziehtechnologie

Anordnung des Motors in Axialflussbauweise verstärkt in den Fokus von Elektromotorenproduzenten.[180]

- **Andere und neue Anbieter:** Während konventionelle verbrennungsmotorische Antriebe insbesondere durch automobile OEM selber produziert wurden, können in der elektrischen Traktionsmotorensproduktion neue Wettbewerber identifiziert werden, welche sich bereits auf dem Markt etabliert haben oder sich gerade auf dem Markt positionieren. Diese Wettbewerber haben zum Teil bereits Erfahrungen in der Elektromotorenproduktion oder in der Automobilindustrie oder stoßen neu in diese Domänen vor. Zudem sind diese Wettbewerber kleine und große etablierte Player oder Start-Ups.[181]
- **Neue Innovationsgeschwindigkeit durch Automobilindustrie:** Seit der Einführung der PSM in kommerzielle Anwendungen vor 20 Jahren hat es lange keinen Innovationsschub mehr gegeben,[182] was sich in einer lediglich inkrementell ablaufenden Innovation der Motorentechnik geäußert hat.[183] Durch den Einstieg der Automobilindustrie in die Elektromotorenproduktion kann ein neuer Innovationsschwung in der gesamten Branche Elektromaschinenbau identifiziert werden.[184]

Durch die oben aufgeführten Punkte können Elektrotraktionsmotoren innerhalb der disruptiven Elektromobilität selbst als disruptive Technologie klassifiziert werden, wodurch sich ein gesteigerter Informationsbedarf für die Produkt- und Prozessentwicklung ableiten lässt.[185]

Zusammenfassend ist festzustellen, dass elektrische Traktionsmotoren als disruptive Technologie klassifiziert werden können, wodurch sich direkt ein gesteigerter Informationsbedarf für die Produktionsplanung ableiten lässt.[186]

2.1.6 Zwischenfazit

In Kapitel 2.1 wurde gezeigt, dass für die Produktionsplanung und für die Produktion elektrischer Traktionsmotoren für die Elektromobilität aufgrund einer hohen Komplexität des Produktgestaltungsraumes ein hoher Informationsbedarf besteht. Dies begründet sich durch den möglichen Einsatz verschiedener Erregerprinzipien zur elektromechanischen Energiewandlung, durch verschiedene einsetzbare Rotor- und Statoranordnungen, durch eine komplexe Morphologie verschiedener Motorarchitekturen und -topologien, durch unterschiedliche einsetzbare Materialien sowie durch eine anhaltende Disruption in der elektrischen Motortechnologie.

---

verteilter Wicklungen bestand; vgl. Juergens et al. (2016): Innovative design for automotive traction application, S. 803ff; Fyhr et al. (2017): Different electrical machine designs, S. 3ff; Mancinelli et al. (2017): Hairpin wound stator, S. 807ff.

[180] Exemplarisch können hier Produkte und Konzepte der Firmen Yasa, Highlands Power, Avid, BW, Emrax, MagElec, Protean Electric, Magnax, Retorq sowie Phi Power angeführt werden.

[181] Exemplarisch können hier Tesla, Bosch, ZF oder Schäffler, GKN oder GoSwissDrive sowie die zum Axialflussmotor aufgeführten Unternehmen genannt werden; StartUp bezeichnet ein neu gegründetes Unternehmen in der frühen Phase der Produktentwicklung.

[182] Vgl. Abad (2017): Electric drives for traction application, S. 35.

[183] Vgl. Beretta (2013): Automotive Electric Drives, S. 276; Schröder (2009): Grundlagen elektrische Antriebe, S. 398.

[184] Vgl. Kampker et al. (2016): Elektromotorenproduktion in Deutschland, S. 16.

[185] Vgl. Kassicieh et al. (2002): Commercialization of Disruptive Technologies, S. 375.

[186] Vgl. ebd.; die Mechanismen zur Steigerung des Informationsbedarfes sowie die sich daraus ergebenen konkreten Informationsdefizite werden in den Kapiteln 2.3.3 und 2.3.4 erläutert.

2.2 Produktionsprozesse für Elektromotoren

Elektromotoren als Komponenten in Elektrofahrzeugen stellen ein Industriegut dar und müssen produziert werden. Produktion bezeichnet nach GLEICH die zielgerichtete, menschlich veranlasste und systematische Transformation von Objekten in räumlich, zeitlich oder qualitativ veränderte Objekte. Die Transformation stellt eine Input-Bearbeitung-Output-Verknüpfung dar, welche unter dem Einsatz von Produktionsfaktoren vollzogen wird. Produktion hat nach DYCKHOFF zum Ziel, durch Kombination dieser Produktionsfaktoren mehr Wert zu schaffen als zu vernichten.[187] Ein entscheidender Produktionsfaktor ist das Produktionssystem. Dieses umfasst alle Elemente und Relationen zwischen Elementen, die für die vollständige Herstellung eines Produktes notwendig sind.[188] Zur Erfüllung der Produktionsaufgabe ermöglichen Produktionssysteme nach EVERSHEIM alle notwendigen Funktionen und die Überwachung des Fertigungs- und Montageablaufes und das Steuern der Informations-, Werkstück- und Werkzeugflüsse.[189] Der Kern eines Produktionssystems ist der Produktionsprozess, also die Bearbeitungsfunktion, welche die Transformation von Rohstoffen oder Zwischenprodukten durch maschinelle oder manuelle Arbeit vornimmt. Der Produktionsprozess wird durch Fertigungstechnologien oder Fertigungsverfahren übernommen. Diese werden von der DIN 8580 in die sechs Hauptgruppen Urformen, Umformen, Trennen, Fügen, Beschichten und Stoffeigenschaften ändern unterteilt.[190] Zudem stellen Prüfprozesse und Automatisierungsprozesse wichtige Teile von Produktionssystemen dar, welche nicht direkt wertschöpfend sind. Die Fertigungsverfahren werden in Prozessketten miteinander verknüpft und in Fertigungsressourcen für das Produktionssystem nutzbar gemacht. NAU definiert diese als die Aggregation von Technologien in Maschinen und Anlagen.[191]

Die Produktion elektrischer Traktionsmotoren stellt selbst für erfahrene Produzenten keine triviale Produktionsaufgabe sondern eine Herausforderung dar.[192] Sie basiert nicht nur auf der Kenntnis elektromagnetischer Grundgesetze sondern bezieht auf den Fortschritt im Bereich Werkstofftechnologie, Fertigungstechnik, Maschinenbau und Informationstechnik mit ein.[193] Insbesondere die hohen Qualitätsanforderungen für elektrisches (hohe Spannungen >600 V bedürfen geringe Isolationsfehler), mechanisches (hohe Drehzahlen >12.000 U/min) und magnetisches (hohe Effizienz bedarf hohe Magnetisiergüte) Wirksystem machen die Produktionsaufgabe kompliziert.[194] Somit hat die Produktion einen übermäßig hohen Einfluss auf die Leistungsfähigkeit und Effizienz des hergestellten Produktes.[195]

Die vorliegende Arbeit fokussiert sich auf die Planung von Fertigungsprozessen und -technologien sowie Fertigungs-, Prüf- und Automatisierungsressourcen für Elektromotoren. Dazu werden nachfolgend die Prozessketten und einsetzbaren Produktionstechnologien vorgestellt und neue Entwicklungen im Bereich der Produktion von Elektromotoren auf ihre Disruptivität hin analysiert. Abschließend wird der Einfluss der Komplexität der Elektromotorenproduktion auf den Informationsbedarf in der Produktionsplanung bewertet. Die oftmals in Produktionssystemen für elektrische Traktionsmotoren mit integrierten Produktionsstufen für Getriebe und Leistungselektronik werden aufgrund des eingegrenzten

[187] Vgl. Dyckhoff (1994): Betriebliche Produktion, S. 6.
[188] Vgl. Gleich und Sauter (2008): Operational Excellence, S. 157.
[189] Vgl. Eversheim und Schuh (1999): Gestaltung von Produktionssystemen, S. 1ff.
[190] Vgl. Deutsches Institut für Normung: DIN 8580 - Fertigungsverfahren, S. 4f.
[191] Vgl. Nau (2012): Anlauforientierte Technologieplanung, S. 4.
[192] Vgl. Beretta (2013): Automotive Electric Drives, S. 174; Kampker et al. (2013): Elektromobilität, S. 22f.
[193] Vgl. Binder (2012): Elektrische Maschinen und Antriebe, S. 3f.
[194] Vgl. Beretta (2013): Automotive Electric Drives, S. 174.
[195] Vgl. Akita et al. (2003): Manufacturing Method for Permanent Magnet Motors, S. 371.

Betrachtungsbereichs der vorliegenden Arbeit, der geringeren Komplexität sowie einer größeren Erfahrung zu Teilbereichen in der Automobilindustrie nicht weiter betrachtet, obwohl sie zusätzliche Komplexität und Wissensbedarf im Produktionsplanungsprozess implizieren.

2.2.1 Prozessketten für die Elektromotorenproduktion

Nachfolgend wird eine generische Prozesskette für die Elektromotorenproduktion dargestellt, beschrieben und einige Besonderheiten erläutert. Diese bezieht die wichtigsten Prozessschritte der Elektromotorenproduktion ein, welche in dieser oder ähnlicher Reihenfolge zumeist notwendig sind. Je nach Erregerprinzip und Motorarchitektur können weitere Prozessschritte notwendig sein oder wegfallen. Die Prozesskette bezieht sich insbesondere auf die Produktion von Radialflussmaschinen, ist aber in ähnlicher Form auch auf die Prozessketten zur Produktion von Axial- oder Transversalflussmaschinen applizierbar. Die Prozesskette umfasst die für Elektromotorenproduzenten typischen Wertschöpfungsstufen und setzt somit hinter der Materialherstellung (z.B. Magnete, Lackdraht, Elektroblech etc.) ein. Somit fokussiert sich die Arbeit auf die für die Elektromotorenproduktion speziellen und qualitätsbestimmenden Wertschöpfungsstufen der Blechpaket-, Rotor- und Statorproduktion sowie der Endmontage.[196] Die generische Prozesskette der Elektromotorenproduktion ist in Abbildung 2-9 übersichtlich dargestellt.

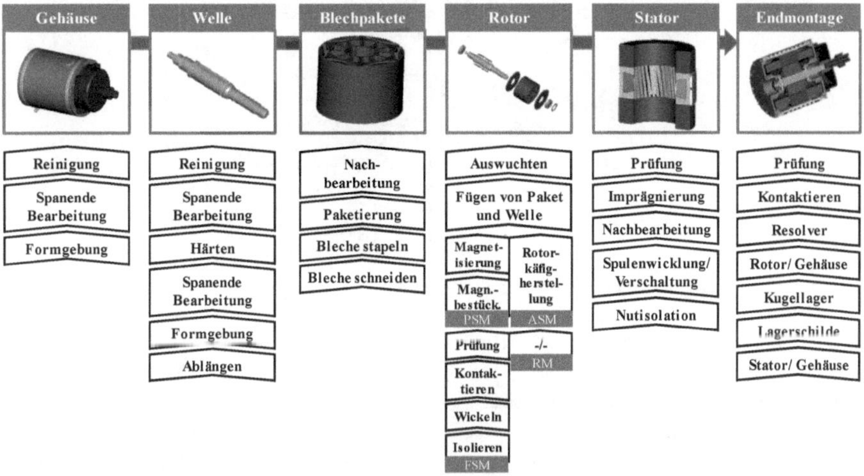

Abbildung 2-9: Generische Prozesskette der Elektromotorenproduktion[197]

Die Gehäusebauteile eines Elektromotors bestehen oftmals aus Aluminium und werden nach einer Formgebung (z.B. durch Druckguss, Tiefziehen) in der Regel einer spanenden Bearbeitung (Drehen,

[196] Vgl. Kampker et al. (2013): Elektromobilität, S. 289ff.

[197] Ähnliche Beschreibungen und Abbildungen finden sich unter anderem in Nee (2014): Wertschöpfungsnetzwerke in der Elektromotorenproduktion, S. 24ff; Kampker et al. (2013): Elektromobilität, S. 289ff; Kampker (2014): Elektromobilproduktion, S. 115ff; Kampker et al. (2013): Integrated Product and Process Development, S. 2; Kampker et al. (2012): Value Chain of Electric Engine Production, S. 5; Die Abbildung in dem Wertschöpfungsschritt Blechpakete stellt ein Rotorblechpaket dar. Die Prozesskette ist jedoch gleichfalls auf das Statorblechpaket anwendbar und die Produktion findet oftmals integriert statt. Die Vereinfachung dient der Übersichtlichkeit.

Fräsen, Schleifen, Bohren) unterzogen und daraufhin gereinigt, um sie für die Endmontage vorzubereiten. Wellen bestehen oftmals aus Edelstahl wie Chrom-Molybdän-Stahl und werden in der Regel nach einem Ablängen vom Stangenmaterial einem Formgebungsprozess (z.B. durch Schmieden, Drehen) unterzogen. Daraufhin erfolgt eine spanende Nachbearbeitung (z.B. Drehen, Fräsen, Rändeln, Räumen, Schleifen) und die Lagerstellen werden gehärtet und erneut spanend nachgearbeitet (z.B. Hartdrehen, Schleifen), woraufhin sie gereinigt und der Rotormontage zugeführt werden können. Für die Blechpaketherstellung werden die Grundkörper von Rotor und Stator eines Elektromotors aus zueinander isolierten Eisen-Silizium-Blechen zusammengefügt. Für die Produktion dieser sogenannten Lamellenpakete wird Elektroblech verarbeitet. Dies erfolgt durch das Schneiden, Stapeln, Paketieren und gegebenenfalls mechanischer oder isolatorischer Nacharbeit der Bleche. Aufgrund von Anisotropien und Blechstärkenunterschieden, welche durch den Walzprozess in der Elektroblechherstellung eingebracht werden, können sich über die Höhe eines Blechpakets derart große Toleranzschwankungen ergeben, dass für die Herstellung der gleichen Pakethöhe unterschiedlich viele Bleche verbaut werden müssen. Daher wird die Pakethöhe vermessen und die Blechanzahl iterativ angepasst. Die generische Prozesskette der Blechpaketproduktion wird in Abbildung 2-10 übersichtlich dargestellt.

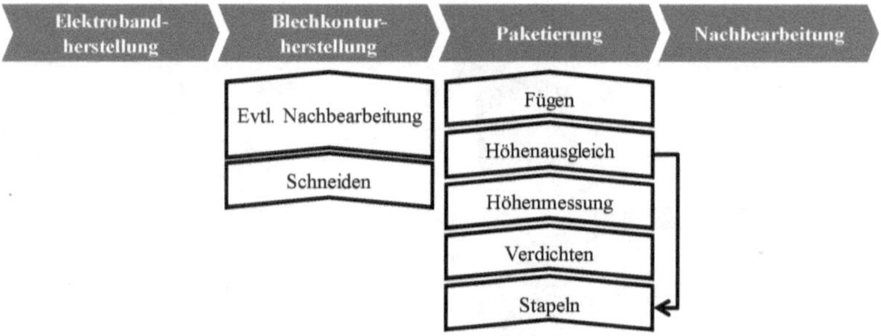

Abbildung 2-10: Generische Prozesskette der Blechpaketproduktion

In der Rotorherstellung differenzieren sich die Technologieketten zwischen den einzelnen Erregerprinzipien maßgeblich. Während diese bei den übrigen Komponenten und in der Endmontage vergleichsweise ähnlich sind, sind im Rotor deutliche Unterschiede in Fertigungsfolgen und Technologien erkennbar. Während in fremderregten Synchronmaschinen, vergleichbar wie in der Statorfertigung, Wickeltechnologien zum Einsatz kommen und die Asynchronrotorenproduktion insbesondere durch die urformende Fertigung des Käfigs geprägt ist, werden für die Produktion permanenterregter elektrischer Maschinen Magnete montiert. Besonderheit des Reluktanzmotors ist, dass das Blechpaket nicht zusätzlich bestückt werden muss. Nach dem Fügen des Blechpakets auf die Welle erfolgt ein Auswuchtprozess. Dieser ist notwendig, um Fertigungsungenauigkeiten und Materialinhomogenitäten auszugleichen und somit einen vibrations- und geräuscharmen Betrieb der elektrischen Maschine auch bei hohen Drehzahlen zu realisieren. Die generische Prozesskette der Rotorproduktion für die unterschiedlichen Erregerprinzipien wird in Abbildung 2-11 übersichtlich dargestellt.

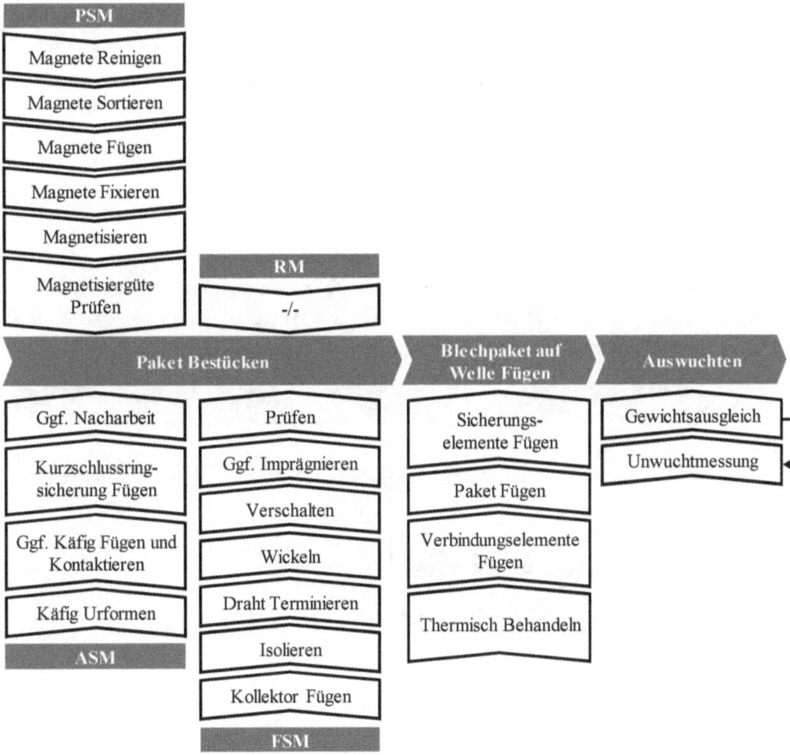

Abbildung 2-11: Generische Prozesskette Rotorproduktion

Für die Statorherstellung werden die Blechpakete elektrisch isoliert, mit einem Spulensystem versehen, imprägniert und abschließend geprüft. Aufgrund steigender Rohstoffpreise und der Minimierung von Bauräumen wird angestrebt, die geometrischen Abmessungen einer Spule so klein wie möglich zu halten. Wichtige Faktoren hierbei sind die Füllform und der Füllfaktor einer Wicklung. Der mechanische Füllfaktor beschreibt dabei das Verhältnis des Gesamtquerschnitts der Windungen zum Querschnitt des zur Verfügung stehenden Wickelraumes. Für den elektrischen Füllfaktor wird dieser Wert noch um die Fläche des Isolationssystems, also des Lacks auf dem Draht, gemindert. Da bei der Wicklung mit rundem Draht stets Räume eingeschlossen werden, die nicht ausgefüllt werden können, ist der Füllfaktor immer kleiner eins. Unterschiedliche Füllformen unterscheiden sich darüber hinaus in der Höhe des Füllfaktors. Bei wilden Wicklungen liegen die Drähte unsortiert neben- und übereinander. Bei diesen Wicklungen wird kein optimaler Füllfaktor erreicht. Er liegt bei circa 73 %. Bei orthozyklischen Wicklungen liegen die Drähte der jeweiligen Oberwicklung in den Tälern der Unterwicklung. Diese Wicklungen zeichnen sich durch eine hohe Leistungsdichte, weniger Kupferverbrauch und bessere magnetische Eigenschaften aus. Theoretisch kann ein Füllfaktor von 91 % bei runden Drähten erreicht werden. In der Praxis sind diese Werte, unter anderem wegen der Drahtisolation, nicht möglich. Jedoch existieren Ansätze zur Bewicklung von eckigen Profildrähten und sogenannten Formsteckspulen oder Hairpins, welche den Füllfaktor durch optimale Ausnutzung der Nutgeometrie weiter steigern können. Darüber hinaus entstehen beim Bewickeln von Spulen sogenannte Wickelköpfe, die nicht in der Höhe des Blechpaketes des Stators, der sogenannten aktiven Länge, liegen. Das Kupfer in diesen Köpfen trägt nicht zur Leistung des Elektromotors bei und senkt sogar den Wirkungsgrad durch ohmsche Verluste und parasitäre Magnetfelder.[198] Das so entstandene Spulensystem muss im Betrieb hohen elektrischen, thermischen und mechanischen Belastungen standhalten. Um die Lebensdauer zu erhöhen und die elektrische Isolationsfähigkeit weiter zu verbessern wird es daher zusätzlich durch das Einbringen einer Harz- oder Kunststoffschicht imprägniert oder vergossen. Hierdurch wird eine Verfestigung und Schutz vor den im Betrieb auftretenden thermischen, elektrischen, ambienten (z.B. Feuchtigkeit) und mechanischen Belastungen erreicht.[199] Abschließend wird der Stator elektrisch und oftmals auch optisch und mechanisch geprüft. Die Statorproduktion stellt die kostenintensivste, aufwendigste und qualitätsbestimmende Wertschöpfungsstufe in der Elektromotorenproduktion dar.[200] Die generische Prozesskette der Statorproduktion wird in Abbildung 2-12 übersichtlich dargestellt.

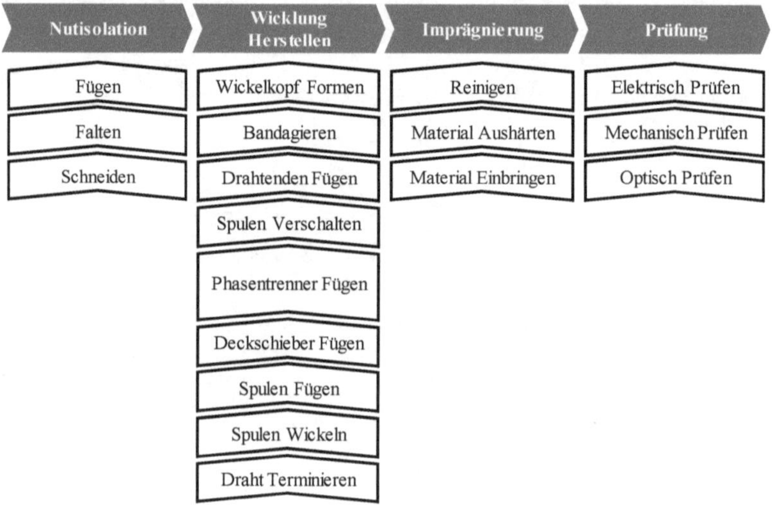

Abbildung 2-12: Generische Prozesskette Statorproduktion

Die produzierten Komponenten werden abschließend nacheinander zum gesamten Elektromotor assembliert und das so entstandene Gesamtsystem einer Funktionsprüfung unterzogen.

Die dargestellte Prozesskette wirft aufgrund ihrer Länge die Frage auf, ob die Elektromotorenproduktion einer besonderen Komplexität unterliegt, was eine weitere Informationsbedarfssteigerung in der Planung dieser bedingt. REIß definiert hierzu vier Faktoren, die auf die Komplexität einer Prozesskette hindeuten:[201]

[198] Vgl. Hagedorn et al. (2016): Handbuch der Wickeltechnik, S. 1ff.
[199] Vgl. Stone et al. (2014): Electrical insulation for rotating machines, S. 73ff.
[200] Vgl. Kampker (2014): Elektromobilproduktion, S. 147.
[201] Vgl. Reiß (1993): Komplexitätsmanagement, S. 54ff.

- **Vielzahl:** Große Anzahl Systemelemente bei Einzelprozessen und Eingangs- sowie Ausgangsgrößen
- **Vielfalt:** Unterschiedliche, multidisziplinäre Prozessarten
- **Vieldeutigkeit:** Verkettete, unmittelbare und nicht unmittelbare Ursache-Wirkungsbeziehungen
- **Veränderlichkeit:** Zeitabhängige Systemzustände und Produkteigenschaften in der Prozesskette

Die Vielzahl der Systemelemente konnte durch vorangehende Darstellung der Prozessketten bereits dargelegt werden. Die Vielfalt der Prozesskette wird in Abschnitt 2.2.2 aufgezeigt. Die Vieldeutigkeit liegt in den prozessübergreifenden Zusammenhängen, zum Beispiel zwischen Paketproduktion, Isolation, Wicklungsherstellung und Isolation begründet. Die Veränderlichkeit ist in der industriellen Realität zum Beispiel durch Chargenschwankungen (Elektroblech, Lackdraht) oder Werkzeugverschleiß (Stanzwerkzeuge, Wickelwerkzeuge) gegeben. Somit kann die Prozesskette der Elektromotorenproduktion eindeutig als komplex charakterisiert werden, was den Rückschluss auf einen besonderen Informationsbedarf zulässt.

Zusammenfassend ist festzustellen, dass die Prozesskette zur Elektromotorenproduktion als komplex charakterisiert werden kann, wodurch sich ein gesteigerter Informationsbedarf für die Produktionsplanung ableiten lässt.[202]

2.2.2 Diversifikation der Produktionstechnologien

Eine weitere komplexitätssteigernde Dimension stellt die Anzahl der möglichen einsetzbaren Technologiealternativen für die einzelnen Prozessschritte entlang der Prozesskette dar. Diese wird nachfolgend dargestellt und auf ihre Varianz bezüglich der Prozessarten und Wirkprinzipien hin untersucht.

2.2.2.1 Diversifikation durch Technologiemorphologie

Nachfolgend werden für die Blechpaket- (Tabelle 2-6), Rotor- (Tabelle 2-7) und Statorproduktion (Tabelle 2-8) sowie die Endmontage (Tabelle 2-9) die Morphologien möglicher einsetzbarer Fertigungstechnologien dargestellt. Hierbei stellen die Technologien nicht immer nur Alternativen sondern zum Teil auch Komplementäre dar.

[202] Vgl. Reiß (1993): Komplexitätsmanagement, S. 54ff.

Prozessschritt	Technologiealternativen				
Kernherstellung	Blechverarbeitung			Pulver Sintern	
Elektrobandform	Coil			Tafeln	
Blechkonturherstellung	Folgeschnitt	Komplett-schnitt	*Wasserstrahl-schneiden*	*Rotations-schneiden*	*Plasma-schneiden*
	Laserschneiden	*Drahterodieren*	*Einzelnutung*	*Spanen*	*Senkerodieren*
Blechnachbearbeitung	Spannungsarmglühen	Entgraten		Nachlackieren	
Paketieren	Kleben	Backlack	Stanz-paketieren	Schweißen	Klammern
	Käfig (ASM)	Auf Welle	In Gehäuse	Nieten	Spritzguss
Paketnachbearbeitung	Drehen	Bohren	Schleifen	Reinigen	Nachlackieren
Prüfen	Geometriemessung	Isolationsfestigkeit		Mechanische Festigkeit	

Etablierte Serientechnologien – *Prototypen- und Sondertechnologien*

Tabelle 2-6: Technologiemorphologie Blechpaketproduktion[203]

[203] Eigene Abbildung in Anlehnung an Emura et al. (2003): Steel cutting techniques, S. 359; Lamprecht et al. (2012): Stacking Processes, S. 1; Schoppa et al. (2003): Waterjet cutting for elelctrical steel, S. 370; Schoppa et al. (2000): Manufacturing process of electrical steel, S. 74; Kurosaki et al. (2008): Punching on electrical steel sheets, S. 2474; Naumoski et al. (2015): Cutting techniques for electrical steel, S. 126; ähnliche Abbildungen finden sich in Kampker (2014): Elektromobilproduktion, S. 148; Kampker et al. (2012): Value Chain of Electric Engine Production, S. 6; Nee (2014): Wertschöpfungsnetzwerke in der Elektromotorenproduktion, S. 26.

	Parameter	Ausprägungen				
ASM	***Käfigteile herstellen***	Druckguss	Strangpressen	Spanen		
ASM	***Käfig herstellen***	Druckguss	Löten	Elektronen-strahlschweißen	*Rührreib-schweißen*	*Wärmeträgheits-schweißen*
ASM	***Käfig nachbearbeiten***	Drehen	Wärmebehandlung	Ohne		
ASM	***Paket schleudern***	Mit	Ohne			
PSM	***Magnete vorsortieren***	Mit	Ohne			
PSM	***Magnete einbringen***	Einpressen	Verstemmen	Kleben	Bandagieren	*Eindehnen*
PSM	***Magnetisieren***	Vor Montage	Nach Montage	Einpolig	Mehrpolig	
PSM	***Magnetisierung prüfen***	Hall-Sensor	Magnetkamera	Ohne		
FSM	***Paket isolieren***	Papier einlegen	Spritzguss	Kunststoffformteile		
FSM	***Wickeln***	Flyerwickeln	Linearwickel	Nadelwickeln	Hairpin	
FSM	***Prüfen***	Widerstand	Hochspannung	Hochstrom	Eisenschluss	
	Welle-Rotorblech-Montage	Eindehnen	Aufschrumpfen	Einpressen	Passfedermontage	
		Verschrauben	Kleben	Sicherungsring	Verstemmen	
	Auswuchten	Additiv	Subtraktiv	*Kombiniert*	*Ohne*	
	Additiv Auswuchten	Kleben	Auftragsschweißen	Löten	Schrauben	Klemmen
	Subtraktiv Auswuchten	Bohren	Schneiden	Sägen		

Etablierte Serientechnologien – *Prototypen- und Sondertechnologien*

Tabelle 2-7: Technologiemorphologie Rotorproduktion[204]

[204] Eigene Abbildung in Anlehnung an Peter et al. (2014): Manufacturing of asynchronous rotors, S. 421; Hsieh et al. (2010): Postassembly Magnetization, S. 3376; ähnliche Abbildungen finden sich in Kampker (2014): Elektromobilproduktion, S. 172; Kampker et al. (2012): Value Chain of Electric Engine Production, S. 6; Nee (2014): Wertschöpfungsnetzwerke in der Elektromotorenproduktion, S. 28.

Prozessschritt	Technologiealternativen					
Nutisolation	Folie	Dünnwandspritzguss	*Formspulenbandagierung*			
	Kunststoffformteile	Pulverbeschichtung	*Isolierpaste*			
Spulenherstellung	Flyer-wickeln	Nadel-wickeln	Linear-wickeln	Hairpin/ I-Pin	*Roboter-wickeln*	*Manuell bewickeln*
Wicklungsapplikation	Direkt	Vorlegen und Einziehen	Formspulen einsetzen	Formstäbe einsetzen		
Wicklungsbearbeitung	Zwischen- und Endformen	Deckschieber einbringen	Phasentrenner einbringen	Bandagieren	Draht schneiden	
Draht bündeln	Splice Technik	Power Wheel Technik	Blechhülsen warmverpressen			
Kontaktieren	Löten	Widerstandsschweißen	Lichtbogenschweißen			
	Laserschweißen	Steckverbindung	Schneid-Klemmverbindung			
Wicklung erwärmen	Ofen	Widerstandserwärmung	Induktive Erwärmung			
Imprägnieren	Tränken	Träufeln	Vakuumimprägnierung			
	Vakuumdruckimprägnierung	Backlack	Spritzguss			
Reinigen	Laserreinigen	Abblasen				
Prüfung	Stoßspannung	Hochvolt AC	Hochvolt DC			
	Polarisationsprüfung	Teilentladungsprüfung	Widerstandsprüfung			

Etablierte Serientechnologien – *Prototypen- und Sondertechnologien*

Tabelle 2-8: Technologiemorphologie Statorproduktion[205]

Prozessschritt	Technologiealternativen			
Stator fügen	Aufschrumpfen	Einpressen	Kleben	
	Schweißen	Passfeder	Schrauben	
Kugellager fügen	Pressen	Eindehnen		
Rotor fügen	Pressen			
Resolver fügen	Kleben	Aufschrumpfen	Pressen	Schweißen
Kontaktieren	Stecken	Löten	Crimpen	
Lagerschilde fügen	Verschrauben	Kleben	Pressen	Pfalzen
Prüfen	Leerlaufprüfung	Lastprüfung	NVH-Prüfung	
	Torque Ripple	Reibmoment	Körperschluss	

Etablierte Serientechnologien – *Prototypen- und Sondertechnologien*

Tabelle 2-9: Technologiemorphologie Endmontage[206]

[205] Eigene Abbildung in Anlehnung an Hagedorn et al. (2016): Handbuch der Wickeltechnik, S. 1ff; Fleischer et al. (2017): Quo Vadis Wickeltechnik?, S. 1ff; Stone et al. (2014): Electrical insulation for rotating machines, S. 1ff; ähnliche Abbildungen finden sich in Kampker (2014): Elektromobilproduktion, S. 156; Kampker et al. (2012): Value Chain of Electric Engine Production, S. 6; Nee (2014): Wertschöpfungsnetzwerke in der Elektromotorenproduktion, S. 31.

[206] Ähnliche Abbildungen finden sich in Kampker (2014): Elektromobilproduktion, S. 175; Kampker et al. (2012): Value Chain of Electric Engine Production, S. 6; Nee (2014): Wertschöpfungsnetzwerke in der Elektromotorenproduktion, S. 35.

Die Anzahl der möglichen Technologiealternativen entlang der Wertschöpfungskette macht deutlich, dass die Morphologie schwer zu überblicken ist und sowohl die Auswahl als auch die Entwicklung und Applikation der Technologien einen gesteigerten Informationsbedarf bedingen. Zusätzlich wird die Komplexität des Lösungsraumes durch folgende Treiber erhöht:

- **Kombinierbarkeit:** Der Einsatz bestimmter Technologien in Vorfertigungsstufen macht den Einsatz anderer Technologien entlang der Prozesskette unmöglich (z.B. Nutisolation mit Dünnwandspritzguss bei lasergeschnittenen Elektroblechen)
- **Qualitätskongruenz:** Aufgrund unterschiedlicher Qualitätslevel sind gewisse Technologiekombinationen nicht sinnvoll wirtschaftlich einsetzbar (z.B. Auswuchten von ASM-Rotoren ohne Schleudern)
- **Stückzahlabhängigkeit:** Für die Generierung wirtschaftlicher Betriebspunkte kommen stückzahlabhängig unterschiedliche Fertigungstechnologien zum Einsatz (z.B. Laserschneiden bei Prototypenfertigung und Folgeschnitt bei Massenproduktion von Blechpaketen)[207]

Zusammenfassend ist festzustellen, dass der Umfang und die Zusammenhänge der Prozessmorphologie für die Elektromotorenproduktionsplanung einen weiteren gesteigerten Informationsbedarf induzieren.[208]

2.2.2.2 Diversifikation durch Prozesscharakteristika

Durch die umfassende Prozesstechnologiemorphologie ist für die Elektromotorenproduktionsplanung Wissen in verschiedenen Domänen notwendig. Die Diversifikation dieses Wissens wird nachfolgend analysiert, indem zuerst die Zuordnung der Prozesstechnologien zu den sechs Hauptgruppen der DIN 8580 untersucht und daraufhin die Anwendung verschiedener physikalischer Größen in der Elektromotorenproduktion aufgezeigt wird. Tabelle 2-10 macht deutlich, dass in der Elektromotorenproduktion auf Technologien aus allen Hauptgruppen der DIN 8580 (Urformen, Umformen, Trennen, Fügen, Beschichten, Stoffeigenschaften ändern) zurückgegriffen werden muss.[209]

---

[207] Vgl. Nee (2014): Wertschöpfungsnetzwerke in der Elektromotorenproduktion, S. 28ff.

[208] Die Mechanismen zur Steigerung des Informationsbedarfes aufgrund hoher Komplexität in der möglichen Prozesstechnologiemorphologie sowie die sich daraus ergebenen konkreten Informationsdefizite werden in den Kapiteln 2.3.3 und 2.3.4 erläutert.

[209] Vgl. Deutsches Institut für Normung: DIN 8580 - Fertigungsverfahren.

		Hauptgruppen der DIN 8580					
		1. Urformen	2. Umformen	3. Trennen	4. Fügen	5. Beschichten	6. Stoffeigen-schaften ändern
Gehäuse	*Formgebung*	X	X				
	Spanende Bearbeitung			X			
Welle	*Formgebung*		X	X			
	Spanende Bearbeitung			X			
	Härten						X
Paket	*Schneiden*			X			
	Paketieren				X		
Rotor	*Magnetbestück. (PSM)*				X		
	Magnetisierung (PSM)						X
	Wickeln (FSM)		X		X		
	Käfigherstellung (ASM)	X					
	Auswuchten			X	X		
Stator	*Isolieren*					X	
	Wickeln		X		X		
	Imprägnieren	X				X	X

Tabelle 2-10: Zuordnung der Prozessschritte zu den Hauptgruppen der DIN 8580[210]

Zudem werden Technologien unter Verwendung zahlreicher unterschiedlicher physikalischer Wirkgrößen (mechanisch, elektrisch, magnetisch, akustisch, thermisch, optisch, chemisch, informationstechnisch) in der Elektromotorenproduktion eingesetzt, wie Tabelle 2-11 darstellt.

	Beispiele von Technologieanwendungen
Mechanisch	Fügen, Wickeln, mechanisch Prüfen, Spanen
Elektrisch	Elektrisch Prüfen
Magnetisch	Magnetisieren
Akustisch	NVH-Prüfung
Thermisch	Welle Härten, Imprägnierung Aushärten, Eindehnen, Aufschrumpfen
Optisch	Optische Bilderkennung für Qualitätsprozesse, Laserschweißen
Chemisch	Imprägnierung
Nuklear	/
Informationstechnisch	Informationsverarbeitung für Prozessführung und Prüftechnik

Tabelle 2-11: Beispieltechnologieanwendungen mit verschiedenen physikalischen Wirkgrößen[211]

Zusammenfassend ist festzustellen, dass die Diversifikation der Prozesscharakteristika der einsetzbaren Fertigungstechnologien für die Elektromotorenproduktionsplanung einen weiteren gesteigerten Informationsbedarf induzieren.[212]

---

[210] Eigene Abbildung in Anlehnung an Deutsches Institut für Normung: DIN 8580 - Fertigungsverfahren.

[211] Eigene Abbildung; die Menge der physikalischen Wirkgrößen sind FROHNE UND UECKERT entnommen; vgl. Frohne und Ueckert (1984): Grundlagen der Meßtechnik, S. 36.

[212] Die Mechanismen zur Steigerung des Informationsbedarfes aufgrund hoher Komplexität in einzusetzenden Technologien sowie die sich daraus ergebenen konkreten Informationsdefizite werden in den Kapiteln 2.3.3 und 2.3.4 erläutert.

2.2.3 Disruption in der Produktion von Elektromotoren

In Kapitel 2.1.5 wurde bereits eine Definition des Begriffs Disruption vorgenommen sowie Charakteristika einer disruptiven Technologie erläutert. Der Elektromotor konnte innerhalb der disruptiven Technologie der Elektromobilität als eigene Disruption charakterisiert werden. Nachfolgend werden zudem disruptive Strömungen in der Elektromotorenproduktion identifiziert und untersucht. Es ist festzustellen, dass die Branche nach einer langen Zeit der inkrementellen Innovation durch den Eintritt der automobilen OEM in das Segment einen großen Innovationsschub erfährt.[213] Dies folgt der Maßgabe von TUSHMAN, dass Unternehmen der Automobilindustrie parallel zur Sicherung und Optimierung der eigenen Produktion durch kontinuierliche Verbesserung nach großen Durchbrüchen und Neuheiten suchen müssen, um ihre Marktposition zu sichern und auszubauen.[214] Bei der Betrachtung der bislang von OEM industrialisierten elektrischen Motoren wird deutlich, dass diese alle einem ähnlichen Konzept (Radialflussmotor, Innenläufer, verteilte Einziehwicklung, halbintegriertes Getriebe, externe Leistungselektronik) folgen, welches auf den Stand der Technik des konventionellen Industriemotorenbaus zurückzuführen ist.[215] Parallel können jedoch Bestrebungen beobachtet werden, Teile der etablierten konventionellen Prozesskette in der Elektromotorenproduktion abzulösen.[216] Dies deckt sich mit den Ergebnissen einer Studie unter 12 Elektromotorenproduzenten, welche die Schlagwörter Kostenreduktion, Prozesssicherheit und Produzierbarkeit als zentrale Stoßrichtungen der aktuellen Innovationsarbeit in den befragten Unternehmen herausstellten.[217] Auf der Basis dieser und weiterer Stoßrichtungen[218] wurde in Kombination mit der Produktarchitektur von ASM, FSM und PSM ein Suchfeld für eine Patentrecherche und -analyse gebildet, anhand dessen innovative Ansätze in der Elektromotorenproduktion identifiziert wurden. Der Fokus bei dieser Studie lag auf deutschen, japanischen sowie US-amerikanischen Patenten, da diese Nationen ca. 70% der weltweit existierenden Patente unter sich aufteilen.[219] Auf Basis dieser Patentrecherche konnten 168 innovative Patente identifiziert werden, von denen 39 direkt der Produktionstechnik für Elektromotoren zugeordnet werden konnten. Die Analyse dieser Patente macht jedoch deutlich, dass sich die einzelnen innovativen Ansätze stets auf einzelne Prozessschritte oder Prozessbereiche fokussieren und nicht die gesamte Wertschöpfungskette der Elektromotorenproduktion disruptieren. Für die einzelnen Prozessschritte stellen die Ansätze jedoch eine Disruption dar. Exemplarisch werden nachfolgend drei dieser Ansätze vorgestellt:

- **Hairpin-Statorwicklung:** Als Ersatz für die Flyer- und Einziehwicklung, welche hochstochastisch ist und sehr lange Anlaufzeiten benötigt,[220] setzt die Hairpinstatorproduktionstechnologie Umform-, Montage- und Schweißprozesse ein, welche aufgrund ihrer Eigenschaften deterministisch sind.[221]

[213] Vgl. Kampker et al. (2016): Elektromotorenproduktion in Deutschland, S. 16.
[214] Vgl. Kassicieh et al. (2002): Commercialization of Disruptive Technologies, S. 375f.
[215] Vgl. Kreisköther (2016): Next Generation Powertrain.
[216] Vgl. Kampker et al. (2017): Automotive process capability, S. 1ff.
[217] Studie Innovationsstoßrichtungen in der Elektromotorenproduktion 04/2016.
[218] Das gesamte Suchfeld bestand aus den Innovationsstoßrichtungen Energieeffizienz, Leistungsgewichtreduktion, Volumenreduktion, NVH-Reduktion, Vernetzbarkeit, Modularität, Lebensdauer, Individualität, Kostenreduktion, Produzierbarkeit und Prozesssicherheit.
[219] Vgl. Plötz und Eichhammer (2011): Zukunftsmarkt Effiziente Elektromotoren, S. 16; Detailwerte: Deutschland: 26%, Japan: 26%, USA: 18%.
[220] Vgl. Kampker et al. (2017): Automotive process capability, S. 1ff.
[221] Vgl. Cominetti et al. (2014): Electric machine with rigid bars.

- **Nutisolation mit Dünnwandspritzguss:** Als Ersatz für die Papierisolation, welche Beschädigungsanfällig ist und Nachteile bei der Wärmeabfuhr aus den Wicklungen mit sich bringt,[222] kann durch Dünnwandspritzguss ein planbarer, wirtschaftlicher Prozess für die Nutisolation eingesetzt werden.[223]
- **Elektronenstrahlschweißen:** Als Ersatz für den Druckgussprozess eines Kupferkäfigs, welchem hoher Werkzeugverschleiß inhärent ist sowie ein Schleudern des Rotors zum Ausgleich von Setzerscheinungen notwendig macht, wird Elektronenstrahlschweißen in Kombination mit vorgeformten Stäben und Kurzschlussringen eingesetzt.[224]

Die Ansätze folgen der automobilen Produktionsphilosophie und ersetzen stochastische, nicht-deterministische, mit langer Anlaufzeit und großen Unsicherheiten gekennzeichneten Technologien mit planbaren, deterministischen Prozessen.[225] So werden in der Automobilindustrie aktuell sämtliche Prozessschritte in der Elektromotorenproduktion hinterfragt und nach Optimierungs- oder Substituierungspotential gesucht, um eine planbare Prozessqualität zu erreichen.[226] Die neu eingesetzten Prozesstechnologien selber bedingen jedoch einen gesteigerten Informationsbedarf durch die grundlegende Andersartigkeit der Prozessführung.

Zusammenfassend ist festzustellen, dass die Elektromotorenproduktion in Teilen ihrer Prozesskette disruptiven Veränderungen unterworfen ist, wodurch sich ein gesteigerter Informationsbedarf für die Produktionsplanung ableiten lässt.[227]

2.2.4 Zwischenfazit

In Kapitel 2.2 wurde gezeigt, dass für die Produktionsplanung und für die Produktion elektrischer Traktionsmotoren für die Elektromobilität aufgrund einer hohen Komplexität der Produktion ein hoher Informationsbedarf besteht. Dies begründet sich durch lange und komplexe Prozessketten, eine umfangreiche Prozesstechnologiemorphologie, den Einsatz von Prozesstechnologien aus unterschiedlichen Domänen sowie eine partielle und anhaltende Disruption entlang der Prozesskette. Dies führt zu komplexen notwendigen Industrialisierungsbestrebungen für elektrische Maschinen.[228] So ist die Etablierung neuer Fertigungsprozesse und Spezialwissen in der Elektromotorenproduktion notwendig, um bei verschiedenen Stückzahlszenarien relevante Motoren für die Traktion von Elektrofahrzeugen qualitätsgerecht produzieren und wirtschaftlich anbieten zu können.[229] Hinzu kommt eine geringe Vorerfahrung und somit eine geringe Wissensbasis, welche den hierfür notwendigen Informationsbedarf decken kann.[230] Dies deckt sich mit Aussagen aus der Automobilindustrie, dass es trotz der Existenz einer etablierten Elektromaschinenbauindustrie schwierig ist, Experten mit dem notwendigen Wissen für domänenspezifische

[222] Vgl. Kampker et al. (2016): Slot insulation, S. 166.
[223] Vgl. Kämpf (2003): Verfahren zur Herstellung einer dünnwandigen Isolation.
[224] Vgl. Nelson et al. (2013): Rotor Assembly with Electronic Beam Welding.
[225] Vgl. Kampker et al. (2017): Automotive process capability, S. 1ff.
[226] Validiert in Experteninterviews Produkt- und Prozessentwicklung für elektrische Antriebe 01/2018.
[227] Vgl. Kassicieh et al. (2002): Commercialization of Disruptive Technologies, S. 375; die Mechanismen zur Steigerung des Informationsbedarfes sowie die sich daraus ergebenen konkreten Informationsdefizite werden in den Kapiteln 2.3.3 und 2.3.4 erläutert.
[228] Vgl. Beretta (2013): Automotive Electric Drives, S. 177.
[229] Vgl. Nee (2014): Wertschöpfungsnetzwerke in der Elektromotorenproduktion, S. 23.
[230] Vgl. Kampker et al. (2017): Experimental engineering, S. 1.

Prozessschritte zu finden.[231] Neuartigen Ansätzen zum Schließen der bestehenden Wissenslücke kommt somit eine gesteigerte Bedeutung zu.

2.3 Planungsprozesse für die Elektromotorenproduktion

Die Produktionsplanung ist ein integraler Bestandteil von Innovationsprozessen, welche die erfolgreiche Transformation einer Idee in ein marktfähiges Produkt umfassen.[232] Produktionsplanung bezeichnet im Kontext der vorliegenden Arbeit sämtliche notwendige Schritte zur Gestaltung des Produktionssystems.[233] Sie umfasst nach EVERSHEIM die Planung der direkten Funktionen, welche unmittelbar zum Arbeitsfortschritt am Produkt beitragen (z.B. Werkstückbearbeitung) sowie der indirekten Funktionen, welche nur einen mittelbaren Einfluss hierdrauf haben (z.B. Mengenplanung, Logistikplanung).[234] Die vorliegende Arbeit fokussiert sich im Sinne dieser Gliederung auf die Produktionsplanung der direkten Funktionen, also die Planung der Technologien, Prozesse und Betriebsmittel, da in diesen Aspekten domänenspezifische Besonderheiten durch den in den Kapiteln 2.1 und 2.2 hergeleiteten gesteigerten Informationsbedarf bestehen.

Die Produktionsplanung ist neben dem elektromagnetischen, mechanischen, thermischen und technologischen Design ein zentraler Erfolgsfaktor für die wirtschaftliche und qualitätsgerechte Produktion eines Elektromotors.[235] Der vorliegende Abschnitt beschreibt daher spezifische Prozessmodelle für die Produkt- und Prozessentwicklung von Elektromotoren und geht auf die Notwendigkeit der integrierten Produkt- und Prozessentwicklung ein. Daraufhin wird der Produktentstehungsprozess auf besondere Informationsbedarfe, -defizite sowie -quellen hin untersucht und ein Zwischenfazit gezogen.

2.3.1 Prozessmodelle für die Produkt- und Produktionsentwicklung

Entwicklungs- und Industrialisierungsprozesse folgen in industriellen Produktentstehungsprozessen zumeist starren, determinierten Mustern.[236] Nachfolgend werden Entwicklungsvorgehen für Elektromotoren vorgestellt und in Industrialisierungsprozesse eingeordnet. Daraufhin wird die Entwicklung von Elektromotoren im automobilen Produktentwicklungsprozess verortet und ein Vorgehensmodell für die Produktionsplanung aufgezeigt. Entwicklungsmethoden für Elektromotoren haben alle gemeinsam, dass sie in einem ersten Schritt eine Anforderungsdefinition vollziehen. Daraufhin werden üblicherweise das Erregerprinzip und die Motortopologie ausgewählt und die Maschine dimensioniert. Als nächstes erfolgt die Optimierung des elektromagnetischen Kreises durch die Anwendung von analytischen Werkzeugen und der Finite-Elemente-Methode,[237] woraufhin die mechanische Integration des Motors konstruiert

[231] Validiert in Experteninterviews Produkt- und Prozessentwicklung für elektrische Antriebe 01/2018.

[232] Vgl. Werner (2002): Leistung im Innovationsprozess, S. 19ff; Heertje et al. (1988): Technology innovation, S. 2; Grønhaug und Kaufmann (1988): Innovation, S. 493.

[233] Synonym wird der Begriff Produktionsplanung auch für die operative Produktprogramm- und Produktionsablaufplanung verwendet, so zum Beispiel in Schuh und Stich (2012): Produktionsplanung und -steuerung, S. 11.

[234] Vgl. Eversheim (1996): Produktionstechnik und -verfahren, S. 1537.

[235] Vgl. Lei et al. (2016): Design Optimization Methods for Electrical Machines, S. 9; Lei et al. (2016): Design Optimization Methods for Electrical Machines, S. 17.

[236] Validiert in Experteninterviews Produkt- und Prozessentwicklung für elektrische Antriebe 01/2018.

[237] Finite-Elemente-Methode bezeichnet ein numerisches Optimierungsverfahren, bei dem bestimmte physikalische Größen eines Körpers durch das Aufteilen in endlich viele Teilgebiete optimiert werden.

wird.[238] Die Entwicklung eines Elektromotors ist ein iterativer Prozess.[239] Grundsätzlich unterscheiden sich die Produktentwicklungsprozesse von elektrischen Maschinen nicht bei industriellen oder Traktionsanwendungen, auch wenn die unterschiedlichen Randbedingungen und Anforderungen zu grundsätzlich unterschiedlichen Lösungen führen. So wird in der Automobilindustrie ein noch größerer Fokus auf Prozesssicherheit, Determinierbarkeit und Qualitätskonformität gelegt.[240] Entscheidende Unterschiede sind dadurch vor allem in den Bereichen Leistungsdichte, Blechschnitt und Wicklung, Isolation und Imprägnierung, Materialauswahl sowie Toleranzen zu finden.[241] Gestaltungsparameter im Entwicklungsprozess der elektrischen Maschine sind unter anderem:

- Durchmesser und Länge, Durchmesser-Längen-Verhältnis
- Luftspalt
- Wicklung, Wicklungstopologie, Drahtdurchmesser, Isolationsparameter, Füllgrad
- Spannungslage
- Flussdichte
- Blechschnitt, Material, Zahnweite, Zahnhöhe
- Rotormaterial
- Magnetische Eigenschaften im Rotor (Magnete, Käfig)[242]

In der Literatur werden verschiedene Vorgehensweisen zur Entwicklung von elektrischen Maschinen beschrieben. Abbildung 2-13 stellt die üblichen notwendigen Schritte des iterativen Vorgehens dar.

[238] Vgl. Rivera et al. (2017): Electrical machine design process, S. 1.
[239] Vgl. Lei et al. (2016): Design Optimization Methods for Electrical Machines, S. 13.
[240] Vgl. Kampker et al. (2017): Automotive process capability, S. 1.
[241] Vgl. Chau (2015): Electric vehicle drives, S. 61.
[242] Vgl. Pyrhönen et al. (2010): Rotating electrical machines, S. 314.

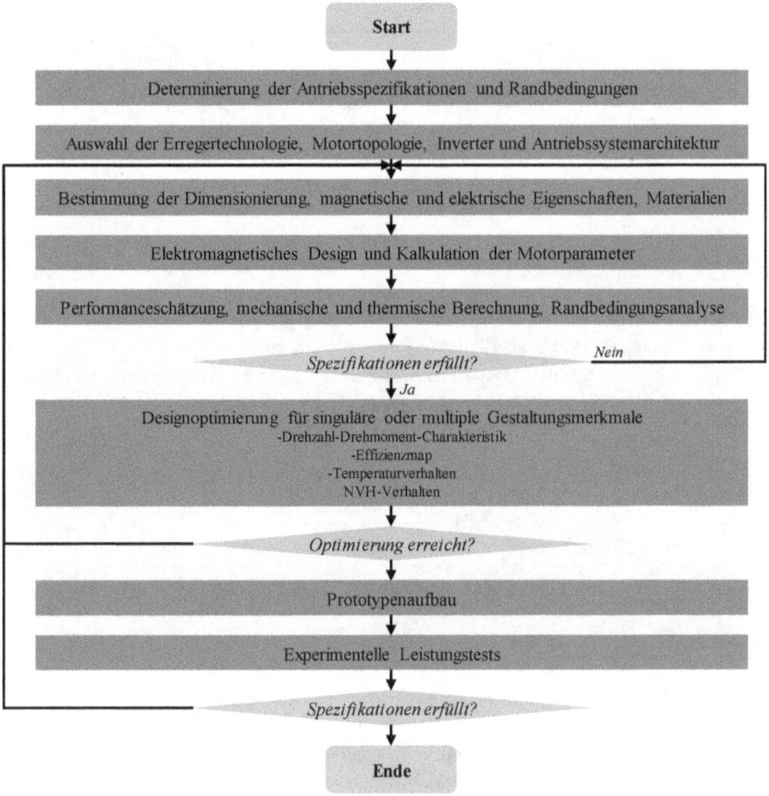

Abbildung 2-13: Entwicklungsvorgehen für Elektromotorenentwicklung[243]

Die Einbettung der Produktentwicklung des Elektromotors in den Industrialisierungsprozess wird ebenfalls in der Literatur behandelt. SELL beschreibt hierzu einen Entwicklungszyklus für Wickelprodukte wie Elektromotoren im V-Modell[244] und weist dem Design for Manufacturing[245] und der Produktionsplanung eigene Schritte im Produktentstehungsprozess zu. Hierbei wird deutlich, dass die detaillierte Produktionsplanungsphase nach der Prototypenphase stattfindet, das Design for Manufacturing jedoch davor.[246]

---

243 Eigene Abbildung mit Inhalten von Chau (2015): Electric vehicle drives, S. 62; Pyrhönen et al. (2010): Rotating electrical machines, S. 301ff; Lei et al. (2016): Design Optimization Methods for Electrical Machines, S. 13.

244 V-Modell bezeichnet angelehnt an eine Methodik aus der Softwareentwicklung eine Entwicklungsmethodik, welche mit der Zeit von einem niedrigen Detaillierungslevel auf ein hohes Detaillierungslevel entwickelt und die Ergebnisse dann durch ein geringer werdendes Detaillierungslevel validiert.

245 Engl.: Entwicklung für Produktion, Entwicklungsmethodik, die die Produzierbarkeit eines Industrieguts in den Mittelpunkt stellt.

246 Vgl. Sell-Le Blanc (2017): Prototype Production.

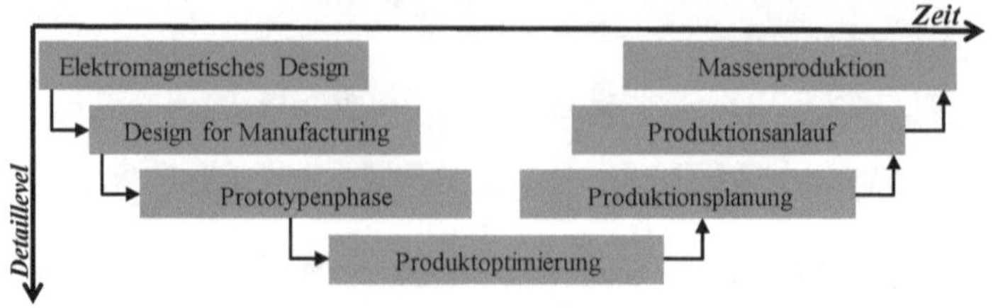

Abbildung 2-14: Produktentstehungsprozess für Wickelgüter nach SELL[247]

MAYR beschreibt zudem ein sequentielles, iteratives Vorgehen, welches die Produktionsplanung und Produktionsentwicklung als letzten Schritt der Industrialisierung aufzeigt. Dieses der Realität nachempfundene Vorgehen hat den Nachteil, dass Konstruktionsänderungen aufgrund später, produktionsinduzierter Restriktionen oder Optimierungen lange Rekursionsphasen mit sich bringen.[248]

Schritt	*Zielgröße*	*Werkzeuge*
1. Grobe elektromagnetische Konstruktion und strukturdynamische Auslegung	Leistung, Drehmoment, Effizienz, Vibrationen, Kühlung, etc.	Struktur- & elektromagnetische Simulation, etc.
2. Domänenspezifische detaillierte Entwicklung und Konstruktion	Produktionskosten, time-to-market, Effizienz, Produzierbarkeit, etc.	Struktur- & elektromagnetische Simulation, etc.
3. Integration und Validierung	Produktqualität, Funktionalität, etc.	Design of Experiments, etc.
4. Planung und Umsetzung des Produktionssystems	Kapazität, Materialfluss, Produktionskosten, etc.	Prozesssimulation, Materialflusssimulation, etc.

Iterationen

Abbildung 2-15: Produktentstehungsprozess für Elektromotoren nach MAYR[249]

Eingebettet ist der detaillierte Produktentstehungsprozess für Elektromotoren für elektromobile Traktionsanwendungen in den Produktentwicklungszyklus der Automobilindustrie. Dieser ist in Abbildung 2-16 schematisch dargestellt. Er umfasst einen Zeitraum von vier bis fünf Jahren vom Projektstart bis zum Serienanlauf. Trotz iterativer Zyklen in den einzelnen Phasen ist die Grobphasenstruktur sehr starr und determiniert und zudem in der Regel auch terminlich festgelegt.[250] Die einzelnen Phasen sind durch Meilensteine oder sogenannte Quality Gates[251] voneinander getrennt.[252]

[247] Eigene Abbildung nach Sell-Le Blanc (2017): Prototype Production.
[248] Vgl. Mayr et al. (2017): Integrated Product and Process Development of Electric Drives.
[249] Eigene Abbildung nach Mayr et al. (2017): Integrated Product and Process Development of Electric Drives.
[250] Validiert in Experteninterviews Produkt- und Prozessentwicklung für elektrische Antriebe 01/2018.
[251] Engl.: Qualitätstore.
[252] Vgl. Oeltjenbruns et al. (2000): Standardized Product Creation Process, S. 2.

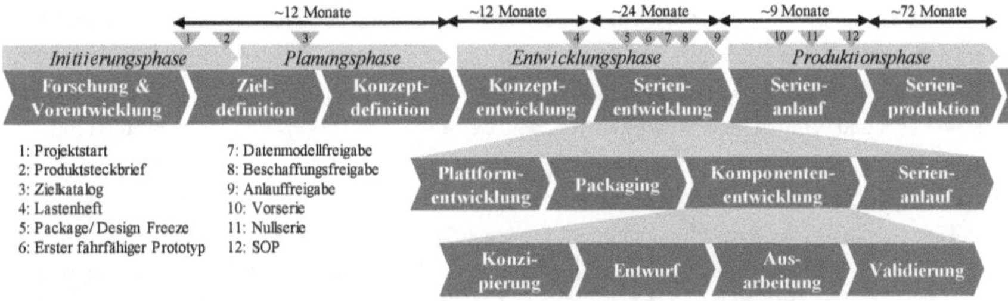

Abbildung 2-16: Generischer Produktentstehungsprozess in der Automobilindustrie[253]

Die Produktionsplanung im Sinne der Entwicklung der direkten Funktionen ist in der Serienentwicklung verortet. Eine Besonderheit in diesem Prozess kann für die Elektromotorenproduktion nicht abgeleitet werden. Die systematische Vorgehensweise ist in Abbildung 2-17 dargestellt.

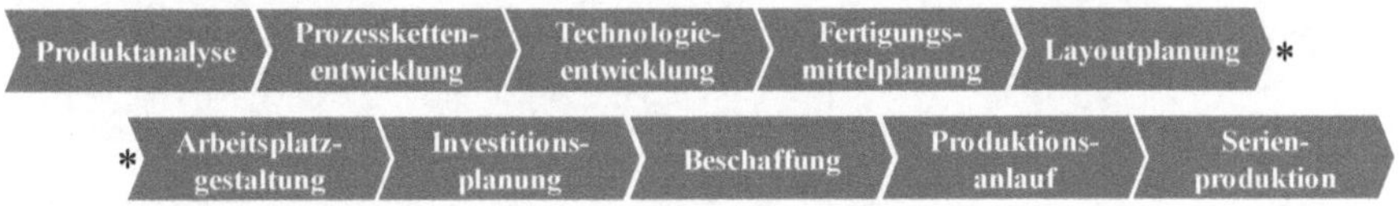

Abbildung 2-17: Produktionsplanungsprozess für Elektromotoren[254]

2.3.2 Notwendigkeit der integrierten Produkt- und Prozessentwicklung

Die integrierte Produkt- und Prozessentwicklung ist ein Werkzeug des Simultaneous Engineering,[255] welches als ablauforganisatorisches Konzept in der Produktentwicklung zur Entwicklungszeitoptimierung Tätigkeiten parallelisiert und möglichst früh beginnen lässt. Ziel ist eine verkürzte Entwicklungs- und Herstellungszeit für marktgerechte Produkte bei gegebenen Qualitäts- und Kostenrestriktionen.[256] Die integrierte Produkt- und Produktionsprozessgestaltung dient hierbei der frühzeitigen Abstimmung von Produkten und Produktionsprozessen und soll durch prospektive Betrachtung vor- und nachgelagerter Bereiche Abhängigkeiten zwischen Produkt- und Produktionsmerkmalen erkennen, um sie für die Produkt- und Produktionsprozessgestaltung nutzbar zu machen. Ziel sind hierbei die Beeinflussung der Herstellkosten und die Absicherung der Konstruktionsergebnisse im Hinblick auf Produzierbarkeit.[257] Insbesondere in frühen Phasen der Produktentwicklung ist der Einfluss auf diese besonders groß, sodass die integrierte Produkt- und Prozessentwicklung einer erhöhten Aufmerksamkeit bedarf und die Befähigung zu dieser einen entscheidenden Erfolgsfaktor in der Produktentwicklung darstellt.[258]

---

[253] Eigene Abbildung nach Schuh et al. (2008): Anlaufmanagement in der Automobilindustrie, S. 2ff; Experteninterviews Produkt- und Prozessentwicklung für elektrische Antriebe 01/2018; Schulz (2014): Produktentstehungsprozess in der Automobilindustrie, S. 5; Schaaf (1999): Entwicklungsmanagement in der Automobilindustrie, S. 26; Göpfer und Schulz (2016): Neuproduktentwicklung in der Automobilindustrie, S. 245; Oeltjenbruns et al. (2000): Standardized Product Creation Process, S. 2.

[254] Eigene Abbildung in Anlehnung an Nöcker (2012): Zustandsbasierte Fabrikplanung, S. 133; Li und Meerkov (2009): Production Systems Engineering, S. 4ff.

[255] Engl.: gleichzeitige Entwicklungsarbeit.

[256] Vgl. Schuh (2012): Innovationsmanagement, S. 236.

[257] Vgl. Eversheim und Schuh (2005): Integrierte Produkt- und Prozessgestaltung, S. 15.

[258] Vgl. ebd., S. 8.

Eine hohe Produktkomplexität steht in der Elektromotorenproduktion den Zielen eines geringen technischen Aufwandes sowie niedriger Herstellkosten diametral entgegen.[259] GAUSEMEIER beschreibt daher die besondere Notwendigkeit einer integrierten Produkt- und Prozessentwicklung für mechatronische Systeme[260] und schreibt den Produktionstechnologien einen hohen Einfluss auf das Produktkonzept und die Performance des mechatronischen Systems zu. Er beschreibt ebenfalls, dass der integrierten Produkt- und Prozessentwicklung aufgrund fehlender technologischer Kompetenzen sowie organisatorischer Defizite im Produktentstehungsprozess nicht genügend Aufmerksamkeit zukommt.[261] MAYR spezifiziert diese Aussage in Bezug auf Elektromotoren und weist integrierten Planungsansätzen aufgrund gesteigerter Komplexität, sich häufig ändernder Kundenanforderungen und kürzer werdenden Entwicklungszyklen gesteigerte Bedeutung zu. Er beschreibt den notwendigen integrierten Ansatz als interdisziplinäre Kollaboration von Experten aus den Domänen Mechanik, Elektronik, Steuerung, Software und Produktion. Besondere Motivation für den integrierten Ansatz ist, dass lokale Optima in einer bestimmten Domäne in der Regel nicht das globale Optima aller Domänen sind und die Produktion hier eine integrierende Schnittstelle für alle Domänen darstellt.[262] KAMPKER stellt heraus, dass die integrierte Produkt- und Prozessentwicklung für die Elektromotorenproduktion von zentraler Bedeutung ist, um durch eine anwendungsorientierte Produktionstechnologieauswahl sowie eine produzierbarkeitsorientierte Produktentwicklung ein Produktionssystem zu entwickeln, welches sich durch die Eigenschaften Stückzahlflexibilität und Wirtschaftlichkeit (Investitionskosten, Prozesskosten) auszeichnet.[263] LEI fordert die frühzeitige Berücksichtigung von Fertigungstechnologien in einem Multi-Domänen-Gestaltungsframework für die Entwicklung von Elektromotoren.[264] Er schreibt Produktionseinflüssen wie Materialschwankungen, Produktionsfehler, Montagetoleranzen und Systemparametervariationen sowie der Produktionstechnologieauswahl und dem damit einhergehenden Qualitätsangebot einen hohen Einfluss auf die resultierende Motorperformance zu. Typische Einflüsse sind somit erhöhte Vibrationen, Einfluss auf mechanischen und elektrischen Widerstand und Leistungseinbußen, welche einen direkten Einfluss auf die Zuverlässigkeit und die wahrgenommene Qualität eines Elektromotors haben.[265] Abbildung 2-18 zeigt, dass die Produktionstechnologien daher eine frühzeitige und zentrale Rolle in der Elektromotorenentwicklung einnehmen.

---

[259] Vgl. Stan (2015): Alternative Antriebe für Automobile, S. 282.
[260] Mechatronische Systeme bezeichnen Systeme, in denen mechanische, elektrische, elektronische und informationstechnische Elemente und Module zusammenwirken. Elektromotoren können als mechatronische Systeme klassifiziert werden.
[261] Vgl. Gausemeier et al. (2012): Integrative design of mechatronic systems, S. 237.
[262] Vgl. Mayr et al. (2017): Integrated Product and Process Development of Electric Drives, S. 120; Mayr et al. (2017): Integrated Product and Process Development of Electric Drives, S. 125.
[263] Vgl. Kampker et al. (2013): Integrated Product and Process Development, S. 1ff.
[264] Engl.: Rahmenplan.
[265] Vgl. Lei et al. (2016): Design Optimization Methods for Electrical Machines, S. 14ff.

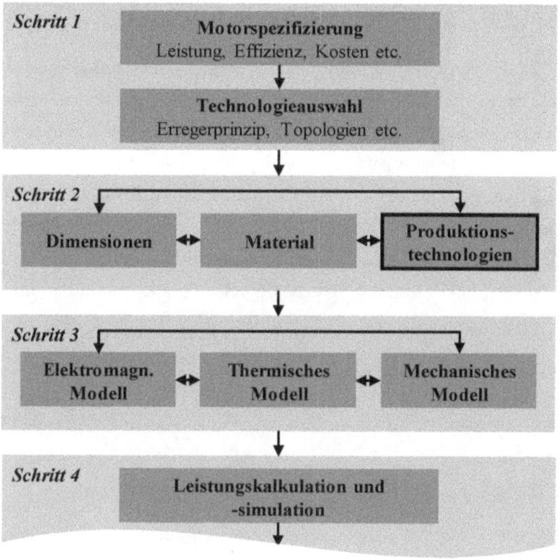

Abbildung 2-18: Gestaltungsrahmenwerk Elektromotorenentwicklung[266]

In der Literatur finden sich diverse Abhandlungen über den Einfluss der Produktionstechnologie auf die Leistungscharakteristika von Elektromotoren. Exemplarisch zu nennen sind hierbei der Einfluss der Wickeltechnologie auf den Kupferfüllfaktor[267] oder der Einfluss von Schneidtechnologien für Elektroblech auf die Eisenverluste im Kern.[268] Zudem wird die Wichtigkeit der integrierten Produkt- und Prozessentwicklung für die Elektromotorenproduktion durch Experten aus der Industrie bestätigt. Insbesondere aufgrund der Neuheit des Bereichs Elektromotorenproduktion für die Automobilindustrie und die fehlende Erfahrung mit etablierten Produktionstechnologien ist das Einwirken qualifizierter Produktionstechniker auf den Fortschritt in der Produktentwicklung maßgeblich. Die tatsächlich vorhandene Erfahrung steht dem Erfolg der integrierten Produkt- und Prozessentwicklung jedoch oftmals diametral entgegen.[269]

Zusammenfassend ist festzustellen, dass der integrierten Produkt- und Prozessentwicklung eine gesteigerte Bedeutung in der Elektromotorenentwicklung und -industrialisierung zukommt, insbesondere durch den hohen Einfluss des Produktionsprozesses auf Leistung und Qualität eines Elektromotors sowie die notwendigen Investitions- und Prozesskosten für das Produktionssystem. Daraus leitet sich eine frühzeitige notwendige Qualifizierung zur produktionsseitigen Bewertung von Produktplanungsergebnissen als Kernkompetenz in der Elektromotorenentwicklung ab. Diese unterscheidet sich jedoch nicht maßgeblich von anderen Produkten.

[266] Eigene Abbildung nach Lei et al. (2016): Design Optimization Methods for Electrical Machines, S. 148.
[267] Vgl. Hagedorn et al. (2016): Handbuch der Wickeltechnik, S. 25ff.
[268] Vgl. Naumoski et al. (2015): Cutting techniques for electrical steel, S. 126ff; Emura et al. (2003): Steel cutting techniques, S. 358ff; Schoppa et al. (2003): Waterjet cutting for elelctrical steel, S. 254ff.
[269] Validiert in Experteninterviews Produkt- und Prozessentwicklung für elektrische Antriebe 01/2018.

2.3.3 Informationsbedarfe im Produktionsplanungsprozess

Eine theoretische Einführung in Informationsbedarfe erfolgt in Kapitel 5.1.1. In der Produktionsplanung für Elektromotoren in der Automobilindustrie kann ein hoher Informationsbedarf identifiziert werden, da sich die Prozesskette grundlegend von der für konventionell angetriebene Fahrzeuge unterscheidet. Somit ist neue Expertise und Fachwissen notwendig.[270] Dies äußert sich in der Notwendigkeit zur Etablierung neuer Fertigungsprozesse und aus Produktionssicht für die Elektromotorenproduktion in notwendigem Spezialwissen, um für verschiedene Stückzahlspektren relevante Motoren wirtschaftlich produzieren zu können.[271] Der Informationsbedarf wurde in einer umfassenden Expertenbefragung in der Automobilindustrie ergründet und ergibt sich hierbei insbesondere in den folgenden Bereichen:

- Technologien und Technologiepotentiale für Produktions- und Prüfprozesse
- Technologiegestaltung und -integration
- Prozessparametrisierung
- Qualitätsmerkmale
- Wirtschaftlichkeitsdaten
- Zulieferer und Marktsituation für Material und Produktionstechnologie[272]

Die in den Kapiteln 2.2 und 2.3 herausgearbeiteten besonderen Informationsbedarfe ergeben sich hierbei durch verschiedene Mechanismen und sind grundsätzlich auf eine hohe Komplexität und Disruption zurückzuführen. Diese teilt sich zudem auf diverse Domänen und Disziplinen auf. Problematisch wird dieser Informationsbedarf jedoch erst, wenn er nicht gedeckt ist und zu Informationsdefiziten führt, welche für die Elektromotorenproduktion für die elektromobile Traktion evident sind und in Kapitel 2.3.4 aufgezeigt werden. Diese Informationsdefizite aus dem besonderen Informationsbedarf ergeben sich dadurch, dass der hohe Informationsbedarf durch eine begrenzte Menge an Wissen gedeckt werden muss. Dieses Wissen wiederum muss durch eine begrenzte Menge Experten aus verschiedenen Disziplinen bereitgestellt oder erzeugt werden, welche wiederum begrenzte Ressourcen haben. Das bestehende Wissen wiederum ist in der Automobilindustrie aktuell nur beschränkt. Ein entsprechender Informationsbedarf kann so auch in anderen Branchen oder für andere Produkte existieren, er ist jedoch für den gewählten Anwendungsfall im Betrachtungsbereich der vorliegenden Arbeit explizit evident.

2.3.4 Informationsdefizite im Produktionsplanungsprozess

Eine theoretische Einführung in bekanntes und unbekanntes Unwissen erfolgt in Kapitel 5.1.1. In der Produktionsplanung für Elektromotoren für die elektromobile Traktion steht die Informationsverfügbarkeit dem Informationsbedarf diametral entgegen.[273] Dies lässt sich auf der einen Seite durch den disruptiven Charakter dieser Technologie erklären.[274] Auf der anderen Seite stellt das Informationsmanagement sowie die Allokation von Informationsbedarfen und bestehendem Wissen in der Elektromotorenproduktion eine große Herausforderung dar. Dies begründet sich insbesondere durch die notwendige interdisziplinäre Kollaboration verschiedener Domänen im Planungsprozess sowie die komplexe Prozesskette und die engen Zusammenhänge zwischen Produkt und Produktionsprozess. Dies führt oftmals

---

[270] Vgl. Mayr et al. (2017): Integrated Product and Process Development of Electric Drives, S. 120.
[271] Vgl. Nee (2014): Wertschöpfungsnetzwerke in der Elektromotorenproduktion, S. 23.
[272] Validiert in Experteninterviews Produkt- und Prozessentwicklung für elektrische Antriebe 01/2018.
[273] Vgl. Kampker et al. (2018): Prototyping im elektrischen Antriebsstrang, S. 5.
[274] Vgl. Sandström (2010): Disruptive Innovation, S. 7; Danneels (2004): Disruptive Technology Reconsidered, S. 248.

zu zeitaufwändigen Abstimmungsschleifen und notwendigen Iterationen.[275] Die Informationsdefizite decken sich in der industriellen Realität mit den in Abschnitt 2.3.3 erarbeiteten Informationsbedarfen. Im Detail sind folgende Informationsdefizite evident, welche in einer umfassenden Expertenbefragung in der Automobilindustrie aufgenommen wurden:

- Expertenwissen zu Produkttechnologie
- Expertenwissen zu Prozesstechnologie
- Zusammenhänge zwischen Produkt und Prozess
- Vor- und Nachteile der Prozesstechnologien im Vergleich
- Grundlagen für Simulationsmodelle
- Qualitätsmerkmale und Prozesseinflüsse auf diese
- Notwendigkeit von Qualitätsmerkmalen und Ausprägungen
- Erreichbarkeit von Toleranzen
- Lebensdauerhaltbarkeit bestimmter Prozessergebnisse (z.B. Schweißstellen, Imprägnierung)
- Wirtschaftlichkeitsdaten
- Wenig Analogien aus anderen Domänen übertragbar
- Transfer von Expertenwissen aus Industriebereich nicht zureichend möglich[276]

Diese ergeben sich insbesondere aufgrund der für Unternehmen der Automobilindustrie neuen Domäne der Elektromotorenproduktion (Elektromagnetik statt Thermodynamik, Verfahrenstechnik statt mechanischer Fertigung), fehlenden Experten und fehlendem Fachwissen sowie einer gesteigerten Komplexität in der Prozesskette und in den einzelnen Prozessen im Vergleich zu konventionellen Verbrennungsmotoren. Zudem fehlt es an grundlegender, ausführlicher Fachliteratur.[277] Zudem ist die nicht mögliche analytische Durchdringung etablierter Prozesse wie dem Wickeln und Einziehen oder der Imprägnierung ein großes Hindernis.[278]

Zusammenfassend ist festzustellen, dass in der Produktionsplanung von Elektromotoren für die elektromobile Traktion hohe Informationsdefizite bestehen, die in der industriellen Realität nicht durch bestehendes Wissen abgedeckt werden können.

2.3.5 Informationsquellen im Produktionsplanungsprozess

Eine Informationsquelle stellt den Ursprung einer Information dar.[279] Dabei existieren Upstream-Quellen, welche auf Zielquellen hinweisen. Diese wiederum beinhalten gesuchte Informationen und können zudem auf Downstream-Quellen hinweisen, die weitere Details zu Technologien beinhalten können.[280] Das Finden und Nutzen einer Informationsquelle ist somit ein entscheidender Prozessschritt

---

[275] Vgl. Mayr et al. (2017): Integrated Product and Process Development of Electric Drives, S. 125; Gausemeier et al. (2012): Integrative design of mechatronic systems, S. 237.

[276] Validiert in Experteninterviews Produkt- und Prozessentwicklung für elektrische Antriebe 01/2018.

[277] Es können wenige umfassende Standardwerke für die Elektromotorenproduktion identifiziert werden. Zu nennen ist hier Kampker (2014): Elektromobilproduktion, welches sich mit der gesamten Prozesskette der Elektromotorenproduktion auseinandersetzt sowie Hagedorn et al. (2016): Handbuch der Wickeltechnik, welches speziell die Domäne der Statorwickeltechnik detailliert beschreibt. Zudem existieren diverse wissenschaftliche Artikel zu verschiedenen Produktionstechnologien, welche jedoch nicht strukturiert erfassbar sind und in der Regel keine umfassende Dokumentation eines Prozessschritts oder einer Technologie darstellen.

[278] Validiert in Experteninterviews Produkt- und Prozessentwicklung für elektrische Antriebe 01/2018.

[279] Vgl. Krcmar (2015): Informationsmanagement, S. 130.

[280] Upstream: engl.: Strom aufwärts; Downstream: engl.: Strom abwärts; vgl. Greitemann et al. (2017): Search for production technologies, S. 26.

in der Informationsbeschaffung. In der industriellen Realität im Bereich der Elektromotorenproduktion für die elektromobile Traktion werden vordergründig folgende Informationsquellen verwendet, welche im Rahmen einer umfassenden Expertenbefragung in der Automobilindustrie aufgenommen wurden:

- Expertenwissen aus Elektromotorenproduktion der Branchen Industriemotoren und Weiße Ware
- Interne Experten
- Eigenes strukturiert dokumentiertes Wissen
- Spezialisierte Unternehmen aus anderen Domänen mit analogen oder ähnlichen Prozessen
- Universitäten
- Forschungseinrichtungen
- Anlagenlieferanten
- Komponentenlieferanten
- Patente
- Fachliteratur
- Brancheninterner Benchmark
- Austausch mit Wettbewerbern
- Messen
- Musterbaulinien
- Prototypenbau[281]

Die Aktivitäten sind oftmals kapital- und personalintensiv, jedoch sind insbesondere Anlagen- und Komponentenlieferanten oftmals bereit, Informationen kostenfrei zu erarbeiten und bereitzustellen, weil sie sich dadurch Vorteile in der Partizipation am Markt erhoffen. Insbesondere für neue und kleine Player ist es jedoch schwierig, sich am Markt das notwendige Wissen anzueignen.[282]

Der Prototypenbau wird grundsätzlich als Quelle für Informationen in der Produktionsplanung genannt[283] und hierfür teilweise eingesetzt.[284] Eine strukturierte und umfassende Ausnutzung dieser Informationsquelle erfolgt jedoch nicht. Dies liegt auf der einen Seite an der organisatorischen Verortung in den Unternehmen, in denen der Prototypen- oder Musterbau oftmals in einer eigenen Abteilung verortet ist. Auf der anderen Seite fehlt eine strukturierte Unterstützung des Informationsplanungsprozesses im Prototypenbau.[285] Dem Prototypenbau wird ein großes Informationsgenerierungspotential zugeschrieben.[286]

Zusammenfassend ist festzustellen, dass dem Prototypenbau ein hohes Informationsgenerierungspotential inhärent ist. Dies wird aufgrund organisatorischer Hürden und fehlender Informationsplanungsprozesse in der industriellen Realität der Elektromotorenproduktion für elektromobile Traktion jedoch nicht ausgeschöpft.

---

[281] Validiert in Experteninterviews Produkt- und Prozessentwicklung für elektrische Antriebe 01/2018; die angegebenen Informationsquellen werden ebenfalls in der theoretischen Literatur in Bezug auf Informationen über Technologien angegeben, so z.B. in Greitemann et al. (2017): Search for production technologies, S. 26; Vajna (2014): Integrated Design Engineering, S. 399f; Fickenscher et al. (1990): Zielorientiertes Informationsmanagement,
S. 49.

[282] Validiert in Experteninterviews Produkt- und Prozessentwicklung für elektrische Antriebe 01/2018.

[283] Ebd.

[284] Vgl. Kampker et al. (2018): Prototyping im elektrischen Antriebsstrang, S. 4.

[285] Validiert in Experteninterviews Produkt- und Prozessentwicklung für elektrische Antriebe 01/2018.

[286] Vgl. Kampker et al. (2018): Prototyping im elektrischen Antriebsstrang, S. 5.

2.3.6 Zwischenfazit

In Kapitel 2.3 wurden die Produkt- und Produktionsplanungsprozesse für Elektromotoren für die elektromobile Traktion beschrieben. Es konnte eine besondere Notwendigkeit der integrierten Produkt- und Prozessentwicklung aufgrund der engen Abhängigkeit der Leistungsfähigkeit eines Elektromotors von den verwendeten Produktionsprozessen aufgezeigt werden. Daraufhin wurden die Informationsbedarfe im Produktionsplanungsprozess analysiert und ein großes Defizit aufgrund der Komplexität und Disruption sowie fehlendem Vorwissen in der Elektromotorenproduktion für die elektromobile Traktion festgestellt. Dies kann grundsätzlich durch verschiedene Informationsquellen gedeckt werden. Der Prototypenbau konnte als eine dieser Quellen identifiziert werden, welcher jedoch aufgrund organisatorischer Hürden und fehlender methodischer Unterstützung in der industriellen Realität nicht umfassend exploriert und ausgenutzt wird. Aus diesem Grund wird der Prototypeneinsatz in der Produkt- und Prozessentwicklung von Elektromotoren nachfolgend ausführlich untersucht.

2.4 Prototypeneinsatz in der Produktionsplanung für Elektromotoren

Der Begriff Prototyp leitet sich etymologisch aus den griechischen Worten *protos* und *typos* ab, was kombiniert sinngemäß „erstes Urbild" bedeutet. Der DUDEN bezeichnet Prototypen im technischen Kontext als bestimmte erste Ausführung von Fahrzeugen, Maschinen oder ähnlichem zur Erprobung und Weiterentwicklung vor der Serienproduktion.[287] Abstrakt ausgedrückt ist ein Prototyp demnach eine modellhafte Ausführung eines unfertigen Systems, welche das Ziel der experimentellen Validierung einer Fragestellung an das Zielobjekt hat. Er unterscheidet sich in mindestens einer funktionalen, gestalterischen oder herstellungsprozessbezogenen Eigenschaft von dem vermarktungsfähigen Endprodukt. Eine ausführliche Einführung in die Prototypentheorie erfolgt in Kapitel 3.3 und wird daher an dieser Stelle nicht weiter erläutert. Um das Potential des Prototypeneinsatzes für die Informationsgenerierung im Produktionsplanungsprozess für Elektromotoren herauszuarbeiten und Handlungsbedarfe aus der industriellen Praxis herzuleiten, wird nachfolgend der Prototypeneinsatz im Produktentstehungsprozess für Elektromotoren beschrieben. Hierfür wird auf die Prototypengestalt und Reifegrade der eingesetzten Prototypen sowie die Einsatzzeitpunkte, Einsatzzwecke und Kosten eingegangen und die Prototypenplanung beschrieben. Dabei fokussiert diese Arbeit auf physische Prototypen. Virtuelle und hybride Prototypen (vgl. Kapitel 3.3) werden nicht weiter analysiert, da diese Arbeit explizit das Informationsgenerierungspotential physischer Prototypenaufbauten für die Produktionsplanung betrachtet.

2.4.1 Prototypengestalt

Prototypengestalt bezeichnet den physischen Zustand und Umfang eines Prototyps. In der Literatur findet sich lediglich bei RIVERA eine ausführliche Beschreibung unterschiedlicher Prototypengestalten für Elektromotoren. Er differenziert in drei unterschiedliche Prototypengestalten:

- **Konzeptprototyp:** Konzeptprototypen dienen dazu, Ideen in einem frühen Stadium in physische Konzepte umzusetzen. Sie zeichnen sich durch eine flexible Struktur aus. So können Komponenten einfach getauscht werden oder die Position von Bauteilen, z.B. Magneten im Rotor, einfach verändert werden. Zudem können unterschiedliche Materialien zum Einsatz kommen Die physikalischen

[287] Vgl. Bibliographisches Institut (2015): Duden.

Eigenschaften des Konzeptprototypen (magnetisch, elektrisch, dielektrisch, thermisch, mechanisch) sind nur eingeschränkt mit dem finalen industriellen Produkt vergleichbar. Jedoch kann das grundsätzliche Motorkonzept bereits durch den Konzeptprototypen bestätigt werden.

- **Komponentenprototyp:** Der Komponentenprototyp wird bereits mit definierten industriellen Prozessen und Serienwerkzeugen hergestellt und hat eine hohe Ähnlichkeit mit dem finalen Serienprodukt. Es werden lediglich kommerziell und in Masse verfügbare Materialien eingesetzt. Der Prototyp dient der Validierung der Motorkonstruktion bezüglich seiner physikalischen Eigenschaften. Lediglich eine Kostenorientierung fehlt noch zum industriellen Prototypen, da die Materialauswahl nicht unter dem Kostenaspekt und ohne hohe Mengenrabatte erfolgt.
- **Industrieller Prototyp:** Der industrielle Prototyp ist nahezu identisch mit dem finalen serienproduzierbaren Produkt und wird bereits auf dem Serienproduktionssystem gefertigt. Er dient der finalen Optimierung und Validierung des Produktionssystems sowie seiner Einzelprozesse.[288]

SCHUH beschreibt zudem fünf verschiedene theoretische Stufen, in denen die Prototypengestalt klassifiziert werden kann und an der sich die vorliegende Arbeit orientiert. Diese sind Design- oder Konzeptprototyp, geometrischer Prototyp, Funktionsprototyp, technischer Prototyp sowie Vorserienprototyp.[289] Grundsätzlich werden alle fünf der beschriebenen Prototypengestalten im Produktentstehungsprozess für Elektromotoren für die elektromobile Traktion eingesetzt. Nachfolgend erfolgt eine Beschreibung eingesetzter Prototypengestalten in der industriellen Realität anhand dieser Klassifizierung:

- **Design- oder Konzeptprototypen:** Bereits in sehr frühen Phasen des Produktentstehungsprozesses werden unter dem Einsatz von Rapid-Prototyping Technologien[290] Handmuster und Hüllkurvenmuster eingesetzt. Diese dienen insbesondere der Generierung eines räumlichen Verständnisses für die Zusammenbausituation des Motors. Die einzelnen Komponenten werden aus Kunststoffen oder Metallen aufgebaut, wobei oftmals ganze Baugruppen in einem Bauteil zusammengefasst sind. Design- oder Konzeptprototypen werden in der Automobilindustrie auch als Demonstratoren oder Konzeptbaustufen bezeichnet.
- **Geometrische Prototypen:** Geometrische Prototypen sind formgetreue Abbildungen des Konstruktionsstandes und werden in der Elektromotorenentwicklung eingesetzt, um Bauraum- und Zusammenbaustudien durchzuführen. Sie entsprechen auf mikrogeometrischer Ebene dem Serienprodukt, können jedoch aus anderem Material aufgebaut sein. So werden Blechpakete zum Beispiel aus Metall- oder Kunststoffzylindern gebaut. Zudem werden sogenannte Grenzmuster aufgebaut. Mit diesen werden insbesondere die definierten Toleranzketten überprüft. So werden Motoren aufgebaut, in denen sämtliche Teile entweder am unteren oder oberen Rand der Toleranzfenster gefertigt sind, um die Produzierbarkeit und Funktionalität von Extremsituationen in der Serienproduktion abzuprüfen.
- **Funktionsprototypen:** Funktionsprototypen dienen der Abbildung bestimmter funktionaler Teilumfänge, werden jedoch oftmals noch mit Werkstoffen aufgebaut, die nur seriennahe Eigenschaften haben. Eine hervorzuhebende Anwendung sind hierbei Antriebssysteme mit durchsichtigem Gehäuse. Diese werden oftmals aus Plexiglas aufgebaut, um Strömungsstudien für Fluide, z.B. in

288 Vgl. Rivera et al. (2017): Electrical machine design process, S. 4f.

289 Vgl. Schuh (2012): Innovationsmanagement, S. 218; eine detaillierte Beschreibung der genannten Stufen erfolgt in Kapitel 3.3.

290 Engl.: Schneller Prototypenbau; Rapid-Prototyping Technologien fassen eine Gruppe Fertigungstechnologien zusammen, die insb. durch die Nutzung additiver Fertigungsverfahren schnell und werkzeuglos Bauteile herstellen können.

einer Gehäusekühlung oder Getriebeschmierung, durchzuführen. Zudem werden Pseudo-Zusammenbauten eingesetzt, die mit umfangreicher Sensorik und Telemetrie ausgestattet sind und flexibel mit verschiedenen Komponenten bestückt werden können, um bei Prüfstandsversuchen möglichst umfangreiche Mess- und Parameterstudien durchführen zu können.

- **Technische Prototypen:** Technische Prototypen werden mit seriennahen oder möglichst serienidentischen Werkstoffen aufgebaut und sind in ihrer Gestalt nahezu identisch mit den Serienprodukten. Mit ihnen kann der gesamte Antrieb auf seine physikalischen Eigenschaften hin validiert werden. Zudem können technische Prototypen in Versuchsträgerfahrzeuge eingebaut werden. Geometrische, Funktions- und technische Prototypen werden in der Automobilindustrie auch als Baustufen bezeichnet.
- **Vorserienprototyp:** Vorserienprototypen werden unter Serienbedingungen aufgebaut und dienen der Validierung und Optimierung des Produktionssystems.[291]

Im automobilen Produktentstehungsprozess wird zudem die Nomenklatur der A-D-Muster auf Prototypen für elektrische Antriebe verwendet. Die sich hinter dieser Nomenklatur verbergende Logik ist in Tabelle 2-12 dargestellt.

	Prototypenbezeichnung				
	Modell	**A-Muster**	**B-Muster**	**C-Muster**	**D-Muster**
Synonym	Proportionsmodell Designmodell Ergonomiemodell	Funktionsmuster	Prototyp	Vorserienmuster	Erstmuster Nullserienmuster
Beschaffenheit	Auf wenige Kriterien eingeschränkt, nicht für Dauererprobung geeignet	Abbildung wichtiger Teilfunktionen, nicht für Dauererprobung geeignet, Schnittstellen spezifikationskonform	Seriennah in Erscheinung, Geometrie, Eigenschaften, noch nicht alle Kundenanforderungen erfüllt	Spezifikationskonform, für Dauererprobung geeignet, Abweichungen nur bei nicht-lebensdauerrelevanten Kriterien	Statistisch abgesicherte Qualitätskonformität, optimierte Serienteile

Tabelle 2-12: A-, B-, C- und D-Muster-Nomenklatur[292]

2.4.2 Reifegrade

Als Reifegrad wird in der Produktentwicklung das Verhältnis vom erreichten Grad der Entwicklung zum final angestrebten Entwicklungsergebnis bezeichnet. Der Reifegrad wird durch das Durchlaufen von Entwicklungszyklen gesteigert.[293] Die Entwicklung von elektrischen Antrieben im Allgemeinen und von Traktionsmotoren für die Elektromobilität im Speziellen zeichnet sich dadurch aus, dass der Reifegrad eines Teils des Produktmodells zu Beginn der Serienentwicklungsphase schnell auf einen hohen, seriennahen Stand gesteigert wird. Insbesondere in der elektromagnetischen Domäne von Rotor und Stator wird frühzeitig ein Blechschnitt, Wicklungen und die Rotortopologie (z.B. Käfig, Magnete, Wicklung) optimiert und festgelegt. Der Reifegrad des mechanischen und thermischen Systems des Motors (Gehäuse, Welle, Kühlung) folgt etwas zeitversetzt, da die Gestaltung entscheidend vom elektromagnetischen System abhängt. Insgesamt besteht bereits frühzeitig die Chance, Prototypen von Rotor und Stator mit hohen Reifegraden aufzubauen, was in der industriellen Realität auch umgesetzt wird.

---

291 Validiert in Experteninterviews Produkt- und Prozessentwicklung für elektrische Antriebe 01/2018.

292 Eigene Abbildung nach Verband der Automobilindustrie VDA (1998): Qualitätsmanagement in der Automobilindustrie, S. 25; Validiert in Experteninterviews Produkt- und Prozessentwicklung für elektrische Antriebe 01/2018.

293 Vgl. Schuh (2012): Innovationsmanagement, S. 174.

Prototypen des mechanischen Systems und des gesamten Antriebs werden ebenfalls frühzeitig eingesetzt.[294] Die beschriebenen Zusammenhänge werden in Abbildung 2-19 übersichtlich dargestellt.

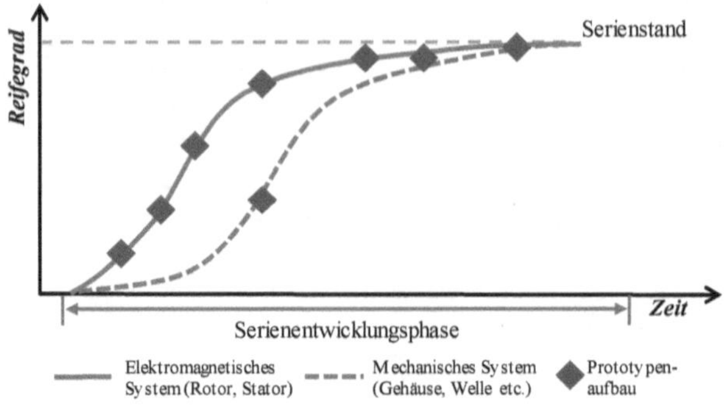

Abbildung 2-19: Reifegrade von Prototypen im Entwicklungsprozess[295]

2.4.3 Aufbau- und Einsatzzeitpunkte

Für die Betrachtung der Aufbau- und Einsatzzeitpunkte von Prototypen im Produktentstehungsprozess für Elektromotoren muss zwischen Prototypen aus der Vorentwicklung und Prototypen aus der Serienentwicklung differenziert werden. In der Vorentwicklung werden dauerhaft und parallel zu Serienentwicklungsprozessen Prototypen aufgebaut. Der Aufbau folgt zeitlich keinem festgelegten Muster und wird nach Bedarf vorgenommen. Im Serienentwicklungsprozess startet der Aufbau nach circa einem Viertel oder einem Drittel der Entwicklungszeit beziehungsweise nach einem halben Jahr. Daraufhin werden Prototypen bis zum Serienproduktionsstart durchgehend aufgebaut und für seine geplanten Zwecke eingesetzt. Der Aufbau eines vollumfänglichen Prototyps nimmt hierbei am Anfang ungefähr vier bis sechs Monate in Anspruch. Kurz vor Serienstart nähert sich die Dauer des Prototypenaufbaus dann der Serienaufbauzeit an.[296]

2.4.4 Einsatzzwecke

Prototypen werden zu verschiedenen Zwecken im Produktentstehungsprozess für Elektromotoren für die elektromobile Traktion eingesetzt. Der Fokus der Einsatzzwecke verändert sich hierbei mit dem Voranschreiten des Entwicklungsprozesses. Während die Prototypen zu Beginn für die Generierung eines dreidimensionalen Vorstellungsvermögens und für generelle Bauraum- und Zusammenbaustudien verwendet werden, werden diese bei höheren Reifegraden für Validierungen verschiedener Funktionalitäten, Haltbarkeiten und Leistungscharakteristik verwendet. Zudem ist bei kleineren Unternehmen und innovativen StartUps zu beobachten, dass der Prototyp neben einem Proof of Concept[297] insbesondere für Marketingzwecke und Investorenkommunikation verwendet wird. Neben der Verwendung auf dem Prüfstand werden Prototypen auch in Gesamtfahrzeugversuchsträger eingebaut und somit im Zusammenspiel mit anderen Komponenten eingesetzt und geprüft. Die Einsatzzwecke können in verschiedene

---

294 Validiert in Experteninterviews Produkt- und Prozessentwicklung für elektrische Antriebe 01/2018.

295 Eigene Abbildung in Anlehnung an Validierung in Experteninterviews Produkt- und Prozessentwicklung für elektrische Antriebe 01/2018.

296 Validiert in Experteninterviews Produkt- und Prozessentwicklung für elektrische Antriebe 01/2018.

297 Engl.: Unterbeweisstellung der Konzepttauglichkeit.

Teilbereiche untergliedert werden, in denen entweder physikalische Kenngrößen ermittelt oder Simulationsergebnisse validiert werden:

- **Mechanische Prüfungen:** Dauerfestigkeitsversuche, Spannungsprüfung, Überlastungsprüfung, Torsionsprüfung, Knickversuche, Schleudertest, Wuchtprüfung, Grenzmusterprüfung
- **Vibroakustische Prüfungen:** Körperschallprüfung, Vibrationsprüfung, Geräuschprüfung
- **Elektromagnetische Prüfungen:** Magnetstärke, elektrische Prüfung, Widerstandsprüfung (Strang, Phase), Phasensymmetrieprüfung
- **Isolationsprüfung:** Körperschluss-, Phasenschluss-, Windungsschlussprüfung, Hochspannungsprüfung
- **Thermische Prüfung:** statisches und dynamisches Temperaturverhalten, Überlastverhalten
- **Tribologische Prüfung:** Reibungsversuche, Rastmomentprüfung, Reibmomentprüfung
- **Strömungsmechanische Prüfung:** Kühlfluiddurchflussverhalten, Strömungsverhalten von dynamischen Kühl- und Schmiermitteln
- **Funktionsprüfung:** Drehmoment-Drehzahl-Verhalten, Back-EMF-Charakterisierung,[298] motorischer und dynamometrischer Betrieb, Effizienzcharakterisierung, Maximalleistungstest, Überlasttest, Dauerlauftest, Lebensdauerprüfung, Tests unter thermischer und medialer Belastung, Integration in Versuchsträger, Torque Ripple Prüfung,[299]
- **Produzierbarkeitsanalysen:** Komponentenherstellbarkeit, Montierbarkeit, Serienprozessvalidierung, Serienprozessoptimierung, Parameterstudien, Prozessentwicklung[300]

Es wird deutlich, dass die Validierung von Entwicklungsständen und Reifegraden im Mittelpunkt des Prototypeneinsatzes steht. Hierbei müssen Prototypen entlang des Entwicklungsprozesses verschiedene Tauglichkeiten in Bezug auf Produkt und Produktion unter Beweis stellen: Prinziptauglichkeit, Konzepttauglichkeit und Serientauglichkeit.[301] Die Evolution dieser Validierungen wird in Tabelle 2-13 dargestellt.

	Prototypenbezeichnung				
	Modell	**A-Muster**	**B-Muster**	**C-Muster**	**D-Muster**
Einsatzzweck	Teilfunktionsprüfung (Design, Ergonomie, mechanische/ elektrische Wirkprinzipien), Validierung von Ideen, Entscheidungsunterstützung	Gesamtfunktionsprüfung, Konzeptvalidierung, Spezifikationsdetaillierung	Prüfung der technischen Anforderungen, Dauererprobung, Freigabe des Serienwerkzeugbaus	Prüfung für technische Freigabe	Nachweis der Fertigungssicherheit, Optimierung der Produktion, Serienlieferfreigabe

Tabelle 2-13: Einsatzzwecke von Prototypen[302]

[298] Engl.: Elektromotorische Kraft; Back-EMF bezeichnet die Eigenschaften der vom Elektromotor rückinduzierten Spannung.

[299] Engl.: Drehmomentwelligkeit; Torque Ripple entsteht durch rotatorische Asymmetrie des Rotormagnetfeldes sowie ausgeprägten ferromagnetischen Polen im Stator, sodass sich eindeutige Vorzugswinkellagen ergeben, die durch ein erhöhtes Drehmoment in bestimmten Winkelpositionen überwunden werden muss.

[300] Vgl. Rivera et al. (2017): Electrical machine design process, S. 4f; validiert in Experteninterviews Produkt- und Prozessentwicklung für elektrische Antriebe 01/2018.

[301] Validiert in Experteninterviews Produkt- und Prozessentwicklung für elektrische Antriebe 01/2018.

[302] Eigene Abbildung nach Verband der Automobilindustrie VDA (1998): Qualitätsmanagement in der Automobilindustrie, S. 25; validiert in Experteninterviews Produkt- und Prozessentwicklung für elektrische Antriebe 01/2018.

Insbesondere kann herausgestellt werden, dass die Informationsgenerierung für die Produktionsplanung nur ein nebensächlicher Teilaspekt der Prototypeneinsatzzwecke darstellt.

2.4.5 Kosten

Der Prototypenbau für Elektromotoren für die elektromobile Traktion verursacht bis zu 25% der Kosten in der Antriebsentwicklung.[303] Dieser Wert skaliert insbesondere durch die Anzahl der hergestellten Prototypen sowie durch den Umfang technischer Funktionen in jedem Prototypen. Kostentreibend sind insbesondere drei Bereiche:

- **Material:** Die Beschaffung von Materialien aus teuren Rohstoffen wie Kupfer (Kupferlackdraht) oder Seltene-Erden-Magneten (Rotormagnete) sowie die Beschaffung geringer Mengen Elektroblech in einer bestimmten, in der Regel hohen Güte sind sehr kostenintensiv.
- **Komponentenfertigung:** Die Notwendigkeit des Einsatzes additiver oder aufwändiger mechanischer Fertigungsverfahren für die Herstellung der mechanischen Komponenten wie Gehäuse und Welle sowie der Einsatz von Erodiermaschinen oder hochspezialisierten und hochgenauen Laserschneidanlagen für die Blechpaketproduktion bei kleinen Stückzahlen steigert die Kosten ebenfalls. Zudem erfolgt die Statorbewicklung in frühen Phasen oftmals in manuellen oder teilautomatisierten Prozessen durch hochqualifizierte Elektromaschinenbauer.
- **Montage:** In der Montage werden ebenfalls hochqualifizierte Elektromaschinenbauer eingesetzt. Zudem erfolgt der Prototypenbau oftmals in einem iterativen Prozess, welcher viel Zeit in Anspruch nimmt.[304]

2.4.6 Prototypenbau

Unter dem Begriff Prototypenbau kann sowohl die Organisations- als auch die Ablaufstruktur sowie die Ausstattung mit Produktionsfaktoren gefasst werden, welche für die Herstellung von Prototypen notwendig sind. Der Prototypenbau wird oftmals auch als Musterbau oder Vorseriencenter bezeichnet. In der **Organisationsstruktur** eines automobilen Unternehmens ist der Prototypenbau zumeist als eigenständige Organisationseinheit mit starkem Bezug zur Produktentwicklungsabteilung angesiedelt. Neben einem Leiter werden Experten verschiedener Fachrichtungen wie Metallverarbeiter, Industriemechaniker, Elektromaschinenbauer und Elektriker eingesetzt. Zudem haben einige Prototypenbauten eigene spezialisierte Einkaufsfunktionen. Oftmals ist der Prototypenbau somit organisatorisch weit von der Produktionsplanung entfernt. Dies spiegelt sich ebenfalls in der **Ablaufstruktur** des Prototypenbaus wieder. Diese folgt oftmals einem konsekutiven Prozess, von einem Fertigungsauftrag über eine Make-or-Buy-Entscheidung[305] und Material- und Teilebeschaffung bis zur Fertigung der Komponenten und der Montage eines gesamten Motors. Der Charakter des Prototypenbaus ändert sich jedoch mit vorangeschrittener Entwicklungsprojektdauer und gesteigertem Reifegrad. Die Produktionsplanung ist hier in der Regel nicht oder erst bei späten Prototypen involviert. Die Informationsaufnahme und der Informationsrückfluss aus dem Prototypenbau in die Produktionsplanung wird nur eingeschränkt oder gar nicht

---

[303] Vgl. Kampker et al. (2018): Prototyping im elektrischen Antriebsstrang, S. 2.

[304] Validiert in Experteninterviews Produkt- und Prozessentwicklung für elektrische Antriebe 01/2018.

[305] Make-or-Buy-Entscheidung bezeichnet den Prozess zur Auswahl organisationsinterner oder -externer Herstellungsressourcen unter den Gesichtspunkten Zeit, Kosten und Qualität.

vorgenommen.[306] Als **Produktionsfaktoren** werden im Prototypenbau neben hochflexiblen Fertigungsmaschinen und Montageanlagen ebenfalls Rapid-Prototyping-Maschinen[307] eingesetzt. Zudem ist der Prototypenbau in der Regel mit Prüftechnik ausgestattet. Je nach Konzept sind die eingesetzten Maschinen und Anlagen generisch oder seriennah ausgeführt. In der Regel sind die Prozesse jedoch serienfern und bedürfen längerer Prozesszeiten. Ebenfalls ist der Prototypenbau durch umfangreiche Improvisation gekennzeichnet. Tabelle 2-14 stellt den Charakter der Prototypenherstellung entlang des Produktentwicklungsprozesses abschließend dar.

	Prototypenbezeichnung				
	Modell	**A-Muster**	**B-Muster**	**C-Muster**	**D-Muster**
Herstellung	Sonderprozesse, spanende Bearbeitung und Rapid Prototyping, selten endgültige Werkstoffe	Sonderprozesse, oftmals Umbau vorhandener Bauteile und Produkte	Bauteile zum Teil aus Versuchs- und Hilfswerkzeugen, überwiegend endgültige Werkstoffe	Teile aus serienmäßigen, zum Teil noch nicht freigegebenen Werkzeugen, seriennahe Fertigungsverfahren, Handmontage, endgültige Werkstoffe	Teile aus freigegebenen Werkzeugen, Montage unter Serienbedingungen, Serienprüfverfahren

Tabelle 2-14: Charakter der Prototypenherstellung

2.4.7 Prototypenplanung

Die Prototypenplanung dient der Zeit-, Kosten- und Ressourcenplanung für die Herstellung von Prototypen. Zusätzlich sind die sich aus dem Prototypenaufbau ergebenden Risiken zu berücksichtigen.[308] Sie folgt in der Regel einem rollierenden Planungsansatz, in dem a-priori festgelegte grobe Planungen mit voranschreitender Zeit weiter detailliert werden. Die grobe Zeit- und Kostenplanung wird in der Regel durch ein zentrales Entwicklungsprojektmanagement in Kooperation mit der Produkt- und Produktionsplanung vorgenommen. Die Detailplanung, insbesondere in Bezug auf die Ressourcenplanung, erfolgt durch Planungsinstanzen im Prototypenbau selber. Aufgrund der Abhängigkeit nachfolgender Prozesse (z.B. Prüfstandsversuche, Integration in Versuchsträgerfahrzeuge) sind die Prototypenaufbauten in der Regel zeitlich festgelegt. Eine flexible Anpassung des Zeitpunktes des Prototypenaufbaus ist somit zumeist nur in Richtung eines früheren Aufbaus möglich. Zudem unterliegen sie einer strikten Budgetierung, welche jedoch mit voranschreitenden Entwicklungsprozessen erfahrungsgemäß oftmals aufgeweicht wird. Eine systematische und analytische Untersuchung der Informationswerte, welche durch einen Prototypenaufbau generiert werden können, erfolgt nicht. Lediglich zum Ende einer Entwicklung werden gelegentlich mögliche Ergebnisse aus Prototypenaufbauten monetär bewertet, wenn zum Beispiel konkrete wirtschaftliche Vorteile in der Serienproduktion durch Produkt- oder Prozesskostensenkung angestrebt werden.[309]

2.4.8 Zwischenfazit

Es konnte gezeigt werden, dass Prototypen frühzeitig im Produktentstehungsprozess für elektrische Maschinen aufgebaut werden und zudem auch noch frühzeitig einen hohen Reifegrad in Bezug auf einen

[306] Validiert in Experteninterviews Produkt- und Prozessentwicklung für elektrische Antriebe 01/2018.
[307] Rapid Prototyping beschreibt den Einsatz additiver Fertigungsverfahren, welche sich durch eine werkzeuglose Produktion sowie hohe Flexibilität auszeichnen; vgl. Fastermann (2012): 3D-Druck/Rapid Prototyping, S. 5.
[308] Vgl. Liou (2007): Rapid Prototyping, S. 23.
[309] Validiert in Experteninterviews Produkt- und Prozessentwicklung für elektrische Antriebe 01/2018.

Serienkonstruktionsstand haben. Trotz hoher durch den Prototypenbau entstehender Kosten werden Prototypen jedoch vornehmlich für die Validierung von Entwicklungsständen und weitere produktseitige Fragestellungen verwendet. Insbesondere in frühen Phasen fehlt der Fokus auf die Produktionsplanung nahezu vollständig. Obwohl der Prototypenbau durch Ähnlichkeiten mit der Serienproduktion als mögliche Informationsquelle für die Produktionsplanung geeignet ist, wird das Potential nicht ausgeschöpft. Die festgelegten Zeitpunkte in der Prototypenplanung sowie die organisatorischen Barrieren zwischen Prototypenbau und Produktionsplanung hemmen die Potentialausnutzung. Diese Hemmnisse werden in Kapitel 2.5 tiefergehend analysiert.

Zusammenfassend ist festzustellen, dass das große bestehende Potential der Informationsgenerierung für die Produktionsplanung von Elektromotoren für die elektromobile Traktion durch Prototypen nicht ausgeschöpft wird.

2.5 Handlungsbedarf aus der industriellen Praxis

In Kapitel 2.1 und Kapitel 2.2 konnte gezeigt werden, dass ein gesteigerter Informationsbedarf für die Produktionsplanung zur industriellen Serienproduktion von Elektromotoren für die elektromobile Traktion besteht. Dieser ist durch einen umfangreichen Lösungsraum in der Produktgestaltung, einer komplexen Prozesskette sowie einer umfangreichen Prozesstechnologiemorphologie begründet. Der Informationsbedarf wird aufgrund der Neuartigkeit und anhaltenden Disruption in den Bereichen Produkt und Prozess seitens des Informationsangebotes in der industriellen Praxis nicht gedeckt. Entlang der Innovationsprozesse vollzieht die Produktionsplanung zwei Hauptaufgaben. In frühen Phasen muss ein fundiertes Feedback für die Produktentwicklung im Sinne der integrierten Produkt- und Prozessentwicklung erarbeitet werden, um ein produzierbares und wirtschaftliches Produkt entwickeln zu können. In darauffolgenden Phasen stehen die Prozesse (Technologien, Kinematik, Parametrisierung, maschinelle Integration) gefolgt von der aggregierenden Produktionssystemplanung im Mittelpunkt. Bezogen auf die Informationsverfügbarkeit hierzu rückt eine wirtschaftliche Nutzung möglicher Quellen zur Informationsgenerierung in den Mittelpunkt planerischer Tätigkeiten. Neben bestehender organisationsinterner und -externer Quellen ist die Nutzbarmachung von Prototypenphasen eine in Betracht zu ziehende Möglichkeit um sich Vorteile im Innovationsprozess, insbesondere durch die frühe Verfügbarkeit von Informationen, zu erschließen. Die Informationsgenerierung kann hierbei durch die strukturierte Beobachtung der Prototypenproduktion sowie die gezielte Erweiterung von Prototypenphasen durch Experimente erfolgen. In der industriellen Realität werden Prototypenphasen derzeit jedoch vornehmlich zur Validierung und Absicherung von Entwicklungsständen genutzt.[310]

Für die Nutzung der Prototypenphasen zur gezielten Informationsgenerierung bestehen diverse Hürden, welche das Einsatzpotential aktuell bedeutend verringern:

- **Prototypenkonstitution:** Der zeit- und reifegradbezogene Einsatz von Prototypen im Produktentstehungsprozess folgt einem planerisch deterministischen Ansatz.
- **Organisatorische Rahmenbedingungen:** In der Regel erfolgt der Prototypenbau in einer von der Produkt- und Prozessentwicklung getrennten Organisationseinheit.
- **Kostenstruktur:** Der Prototypenaufbau ist kostenintensiv und generiert aufgrund eines teuren Material- und Prozesseinsatzes geringe Skaleneffekte zwischen einzelnen Prototypen. Aus diesem

[310] Vgl. Kampker et al. (2018): Prototyping im elektrischen Antriebsstrang, S. 6.

Grund ist die beliebige Erweiterung von Prototypenphasen im Sinne eines effizienten Innovationsprozesses nicht möglich.[311]

- **Fehlende praktische Ansätze:** Es existieren in der industriellen Praxis keine Ansätze, um Prototypen informationswertorientiert in den Produktentstehungsprozess integrieren zu können.[312]

Dennoch bietet der Prototypenaufbau in Entwicklungsprozessen elektrischer Antriebseinheiten aufgrund hoher Reifegrade bereits in frühen Phasen großes Potential zur Steigerung der Informationsverfügbarkeit, um die Effizienz in Produktionsplanungsprozessen zu steigern.

Die **Prototypenplanung** beschäftigt sich mit der technischen und organisatorischen Ausgestaltung des Prototypenaufbaus entlang des Produktentstehungsprozesses im unternehmerischen Kontext. Sie muss sowohl den Nutzen eines Prototyps als auch die Kosten seiner Herstellung und Prüfung berücksichtigen, um den Wert des Prototypenaufbaus zu maximieren. Die technische Planung des Prototypenaufbaus fokussiert hierbei die Ausgestaltung dieser in einem Gestaltungsrahmen für Prototypenphasen, welcher in Kapitel 3.3.2 erläutert wird. Die organisatorische Planung dient zudem der zeitlichen und finanziellen Ausgestaltung der Prototypenphasen sowie der Verknüpfung von Ressourcen zu dieser. Sie gibt der technischen Planung somit den Rahmen. Während sich das Informationsgenerierungspotential in der technischen Planung maximal entfalten lässt, wird dieses in der organisatorischen Planung stark eingeschränkt. Aufgrund dynamischer (zeitlich abhängiger) Informationswerte sowie untereinander abhängiger Informationen wird das Informationsgenerierungspotential im Verhältnis von Informationswert und Informationskosten gemindert. Durch die deterministische Planung der Prototypenzeitpunkte in sequentiellen Produktplanungsansätzen[313] sowie der Reifegrade des Produktmodells zum Zeitpunkt des Prototypenaufbaus in agilen Ansätzen kommt es hier zu Verzögerungen oder Verminderungen. Diese Abhängigkeiten werden in Abbildung 2-20 erläutert.

---

[311] Vgl. Isa et al. (2015): The value of prototypes, S. 1.

[312] In Kapitel 3 wird deutlich, dass es an einer Aufarbeitung des Themenkomplexes Informationsmanagement im Prototypenbau fehlt und diese Ansätze somit auch nicht in der Theorie bestehen.

[313] Vgl. Kampker et al. (2016): Prototypen im agilen Entwicklungsmanagement, S. 72.

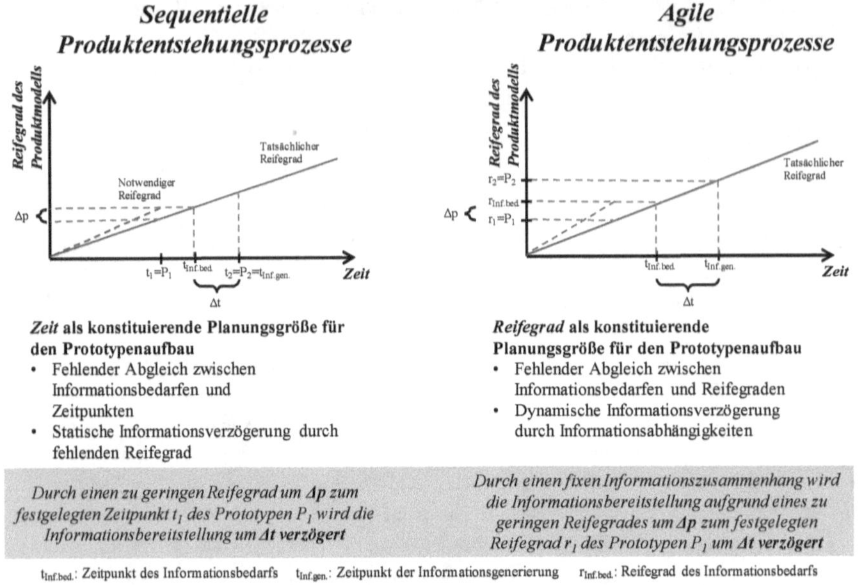

Abbildung 2-20: Minderung des Informationsgenerierungspotentials im Produktentstehungsprozess

Um die dargestellten Hemmnisse und Defizite zu überwinden, bedarf es einer Prototypenplanung auf der Basis von Informationswerten und Informationskosten, durch die ein Prototypenaufbau betriebswirtschaftlich verhandelbar begründet werden kann. Dadurch können Prototypen in der inhaltlichen Gestalt sowie vom Zeitpunkt her optimal in den Produktentstehungsprozess eingeplant werden, indem sie sich an den bestehenden und aufkommenden Informationsbedarfen orientieren. Eine entsprechende Methodik wird für die Elektromotorenentwicklung und insbesondere die Elektromotorenproduktionsplanung nicht eingesetzt.[314]

Es besteht ein gesteigerter Informationsbedarf in der Produktionsplanung für Elektromotoren für die elektromobile Traktion. Dieser wird durch das Informationsangebot im organisatorischen Umfeld nicht gedeckt. Der Prototypenbau bietet eine Informationsquelle, die in der industriellen Praxis nicht umfänglich und systematisch ausgeschöpft wird. Es wird deutlich, dass eine informationsbedarfs- und informationswertorientierte, zeit- und reifegradseitig flexible Planung von Prototypen und Prototypenphasen für eine Effizienzsteigerung im Produktionsplanungsprozess notwendig ist.

[314] Validiert in Experteninterviews Produkt- und Prozessentwicklung für elektrische Antriebe 01/2018.

3 *Gestaltungsbereich:* Wissen und Prototypeneinsatz in Produktentstehungsprozessen

Als Voraussetzung der Erweiterung des Nutzens von Prototypenphasen für die Informationsgenerierung in der Produktionsplanung ist neben der Kenntnis zur industriellen Realität des Betrachtungsbereichs die Analyse der theoretischen Grundlagen im Kontext des Gestaltungsbereiches notwendig, um eine valide, wissenschaftlich fundierte Lösung zu erarbeiten. Hierzu existieren in der Fachliteratur diverse Ausarbeitungen, welche den Prototypeneinsatz in Produktentstehungsprozessen aus ingenieurs- und betriebswissenschaftlicher Sicht beschreiben und untersuchen. Aufbauend auf der Herleitung des wissenschaftlichen Suchfeldes zur Exploration des Lösungsraumes in Kapitel 3.1 werden in Kapitel 3.2 theoretische Ansätze aus dem Bereich der Produktentstehungsprozesse, in Kapitel 3.3 Ansätze des Prototypenbaus sowie in Kapitel 3.4 Ansätze des Informationsmanagements in Bezug auf organisatorischen Kompetenzaufbau beschrieben und auf Anwendbarkeit zur Nutzbarmachung und Nutzung von Prototypen für den Erfahrungsaufbau in der Produktionsplanung hin untersucht. Auf Basis einer Untersuchung von Stellhebeln zur Steigerung der Effizienz in Produktentstehungsprozessen in Kapitel 3.5 wird abschließend in Kapitel 3.6 der Handlungsbedarf aus der wissenschaftlichen Theorie aufgrund bestehender Defizite abgeleitet.

3.1 Herleitung des wissenschaftlich-theoretischen Suchfelds zur Exploration des Lösungsraums

Die Tatsache, dass Prototypenphasen wie in Kapitel 2.5 beschrieben nicht umfassend für die Informationsgenerierung in der Produktionsplanung genutzt werden oder genutzt werden können, kann verschiedene Gründe haben. Zum einen könnte der Einsatz durch die in Kapitel 4.2 begründete Ausgangshypothese zur Effizienzsteigerung im Produktionsplanungsprozess durch Informationsgenerierung im Prototypenbau nicht zielführend sein, was im Verlauf der vorliegenden Arbeit in Kapitel 5.1 validiert wird. Zum anderen könnten bestehende Ansätze aus der wissenschaftlichen Literatur nicht zur Anwendung kommen (bewusst oder aufgrund fehlender Kenntnis), nicht anwendbar sein oder gänzlich fehlen. Das Anwendbarkeits- oder Existenzdefizit wissenschaftlicher Lösungen konstituiert ein Theoriedefizit, welches in diesem Kapitel erarbeitet wird. Das wissenschaftliche Suchfeld, das auf bestehende Lösungen oder Lösungsbausteine beziehungsweise ein theoretisches Defizit untersucht wird, ergibt sich aus dem in Kapitel 2.5 erarbeiteten Handlungsbedarf aus der industriellen Praxis. Es wird somit untersucht, ob theoretische Ansätze existieren, die einen **Prototypenaufbau** entlang eines **Produktentstehungsprozesses** dazu befähigen, **effizienzorientiert** optimal zur Informationsgenerierung zum **Wissens- und Kompetenzaufbau** in der Produktionsplanung beitragen zu können. Die genannten Bereiche werden nachfolgend erläutert und auf anwendbare Ansätze hin überprüft. Die bestehende Theorie zu Produktentstehungsprozessen wird daraufhin untersucht, ob Ablaufmodelle zur Strukturierung dieser existieren, welche Prototypenphasen als Werkzeug zur Informationsgenerierung, insbesondere für die Produktionsplanung, beschreiben. Daraufhin wird der in der Theorie beschriebene Bereich des Prototypenbaus selbst auf Ansätze zur Nutzung von Prototypen für die Informationsgenerierung für die Produktionsplanung hin untersucht. Zudem wird der Bereich des Informationsmanagements auf bestehende Ansätze hin untersucht, bevor anhand der Beschreibung von Ansätzen zur Steigerung der Effizienz in Produktentstehungsprozessen eine umfassende Bewertung der bestehenden Literatur erfolgt. Abschließend wird ein Handlungsbedarf aus der wissenschaftlichen Theorie formuliert. Die wissenschaftliche Theorie des Gestaltungsbereichs wird unabhängig von der industriellen Praxis der Elektromotorenproduktion im Betrachtungsbereich untersucht. Das wissenschaftlich-theoretische Suchfeld sowie die Zusammenhänge zwischen den einzelnen theoretischen Themengebieten werden in Abbildung 3-1 zusammenfassend dargestellt.

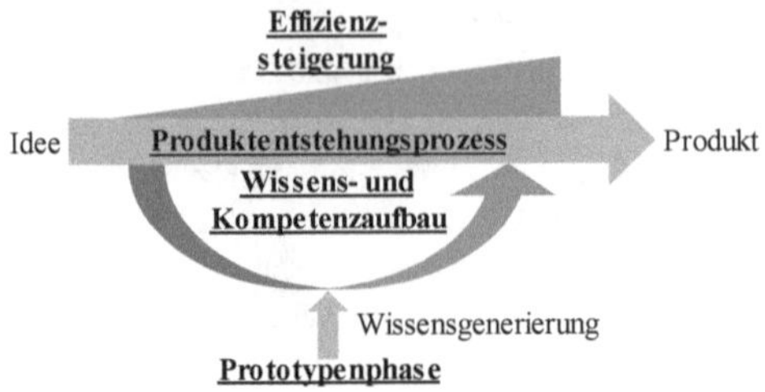

Abbildung 3-1: Wissenschaftlich-theoretisches Suchfeld dieser Forschungsarbeit

3.2 Ansätze der Produkt- und Prozessentwicklung

Als Entwicklungsprozess wird die Organisation von Menschen sowie von den von ihnen generierten Informationen während der Evolution eines Produktes bezeichnet.[315] Er beginnt mit einer Produktidee und endet optimaler Weise mit der Einführung eines fertig entwickelten und getesteten Produktes in einen bestimmten Markt.[316] Dieses Kapitel gibt eine Übersicht über relevante theoretische Ansätze zur Strukturierung von Produktentwicklungsprozessen. Hierbei liegt der Fokus auf allgemeinen Prozessen für die Entwicklung physischer Produkte.[317] Zudem wird der Einfluss der integrierten Produkt- und Prozessentwicklung auf die Motivation der vorliegenden Forschungsarbeit zur Effizienzsteigerung im Produktionsplanungsprozess hin untersucht, woraufhin abschließend eine zusammenfassende Bewertung hinsichtlich Defiziten in der bestehenden wissenschaftlichen Theorie erfolgt.

3.2.1 Gliederung von Produktentstehungsprozessen

Trotz einer hohen Interdependenz und Multikollinearität von Produktentstehungsprozessen existieren in der Literatur zahlreiche Versuche, Entwicklungsprozesse übersichtlich zu strukturieren. Auch wenn durch diese idealisierte Darstellung eine deutliche Reduktion der real existierenden Komplexität vorgenommen wird, kann hierdurch die Übersicht über den Gesamtprozess sowie die die Analyse phasenbezogener Einzelaktivitäten erleichtert werden.[318] LINDEMANN differenziert diese **Vorgehensmodelle** bezogen auf ihren Auflösungsgrad zwischen mikrologischen deskriptiven Vorgehen (z.B. elementare Handlungsabläufe, operative Arbeitsschritte) sowie makrologischen präskriptiven Vorgehen (z.B.

[315] Vgl. Ullman (2010): Mechanical design process, S. 8.

[316] Vgl. Schaaf (1999): Entwicklungsmanagement in der Automobilindustrie, S. 23.

[317] In der Literatur sind zudem diverse Entwicklungsprozesse für Softwareprodukte dokumentiert. Lediglich Ansätze hieraus, die wiederum Einfluss auf Ansätze in der physischen Prozessentwicklung genommen haben, werden aus der physischen Produktentwicklungsprozesssicht beschrieben. Exemplarisch kann hier der Ansatz agiler Produktentwicklung nach Scrum-Logik genannt werden. Darüber hinaus erfolgt die Beschreibung allgemein beziehungsweise domänenunspezifisch. Eine detaillierte Beschreibung industriell etablierter Entwicklungsprozesse im Bereich elektrischer Antriebe ist bereits in Kapitel 2.3.1 erfolgt.

[318] Vgl. Schaaf (1999): Entwicklungsmanagement in der Automobilindustrie, S. 24.

Phasen und Arbeitsschritte, Meilensteine, Gesamtprojekte).[319] KLEIN führt zudem eine Differenzierung von Entwicklungsprozessen bezogen auf den Abstraktionsgrad sowie die Werkzeugunterstützung ein, woraus die Kategorien **Methode** (z.B. Werkzeuge für die Problemlösung oder Entwicklung) sowie **Philosophie** (Handlungsleitende Denkweise für die Produkt- und Prozessentwicklung) abgeleitet werden können.[320] Nachfolgend werden die relevanten theoretischen Ansätze zur Strukturierung von Produktentwicklungsprozessen auf der Basis der vorangegangenen Beschreibung in den Bereichen Vorgehensmodell, Methode und Philosophie eingeordnet, beschrieben und der beschriebene Einsatz von Prototypen untersucht.[321]

3.2.1.1 Vorgehensmodelle

In Vorgehensmodellen werden konkrete Handlungsabfolgen eines Produktentwicklungsprozesses definiert. Die wichtigsten relevanten Ansätze aus der Literatur werden nachfolgend erläutert sowie deren Fokus auf den Prototypenbau untersucht.

Das allgemeine Vorgehensmodell nach HUBKA

HUBKA beschreibt in seinem allgemeinen Vorgehensmodell einen idealen Arbeitsablauf, welcher den Konstruktionsprozess in insgesamt sechs Phasen unterteilt. Jede dieser Phasen ist anhand von fünf Kriterien (Eingangs-, Ausgangszustand, Zielvorstellung, festgelegte Merkmale, geeignete Methoden) charakterisiert. Das Ergebnis jeder Phase stellt den Eingangszustand der nachfolgenden Phase dar. In der ersten Phase wird die Anforderungsliste ausgearbeitet. Als Eingangsdaten dienen hierfür Aufgabenstellungen, welche als Reihe von Anforderungen oder Problemsituationen betrachtet werden können. Auf dessen Basis wird eine klassifizierte Liste von Anforderungen (Lastenheft) erstellt. Präzise Merkmale des technischen Systems werden in der Regel noch nicht festgelegt. Fokus der zweiten Phase ist die Funktionsstruktur. Die Anforderungsliste soll hierzu in eine abstrakte Abbildung des technischen Systems transformiert werden. Zudem soll ein im größeren Zusammenhang optimierter Komplex von Entwicklungsaufgaben erstellt werden. Darüber hinaus werden die Merkmale des technologischen Prinzips, die Grenzen des technischen Systems, seine Auswirkungen sowie seine Gruppierung in dieser Phase festgelegt. In der dritten Phase wird das Produktkonzept in Form einer nicht vollständigen Baustruktur (Konzeptskizze) erarbeitet, welche die optimale Wirkweise verwirklichen kann. Hierdurch werden die Summe der Eingänge sowie Wirkprinzipien und Wirkweisen festgelegt. Die vierte Phase dient der Bestimmung des Vorentwurfs, welcher eine grobmaßstäbliche Beschreibung der Baustruktur enthält

[319] Vgl. Lindemann (2009): Entwicklung technischer Produkte, S. 38; Klein (2016): Agiles Engineering, S. 33, Präskriptivität bezeichnet einen vorschreibenden Charakter während Deskriptivität einen beschreibenden Charakter bezeichnet.

[320] Vgl. Klein (2016): Agiles Engineering, S. 49.

[321] In der industriellen Praxis der Automobilindustrie und im Maschinenbau hat sich abgeleitet aus den theoretisch dokumentierten Ansätzen zur Produktentwicklung kein einheitliches Phasenmodell als Standard durchsetzen können; vgl. Schaaf (1999): Entwicklungsmanagement in der Automobilindustrie, S. 25; dennoch wird ein theoretischer Ansatz zur Unterstützung der Informationsgenerierung durch Prototypenphasen für die Produktionsplanung in der nachfolgend beschriebenen Literatur vermutet; zusätzlich zu den hier beschriebenen Ansätzen existieren in der wissenschaftlichen Literatur zahlreiche weitere theoretische Ansätze; vgl. z.B. Ullman (2010): Mechanical design process; Cohen (2015): Prototype to product; Schaaf (1999): Entwicklungsmanagement in der Automobilindustrie; zudem existieren diverse Dokumentationen real angewendeter Produktentstehungsprozessdokumentationen; vgl. z.B. Eversheim et al. (1995): Simultaneous Engineering; Clark und Fujimoto (1991): Product development performance; sowohl die hier genannten und übrigen theoretischen als auch die praktischen Ansätze sind jedoch lediglich Kombinationen oder Variationen der aufgeführten Ansätze und geben keine weiterführenden Hinweise auf eine Existenz bestehender Lösungen in Bezug auf das herausgearbeitete Theorie- oder Praxisdefizit.

(Entwurfsskizze), um eine erste grobe Darstellung der Struktur mit den wichtigsten Funktionsmaßen zu erhalten. Hierdurch werden die Merkmale Grundform, wichtigste Abmessungen und Fertigungsverfahrensklassen der Hauptbauteile sowie die grundsätzliche Anordnung der Bauelemente festgelegt. In der fünften Phase wird der Entwurf bestimmt. Dieser stellt eine komplette, nahezu endgültige Beschreibung der Baustruktur (maßstäblicher Konstruktionsentwurf) dar. Ziel ist eine komplette Baustruktur inklusive Festlegung aller Elemente und deren Anordnung. Folglich wird die Form der Bauelemente, die Werkstoffe, die Fertigungsverfahrensklassen, wichtige Toleranzen sowie die Oberflächengüte bestimmt und festgelegt. In der sechsten und letzten Phase erfolgt die Ausarbeitung und Detaillierung des Konstruktionsentwurfes. Aus einer kompletten Beschreibung der Baustruktur und aller Bauelemente mit allen notwendigen Angaben wird eine endgültige und vollständige Beschreibung für die Herstellung des finalen Produktes erstellt. Alle Phasen haben gemein, dass eine gleiche Folge von Aktivitäten zur Verbesserung des Ergebnisses der Vorphase angewandt wird. Diese besteht aus der Optimierung der aktuellen Lösung, der Bewertung von Alternativlösungen und der Verifizierung der ausgewählten Lösung. HUBKA erwähnt, dass der Einsatz von Prototypen für ebendiese Validierung eine übliche Lösung ist, geht aber nicht weiter auf diesen ein.[322]

Innovationsprozess nach THOM

Das Modell von THOM gliedert den Innovationsprozess in die drei sequentiellen Phasen Ideengenerierung, Ideenakzeptierung und Ideenrealisierung, welche wiederum in Teilschritten strukturiert sind. Den ersten Schritt der ersten Phase (Ideengenerierung) stellt die strategische Festlegung eines Suchfeldes dar. Unter Zuhilfenahme von geeigneten Methoden sollen in der Ideenfindungsphase möglichst viele Ideen generiert werden, bevor im letzten Schritt eine Idee ausgewählt wird. Die zweite Phase (Ideenakzeptierung) beginnt mit der Prüfung der Idee anhand strategischer, technischer und wirtschaftlicher Kriterien. Anschließend erfolgt die Erstellung von Realisationsplänen. Unter Berücksichtigung der eigenen Kernkompetenzen, der konzerninternen Strategie sowie Investitionsrechnungen erfolgt im letzten Schritt der zweiten Phase die Entscheidung für einen Plan. Der Fokus dieser Phase liegt auf der Auswahl der besten Idee. Die dritte Phase (Ideenrealisierung) beginnt mit der konkreten Umsetzung der neuen Idee durch Labortests, welche nicht explizit als Prototypen bezeichnet werden, sowie Produktionsvorbereitungen. Anschließend erfolgt der Absatz des neuen Produktes. Zuletzt findet eine durch Kundenbefragung gestützte Akzeptanzkontrolle statt.[323]

Integrierte Produkterstellung nach OLSSON

Laut OLSSON bedarf es aufgrund der komplexen und dynamischen Problemstellungen, mit denen Unternehmen heutzutage konfrontiert werden, einer holistischen Erfassung des Unternehmens inklusive seiner Wechselwirkungen mit der Umwelt (Konkurrenten, Kunden, Zulieferer, etc.). Dadurch werden integrierende Methoden und Ansätze notwendig.[324] Unter der integrierten Produkterstellung bzw. Produktentwicklung (kurz IPE) lässt sich die zielgerichtete Kombination organisatorischer, methodischer und technischer Maßnahmen von ganzheitlich denkenden Entwicklern verstehen. Ziele sind dabei die Reduktion der Entwicklungskosten, die Verkürzung der Entwicklungszeit sowie die Verbesserung der Prozess- und Produktqualität.[325] Ursprünglich wurde der Begriff der integrierten Produktentwicklung

---

[322] Vgl. Hubka (1980): Allgemeines Vorgehensmodell des Konstruierens, S. 30ff.
[323] Vgl. Thom (1980): Betriebliches Innovationsmanagement, S. 53.
[324] Vgl. Vajna (2014): Integrated Design Engineering, S. 49.
[325] Vgl. ebd., S. 3.

durch OLSSON eingeführt. Er unterteilt den IPE-Prozess in vier parallele Handlungsstränge: dem Marketing/ Vertrieb, der Entwicklung/ Konstruktion, der Produktion und dem Projektmanagement/ der Wirtschaftlichkeitsgestaltung. Diese Handlungsstränge durchlaufen in dem Prozess fünf Aktivitätsphasen. In einer ersten Phase werden Bedarfe abgegrenzt und erste Prototypen für Nutzungsuntersuchungen erzeugt. In der zweiten Phase erfolgt eine Aufstellung und Bewertung möglicher Lösungsprinzipien, woraufhin das Produkt in der dritten Phase zu einem Vorprodukt ausgelegt wird. In der vierten Phase erfolgt die Produktionsvorbereitung und in der fünften Phase die Produktfreigabe und Markteinführung. Ein teilweises Durchlaufen der Methodik ist laut OLSSON möglich, wenn Teilinformationen bereits vorliegen. Der durch die Parallelisierung der Aktivitätsstränge umgesetzte Paradigmenwechsel von einer sequentiellen Arbeitsweise zu einem integrierten Ansatz räumt insbesondere der Produktionsplanung einen erhöhten Stellenwechsel in der Produktentwicklung ein. Eine weitere Ausführung zur Nutzung von Prototypen erfolgt nicht.[326]

Integrierte Produkterstellung nach ANDREASEN UND HEIN

Das Integrierte Produkterstellungsmodell von ANDREASEN UND HEIN beschreibt den Produktentstehungsprozess als integrierten und iterativen Vorgang mit dem Leitziel des optimalen Geschäftserfolgs. Ähnlich wie bei OLSSON erfolgt eine Unterteilung des Entwicklungsprozesses in die Handlungsstränge Marketing/ Vertrieb, Entwicklung/ Konstruktion sowie Fertigung, welche parallel bearbeitet werden. Es fehlt jedoch die Bereiche Projektmanagement und Wirtschaftlichkeit, die laut den Autoren nicht direkt zur Synthese des Produktes beitragen. Die genannten Handlungsstränge durchlaufen fünf sequentielle Bearbeitungsphasen. In der ersten Phase, der Bedarfsanalyse, erfolgt die Identifikation und Spezifikation der Anforderungen an das Produkt. Während der darauffolgenden Konzeptionsphase werden Nutzerpräferenzen erhoben, um Produkteigenschaften und Anforderungen an Fertigungsmittel zu formulieren. Im nächsten Schritt erfolgt die detaillierte Auslegung und Konstruktion des Produktes, bei der das Wissen aus den beteiligten Unternehmensbereichen integriert wird. Die Prüfung und Anpassung des Produktes bezüglich seiner Fertigbarkeit findet in der Vorbereitungsphase statt. Weiterhin werden erste Vorbereitungen für den Markteintritt getroffen. In der letzten Phase, der Realisierung, findet die Produktion und Vermarktung des Produktes statt. Auf Basis von Rückmeldungen aus der Fertigung und dem Markt kann die Entwicklung und Konstruktion bereits erste Überarbeitungen an dem Produkt vornehmen. Die Nutzung von Prototypen findet keine Erwähnung.[327]

VDI-Richtlinie 2221 zur Entwicklung und Konstruktion technischer Systeme und Produkte

Die VDI-Richtlinie 2221 „Methodik zum Entwickeln und Konstruieren technischer Systeme und Produkte" stellt eine der klassischen Vorgehensweisen in der Produktentwicklung dar. Sie dokumentiert die für das methodische Entwickeln und Konstruieren möglichen und notwendigen Arbeitsschritte sowie deren Ergebnisse. Fokus der Methodik ist die Konstruktionslehre. Auf die interdisziplinäre Zusammenarbeit zwischen einzelnen am Entwicklungsprozess beteiligten Organisationseinheiten geht die Richtlinie nicht ein. Auf der Basis eines grundlegenden Problemlösungsprozesses wird der Zusammenhang zwischen Zielsetzung, Planung, Durchführung und Kontrolle der Aufgabenstellung erarbeitet.[328]

---

[326] Vgl. Olsson (1981): Machine design procedure, S. 229ff; Vajna (2014): Integrated Design Engineering, S. 3ff.

[327] Vgl. Andreasen und Hein (1987): Integrated product development, S. 1ff; Vajna (2014): Integrated Design Engineering, S. 20ff.

[328] Das Problemlösungskonzept nach VDI 2221 sieht ein iteratives Abarbeiten der Prozessschritte Problemanalyse, Problemformulierung, Systemsynthese, Systemanalyse, Beurteilung und Entscheidung vor.

Die definierte Methodik besteht aus sieben Arbeitsschritten. Nachdem in dem ersten Schritt die Aufgabenstellung geklärt und präzisiert wird, verfügbare Informationen zusammengefasst und Informationslücken aufgezeigt werden, werden im zweiten Schritt die Haupt- und Teilfunktionen hergeleitet und gegliedert. Im dritten Schritt erfolgt die Suche nach Lösungsprinzipien für die Teilfunktionen, welche im vierten Schritt in zu realisierende Module gegliedert und weiter präzisiert werden. Nach einer Gestaltung der maßgebenden Module im fünften Schritt wird das gesamte Produkt im sechsten Schritt ausdetailliert und die Module werden verknüpft. Im siebten Schritt erfolgt die Ausarbeitung der Produktdokumentation. Grundlage aller aufgeführter Arbeitsschritte ist die Untersuchung mehrerer Lösungsvarianten, welche gegebenenfalls durch Prototypen erprobt und beurteilt werden. Prototypen werden in der VDI-Richtlinie 2221 lediglich als Werkzeug zur Validierung von Produktentwicklungsständen beschrieben.[329] Die Zusammenhänge der Schritte sowie Kernergebnisse dieser werden in Abbildung 3-2 übersichtlich dargestellt.

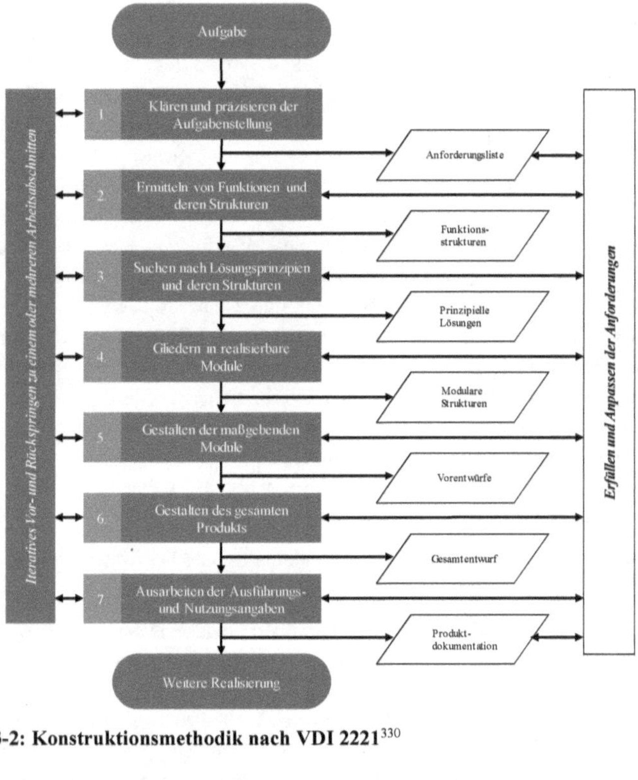

Abbildung 3-2: Konstruktionsmethodik nach VDI 2221[330]

[329] Vgl. Verein Deutscher Ingenieure (1993): VDI-Richtlinie 2221 - Methodik zum Entwickeln und Konstruieren; Schuh (2012): Innovationsmanagement, S. 164.

[330] Vgl. ebd., S. 9.

Innovationsprozess nach TROMMSDORFF

Der Innovationsprozess nach TROMMSDORFF ist in sechs Phasen gegliedert, bei denen das Kernproblem in der möglichst frühen Entscheidungsfindung liegt. Den idealtypischen Ausgangspunkt bildet die explizite oder implizite Analyse der strategischen Situation und umfasst die Einschätzung der Stärken und Schwächen sowie der Chancen und Risiken von vorhandenen, modifizierten oder neuen Geschäftsfeldern. Den nächsten Schritt stellt die Ideengewinnung dar, welche durch neue Technologien oder Marktbedürfnisse entstehen können. TROMMSDORFF unterscheidet je nach Innovationsinitiator verschiedene Kreativitätsengpässe. Bei Innovationen durch neue Technologien ist Marktkreativität gefordert. Innovationen durch Marktbedürfnisse weisen einen Technik-Kreativitätsengpass auf. Im nächsten Schritt der Ideenselektion und -bewertung erfolgt eine Machbarkeits- und Wirtschaftlichkeitsanalyse und anschließend die Strategiefindung. Um die Entwicklung zu beschleunigen wird empfohlen, dass Marketing sowie Forschung und Entwicklung kooperieren. Die Technikentwicklung kann sowohl intern als auch extern erfolgen. Der Innovationsprozess schließt mit der Einführung und Durchsetzung des Produktes ab. Parallel zu diesen Phasen findet eine Testphase statt. Diese hat das Ziel durch kritische Fragen den Produkterfolg zu hinterfragen, um ungeeignete Ideen frühzeitig zu verwerfen. Hierzu nennt TROMMSDORFF Wertanalysen sowie Konzept- und Funktionstests. Prototypen sind nicht Teil des dokumentierten Innovationsprozesses.[331]

Phase Review Modell

Das Phase Review Modell bildet eine Grundlage für das Produktmanagement über den Produktlebenszyklus. Dabei stellt das Modell einen Prozess und Methoden für die Planung, Validierung und Implementierung von Produkten bereit. Der sechsstufige Prozess ist in die Phasen Strategie und Anforderung, Vorentwurf des Business Plan, Planung und Vorentwurf, Implementierung und Entwicklung, Qualifikation, Produktion und Verkauf und Service sowie Produktauslauf unterteilt. Nach der Aufnahme von Anforderungen und einer Produktkonzeption in der Planungsphase liegt der Fokus der Vorgehensweise auf der Entwicklung des Produktes. Die Entwicklung wird durch die Herstellung von Prototypen und Verifikation in internen Tests abgeschlossen.[332]

Innovationsmodell nach BROCKHOFF

Das Innovationsmodell nach BROCKHOFF ist ein sequentielles Modell, welches als Erweiterung des Modells von THOM zu verstehen ist. Die Erweiterung berücksichtig Abbruchoptionen durch technischen oder wirtschaftlichen Misserfolg und ungeplante Inventionen. Das Modell verdeutlicht, dass in jeder Phase über einen Projektabbruch nachgedacht werden muss. Hierdurch wird verhindert, dass defizitäre Ideen zu spät verworfen werden. Prototypen und deren Rolle im Produktentstehungsprozess finden in dem Innovationsmodell nach BROCKHOFF keine Erwähnung.[333]

---

331 Vgl. Trommsdorff und Gizycki (1995): Innovationsmarketing, S. 4ff.

332 Vgl. Hughes und Cafin (1996): New Product Development, S. 92; Verworn und Herstatt (2000): Modelle des Innovationsprozesses, S. 4.

333 Vgl. Brockhoff (1996): Management von Innovationen, S. 2ff; Heesen und Ahsen (2009): Innovationsportfoliomanagement, S. 69; Götzenauer (2010): Innovationsmanagement in Kleinunternehmen, S. 19.

Innovationsprozess nach WITT

WITT strukturiert den Innovationsprozess in neun Schritte. Er beginnt mit der Festlegung sinnvoller Suchfelder, um aus Unternehmenssicht realistische Ziele anzustreben und die Ideenfindung zu beschleunigen. Im nächsten Schritt werden für die Ideengewinnung Informationen gesammelt und analysiert. Danach wird erörtert, welche Verwendungsmöglichkeiten, Zielgruppen und Produktvorteile die generierten Ideen aufweisen beziehungsweise welche in ein marktfähiges Produktkonzept überführt werden können. Im nächsten Schritt werden Bewertungsverfahren festgelegt und ein Bewertungsindex bestimmt, um eine Grobauswahl der Ideen durchzuführen. Weiterhin erfolgt eine Feinauswahl, welche durch die Analyse der Absatzpotentiale, Trends und Kosten unterstützt wird. Nach positivem Prüfergebnis werden die Schritte technische Entwicklung und Entwicklung des Marketingkonzeptes parallel durchgeführt. Hierdurch sollen Marketing und Technik ihre Planung harmonisieren und koordinieren. Die technische Entwicklung legt in diesem Schritt das Produktkonzept, Termine und Budgets fest. Weiterhin werden Muster, Modelle und Prototypen hergestellt, welche technisch und wirtschaftlich untersucht werden. Das Marketing entwickelt in dieser Phase das Produkt- und Vertriebskonzept. Der folgende Schritt beinhaltet einen Markttest, welcher die Eignung von Produkt- und Marketingkonzept für die Markteinführung prüfen soll. Nach einem positiven Markttest beginnt die Markteinführung, welche in dem letzten Schritt geplant wird.[334]

Phasenmodell nach PLESCHAK

PLESCHAK unterteilt den Innovationsprozess in sechs Phasen. Nach der Problemerkenntnis und einer Problemanalyse erfolgt die Ideenfindung und Bewertung. Daraufhin wird das Innovationsprojekt geplant, woraufhin die Forschungs- und Entwicklungsarbeit beginnt. PLESCHAK unterscheidet hier zwischen zwei Möglichkeiten der Informationsbeschaffung. Zum einen können die Forschungs- und Entwicklungsarbeiten in dem eigenen Unternehmen durchgeführt werden. Zum anderen kann die Erarbeitung der Ergebnisse durch Technologietransfers und Lizenzverträge von anderen Unternehmen oder Forschungseinrichtungen übernommen werden. Die Produktentwicklung ist vor allem durch konstruktive und arbeitsvorbereitende Aufgaben geprägt. Während der Entwicklung wird eine Vielzahl von Prototypen hergestellt, die bei der Überprüfung der Funktion und zur Erprobung der technologischen und konstruktiven Reife des Produktes genutzt werden. Hierdurch lassen sich Unzulänglichkeiten erkennen, welche in einer Überarbeitung der Konstruktions- und Fertigungsdokumente berücksichtigt werden. Innerhalb der Arbeitsplanung findet die Planung und Steuerung der Fertigung statt. Hierzu werden beispielsweise der Materialverbrauch, die einzusetzenden Maschinen sowie Werkzeuge, Vorrichtungen und Prüfmittel festgelegt. Abschließend erfolgen die Aufgaben der Produkteinführung und des Fertigungsaufbaus, die Fertigung der neuen Produkte sowie die Anwendung der neuen Fertigungsprozesse und die Markteinführung.[335]

Stage-Gate Modell und Stage-Gate Modell der dritten Generation nach COOPER

Das Stage-Gate[336] Modell nach COOPER, auch als zweites Stage Gate Modell bekannt, dient dem beschleunigtem Innovations- und Entwicklungsprozess und ist eine Weiterentwicklung des Phase-Review-Modells.[337] Der Stage-Gate-Prozess gliedert den Innovationsprozess in eine festgelegte Anzahl

[334] Vgl. Witt (1996): Produktinnovation, S. 7ff.
[335] Vgl. Pleschak und Sabisch (1996): Management von Innovationen, S. 24ff.
[336] Engl.: Stufe-Tor Prozess.
[337] Vgl. Heesen und Ahsen (2009): Innovationsportfoliomanagement, S. 73.

von Abschnitten (vgl. Abbildung 3-3). Jeder dieser Abschnitte wird durch ein Tor (Gate) initiiert und abgeschlossen. Die Tore dienen als Barrieren der Qualitätskontrolle der Prozesse und entscheiden über den Abbruch oder das Fortführen des Projektes. Der Prozess ist in die Tore und Stufen Entdeckung, Ideen screenen (Gate 1), Reichweite festlegen (Stage 1), zweites Screening (Gate 2), Rahmen abstecken (Stage 2), zur Entwicklung (Gate 3), Entwickeln (Stage 3), zum Testen (Gate 4), Testen und Validieren (Stage 4), zur Markteinführung (Gate 5) und Markteinführung (Stage 5) gegliedert. In der Entwicklung werden definierte Prototypen hergestellt, welche in der Test- und Validierungsphase getestet werden.[338] Die Tests werden in Qualitäts- und Leistungstests, Feld- und Nutzertests, Startproduktion, Vermarktungstests und Finanztests differenziert.[339]

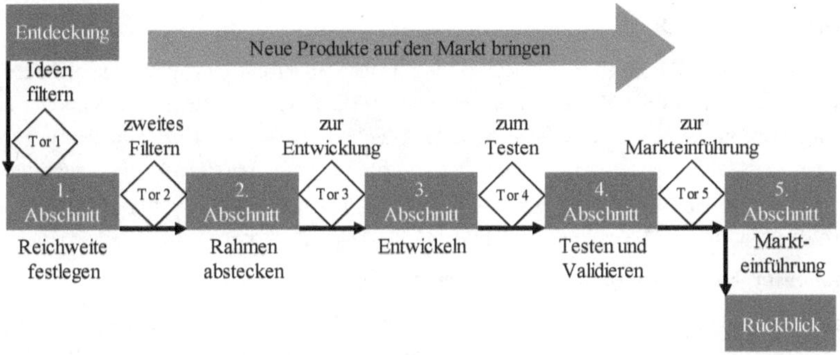

Abbildung 3-3: Stage-Gate Prozess nach COOPER[340]

In einem Evolutionsschritt wurde der Stage-Gate Prozess von COOPER zudem zur dritten Generation erweitert. In dieser liegt ein zusätzlicher Fokus der Produktentwicklung auf den fünf „F-Phänomenen" Flexibilität, Fuzzy Gates, Fluidität, Fokus sowie Vermitteln und Erleichtern,[341] was eine ständige Weiterentwicklung des Modells impliziert.[342]

InnovationRoadMap-Methodik nach EVERSHEIM

Die InnovationRoadMap nach EVERSHEIM berücksichtig sowohl strategische als auch operative Teilaspekte des Innovationsmanagements mit besonderem Fokus auf den frühen Phasen der Produktentwicklung. Die Methodik beruht dabei auf einem siebenphasigen Ansatz mit fließendem Übergang zwischen den Phasen sowie Möglichkeiten der Parallelisierung. In der ersten Phase der Zielbildung werden auf Grundlage der Unternehmensstrategie strategische Leitlinien und Innovationsziele definiert und anhand von internen und externen Daten sowohl Gestaltungsfelder als auch Unternehmenspotentiale identifiziert. In der zweiten Phase der Zukunftsanalyse wird das Innovationspotenzial evaluiert. Auf dieser Basis findet in der dritten Phase eine Ideenfindung statt, indem Prinziplösungen identifiziert, auf gewinnbringende Anwendungsmöglichkeiten transformiert und anschließend konkretisiert werden. Diese Produktideen werden in der anschließenden vierten Phase hinsichtlich des möglichen Erfolgs bewertet.

[338] Vgl. Cooper (2002): Produktentwicklung, S. 128ff.
[339] Vgl. Cooper (2014): After Stage Gate, S. 22.
[340] Vgl. Cooper (2002): Produktentwicklung, S. 146.
[341] Aus dem Englischen von den Begriffen Fluidity, Fuzzy gates, Focused, Flexible und Facilitation; vgl. Cooper (1994): Third-generation new product processes, S. 9.
[342] Vgl. Cooper (2002): Produktentwicklung, S. 176.

Die fünfte Phase der Ideendetaillierung sieht die Entwicklung von Produktkonzepten vor, welche gegebenenfalls durch Prototypen validiert werden können. Im nächsten Schritt werden die Konzepte quantitativ auf ihre technische und wirtschaftliche Machbarkeit hin bewertet. Für die Validierung der technischen Machbarkeit werden zum einen Prototypen gefertigt. Zum anderen gehören nach EVERSHEIM auch die Festlegung der Stückzahlen, Varianten, Qualitätsmerkmale, geometrische Anforderungen und Festigkeitsanforderungen zu der Machbarkeitsanalyse. Anhand dieser Kriterien erfolgt die Auswahl der Fertigungstechnologien. In der letzten Phase, der Umsetzungsplanung, werden die Ergebnisse in einer InnovationRoadMap zusammengestellt. Hierbei werden sowohl die Umfeld- und Marktanforderungen als auch die technologischen Produktlösungen gegenübergestellt.[343]

Kreislaufmodell nach BUIJS

Das Kreislaufmodell nach BUIJS schließt den Produktentstehungsprozess als Weiterentwicklung linearer Innovationsprozessmodelle zu einem iterativen Kreislauf. Auf Basis einer Produkteinführung erfolgt die Beobachtung und strategische Neubewertung der Wettbewerbsposition, wodurch neue Produktideen generiert werden. Diese werden in einem parallelen Prozess durch Produkt-, Fertigungsprozess- und Marktentwicklung entwickelt, bewertet und wiederum in den Markt eingeführt. Prototypen werden nach BUIJS insbesondere für die Validierung sowie Kundenakzeptanztests eingesetzt.[344]

Innovationsprozess nach VAHS UND BURMESTER

Der Innovationsanstoß erfolgt nach VAHS UND BURMESTER durch eine Situationsanalyse. Hierbei werden sowohl Lieferanten und Wettbewerber als auch mögliche Kunden berücksichtigt. Ziel der Analyse ist es, die Diskrepanz zwischen dem durch die Analyse ermittelten Ist-Zustand und dem durch die strategische Ausrichtung gesetzten Soll-Zustand aufzuzeigen. Hierfür sollen im nächsten Schritt Lösungen gefunden werden. Gesammelte Ideen werden im folgenden Schritt systematisch erfasst und bewertet. Im folgenden Schritt des Screenings werden die Ideen auf ihre Relevanz für das identifizierte Problemfeld untersucht. An diesen Prozessschritt schließt die Bewertung an, welche die wichtigste Phase der Methodik ist. Grundlage der Bewertung bilden ökonomische, produkt- und verfahrenstechnische, technologische, absatzwirtschaftliche, strukturelle, arbeitswissenschaftliche und zeitliche Merkmale. Getrennt von der Bewertung erfolgen die Auswahl einer Idee und seine Umsetzung. Im Anschluss erfolgt die Projektrealisierung, bei der die Entwicklung Muster und Prototypen iterativ herstellt, um zusätzliche Informationen für die Produktverbesserung zu erhalten. Der Prozess schließt mit der Markteinführung des Produktes ab. Phasenübergreifend wird der Innovationsprozess durch ein Controllingsystem, welches für die Planung, Steuerung, Koordination und Kontrolle aller Aktivitäten verantwortlich ist, begleitet.[345]

Innovationsprozess nach HERSTATT

Das Modell von HERSTATT ist in fünf Phasen unterteilt, welche fließend ineinander übergehen und iterativ durchlaufen werden. In der ersten Phase der Ideengenerierung und -bewertung werden Ideen kunden-, technologie- und kostenbezogen generiert. Die anschließende Bewertung erfolgt nach Attraktivität und Risiko. Ebenso ist der Abgleich mit bestehenden Projekten und eine Neuausrichtung des

---

[343] Vgl. Eversheim (2003): Innovationsmanagement für technische Produkte, S. 33ff.
[344] Vgl. Buijs (2003): Modelling Product Innovation Processes, S. 90f.
[345] Vgl. Vahs und Burmester (2005): Von der Produktidee zur Vermarktung, S. 88ff.

Projektportfolios Teil der ersten Phase. In der zweiten Phase erfolgen Marktanalysen sowie die Erarbeitung von Produktkonzepten, die Produktionsplanung sowie eine Wirtschaftlichkeitsanalyse. Weiterhin werden Produktspezifikationen und Produktarchitekturen festgelegt. In der nächsten Phase erfolgen die Entwicklungstätigkeiten auf der Basis der vorher definierten Vorgaben. In der vorletzten Phase werden Prototypen hergestellt und getestet. Anschließend erfolgt in einem Markttest die endgültige Designfestlegung. Ferner werden Vorbereiten für die Serienfertigung getroffen. Die letzte Phase beinhaltet den Produktionsanlauf, die Markteinführung und Marktdurchdringung sowie die nachfolgende Produktpflege.[346]

Produktplanung nach PAHL UND BEITZ

PAHL UND BEITZ gliedern das Vorgehensmodell der Produktplanung ebenfalls in sieben Phasen, welche weniger als starre sequentielle Abfolge, sondern vielmehr als Leitfaden für zweckmäßiges Handeln zu betrachten ist. Zudem stellen sie heraus, dass ein iteratives Vorgehen in diesem Modell in der Entwicklungspraxis sinnvoll und notwendig ist. In der ersten Phase der Situationsanalyse sollen sowohl externe Impulse als auch die eigene Leistungsfähigkeit erkannt werden und die Markt- sowie die Technologiesituation analysiert und bewertet werden. Auf der Basis einer Suche nach strategischen Lücken und Freiräumen erfolgt in der nächsten Phase die Definition der Suchstrategie. In der dritten Phase werden Produktideen generiert, wobei zwischen Problemidee und Lösungsidee unterschieden wird. Ein neues Problem für eine bekannte Lösung ist eine Problemidee. Unter dem Begriff Lösungsidee lässt sich eine neue Lösung für ein bekanntes Produkt verstehen. Je nach strategischer Ausrichtung des Unternehmens wird empfohlen, sich auf einen dieser Ansätze zu konzentrieren. Weitere Schritte der Phase sind das Erkennen von soziokulturellen Trends und die Technologiefrüherkennung. Diese Phase mündet in einem Suchfeldvorschlag, welcher die Ausganslage für das Finden von Produktideen bildet. Die Ideengenerierung wird unter anderem durch Innovationsworkshops, Extrapolation des Kundennutzens, systematische Parametervariation und designgetriebene Ideengenerierung unterstützt. Daraufhin erfolgt in der vierten Phase eine Produktideenauswahl. Die Auswahl erfolgt nach strategischen und technisch-wirtschaftlichen Gesichtspunkten, Akzeptanztests und Marktforschungsergebnissen. Für den Akzeptanztest kann es zielführend sein, die Produktidee durch reale oder auch virtuelle Prototypen ausgewählten Kunden vorzustellen. Nach erfolgreicher Auswahl einer Produktidee erfolgt in der fünften Phase die Definition von Produkten. Weiterhin betonen PAHL UND BEITZ, dass spätestens in dieser Phase der Verkauf, das Marketing, Entwicklungslabors auf der Basis früher Prototypen und die Konstruktionsabteilung in den Prozess mit einbezogen werden sollen. In der sechsten Phase wird ein Umsetzungsplan erstellt, welcher sowohl den kurzfristigen als auch den mittel- und langfristigen Planungshorizont beinhaltet. Anschließend erfolgt das Klären und Präzisieren der Aufgabenstellung, welche als Hauptziel die Erstellung einer vollständigen Anforderungsliste hat. Um die Anforderungen mit den Kundenwünschen abzugleichen bietet es sich in den frühen Phasen an, dem Kunden durch Prototypen die Funktionalität des Produktes zu demonstrieren. Durch die Diskrepanz zwischen Kundenerwartung und Realität kann die Anforderungsliste aktualisiert und erweitert werden. Abschließend erfolgt die Entwicklung und Konstruktion anhand der Anforderungsliste. Eine weitere Ausführung zur Nutzung von Prototypen erfolgt nicht.[347]

---

[346] Vgl. Herstatt (2007): Management früher Innovationsphasen, S. 9.
[347] Vgl. Feldhusen und Grote (2013): Pahl/Beitz Konstruktionslehre, S. 303ff.

New Products Process nach CRAWFORD

CRAWFORD gliedert den als New Products Process[348] bezeichneten Prozess für die Entwicklung neuer Produkte in insgesamt fünf Phasen, welche einen fließenden Übergang zueinander aufweisen. Nach der Chancenerkennung und Selektion erfolgt die Konzepterstellung. Die Ergebnisse daraus werden in der dritten Phase der Konzept- und Projektbewertung auf technischer, monetärer und vertrieblicher Ebene beurteilt und gefiltert. In der nächsten Phase der Entwicklung wird das Produkt ausgestaltet. In diesem Zuge werden Prototypen gegen definierte Protokollspezifikationen getestet und der Produktionsprozess mit einem Prototyp validiert. Zudem wird der Produktionsprozess für den Serienanlauf vorbereitet. In der letzten Phase erfolgt die Markteinführung.[349]

Prozessmodell nach ULRICH UND EPPINGER

ULRICH UND EPPINGER begründen die Notwendigkeit eines sorgfältig definierten Produktentstehungsprozesses durch seinen Beitrag zur Qualitätssicherung, Koordination, Planung, Management sowie der Möglichkeit zum Aufdecken von Verbesserungspotentialen. Sie gliedern ihn in die sechs Phasen Planung, Konzeptentwicklung, Systementwurf, Detailkonzept, Erprobung und Verfeinerung sowie Produktanlauf. In der Phase der Konzeptentwicklung werden experimentelle Prototypen für Produktkonzepttests eingesetzt. Zudem werden Produktionskosten geschätzt und Produzierbarkeitsanalysen auf prototypischer Basis durchgeführt. Während der Erprobung und Verfeinerung werden sogenannte Alpha- und Betaprototypen eingesetzt (vgl. Kapitel 3.3.1), um die Kundenanforderungskonformität sowie die Zuverlässigkeit und Leistungsfähigkeit eines Produktes zu prüfen.[350]

3.2.1.2 Methoden

Methodische Ansätze stellen Gestaltungsrahmen und Werkzeuge für die Produktentwicklung zur Verfügung. Die wichtigsten relevanten Ansätze aus der Literatur werden nachfolgend erläutert sowie deren Fokus auf den Prototypenbau untersucht.

Wasserfallmodell nach ROYCE und Spiralmodell nach BOEHM

Einen erwähnenswerten Ansatz aus der Softwareproduktentwicklung bildet das Wasserfallmodell nach ROYCE, in dem ein Produkt durch die konsekutiven Aktivitäten Systemanforderungen, Softwareanforderungen, Analyse, Entwurf, Codierung, Testen und Betrieb ein Produkt entwickelt wird. Das Ergebnis eines jeden Schrittes ist ein fertiggestelltes Dokument, welches als bindende Vorgabe in die nächste Phase eingeht. Jede dieser Aktivitäten ist in der genannten Reihenfolge und in vollem Umfang durchzuführen. Weiterhin findet die Durchführung sequentiell und ohne umfassende Iterationsschleifen statt. Diese sind lediglich zwischen zwei aufeinanderfolgenden Stufen vorgesehen. Schlägt der aktuelle Schritt fehl, so wird der vorherige Schritt wiederholt. Das Problem dieser Vorgehensweise liegt laut ROYCE in der Annahme, dass ein Scheitern in einer Ebene durch ein Zurückspringen in die nächst höhere Ebene gelöst werden kann. Häufig können Fehler, die während der Testphase gefunden werden, jedoch nicht durch eine Änderung in der nächst höheren Ebene verbessert werden, sondern erst durch das Anpassen des Entwurfs oder sogar erst durch das Ändern der Anforderungen.[351] Das Modell wurde von

[348] Engl.: Neuprodukte-Prozess.
[349] Vgl. Crawford und Di Benedetto (2015): New products management, S. 3ff.
[350] Vgl. Ulrich und Eppinger (2016): Product design and development, S. 12ff.
[351] Vgl. Royce (1970): Development of large software systems, S. 329ff.

BOEHM zu einem iterativen Spiralmodell erweitert, in dem iterativ die vier Phasen Randbedingungsanalyse, Lösungsmöglichkeit, Umsetzung und Prüfung sowie Analyse des Gesamtprojektfortschritts durchlaufen werden. Jede Iteration wird von einem Prototyp begleitet.[352]

Simultaneous Engineering

Simultaneous Engineering[353] ist ein ablauforganisatorisches Konzept zur Entwicklungszeitoptimierung. Durch die holistische Produktbetrachtung sowie der zielgerichteten, interdisziplinären Zusammen- und Parallelarbeit von Produkt-, Prozess- und Produktionsmittelgestaltung werden nach EVERSHEIM eine verkürzte Entwicklungszeit sowie eine Steigerungen der Wettbewerbsfähigkeit realisiert.[354] Nach EHRLENSPIEL UND KEERKAMM zeichnet sich Simultaneous Engineering vor allem durch die Gestaltung der Arbeit mit einer erweiterten Konzeptphase, der interdisziplinären Teamintegration, Prototypen mit Serienfertigungsverfahren und Reduktion der Dokumentation durch verbesserte Kommunikation aus. Die Produkt-, Fertigungs- und Vertriebsentwicklung werden parallelisiert. Zudem wird die Entwicklungsarbeit durch einen Ablaufplan koordiniert.[355] Somit wird angestrebt, die Potentiale der frühen Phase der Produktentstehung möglichst gut zu nutzen und kostenintensive Änderungen in den späten Phasen zu vermeiden. Zudem bedarf es für die Umsetzung paralleler Arbeitsweisen Projektmanagement, Kooperation, Abgleich von Informationsflüssen, Einsatz computergestützter Techniken und eine geänderte Aufbauorganisation mit einem Simultaneous Engineering-Team.[356] Ziel ist hierbei die Verringerung von Entwicklungszeit und Entwicklungskosten im Vergleich zu einer konventionellen, konsekutiven Entwicklung.[357] Der Prototypenbau wird im Simultaneous Engineering neben der Validierung insbesondere für die Anforderungsaufnahme, zum Beispiel in Kundenworkshops, verwendet.[358] Der Prototypenbau als Organisationseinheit ist Mitglied in dem Simultaneous Engineering-Team.[359] Abbildung 3-4 fasst das Konzept des Simultaneous Engineering übersichtlich zusammen.

[352] Vgl. Boehm (1988): Spiral Model, S. 64.
[353] Engl.: Simultane Entwicklung; auch: Concurrent Engineering.
[354] Vgl. Eversheim und Schuh (2005): Integrierte Produkt- und Prozessgestaltung, S. 8.
[355] Vgl. Ehrlenspiel und Meerkamm (2013): Integrierte Produktentwicklung, S. 229.
[356] Vgl. Eversheim et al. (1995): Simultaneous Engineering, S. 13f.
[357] Vgl. Ehrlenspiel und Meerkamm (2013): Integrierte Produktentwicklung, S. 229.
[358] Vgl. Eversheim et al. (1995): Simultaneous Engineering, S. 27.
[359] Vgl. ebd., S. 116.

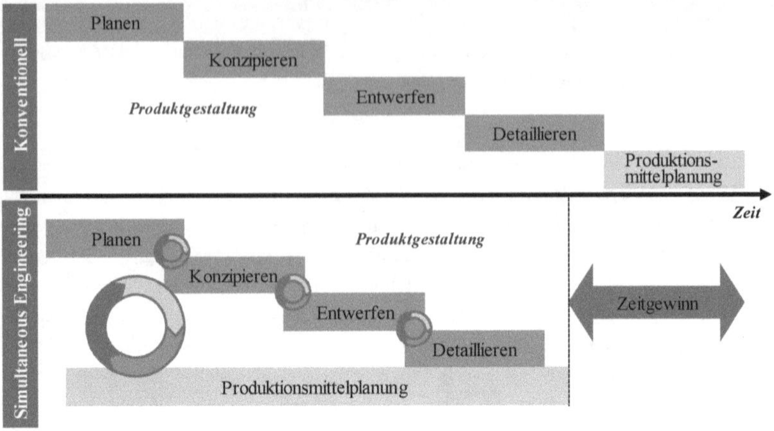

Abbildung 3-4: Konzept des Simultaneous Engineering[360]

Value Proposition Cycle

Der Value Proposition Cycle[361] wurde entwickelt, um die Effizienz und Effektivität von multifunktionalen Projektteams durch kontinuierliches Lernen, Identifizierung der Informationssicherheit, Konsensbildung und Fokussierung auf den Mehrwert für Kunden und Endverbraucher zu erhöhen. Dabei liegt die oberste Priorität auf der Generierung einer Idee, welche dem Kunden, der Organisation oder der Wertschöpfungskette einen Mehrwert bietet. Die Grundlage des Prozesses bilden kontinuierliche Planungszyklen des Value Proposition Cycle und die integrierte Prüfmethode Value Proposition Readiness Assessment.[362] Der Zyklus besteht aus vier iterativen Schleifen, welche für die Erkennung der Machbarkeit von Ideen verantwortlich ist. Diese sind die Identifikation des Marktwerts, des Geschäftswerts, der Konkurrenz überlegender Lösungen sowie der Projekt- und Prozessplanung. Bei dem Durchlaufen jeder Iteration wird ein Mehrwert generiert, welcher dem Vorschlag oder der Idee hinzugefügt wird. Mit steigender Anzahl durchlaufener Schleifen erlangt das Team Gewissheit darüber, ob die entwickelte Idee die zum Erfolg notwendigen Kriterien erfüllt. Falls diese Kriterien nicht erfüllt sind sieht das Modell vor, den Vorschlag in der nächsten Zeit nicht wieder zu entwickeln, sondern die Gegebenheiten zu analysieren, unter denen der Vorschlag die Kriterien erfüllt (bspw. durch Änderung von Regularien). Der Einsatz von Prototypen ist im Value Proposition Cycle nicht dokumentiert.[363]

Axiometic Design nach Suh

Die Methode des Axiomatic Design reduziert den Entwicklungsprozess auf die vier konsekutiven Domänen Kunde, Funktion, Physik und Prozess. In der Kundendomäne werden Kundenattribute (z.B. Kundenwünsche) formuliert und erfasst. Diese werden in der folgenden Funktionsdomäne zu Funktionsanforderungen transformiert. Um diesen Anforderungen zu genügen, werden nachfolgend Design-

---

[360] Vgl. Eversheim und Schuh (2005): Integrierte Produkt- und Prozessgestaltung, S. 8.
[361] Engl.: Wertbeitragszyklus.
[362] Engl.: Überprüfung der Einsatzbereitschaft des Wertbeitrags.
[363] Vgl. Hughes und Cafin (1996): New Product Development, S. 91ff.

parameter in der physikalischen Domäne ausgearbeitet. Dieser Prozess wird als eigentlicher Entwicklungsprozess verstanden. Abschließend werden Prozessvariablen in der Prozessdomäne für den Designparameterverantwortlichen ermittelt. Bei diesem iterativen Prozess ist die Eingangsdomäne auf die Frage nach dem Entwicklungsziel ausgerichtet und die Ausgangsdomäne stellt eine mögliche Lösung bereit.[364] Grundlage dieses Prozesses sind zwei Axiome.[365] Das erste „Unabhängigkeitsaxiom" kann als eine Art Intuition des Entwicklers verstanden werden. Ziel ist es, die funktionalen Anforderungen, welche aus der Funktionsdomäne stammen, unabhängig voneinander durch passende Designparameter aus der physikalischen Domäne zu erfüllen. Das zweite „Informationsaxiom" fordert zudem, dass das Designelement mit dem geringsten Informationsgehalt präferiert werden soll, um so einfache und robuste Lösungen zu erhalten. Ein mögliches Designelement kann beispielsweise die Bauteilgeometrie sein. Die Methode des Axiomatic Design kann laut SUH in unterschiedlichen Bereichen wie dem Kreativprozess der Entwurfsplanung, dem Vergleich von unterschiedlichen bestehenden Designs sowie der Verbesserung vorhandener Ansätze eingesetzt werden.[366] Die Anwendung von Prototypen in der Produktentwicklung findet in der Theorie von SUH keine Erwähnung.[367]

V-Modell nach VDI 2206

Das V-Modell aus der VDI-Richtlinie 2206 stellt ein generisches Prozessmodell für die Entwicklung mechatronischer Systeme dar. Dabei stützt sich das Vorgehen auf einen Problemlösungszyklus auf Mikroebene, welcher die Schritte Situationsanalyse bzw. Zielübernahme, Analyse und Synthese, Analyse und Bewertung, Entscheidung sowie Planen des weiteren Vorgehens bzw. Lernen umfasst. Der Durchlauf dieser Schritte mündet häufig in weiteren Problemlösungszyklen. Das V-Modell ist an ein etabliertes Verfahren aus der Softwareentwicklung angelehnt und folgt dem Prozess der Problemlösung durch Dekomposition und Aggregation beziehungsweise Systemintegration. Durch eine Eigenschaftsabsicherung, welche die Verifikation und Validierung zusammenfasst, wird der Entwurfsfortschritt geprüft. Hierbei wird die Übereinstimmung zwischen den tatsächlichen und den gewünschten Systemeigenschaften geprüft. In der VDI-Richtlinie 2206 wird der Fokus der Validierung auf die Kombination von Modellen, Prototypen und Produkten mit anschließender Untersuchung unter Zuhilfenahme von IT-Werkzeugen gelenkt. Der Prozess wird durch die Modellbildung und -analyse begleitet, welche die Systemeigenschaften durch Modelle und rechnergestützte Werkzeuge zur Simulation untersucht und abbildet. Ergebnis des Makrozyklus ist ein Produkt. Dabei muss es sich nicht notwendigerweise um ein fertiges Produkt handeln, jedoch um eine zunehmende Konkretisierung dessen. Konkretisierungsstufen sind beispielsweise Labormuster, Funktionsmuster oder Vorserienprodukte. Der Zyklus wird so häufig durchlaufen, bis das angestrebte Produkt fertiggestellt ist.[368]

Münchner Vorgehensmodell

Das Münchener Vorgehensmodell baut auf drei Phasen zur Problemlösung auf: die Klärung von Ziel und Problem, das Generieren von Lösungsalternativen sowie das Treffen von Entscheidungen. Diese Phasen werden in insgesamt sieben Teilschritte, welche netzwerkartig verknüpft sind, untergliedert.

364 Vgl. Suh (2001): Axiomatic design, S. 10ff; Park (2007): Analytic methods for design practice, S. 7ff.
365 Der Begriff Axiom bezeichnet einen nicht begründeten oder hergeleiteten Grundsatz einer Theorie.
366 Vgl. Park (2007): Analytic methods for design practice, S. 7.
367 Vgl. Suh (2001): Axiomatic design, S. 1ff.
368 Vgl. Verein Deutscher Ingenieure (2004): VDI-Richtlinie 2206 - Entwicklungsmethodik für mechatronische Systeme, S. 1ff.

Dem Modell ist ein Standardvorgehen hinterlegt welches vorsieht, die Teilschritte in folgender Reihenfolge zu durchlaufen: Ziel planen, Ziel analysieren, Probleme strukturieren, Lösungsideen ermitteln, Eigenschaften ermitteln, Entscheidungen herbeiführen und Zielerreichung absichern. Der Einsatz von Prototypen ist im Münchner Vorgehensmodell nicht dokumentiert.[369]

Innovationsmanagement nach SCHUH

SCHUH beschreibt die Produkt- und Prozessentwicklung als einen zentralen Bestandteil des Innovationsmanagements. Die Produktentwicklung erfolgt hier in einem Prozess durch Anforderungsmanagement (Anforderungsermittlung, Anforderungsanalyse, Anforderungsvereinbarung), Konstruktion (Planen, Konzipieren, Entwerfen, Ausarbeiten) und Ergebnisanalyse. Diese Prozesse sind über das Simultaneous Engineering (vgl. vorangegangene Beschreibung) eng mit der Produktionsplanung verknüpft. Prototypen werden im Zuge der Ergebnisanalyse als Werkzeug zur Validierung der Produkt- und Prozessentwicklung genannt.[370] Zudem nennt SCHUH Prototypen als Werkzeug für die Auslegung der Fertigung in einer Serienproduktion.[371]

Design Thinking

Design Thinking bezeichnet eine Sammlung von Techniken verschiedener Disziplinen, die durch Kombination die Erfolgswahrscheinlichkeit und Verlässlichkeit von Ideen erhöhen kann. Eine der Kernthesen ist, dass sich eine Innovation nur bei einer Balance zwischen den konkurrierenden Aspekten Attraktivität, Umsetzbarkeit und Wirtschaftlichkeit durchsetzen kann. Diese Symbiose kann lediglich durch passende Ressourcen und eine richtige, humanzentrierte Herangehensweise im Entwicklungsprozess erreicht werden.[372] Neben einem tiefgehenden Kundenverständnis und einer strukturierten Ideengenerierung ist der Bau von erlebbaren Prototypen einer der Grundsätze im Design Thinking.[373] Dieser gliedert sich in eine iterative und flexible Abfolge der Entwicklungsphasen Verstehen, Erforschen, Synthese, Ideenfindung, Prototypen und Testen ein. Die Form und Funktion der Prototypen sind hierbei nicht vorgegeben. Lediglich soll der Aufwand zur Erstellung mit der möglichen Erkenntnisgewinnung abgewogen werden. Durch die Präsentation der Prototypen werden die Ideen weiterentwickelt, verworfen oder validiert. Durch den schnelllebigen und iterativen Prototypeneinsatz soll sichergestellt werden, dass der Fokus auf die passenden Lösungskonzepte gelenkt wird und unpassende Lösungen nicht lange verfolgt werden. In der Umsetzungsphase des Produktes, die an die Phase der Entwicklung im Design Thinking anschließt, sind weitere Prototypen für die Validierung des Produktes sowie die Wirtschaftlichkeitsanalyse vorgesehen.[374]

Scrum

Scrum[375] bezeichnet eine agile Projektmanagementmethode, durch die aus komplexen Aufgabenstellungen heraus brauchbare Ergebnisse generiert werden können und die sich auch in der Produktentwicklung einsetzen lässt. Es stellt mehr ein Grundgedanken als einen durch feste Vorschriften gekennzeichneten Prozess dar.[376] Hauptziele sind die flexible Reaktionsmöglichkeit auf Veränderungen sowie die

---

369 Vgl. Lindemann (2009): Entwicklung technischer Produkte, S. 46ff.
370 Vgl. Schuh (2012): Innovationsmanagement, S. 9ff.
371 Vgl. ebd., S. 217.
372 Vgl. Gürtler und Meyer (2013): Design Thinking, S. 6ff.
373 Vgl. Brenner und Witte (2011): Business Innovation, S. 170.
374 Vgl. Gürtler und Meyer (2013): Design Thinking, S. 34ff.
375 Engl.: Gedränge.
376 Vgl. Gloger (2013): Scrum, S. 6.

Generierung des größtmöglichen Kundennutzens in kurzer Zeit.[377] Fokus der Scrum-Methodik ist ein iterativer und inkrementeller Prozessrahmen, dessen Grundgerüst durch zwei Zyklen gebildet wird. Den unteren Zyklus bildet eine Iteration der Entwicklungsaktivitäten. Das Ergebnis eines jeden Iterationsschrittes ist ein Inkrement, also ein Zuwachs des Produkts. Den oberen Zyklus bildet die tägliche Inspektion, welche während der Iteration durchgeführt wird. Während dieser erfolgt ein Teammeeting, um die Aktivitäten des Iterationsprozesses zu untersuchen und notwendige Anpassungen gemeinsam vorzunehmen. Angetrieben werden die Iterationen durch eine Anforderungsliste, dem sogenannten Product Backlog.[378] Dieses periodische Vorgehen wiederholt sich über die gesamte Projektdauer.[379] Kern der Scrum-Methodik sind sechs Projektrollen (Product Owner, Team, Scrum Master, Kunde, Anwender, Manager), sechs Meetingarten (Sprint Planning 1 & 2, Daily Scrum, Estimation Meeting, Sprint Review, Sprint Retrospektive) und acht Artefakte (Product Vision, Product Backlog Item/ Story, Product Backlog, Sprint Goal, Aufgaben, Releaseplan, Impediment Backlog, Product Increment).[380] Die Scrum-Methodik ist der Softwareentwicklung entlehnt, in der SCHWABER diese zuerst beschrieben hat.[381] Der Nachweis einer sinnvollen Einsatzmöglichkeit in der physischen Produktentwicklung steht derweil noch aus.[382] Prototypen werden in der agilen Produktentwicklung insbesondere für die schnelle Umsetzung erlebbarer Produkte und Produktentwicklungsstände eingesetzt.[383]

3.2.1.3 Philosophien

Philosophien bezogen auf Produktentstehungsprozesse beschreiben im Kontext der vorliegenden Arbeit definierte Denkweisen oder grobe Ansätze zur Strukturierung von Produktentstehungsprozessen auf nicht-prozessualer Ebene. Die wichtigsten bestehenden Ansätze aus der Literatur werden nachfolgend erläutert sowie deren Fokus auf den Prototypenbau untersucht.

Dynamische Produktentwicklung nach OTTOSSON

Die Dynamische Produktentwicklung beruht auf der Annahme, dass die komplexen Vorgänge während der Produktentwicklung nur schwierig vorhergesagt und simuliert werden können. Deswegen ist es nach OTTOSSON wenig sinnvoll, längere Zeiträume als eine Woche präzise und detailliert zu planen. Vielmehr sind eine klare Vorstellung des Entwicklungsziels, eine grobe langfristige und detaillierte kurzfristige Planung sowie laufende Tests und Simulationen des Produktes und seiner Funktionen während der Entwicklung erforderlich. Tests sollen bereits dann durchgeführt werden, wenn genügend gute Lösungen existieren (bspw. durch Prototypen). Demnach setzt die Methode auf viele kleine Entscheidungspunkte und wenig Revisionspunkte. Um auf die sich schnell ändernden Bedingungen reagieren zu können, fokussiert sich das Modell zunächst auf die wesentlichen Anforderungen. Hieraus folgt, dass im Gegensatz zu den klassischen Methoden bereits mit dem Entwicklungsprozess gestartet werden kann, wenn noch nicht alle Anforderungen bekannt sind. Dadurch lässt sich eine verkürzte Entwicklungszeit

---

[377] Vgl. Goll und Hommel (2015): Mit Scrum zum gewünschten System, S. 82f.

[378] Engl.: Product Backlog: Produktauftragsüberhang; Product Owner: Produktverantwortlicher; Sprint Planning: Sprintplanung; Daily Scrum: Tägliches Gedränge; Estimation Meeting: Aufwandschätzungsmeeting; Sprint Review: Sprintvorstellung; Sprint Retrospektive: Rückschauende Sprintbewertung; Product Vision: Produktvision; Product Backlog Item/ Story: Produktgeschichte; Sprint Goal: Sprintziel; Releaseplan: Veröffentlichungsplan; Impediment Backlog: Hindernisauftragsüberhang; Product Increment: Teilfertiges Produkt.

[379] Vgl. Schwaber (2012): Agiles Projektmanagement, S. 6.

[380] Vgl. Schwaber (2012): Agiles Projektmanagement, S. 12; Gloger (2013): Scrum, S. 9ff.

[381] Vgl. Schwaber (1997): Scrum Development Process, S. 117ff.

[382] Vgl. Schuh et al. (2016): Highly-Iterative Product Development, S. 10.

[383] Vgl. ebd.

realisieren. Um zu vermeiden, dass Entwicklungsaufträge nur durch Weiterentwicklung vorhandener Produkte geführt werden, was wenig innovative Lösungskonzepte entstehen lässt, soll nach OTTOSSON eine eigene Lösung unter Zuhilfenahme des BAD – PAD – MAD Vorgehenszyklus entwickelt werden. BAD steht für Brain Aided Design[384] und fasst Methoden und Vorgänge zusammen, die auf abstrakter Ebene ablaufen und zu einer frühen Eingrenzung von möglichen Lösungen führen. Die Hauptarbeit ist das Übersetzen von Bedürfnissen, Mängeln und Wünschen in geeignete Lösungskonzepte. PAD steht für Pencil Aided Design[385] und ist für die Visualisierung von Lösungskonzepten, beispielsweise durch einfache Skizzen, verantwortlich. Hierdurch kann eine erste Prüfung auf Machbarkeit durchgeführt werden. MAD steht für Model Aided Design[386] und beschreibt die Erstellung von realen und virtuellen Modellen. Im Laufe des Entwicklungsprozesses nimmt die Komplexität und die Detailtiefe der Modelle zu.[387]

Integrated Design Engineering nach VAJNA

Das Integrated Design Engineering[388] nach VAJNA baut auf der Philosophie der Integrierten Produktentwicklung auf und stellt die drei Axiome Integration, Humanzentrierung und Interdisziplinarität in den Mittelpunkt der Produktentwicklung. Diese gliedert sich in den Produktlebenszyklus ein. Durch Vorverlagerung von Aktivitäten in die Produktentwicklungsphase und Rückversicherungen, insbesondere durch virtuelle Produktmodelle, sollen Entscheidungen möglichst früh getroffen werden können. Ebenso sollen Änderungen zum möglichst späten Zeitpunkt möglich sein. Effizienz entlang des Entwicklungsprozesses wird nach VAJNA insbesondere durch frühzeitige Rückkopplungen von Informationen aus nachgelagerten Phasen und Funktionen im Produktlebenszyklus erzeugt. Er bezeichnet dies als Reverse Engineering.[389] Prototypen werden als Werkzeug zur Absicherung der entwickelten Produkte eingesetzt. Der Prototypenbau als Organisationseinheit ist in die Produktentwicklung integriert.[390]

Return on Engineering

Der Return on Engineering-Ansatz[391] (kurz: RoE) ist ein an der RWTH Aachen im Kontext der Elektromobilproduktion entstandener Handlungsrahmen zur Effizienzsteigerung im Innovationsprozess. Er fokussiert die Innovationsarbeit kleiner und mittelständischer Unternehmen in einem dynamischen und innovativen Marktumfeld und stellt die Behauptung auf, im Vergleich zu konventionellen Produktentwicklungsansätzen in der Hälfte der Zeit und zu einem Zehntel der Kosten Produkte in der Automobilindustrie entwickeln zu können.[392] Dies erfolgt durch die Kombination der Stärken (Agilität, Flexibilität, Kreativität, Ungebundenheit an bestehende Lösungen) und Schwächen (geringe Finanz- und Humankapitalausstattung, eingeschränktes Erfahrungswissen), denen der RoE-Ansatz durch neue

---

[384] Engl.: Gehirnunterstützte Entwicklung.
[385] Engl.: Stiftunterstütze Entwicklung.
[386] Engl.: Modellunterstützte Entwicklung.
[387] Vgl. Ottosson (2004): Dynamic Product Development, S. 1ff; Vajna (2014): Integrated Design Engineering, S. 35ff.
[388] Nach Vajna steht Integrated (engl.: integriert) im Kontext dieses Ansatzes für die Integration von Disziplinen, Produkten, Methoden, Wissen, Informationen und weiteren; Design (engl.: Gestaltung) steht für Absicht, Plan, Muster und Zweck sowie die Anordnung von Objekten; Engineering (engl.: Ingenieursarbeit) steht für die Anwendung von Wissen, Methoden, Verfahren und Werkzeugen; vgl. Vajna (2014): Integrated Design Engineering, S. 52.
[389] Engl.: Invertierte Entwicklung.
[390] Vgl. Vajna (2014): Integrated Design Engineering, S. 51ff.
[391] Engl.: Ertrag aus Entwicklungsarbeit.
[392] Vgl. Kampker (2015): Effizienzsteigerung im Industrialisierungsprozess, S. 1.

Formen der Innovationsarbeit zu einer erfolgreichen Symbiose verhilft. Der RoE-Ansatz besteht aus drei Lösungsbausteinen, in denen neun Lösungsprinzipien verortet sind. Der erste Lösungsbaustein Learnovational System[393] beinhaltet Ansätze, um den Lern- und Innovationsprozess zu parallelisieren. Dies erfolgt durch die Lösungsprinzipien Hardware-Engineering, flexible PLM-Lösungen sowie einer ausgeprägten RoE-Kultur. Der zweite Lösungsbaustein fasst unter dem Begriff Customer Engineering[394] die Lösungsprinzipien Kundenintegration, Spezifikationsmanagement und Risikomanagement zusammen. Der dritte Lösungsbaustein gliedert die Entwicklungsarbeit im Netzwerk unter dem Begriff Disruptive Network Approach[395] in die Lösungsprinzipien der dualen Netzwerkstrategie, des Side Loading[396] sowie des Kooperationsmanagements ein.[397] Im Kontext der vorliegenden Arbeit ist insbesondere das Lösungsprinzip Hardware Engineering hervorzuheben. Dieses führt den Begriff Primotyp als einen Prototyp zum frühen Lernen ein (vgl. Kapitel 3.3.1), welcher bewusst nicht für die Validierung sondern für einen Erkenntnisprozess in der Produktentwicklung eingesetzt wird. Hierfür werden die Phasen des Aufbaus physischer Produktmodelle flexibilisiert und in den Mittelpunkt der Entwicklungsarbeit gestellt.[398]

Lean Development nach DOMBROWSKI

DOMBROWSKI wendet in seinem Lean Development-Ansatz[399] die Prinzipien der Lean Production auf die Produktentwicklung an. Unter dem Ziel der Vermeidung von Ressourcenverschwendung sind die Prinzipien Kontinuierliche Verbesserung, Standardisierung, Fließ- und Zieh-Prinzip, mitarbeiter- und zielorientierte Führung, Null-Fehler Prinzip, Visuelles Management und Frontloading vereint. Dadurch können Zeit und Kosten im Entwicklungsprozess eingespart werden. Diverse Industrieunternehmen wenden diese Philosophie in ihrer Entwicklungsarbeit an. Prototypen werden als Integrationsbaustein und als Plattform der Regelkommunikation in Produktentstehungsprozessen beschrieben. Zudem werden diese eingesetzt, um ein Verständnis für das Produkt zu entwickeln und um an diesen zu lernen.[400]

3.2.2 Integrierte Produkt- und Prozessentwicklung

Die integrierte Produkt- und Prozessentwicklung[401] stellt einen wichtigen Ansatz für Innovationsprojekte zur Realisierung produzierbarer und wirtschaftlicher Produkte dar und ist insbesondere in der Automobilindustrie ein etablierter Standard. Das Konzept folgt der Forderung des Simultaneous Engineering nach Parallelisierung notwendiger Aufgaben im Entwicklungsprozess[402] sowie der Forderung

393 Neologismus aus dem Englischen; etwa: Innovationsförderndes Lernsystem.

394 Engl.: Kundenorientierte Produktentwicklung.

395 Engl.: Disruptiver Netzwerkansatz.

396 Engl.: Seitliche Belastung.

397 Vgl. Kampker et al. (2017): Think Big, Start Small, S. 106ff; auch für eine ausführliche Erläuterung der einzelnen Lösungsbausteine und -prinzipien.

398 Vgl. Kampker et al. (2017): Think Big, Start Small, S. 108; Kampker (2015): Effizienzsteigerung im Industrialisierungsprozess, S. 5.

399 Engl.: Lean Development: Schlanke Entwicklung; Lean Production: Schlanke Produktion; Frontloading: Frühzeitige Bearbeitung.

400 Vgl. Dombrowski (2015): Lean Development, S. 24ff.

401 Auch: Integrierte Produkt- und Prozessplanung, Integrierte Produkt- und Prozessgestaltung.

402 Vgl. Krottmaier (1995): Leitfaden Simultaneous Engineering, S. 15; Eversheim und Schuh (2005): Integrierte Produkt- und Prozessgestaltung, S. 8; Klabunde (2003): Wissensmanagement in der Produkt- und Prozessgestaltung, S. 46.

nach Funktionsintegration und Interdisziplinarität aus dem Kontext der Integrierten Produktentwicklung.[403] Kern der integrierten Produkt- und Prozessentwicklung ist die Integration und aktive Einflussnahme der Produktionsplanung in frühe Phasen der Produktentwicklung. Hierbei stehen die Identifikation kostenintensiver Produktmerkmale sowie die Ableitung von Anforderungen an das Produkt hinsichtlich Prozess- und Prüfmittelfähigkeit im Mittelpunkt entwicklungstechnischer Arbeit.[404] Durch eine frühe Entwicklung von Wertschöpfungsszenarien und die Konzeption von Produktionssystemen können Produkt- und Prozessanforderungen abgeglichen werden. Somit wirkt die Produktionsplanung aktiv auf die Produktplanung ein und kann gleichzeitig Produktänderungen wiederum in die Betriebsmittelplanung einfließen lassen. Parallel dazu wird nach einem integrierten Optimum für Produkt- und Prozessmerkmale gesucht.[405] Ziele der integrierten Produkt- und Prozessentwicklung sind eine Steigerung der Prozesseffektivität und -effizienz zur konsekutiven Steigerung der Wirtschaftlichkeit und Produzierbarkeit.[406] Zudem wird eine Verkürzung der Entwicklungszeit durch die iterativ korrelierende Planung angestrebt.[407] Aufgrund der Charakterisierung des Ansatzes als Werkzeug in der Produktentwicklung sowie der herausragenden Bedeutung der Informationsverfügbarkeit wird die integrierte Produkt- und Prozessentwicklung separat von den in Kapitel 3.2.1 aufgeführten Produktentstehungsprozessen erläutert.

Ein früher Einfluss auf die Produzierbarkeit und Wirtschaftlichkeit von Produkten seitens der Produktionsplanung wird insbesondere durch wissensintensive Prozesse wie die Fertigungstechnologieauswahl, Toleranzfestlegung oder Prüfwertstromentwicklung erreicht.[408] Neben reiner Informationsweitergabe kann die Produktionsplanung auch eigene Impulse in der Produkt- und Prozessentwicklung setzen. Die zeitliche Integration und Wirkweise der Produktionsplanung auf die Produktplanung ist in Abbildung 3-5 nachfolgend dargestellt.

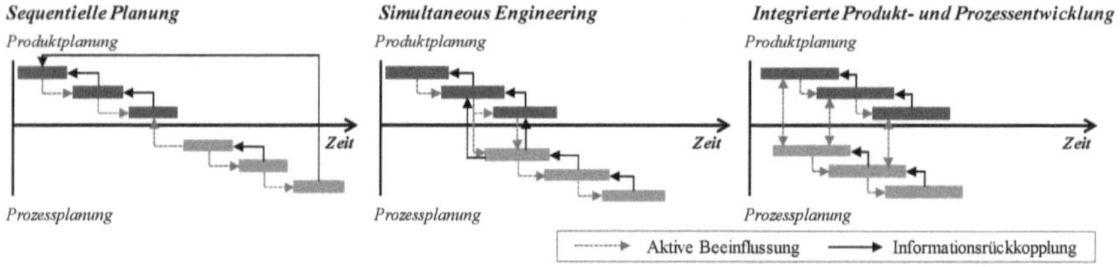

Abbildung 3-5: Aktive Beeinflussung der Produktplanung durch die Prozessplanung[409]

Die frühzeitige Qualifizierung zu dieser integrierten Arbeitsweise ist somit entscheidender Erfolgsfaktor in der integrierten Produkt- und Prozessentwicklung, welche insbesondere auf die frühen Phasen fokussiert.[410] Insbesondere eine frühe Klarheit über Serienprozesse und Serienreife von Produkt und

[403] Vgl. Vajna (2014): Integrated Design Engineering, S. 3; Ehrlenspiel und Meerkamm (2013): Integrierte Produktentwicklung, S. 194f.
[404] Vgl. Ehrlenspiel und Meerkamm (2013): Integrierte Produktentwicklung, S. 195ff.
[405] Vgl. Krottmaier (1995): Leitfaden Simultaneous Engineering, S. 13f.
[406] Vgl. Eversheim und Schuh (2005): Integrierte Produkt- und Prozessgestaltung, S. 5; Klabunde (2003): Wissensmanagement in der Produkt- und Prozessgestaltung, S. 16.
[407] Vgl. Krottmaier (1995): Leitfaden Simultaneous Engineering, S. 13f.
[408] Vgl. Klabunde (2003): Wissensmanagement in der Produkt- und Prozessgestaltung, S. 75.
[409] Eigene Abbildung in Anlehnung an Kampker et al. (2013): Elektromobilität, S. 50; Eversheim und Schuh (2005): Integrierte Produkt- und Prozessgestaltung.
[410] Vgl. Eversheim und Schuh (2005): Integrierte Produkt- und Prozessgestaltung, S. 8.

Produktionsprozessen kann hier maßgeblich unterstützen und zudem risikominimierend wirken.[411] Entscheidungen, die zu dieser Klarheit beitragen, werden am besten auf Basis einer guten Informationsverfügbarkeit getroffen. Insbesondere sind Entscheidungen unter unscharfen Informationen meist minderwertig.[412] Somit ist die Informationsverfügbarkeit für die Produktionsplanung sowohl für den Produktionsplanungsprozess an sich als auch im Kontext der integrierten Produkt- und Prozessentwicklung in den frühen Phasen für den gesamten Produktentstehungsprozess erfolgsentscheidend.[413]

3.2.3 Zusammenfassende Bewertung

Zur Evaluation der möglichen Existenz eines bestehenden Lösungsbeitrags für den in Kapitel 2.5 beschriebenen Handlungsbedarf aus der Praxis wurde der in Kapitel 3.1 hergeleitete Suchraum der Produktentstehungsprozesse auf der Basis einer extensiven Literaturstudie der einschlägigen Standardliteratur hin untersucht. Bezugnehmend auf inhaltliche Anforderungen an eine Lösung, welche in Kapitel 4.3.1 hergeleitet werden, werden die in Kapitel 3.2.1 beschriebenen Ansätze zur Gestaltung von Produktentwicklungsprozessen analysiert. Die Untersuchungskategorien können wie folgt beschrieben werden:

- **Art der Innovationstheorie:** Die beschriebenen Prozesse werden nach den in Kapitel 3.2.1 beschriebenen Merkmalen klassifiziert in die Bereiche Vorgehensmodell, Methode und Philosophie
- **Innovationsprozess:** Gesamtheit aller Teilprozesse, welche für die Transformation einer Idee von der Bedarfsentstehung bis hin zur Nutzung eines vermarktungsfähigen Produktes notwendig sind[414]
- **Produktionsplanung:** Der Aspekt der Produktionsplanung ist zentraler theoretischer Bestandteil der Literatur
- **Prototypen:** Der Aspekt Prototypen ist theoretischer Bestandteil der Literatur
- **Prototypen als Validierung für Produktionsplanung:** Die Validierung der Produktionsplanung durch Prototypen ist theoretischer Bestandteil der Literatur
- **Prototypen als Informationsquelle für Produktionsplanung:** Es werden Ansätze zur Nutzung von Prototypen als Informationsquelle für die Produktionsplanung beschrieben
- **Flexible Auslegung der Prototypen und Prototypenphase:** Es werden Planungsansätze für einen bedarfsgerechten Prototypeneinsatz vorgestellt
- **Quantifizierung der Aufwände; Gegenüberstellung Kosten/ Nutzen:** Es werden Kalkulationsansätze für die Erfassung von Mehr- und Minderwert von Prototypeneinsatz vorgestellt
- **Transformation von Erkenntnissen aus Prototypenkontext in Produktionsplanung:** Es werden Hilfestellungen zur Informationsanwendung von Erkenntnissen aus einem Prototypenkontext für die Produktionsplanung beschrieben
- **Werkzeug für Nutzung von Prototypenphasen zur Produktionsplanung:** Es werden konkrete Werkzeuge für die Nutzung von Prototypenphasen zur Produktionsplanung beschrieben oder konzeptioniert

Die Ergebnisse der Literaturstudie sind in Abbildung 3-6 zusammenfassend dargestellt.

---

[411] Vgl. Krottmaier (1995): Leitfaden Simultaneous Engineering, S. 16.
[412] Vgl. Suh (2001): Axiomatic design, S. 51; Klabunde (2003): Wissensmanagement in der Produkt- und Prozessgestaltung, S. 75.
[413] Vgl. Klabunde (2003): Wissensmanagement in der Produkt- und Prozessgestaltung, S. 14; Penschke et al. (1996): Parallele Gestaltung von Produkten und Fertigungsprozessen, S. 46.
[414] Definition angelehnt an Vogel-Heuser et al. (2014): Innovationsprozesse zyklenorientiert managen, S. 7.

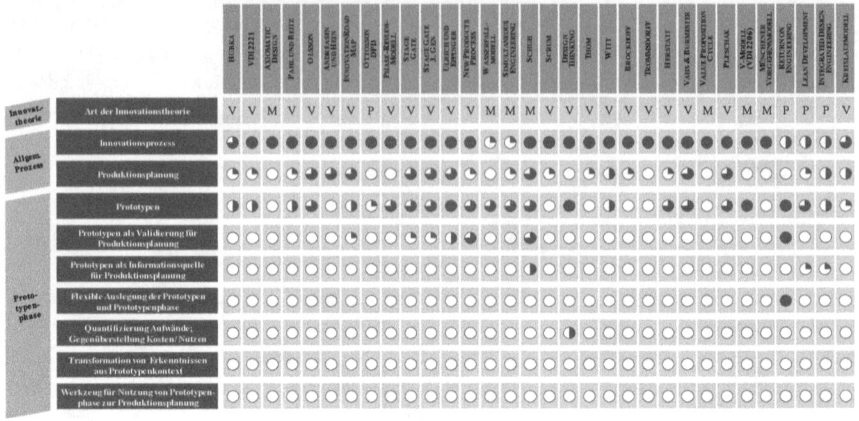

Abbildung 3-6: Ergebnisse der Literaturstudie zu Prototypeneinsatz in Innovationsprozessen[415]

Es wird deutlich, dass ein Defizit in der bestehenden Theorie zur Gestaltung von Produktentstehungsprozessen hinsichtlich eines informationswertorientierten dynamischen Planungsansatzes der Prototypenphasen im Produktentstehungsprozess zur Effizienzsteigerung in der Produktionsplanung besteht. Der geringe Fokus der Innovationstheorie auf Gestaltung, Strukturierung und Nutzung von Prototypenphasen im Kontext der Produktionsplanung verdeutlicht das der vorliegenden Arbeit zugrundeliegende Theoriedefizit zusätzlich.[416]

3.3 Prototypeneinsatz im Produktentstehungsprozess

Der Begriff Prototyp leitet sich etymologisch aus den griechischen Worten *protos* und *typos* ab, was kombiniert sinngemäß „erstes Urbild“ bedeutet.[417] Der Prototypenbegriff ist somit auf sich in der Entstehung befindenden Produkten anzuwenden.[418] In der Literatur existieren verschiedene Definitionen des Begriffs Prototyp.[419] Der DUDEN bezeichnet Prototypen im technischen Kontext als bestimmte erste

---

[415] Bewertungsschema:
1: Ist zentraler Teil der Theorie
3/4: Wird vom Autor ausführlich beschrieben oder gefordert
1/2: Wird vom Autor ansatzweise beschrieben oder als optional empfohlen
1/4: Wird vom Autor erwähnt
0: Wird vom Autor nicht erwähnt
P: Philosophie, M: Methode, V: Vorgehensplan

[416] Diese Aussage deckt sich zudem mit der generellen Zusammenfassung der Beschreibung von Prototypen im Produktentstehungsprozess durch BASTIAENS, welcher aussagt, dass die Rolle des Prototyps hierbei zumeist nicht berücksichtigt wird; vgl. Bastiaens et al. (2010): Efficient use of Prototyping, S. 515.

[417] Vgl. Geuer (1996): Rapid Prototyping in der Produktentwicklung, S. 2; Eversheim und Schuh (2005): Integrierte Produkt- und Prozessgestaltung, S. 226.

[418] Die vorliegende Arbeit fokussiert den Prototypeneinsatz in der Entwicklung physischer Produkte, auch wenn Ansätze aus dem Prototyping von Softwareprodukten anwendbar sind und somit genutzt werden. Für einen Überblick zum Prototyping von Softwareprodukten u.a.: Goll und Hommel (2015): Mit Scrum zum gewünschten System, S. 68ff.

[419] Nach VETTER existiert in der Literatur keine allgemeingültige Definition des Prototypenbegriffs; die dadurch entstandene Begriffsheterogenität lässt somit viel Spielraum in der Begriffsbedeutung zu; vgl. Vetter (2011): Praktiken des Prototyping, S. 38.

Ausführung von Fahrzeugen, Maschinen oder ähnlichem zur Erprobung und Weiterentwicklung vor der Serienproduktion.[420] ULRICH UND EPPINGER sehen in einem Prototypen eine Annäherung eines Produktes entlang einer oder mehrerer Interessensdimensionen.[421] HALLMANN definiert den Prototypen darüber hinaus funktional und aus softwareentwicklungsseitiger Sicht, was jedoch ebenfalls auf physische Produkte im Sinne dieser Arbeit zutrifft: „Unter einem Prototyp wird ein Kommunikationsgegenstand verstanden, der als Mittel zum Wissenserwerb eingesetzt wird. Er ist ein [...] Modell eines geplanten Systems (auch Zielsystem genannt) und stellt nicht notwendigerweise eine vollständige Formulierung von Anforderungen dar. Er ist dem Zielsystem in der Funktionalität und der Struktur ähnlich. Er dient zur experimentellen Klärung von Anforderungen."[422] Abstrakt ausgedrückt ist ein Prototyp demnach eine modellhafte Ausführung eines unfertigen Systems, welche das Ziel der experimentellen Validierung einer Fragestellung an das Zielobjekt hat. Er unterscheidet sich in mindestens einer funktionalen, gestalterischen oder herstellungsprozessbezogenen Eigenschaft von dem vermarktungsfähigen Endprodukt.[423] Abbildung 3-7 macht zudem deutlich, dass ein Prototyp stets einen Fokus auf eine determinierte Teilfunktion des finalen Produktes hat.

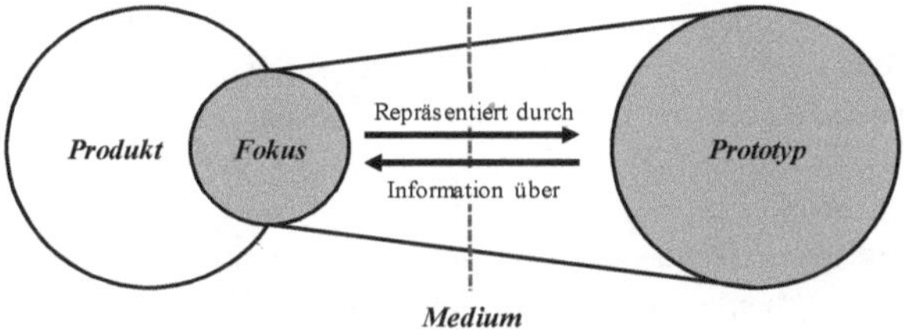

Abbildung 3-7: Modell der Prototypenaktivität[424]

Der Einsatz von Prototypen im Entstehungsprozess von in Serie zu produzierenden Produkten ist unentbehrlich.[425] Neben „Prototyp" bezeichnen die Begriffe Funktionsmuster, Prüfmuster, Nullserien, Vorserien, Modell, Produktmodell, Konzeptstudien und Weitere identische oder ähnliche Anwendungen im Produktentstehungsprozess.[426] Die Herstellung von Prototypen wird als Prototypenbau oder Prototyping bezeichnet.[427]

---

[420] Bibliographisches Institut (2015): Duden.
[421] Vgl. Ulrich und Eppinger (2016): Product design and development, S. 247.
[422] Hallmann (1990): Prototyping komplexer Softwaresysteme, S. 47.
[423] Vgl. Geuer (1996): Rapid Prototyping in der Produktentwicklung, S. 3; Liou (2007): Rapid Prototyping, S. 14; Eversheim und Schuh (2005): Integrierte Produkt- und Prozessgestaltung, S. 226; Ulrich und Eppinger (2016): Product design and development, S. 291.
[424] Vgl. Camere und Bordegoni (2016): Prototyping Practice, S. 2; Medium bezeichnet einen Informationsträger.
[425] Vgl. Schuh (2012): Innovationsmanagement, S. 217; Geuer (1996): Rapid Prototyping in der Produktentwicklung, S. 29.
[426] U.a. Geuer (1996): Rapid Prototyping in der Produktentwicklung, S. 3; Hallgrimsson (2012): Prototyping and modelmaking, S. 6; Schuh (2012): Innovationsmanagement, S. 217; Vetter (2011): Praktiken des Prototyping, S. 38.
[427] Vgl. Hallgrimsson (2012): Prototyping and modelmaking, S. 6; Schuh (2012): Innovationsmanagement, S. 217; Ulrich und Eppinger (2016): Product design and development, S. 291.

Prototypen unterscheiden sich insbesondere in ihrer Gestalt und in ihrer Herstellung voneinander.[428] Dies ist insbesondere in dem Reifegrad entlang des Produktentstehungsprozesses begründet.[429] Der Gestalt und Funktionalität folgend können Prototypen demnach unterschiedlichen Einsatzzwecken zugeführt werden.[430] Aufgrund des Einflusses dieser Aspekte auf das Informationsgenerierungspotential und insbesondere auf die Transferierbarkeit der im Prototypenkontext aufgenommenen Daten und Informationen auf Serienproduktionsszenarien werden die Gestaltungsräume der Produktmodelle und Prozesstechnologien sowie das Aufgabenspektrum nachfolgend beschrieben, bevor bestehende Planungsansätze für Prototypen erläutert werden. Abschließend wird die existierende Literatur hinsichtlich ihres Lösungsbeitrags für die vorliegende Forschungsarbeit bewertet.

3.3.1 Beschreibung des Produktmodellraums

Als Produktmodellraum wird im Kontext der vorliegenden Arbeit die Menge der Möglichkeiten und Freiheitsgrade zur Gestaltung von physischen Prototypen im Produktentstehungsprozess verstanden. In den verschiedenen Phasen der Produktentwicklung werden je nach Verwendungszweck Prototypen mit unterschiedlichen Anforderungen in unterschiedlicher Stückzahl benötigt.[431] Prototypenarten unterscheiden sich in ihrer Abbildung der Produkteigenschaften des finalen Produkts. So differenzieren sie sich untereinander sowie gegenüber dem finalen Produkt insbesondere in den Merkmalen Geometrie, Material, Oberfläche sowie Zeit, Kosten und den abgebildeten Produktfunktionen.[432] Der Verwendungszweck von Prototypen orientiert sich dabei an dessen Reifegrad, d.h. dem Entwicklungsstadium des Produkts. Die Bezeichnung und Klassifizierung diverser Prototypenarten kann je nach Branche und Unternehmen unterschiedlich sein. Nachfolgend werden relevante Ansätze der Prototypenklassifikation aus der Literatur vorgestellt.

Klassifizierung der Art des physischen Abbildes nach SCHUH[433]

Vor einer Klassifizierung des physischen Erscheinungsbildes eines Prototyps klassifiziert Schuh diese nach dem Anteil der physischen Realisierung. Durch verschiedene Möglichkeiten des Einsatzes von Hard- und Software sowie der virtuellen und augmentierten Realität im Prototypenaufbau können folgende Prototypenarten unterschieden werden:

- **Physischer Prototyp:** Abbild eines Produktmodells in Hardware
- **Virtueller Prototyp:** Ein um Metadaten erweitertes digitales Modell mit volumetrischen, funktionalen und strukturellen Eigenschaften; virtuelle Prototypen werden auch als analytische Prototypen bezeichnet, in welchen das Produkt durch eine mathematische Annäherung abgebildet wird; dies dient der einfachen Variation ausgewählter Parameter zur groben Bestimmung einer optimalen Parameterkombination, welche daraufhin oftmals physisch verfeinert wird[434]

[428] Vgl. Vajna (2014): Integrated Design Engineering, S. 280.
[429] Vgl. Schuh (2012): Innovationsmanagement, S. 217.
[430] Vgl. Vajna (2014): Integrated Design Engineering, S. 280.
[431] Vgl. Eversheim und Schuh (2005): Integrierte Produkt- und Prozessgestaltung, S. 226.
[432] Vgl. Mennig und Stoeckhert (2013): Mold-Making handbook, S. 71.
[433] Vgl. Schuh (2012): Innovationsmanagement, S. 215.
[434] Vgl. Ulrich und Eppinger (2016): Product design and development, S. 297.

- **Hybrider Prototyp:** Ein durch virtuelle Realität erweiterter physischer Prototyp; hybride Prototypen werden auch als gemischte Prototypen bezeichnet, bei denen der physische Teil einer realistischen Nutzerwahrnehmung und der virtuelle Teil einer einfachen Änderbarkeit dient[435]

Designbezogene Klassifizierung nach ISA[436]

Der Designprozess eines Produktes erfolgt üblicherweise anhand einer definierten Reihenfolge von Prototypen. Hierzu gehören:

- **Softmodell:** Frühes Modell als grobe Skizze oder Entwurf zur Erlangung eines grundsätzlichen Verständnisses von Proportionen, Dimensionen, Formen und anderen physischen Eigenschaften
- **Hartmodell:** Realistisches, aber kaum funktionales Modell mit identischer Optik und Haptik zum finalen Produkt
- **Präsentationsmodell:** Aus einer CAD-Konstruktion abgeleitetes, detailliertes Modell inklusive Subsystemen mit eingeschränkter Funktionalität
- **Prototyp:** Funktionsfähiges Modell mit hohem Reifegrad zur Überprüfung verschiedener Aspekte und Funktionen zur Freigabe eines Produktmodells in die Produktion

Nutzenbezogene Klassifizierung nach ULLMAN[437]

Entlang des Produktentstehungsprozesses müssen verschiedene Aspekte reifegradbezogen validiert werden. Dies kann anhand folgender Prototypen erfolgen:

- **Proof-of-concept** oder **Proof-of-function Prototyp:** Fokus auf die Entwicklung des Konzepts oder der Funktionalität eines Produktes bezogen auf bestehende Anforderungen
- **Proof-of-product Prototyp:** Hochwertiges Produktmodell bezogen auf Geometrie, Material und Herstellung zur Validierung von Produktdetails (z.B. Funktionalität)
- **Proof-of-process Prototyp:** Serienidentisches Produktmodell bezogen auf Material und Produktionsprozesse zur Validierung der Produzierbarkeit
- **Proof-of-production Prototyp:** Auf Serienanlagen gefertigtes Produktmodell zur Validierung des Produktionssystems

Ausschnittbezogene Klassifizierung nach LIGGESMEYER[438]

Softwareprogramme bestehen aus mehreren Ebenen (z.B. Benutzeroberfläche, Anwendung, Datenstruktur, Systemsoftware) sowie unterschiedlichen Funktionalitäten. Bezogen auf den Ausschnitt eines Prototyps lässt sich folgende Klassifizierung ableiten:

- **Horizontaler Prototyp:** Möglichst vollständige Realisierung einzelner Ebenen des Systems
- **Vertikaler Prototyp:** Möglichst vollständige Realisierung einzelner Funktionen durch alle Ebenen hindurch[439]

---

435 Vgl. Siddique und Rosen (1997): Virtual prototyping approach, S. 854; gemischter Prototyp aus dem Englischen: Mixed Prototype; Roth bezeichnet den Einsatz hybrider Prototypen zudem als gemischte Realität, aus dem Englischen: Mixed Reality; vgl. Roth (2016): Einführung von Industrie 4.0, S. 214.

436 Vgl. Isa und Liem (2014): Physical Models and Prototypes, S. 3.

437 Vgl. Ullman (2010): Mechanical design process, S. 117f.

438 Vgl. Liggesmeyer (2012): Softwareentwicklung, S. 25.

439 ANKARBRANTH UND MARTENSON wenden ebendiese Klassifizierung auch auf physische Prototypen an; vgl. Ankarbranth und Martenson (2013): Prototypes in Product Development, S. 23ff.

Funktionale Klassifizierung nach VENNAPOOSA[440]

Aus der Softwareentwicklung stammt diese Klassifizierung, welche den Funktionalitätsumfang eines Prototyps bestimmt:

- **Patch-up Prototyp:** Enthält die meisten Produktfeatures, ist jedoch nicht entwickelt um effizient zu sein
- **Non-operational Prototyp:** Ein nicht funktionaler und in der Regel skalierter Prototyp zur Verifizierung des Designs eines Produktes
- **First-of-a-series Prototyp:** Auch als Pilotsystem bezeichnet; dieser funktionale Prototyp dient dem Funktionstest und wird meist für komplexe Systeme inklusive dessen Subsystemen verwendet
- **Selected-features Prototyp:** Enthält einige aber nicht alle Umfänge und Funktionen des finalen Systems

Reihenfolgenbezogene Klassifizierung nach GRIMES[441]

Bezogen auf die Reihenfolge des Einsatzes im Produktentstehungsprozesses kann folgende Klassifizierung getroffen werden:

- **Alphaprototyp:** Erster testbarer Prototyp
- **Betaprototyp:** Weiterentwicklung eines Alpha-Prototypen mit seriennäheren Eigenschaften

Klassifizierung nach Einsatzzweck im Produktentstehungsprozess nach KAMPKER ET AL[442]

KAMPKER ET AL. führen den Primotypen als eigenständiges semantisches und funktionales Konstrukt ein und grenzen diesen vom Prototypen wie folgt ab:

- **Prototyp:** Auf das Wesentliche reduziertes Versuchsmodell eines späteren Serienproduktes
- **Primotyp:** Ein auf Prüfzwecke hin entwickeltes Funktionsmuster im agilen Entwicklungsprozess mit einfacheren Herstellungsmethoden zum schnelleren Ausprobieren denkbarer Lösungspfade; der Primotyp ist durch die Eigenschaften Erkenntnisorientierung, Schnittstellenorientierung, Funktionsorientierung sowie Kommunikationsorientierung gekennzeichnet

Reifegradbezogene Klassifizierung nach SCHUH[443]

Im Kontext des Informationsgenerierungspotentials sowie der Prototypenplanung im Produktentstehungsprozess steht der Reifegrad des Produktmodells und damit einhergehend auch der Reifegrad eines Prototypen bezogen auf das finale Produkt im Zentrum der Ausarbeitung des zugrundeliegenden Forschungsvorhabens. Aus dem Grund wird die reifegradbezogene Klassifizierung nach SCHUH nachfolgend ausführlicher erläutert.

- **Design- oder Konzeptprototyp:** Erste dreidimensionale Modelle, die das Produktkonzept in seiner Form bedingt maßhaltig visualisieren; die Anforderung liegt in der Abbildung der optischen

---

440 Vgl. Vennapoosa (2008): Prototype Model.

441 Vgl. Grimes (2016): Product Prototype Development.

442 Vgl. Kampker et al. (2017): Think Big, Start Small, S. 108.

443 Vgl. Schuh (2012): Innovationsmanagement, S. 218; eine ähnliche Klassifizierung haben EVERSHEIM UND SCHUH bereits mit dem Designmodell, Funktionsprototyp, technischem Prototyp und Vorserie definiert, auf dem die gezeigte Klassifizierung aufbaut; vgl. Eversheim und Schuh (2005): Integrierte Produkt- und Prozessgestaltung, S. 227.

und haptischen Eigenschaften des Produktkonzepts; es existieren keine funktionalen, mechanischen oder werkstoffspezifischen Anforderungen

- **Geometrischer Prototyp:** Maß- und Formhaltigkeit stehen im Vordergrund; geometrische Prototypen werden in einer späteren Phase des PEP eingesetzt, wenn die Geometrie des Produkts und der Teilkomponenten exakt definiert ist; die mikrogeometrischen Eigenschaften gleichen denen des Serienprodukts, jedoch gibt auch der geometrische Prototyp keine funktionalen, mechanischen oder werkstoffspezifischen Eigenschaften wieder
- **Funktionsprototyp:** Abbildung von Funktionsumfängen; Funktionsprototypen werden in der Produktentwicklung für Versuche zu funktionalen, mechanischen oder thermischen Eigenschaftsuntersuchungen eingesetzt, sodass der verwendete Prototypwerkstoff ähnliche Eigenschaften wie der Serienwerkstoff in Dichte, Festigkeit und Temperaturbeständigkeit aufweisen muss; Anforderungen an die Gestalt stehen hier im Hintergrund[444]
- **Technischer Prototyp:** Technische Prototypen werden in den letzten Phasen des PEP eingesetzt und sollen möglichst alle Eigenschaften des Serienprodukts abbilden; der technische Prototyp besteht aus einem seriennahen oder wenn möglich aus serienidentischem Werkstoff und wird mit seriennahen Fertigungsverfahren hergestellt
- **Vorserienprototyp:** Letzte Erprobungen der Produktion unter Serienbedingungen, um noch bestehende Fehler, die durch serienidentische Produktionsmittel und Verfahren entstehen, aufzudecken; dieser Prototyp gleicht dem Serienprodukt in möglichst allen Eigenschaften; je nach Branche werden bis zu 500 Vorserienprototypen produziert

Analog zu SCHUH definieren CANUTO DA SILVA UND KAMINSKI Prototypen anhand des Reifegrades entlang des Produktentstehungsprozesses mit konzeptionellen, geometrischen, funktionalen, technischen und finalen Prototypen.[445] Auch in der VDI-Richtlinie 3404 ist eine ähnliche Charakterisierung mit Konzept-, Geometrie-, Funktions-, technischem und finalem Prototyp zu finden,[446] welche ebenfalls von CANUTO DA SILVA und KAMINSKI aufgegriffen wird.[447]

Zusätzlich zu den vorgestellten Prototypenklassifizierungen sind in der Literatur weitere Klassifizierungen zu finden, welche sich inhaltlich größtenteils mit den oben genannten überschneiden. So beschreibt TSENG den virtuellen, analytischen und immersiven Prototypen.[448] BJOERKLI erweitert diese Klassifizierung mit dem gemischten und physischen Prototypen in den gegenständlichen Raum.[449] RATCLIFFE UND MCNEILL beschreiben mit dem Paper-, Low-fidelity-, High-fidelity- und Living-Prototypen Reifegradstufen von Prototypen im Kontext der Softwareentwicklung.[450] BORYSOWICH klassifiziert Software-Prototypen nach Konzeptprototyp, Machbarkeitsprototyp, horizontalem, vertikalem und diagonalem Prototyp (wobei letzter eine Mischung aus den beiden vorangegangen ist) sowie dem funktionalen Storyboard, welches als Programmausschnitt vollständige nutzbare Sequenzen abbildet.[451] SCHMIDT UND PAETZOLD bezeichnen einen möglichst schlanken Prototypen zur Validierung von Kundenwünschen als Minimum Viable Prototype.[452] RUDD nennt diese Low-fidelity Prototypes und grenzt

[444] Vgl. Kalweit et al. (2012): Technisches Produktdesign, S. 464.
[445] Vgl. Canuto da Silva und Kaminski (2015): Virtual and physical prototypes, S. 1516.
[446] Vgl. Verein Deutscher Ingenieure (2007): VDI-Richtlinie 3404 - Generative Fertigungsverfahren.
[447] Vgl. Canuto da Silva und Kaminski (2015): Virtual and physical prototypes, S. 1516.
[448] Vgl. Tseng et al. (1998): Virtual Prototyping Development, S. 5.
[449] Vgl. Bjoerkli (2014): Virtual Prototyping Approaches, S. 9f.
[450] Vgl. Ratcliffe und McNeill (2012): Agile Experience Design, S. 293.
[451] Vgl. Borysowich (2007): Types of Prototypes.
[452] Vgl. Schmidt und Paetzold (2016): Agilität in der Entwicklung physischer Produkte, S. 259.

sie von möglichst vollumfänglichen High-fidelity Prototypes ab.[453] MEMMEL nimmt mit dem throw away-, evolutionary-, exploratory- und experimental-Prototypen eine nutzenseitige Klassifizierung von Softwareprototypen vor.[454] LIOU sowie ANKARBRANTH UND MARTENSON nennen zudem Prototypenklassen mit typischem Einsatz in der Automobilindustrie: Formmodell, Papierprototyp, virtueller Prototyp, Alpha- und Beta-Prototyp und Produktionsprototyp. Hierbei steigern insbesondere die drei zuletzt genannten Prototypen das Level an physischer und umfassender Darstellung des finalen Produktes.[455] COHEN führt weiterhin die works-like und looks-like prototypes ein.[456]

3.3.2 Beschreibung des Prozesstechnologieraums

Als Prozesstechnologieraum wird im Kontext der vorliegenden Arbeit die Menge der Möglichkeiten und Freiheitsgrade zur Herstellung von physischen Prototypen verstanden. Neben der vorangehend erläuterten Gestalt eingesetzter Prototypen hat die Herstellungsweise dieser einen maßgeblichen Einfluss auf das Informationsgenerierungspotential entlang des Produktentstehungsprozesses. Hierbei spielt die Tatsache eine Rolle, dass Prototypen oftmals mit nicht auf Skaleneffekte ausgelegten Technologien produziert werden, z.B. durch den Einsatz von Serienproduktionswerkzeugen.[457] Zunächst muss die zum Einsatz kommende Technologie differenziert werden. Hierzu ist auf der Basis von in der Literatur identifizierten Ansätzen folgende Klassifizierung zu treffen:

- **Serientechnologie:** Für eine Serienproduktion technologisch und wirtschaftlich sinnvolle Technologie; diese kann die später zum Einsatz kommende oder eine andere aus der Technologiemorphologie für einen Prozess mögliche Technologie sein;[458] es besteht die Möglichkeit, ebenfalls Werkzeuge mit temporären Serieneigenschaften, jedoch kostengünstiger z.B. durch den Einsatz von Aluminium statt Stahl, Verzicht auf Härtung oder Kühlkanäle (z.B. bei Spritzgusswerkzeugen) zu nutzen[459]
- **Klassische Prototypentechnologie:** Eine eher komplexe Technologie mit serientauglichem Prozessergebnis, welche aufgrund hoher Investitionen oder langer Zykluszeiten für einen Serieneinsatz wirtschaftlich ungeeignet ist (Bsp.: Laserschneiden in der Blechpaketproduktion, CNC-Zerspanung)[460]
- **Additive Manufacturing-/ Rapid Prototyping-Technologie:** Net Shape, Near Net Shape oder Rapid Tooling-unterstütze generative Fertigungsverfahren mit dem Ziel, die Zeit des Prototypenaufbaus maßgeblich zu senken; diese Technologien sind durch einen schichtweisen Materialauftrag gekennzeichnet und bieten in der Regel die größte Flexibilität in der Teileherstellung[461]

---

[453] Vgl. Rudd et al. (1996): Low vs. high-fidelity prototyping, S. 78ff.

[454] Vgl. Memmel et al. (2007): Prototyping user interfaces, S. 178.

[455] Vgl. Ankarbranth und Martenson (2013): Prototypes in Product Development, S. 22; Liou (2007): Rapid Prototyping, S. 23.

[456] Vgl. Cohen (2015): Prototype to product, S. 75; engl.: works-like: funktionert wie, looks-like: sieht aus wie.

[457] Vgl. Hallgrimsson (2012): Prototyping and modelmaking, S. 11.

[458] Vgl. ebd., S. 63.

[459] Vgl. Mennig und Stoeckhert (2013): Mold-Making handbook, S. 70ff; Macht (1999): Einsatz von Rapid Prototyping, S. 8.

[460] Vgl. Liou (2007): Rapid Prototyping, S. 178; Hallgrimsson (2012): Prototyping and modelmaking, S. 74; Bastiaens et al. (2010): Efficient use of Prototyping, S. 515; CNC-Zerspanung kann je nach Technologieeinsatz jedoch auch als Serientechnologie eingesetzt werden, s.u.

[461] In Einzelfällen wird der Einsatz CAD/CAM-gekoppelter Frästechnologien ebenfalls als Rapid Prototyping bezeichnet, vor allem, wenn prototypische Materialien wie Kunstharz oder geschäumte Halbzeuge eingesetzt werden; vgl. Geuer (1996): Rapid Prototyping in der Produktentwicklung, S. 3; Hallgrimsson (2012): Prototyping and modelmaking, S. 65; Kamrani und Nasr (2010): Engineering Design and Rapid Prototyping, S. 339;

- **Handwerkliche Werkstattausstattung:** Manuelle Werkzeuge oder Power Tools (Bsp.: Hammer, Schraubenzieher, Handschleifer)[462]
- **Improvisationstechniken:** Technologien aus industrieproduktionsfernem Kontext (Bsp.: Papier- oder Papp-Faltung, Kraftfügen oder Kraftrichten)[463]
- **Virtuelles Prototyping/ Digitales Prototyping:** Einsatz rechnergestützter Softwareprogramme zur Erzeugung möglichst realitätsnaher Darstellungen oder Simulationsmodelle; nur für die Erzeugung virtueller oder hybrider Prototypen einsetzbar (Bsp.: CAD)[464]

Ein weiterer wichtiger Ansatz des Prototypenbaus ist das sogenannte inkrementelle Prototyping, welches die ständige Weiterentwicklung des inkrementellen Prototypen verfolgt und somit auf einer Technologieplattform stets den aktuellsten Entwicklungsstand darzustellen versucht.[465] Die Auswahl der einzusetzenden Technologien ist in der Regel wirtschaftlich getrieben.[466] Zudem muss sie sich an der Art der Prototypen (vgl. Kapitel 3.3.1) und den Anforderungen an diese orientieren.[467]

Der Technologieklassifizierung ist eine weitere variantenbildende Dimension des Technologieeinsatzes hinzuzufügen. So können die beschriebenen Technologien mit unterschiedlichem Automatisierungsgrad (manuell, teilautomatisiert, vollautomatisiert), Optimierungsstufen (zykluszeitenoptimiert, investitionsoptimiert), Flexibilität (starr/ unflexibel, flexibel), Werkzeugeinsatz (spezifisches Werkzeug, Werkzeugsatz, generisches Werkzeug, werkzeugfrei) und der Verfügbarkeit (dauerhaft für Prototypenbau verfügbar (Technikum), eingeschränkt (in laufender Produktion), bei Dienstleister, bei Technologieentwickler) differenziert werden, was ebenfalls einen Einfluss auf das Informationsgenerierungspotential hat.[468]

Zusammenfassend und in Kombination mit der in Kapitel 3.3.1 vorgestellten reifegradbezogenen Prototypenklassifizierung nach SCHUH ist in Abbildung 3-8, Abbildung 3-9 und Abbildung 3-10 der theoretische Gestaltungsrahmen einer Prototypenphase übersichtlich dargestellt. Es wird deutlich, dass dieser diverse Ebenen und Gestaltungsoptionen beinhaltet, welche unterschiedliches Potential hinsichtlich einer Informationsgenerierung haben. Anzumerken ist jedoch auch, dass sich die Gestaltung einer Prototypenphase oftmals an der betrieblichen Realität (z.B. technische Vorausstattung, bestehende Erfahrung) orientieren muss.

Bastiaens et al. (2010): Efficient use of Prototyping, S. 515; Gebhardt (2012): Understanding additive manufacturing, S. 7; Macht (1999): Einsatz von Rapid Prototyping, S. 8; engl.: Additive Manufacturing: Additive Herstellung; Rapid Prototyping: Schneller Prototypenbau; Rapid Tooling: Schneller Werkzeugbau; Net Shape: Endkontur; Near Net Shape: Endkonturnah.

462 Vgl. Hallgrimsson (2012): Prototyping and modelmaking, S. 58ff; engl.: Power Tools: Elektrowerkzeuge.

463 Vgl. Cook (2015): Prototyping, S. 5; Geuer (1996): Rapid Prototyping in der Produktentwicklung, S. 29; Bastiaens et al. (2010): Efficient use of Prototyping, S. 516.

464 Vgl. Geuer (1996): Rapid Prototyping in der Produktentwicklung, S. 24ff; Canuto da Silva und Kaminski (2015): Virtual and physical prototypes, S. 2; Liou (2007): Rapid Prototyping, S. 15ff; Bastiaens et al. (2010): Efficient use of Prototyping, S. 515.

465 Vgl. Goll und Hommel (2015): Mit Scrum zum gewünschten System, S. 70.

466 Vgl. Geuer (1996): Rapid Prototyping in der Produktentwicklung, S. 71.

467 Vgl. ebd., S. 6.

468 U.a. Ankarbranth und Martenson (2013): Prototypes in Product Development, S. 56; Bastiaens et al. (2010): Efficient use of Prototyping, S. 515; Gebhardt (2012): Understanding additive manufacturing, S. 23; Bastiaens et al. (2010): Efficient use of Prototyping, S. 517; Hallgrimsson (2012): Prototyping and modelmaking, S. 11.

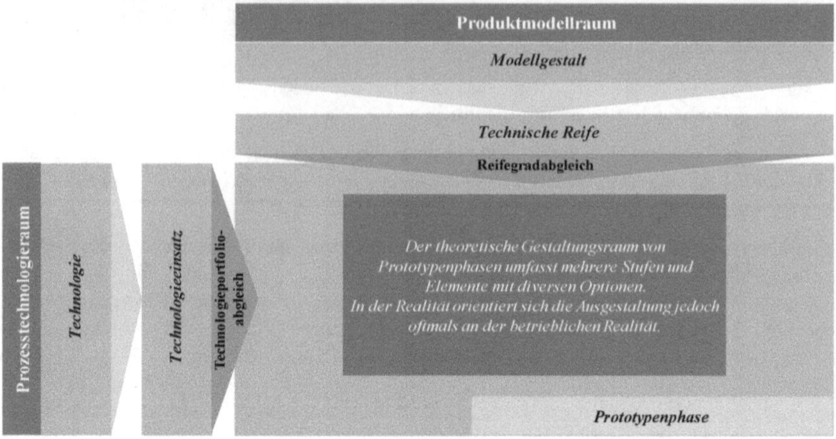

Abbildung 3-8: Gestaltungsrahmen für Prototypenphasen[469]

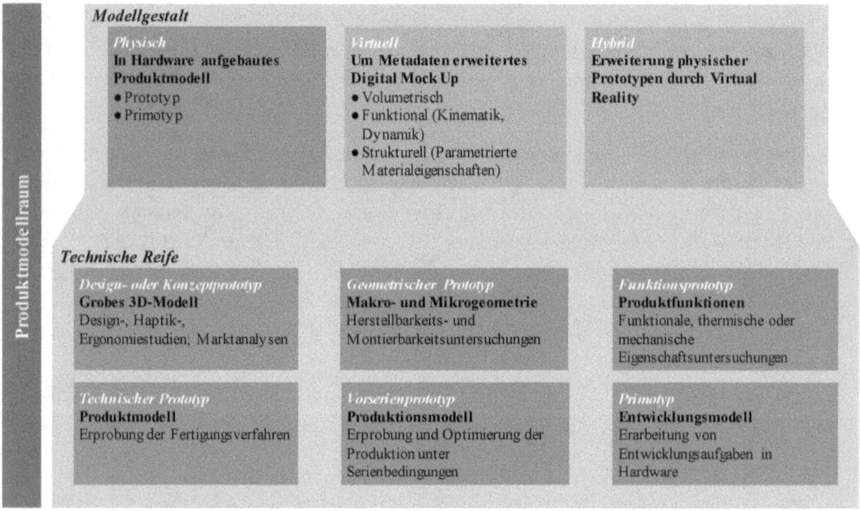

Abbildung 3-9: Produktmodellraum für Prototypenphasen[470]

---

[469] Eigene Abbildung in Anlehnung an die in Kapitel 3.3.2 aufgeführten Quellen sowie Schuh (2012): Innovationsmanagement, S. 218 und Kampker et al. (2017): Think Big, Start Small, S. 108.

[470] Ebd.

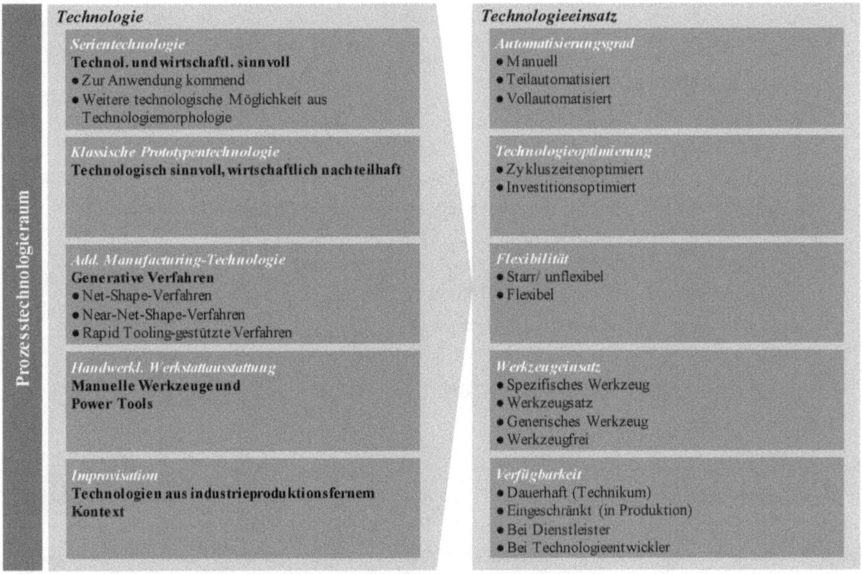

Abbildung 3-10: Prozesstechnologieraum für Prototypenphasen[471]

3.3.3 Beschreibung des Aufgabenspektrums

Aufgrund hoher Kosten, welche durch den Prototypeneinsatz in Produktentstehungsprozessen erzeugt werden, muss die konkrete Aufgabe sowie der Nutzen eines herzustellenden Prototyps definiert werden. Dies dient dazu, den Wert bezogen auf die eingesetzten Ressourcen eines Prototyps zu maximieren.[472] Einem Prototypen werden hierbei in der Regel mehrere Aufgaben zugeordnet.[473] In der Literatur sind verschiedene Aufgaben und Ziele des Prototypeneinsatzes entlang des Produktentstehungsprozesses beschrieben. Diese können in den Kategorien Validieren, Lernen, Erarbeiten, Kommunizieren und Synchronisieren subsumiert werden und werden nachfolgend beschrieben.[474]

Validieren

Die Validierung ist in vielen Literaturquellen als die zentrale Aufgabe des Prototypeneinsatzes in der Produktentwicklung beschrieben.[475] In diesem Kontext beschreibt sie die Bestätigung der Übereinstimmung eines inhärenten Merkmalssatzes eines in Hardware abgeleiteten Produktmodells in Bezug auf das virtuelle Produktmodell beziehungsweise den vorherbestimmten Nutzen oder deren Verneinung.

---

[471] Ebd.

[472] Vgl. Liou (2007): Rapid Prototyping, S. 25.

[473] Vgl. Hallgrimsson (2012): Prototyping and modelmaking, S. 20.

[474] Angelehnt an Ankarbranth und Martenson (2013): Prototypes in Product Development, S. 24f sowie Ulrich und Eppinger (2016): Product design and development, S. 294ff, welche die Kategorien Lernen, Kommunikation, Integration und Meilensteine nennen.

[475] Vgl. Zheng Li (2015): Prototype Experimentation, S. 21ff.

Die Validierung wird oftmals auch als Proof of concept[476] bezeichnet. Folgende Ansätze sind hierzu in der Literatur zu finden:

- Validierung von Produktfeatures
- Validierung von Systemspezifikationen
- Frühzeitige Konzeptvalidierung
- Validierung von Kundenbedarfen, Kundenwünschen und Kundenakzeptanz[477]
- Nachweis für die fertigungstechnische Machbarkeit der umzusetzenden Innovationsidee, Fertigbarkeits- und Montierbarkeitsstudien[478]
- Überprüfung der Produktgestaltung[479]
- Informationsträger, die eine frühe Überprüfung der Entwicklungsergebnisse ermöglichen[480]
- Grundfunktionsprüfung, Zuverlässigkeitsprüfung[481]
- Überprüfung der Vollständigkeit[482]
- Absicherung des Produktentstehungsprozesses[483]
- Validierung des Gesamtproduktes[484]

Synchronisieren

Die Synchronisation eines Produktentstehungsprozesses durch den Prototypenaufbau ist ein nicht zu unterschätzender effizienzbeeinflussender Faktor in Produktentstehungsprozessen. Hierbei dient die deterministische Terminierung als Synchronisationspunkt, auf den diverse Abteilungen in einer Organisation hinarbeiten müssen. Der dadurch entstehende Druck sowie die Notwendigkeit zum Austausch sind hierbei entscheidend. Folgende Ansätze sind dazu in der Literatur zu finden:

- Änderungswünsche organisieren[485]
- Reduktion von kostenintensiven Iterationen
- Restrukturierung der Abhängigkeit von Aufgaben[486]
- Sicherstellung der Funktionalität mehrerer Subsysteme untereinander
- Integration mehrerer Entwicklungsstränge und Organisationseinheiten
- Nutzung von Prototypen als Meilenstein[487]

---

[476] U.a. Salwa Isa (2014): Classifying physical models and prototypes, S. 8; engl.: Konzeptbeweis.

[477] Vgl. Liou (2007): Rapid Prototyping, S. 19; Ankarbranth und Martenson (2013): Prototypes in Product Development, S. 24f; Grover (2003): Prototyping Techniques, S. 1.

[478] Vgl. Schuh (2012): Innovationsmanagement, S. 96; Schuh (2012): Innovationsmanagement, S. 218; Kalweit et al. (2012): Technisches Produktdesign, S. 464; Hofbauer und Schweidler (2006): Professionelles Produktmanagement, S. 441; Ullman (2010): Mechanical design process, S. 117f.

[479] Vgl. Schuh (2012): Innovationsmanagement, S. 217; Geuer (1996): Rapid Prototyping in der Produktentwicklung, S. 13.

[480] Vgl. Bertsche et al. (2007): Entwicklung innovativer Produkte, S. 4.

[481] Vgl. Hofbauer und Schweidler (2006): Professionelles Produktmanagement, S. 441; Geuer (1996): Rapid Prototyping in der Produktentwicklung, S. 13.

[482] Vgl. Ullman (2010): Mechanical design process, S. 119.

[483] Vgl. Schaaf (1999): Entwicklungsmanagement in der Automobilindustrie, S. 35; Goll und Hommel (2015): Mit Scrum zum gewünschten System, S. 69f.

[484] Vgl. Ullman (2010): Mechanical design process, S. 117f.

[485] Vgl. Liou (2007): Rapid Prototyping, S. 19.

[486] Vgl. ebd., S. 23.

[487] Vgl. Ankarbranth und Martenson (2013): Prototypes in Product Development, S. 24f; Gartzen et al. (2016): Target-oriented Prototyping, S. 21.

Kommunizieren

Zur organisationsinternen und -externen Kommunikation von Produktfeatures wie Optik, Haptik und Funktionalität bedarf es virtueller oder physischer Prototypen. Folgende Ansätze sind hierzu in der Literatur zu finden:

- Visualisierung des Produktes zur Entwicklungsunterstützung[488]
- Darstellen des Proof of concept gegenüber dem Management
- Erhöhung der Nutzerpartizipation im Produktentstehungsprozess[489]
- Demonstration von Produkten zu Marketingzwecken (z.B. Messen)
- Kommunikation von Produktentwicklungen und -entwicklungsständen an interne und externe Stakeholder[490]
- Marktanalysen[491]
- Archivierung von Entwicklungsständen[492]

Lernen

Der Prototypenaufbau dient der Erfahrung bestimmter oder unbestimmter Aspekte eines Produktes sowie dessen Herstellung. Folgende Ansätze sind hierzu in der Literatur zu finden:

- Exploration von Lösungen für Funktionalität oder Designprobleme
- Unklarheit in frühen Stufen der Produktentwicklung beseitigen
- Sammeln von Nutzeranforderungen[493]
- Sammeln von Konstruktionsanforderungen[494]
- Aufdecken von Unbekanntem; Aufzeigen von nicht-modellinhärenten Phänomenen[495]
- Frühzeitiges Erkennen von Problemen und Fehlern zur Zeit- und Kosteneinsparung durch ihre Behebung[496]
- Mitarbeiterqualifikation[497]
- Besseres Lernen über das Produkt als durch jede andere Möglichkeit[498]

Erarbeiten

Neben der Validierung als Bestätigungsfunktion kann der Prototypenaufbau oder seine Nutzung zur Erarbeitung von Produkt- oder Prozessentwicklungsumfängen genutzt werden. Folgende Ansätze sind hierzu in der Literatur zu finden:

---

488 Vgl. Geuer (1996): Rapid Prototyping in der Produktentwicklung, S. 14.

489 Vgl. Liou (2007): Rapid Prototyping, S. 19; Goll und Hommel (2015): Mit Scrum zum gewünschten System, S. 69f; Geuer (1996): Rapid Prototyping in der Produktentwicklung, S. 13.

490 Vgl. Schuh (2012): Innovationsmanagement, S. 218; Kalweit et al. (2012): Technisches Produktdesign, S. 464; Geuer (1996): Rapid Prototyping in der Produktentwicklung, S. 13; Gartzen et al. (2016): Target-oriented Prototyping, S. 21; engl.: Anspruchsgruppe.

491 Vgl. Schuh (2012): Innovationsmanagement, S. 218; Kalweit et al. (2012): Technisches Produktdesign, S. 464; Geuer (1996): Rapid Prototyping in der Produktentwicklung, S. 13.

492 Vgl. Ullman (2010): Mechanical design process, S. 119.

493 Vgl. Liou (2007): Rapid Prototyping, S. 19.

494 Vgl. Hallgrimsson (2012): Prototyping and modelmaking, S. 20; Budde et al. (1984): Approaches to Prototyping, S. 6.

495 Vgl. Liou (2007): Rapid Prototyping, S. 23.

496 Vgl. Schuh (2012): Innovationsmanagement, S. 211.

497 Vgl. Schuh (2012): Innovationsmanagement, S. 218; Kalweit et al. (2012): Technisches Produktdesign, S. 464.

498 Vgl. Warfel (2009): Prototyping Guide, S: 15.

- Erarbeitung von Produktionskonzepten durch Cardboard Engineering
- Erarbeitung von Produktfeatures durch Hardware Engineering[499]
- Durchführung von Ergonomiestudien[500]
- Eingrenzen von möglichen Parametern
- Feinjustierung von Details[501]
- Lebenszyklusorientierte Kostenprognosen
- Reduktion von Defiziten bei der Generierung und Verarbeitung kostenrelevanter Informationen[502]
- Kosten- und Erlösplanung[503]
- Nutzung als Referenzmodelle in der Fertigungseinrichtungserstellung, z.B. als Urform oder Prozessmuster[504]
- Auslegung der Fertigung für die spätere Serienproduktion[505]
- Produktionsoptimierung[506]

Es wird deutlich, dass die Informationsgenerierung für die Produktionsplanung als Unteraufgabe des Lernens sowie die Entwicklung von Produktionskonzepten auf einer technologischen Ebene nur nebensächlicher Teil bestehender Ansätze zur Prototypennutzung in der Literatur ist. Lediglich SCHUH und GEUER benennen die Möglichkeit der Auslegung der Fertigung für die spätere Serienproduktion, gehen jedoch im Detail nicht konkret auf diesen Ansatz ein.[507]

3.3.4 Beschreibung von Planungsansätzen

Die Planung und der Einsatz von Prototypen im Produktentstehungsprozess erfolgen in der industriellen Praxis oftmals unsystematisch und ohne explizites Ziel.[508] Aufgrund der Engpasscharakteristik des Prototypenbaus in der Produktentwicklung muss der Prototypenplanung jedoch eine erhöhte Aufmerksamkeit zukommen.[509] Für eine zielgerichtete Planung eines effektiven und effizienten Prototypenbaus ist zudem eine konkrete Zieldefinition maßgeblich wichtig.[510]

Der Literatur sind verschiedene Ansätze zur Planung des Prototypeneinsatzes im Produktentstehungsprozess zu entnehmen, welche unterschiedliche Schwerpunkte setzen. Diese werden nachfolgend beschrieben. ANKARBRANTH UND MARTENSON definieren einen siebenstufigen Prototypenprozess, welcher durch eine grobe und feine Planung auf Basis einer positiven Entscheidung zum Bau eines Prototyps initiiert wird. Darauf aufbauend wird der Prototyp entwickelt, gebaut und genutzt, bevor das

[499] Vgl. Kampker et al. (2017): Think Big, Start Small, S. 21ff.
[500] Vgl. ebd.; Schuh (2012): Innovationsmanagement, S. 218; Kalweit et al. (2012): Technisches Produktdesign, S. 464.
[501] Vgl. Liou (2007): Rapid Prototyping, S. 23.
[502] Vgl. Bertsche et al. (2007): Entwicklung innovativer Produkte, S. 185.
[503] Vgl. Cassack (2006): Prototypgestützte Kosten- und Erlösplanung, S. 41.
[504] Vgl. Geuer (1996): Rapid Prototyping in der Produktentwicklung, S. 14.
[505] Vgl. Schuh (2012): Innovationsmanagement, S. 217; Geuer (1996): Rapid Prototyping in der Produktentwicklung, S. 71.
[506] Vgl. Schuh (2012): Innovationsmanagement, S. 218; Kalweit et al. (2012): Technisches Produktdesign, S. 464.
[507] Vgl. Schuh (2012): Innovationsmanagement, S. 217; Geuer (1996): Rapid Prototyping in der Produktentwicklung, S. 71.
[508] Vgl. Gartzen et al. (2016): Target-oriented Prototyping, S. 21; Bastiaens et al. (2010): Efficient use of Prototyping, S. 515.
[509] Vgl. Liou (2007): Rapid Prototyping, S. 7.
[510] Vgl. ebd., S. 19.

Projekt dokumentiert und abgeschlossen wird.[511] Zudem stellen die genannten Autoren Richtlinien für einen verbesserten, effizienzorientierten Prototypeneinsatz auf, welche auf den Grundsätzen Kostensenkung, gesteigerter Prozessqualität, Fokussierung und kontinuierlicher Verbesserung durch Erfahrung beruhen.[512] Des Weiteren gehen die Autoren auf Gestaltungsgrundsätze für einen erfolgreichen Prototypenbau ein, welche auf der einen Seite eine möglichst hohe Standardisierung, jedoch wo nötig auch eine detaillierte und akkurate parametrische Planung des Prototypen fordert.[513] LIOU beschreibt einen neunstufigen Planungsprozess, welcher zum Ziel hat, Fragen für den Entwicklungsprozess zu beantworten, das Prototypendesign zu verbessern, unnötigen Prototypeneinsatz zu verhindern und Erfahrungen aus dem Prototypenbau in die Produktentwicklung zu transferieren. Nach einer Überprüfung des Prototypenziels und der Definition von zentralen Fragen an einen Prototyp wird dieser definiert und entwickelt, eine experimentelle Versuchsplanung aufgestellt und der Prototypenbau operativ geplant. Anschließend wird der Prototyp gebaut und genutzt.[514] Der Autor beschreibt darüber hinaus einen vierstufigen Entwicklungsprozess für Prototypen, welcher durch Projektmanagement unterstützt wird. Nach einer anforderungsgerechten Prototypenkonzeption wird der Prototyp konfiguriert, parametrisiert und detailliert ausgeplant. Das notwendige Projektmanagement, um den Prototypenbau und die Prototypennutzung zudem umzusetzen, basiert auf etablierten Projektmanagementstandards und umfasst die Bereiche Projektplanung, Ressourcenzuordnung, Projektkontrolle, Projektadministration, Projektabschluss sowie Risikomanagement.[515] Zudem stellt der Autor die konkrete Forderung nach einer Zieldefinition für den Prototypeneinsatz auf[516] und benennt als Orientierungshilfe konkrete Erfahrungen und Gefahrenstellen im Prototypeneinsatz.[517] ULRICH UND EPPINGER definieren zudem ebenfalls einen vierstufigen Planungsprozess für den Einsatz von Prototypen. Dieser umfasst nach der Definition des Prototypenzwecks eine Planung des Annäherungsgrades des Prototyps an das finale Produkt. Daraufhin wird ein Experimenteplan entwickelt und ein Zeitplan für die einzelnen notwendigen Aktivitäten erstellt.[518] Abbildung 3-11 fasst die beschriebenen Planungsansätze in einem generischen Prozess zusammen.

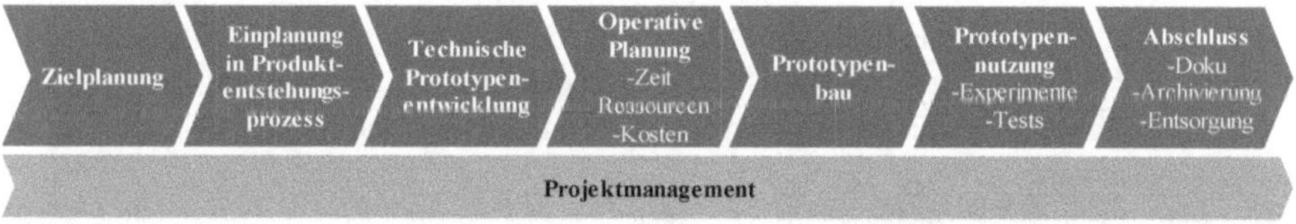

Abbildung 3-11: Zusammengefasster Planungsansatz des Prototypeneinsatz im PEP[519]

Neben den prozessualen Planungsansätzen existieren in der Literatur des Weiteren noch einige Ansätze, welche lediglich Teilaspekte des Prototypenplanungsprozesses adressieren. CANUTO DA SILVA zeigt hierzu einen Auswahlprozess zur **Festlegung zwischen virtuellen und physischen Prototypen**

---

[511] Vgl. Ankarbranth und Martenson (2013): Prototypes in Product Development, S. 55.
[512] Vgl. ebd., S. 26.
[513] Vgl. ebd., S. 27f.
[514] Vgl. Liou (2007): Rapid Prototyping, S. 417f.
[515] Vgl. ebd., S. 24ff.
[516] Vgl. ebd., S. 14.
[517] Vgl. ebd., S. 23.
[518] Vgl. Ulrich und Eppinger (2016): Product design and development, S. 303ff.
[519] Eigene Abbildung in Anlehnung an die in Kapitel 3.3.4 ausgewiesenen Quellen.

auf, welcher auf einem Abgleich der Fähigkeiten der jeweiligen Prototypenarten mit den Anwendungsanforderungen basiert.[520] SALWA ISA beschränkt sich zudem auf die Beschreibung eines **Auswahlprozesses geeigneter Prototypenarten entlang des Produktreifegrades** im Produktentstehungsprozess.[521] WESTKÄMPER beschreibt die Planung von Prototypen aus Sicht der Qualitätsplanung und fokussiert die **Festlegung notwendiger Qualitätsmerkmale** in einem Prototypen sowie die Zuordnung einzelner Merkmale zu bestimmten aufzubauenden Prototypen.[522] CLAUSEN UND WEBER beschreiben zudem die Funktionalität und den Einsatz eines **softwaregestützten Planungswerkzeuges**, welches die Zeit- und Kapazitätsplanung sowie die inhaltliche Planung einzelner Prototypen für deren Nutzung übernimmt.[523] Hierbei unterstreichen die Autoren explizit, dass eine Software den multikriteriellen Planungsprozess lediglich unterstützen kann, die maßgeblichen Entscheidungen jedoch lediglich von Experten getroffen werden können.[524] GARTZEN ET AL. beschreiben einen Ansatz zur Nutzung von Prototypen in agilen Entwicklungsprozessen, welcher auf der sequentiellen Senkung von Unsicherheiten in den Dimensionen Produkttechnologie, Prozesstechnologie und Marktunsicherheit beruht. Der Aufwand des Prototypenbaus wird in der Planung berücksichtigt.[525]

Es wird deutlich, dass sich kein Planungsansatz für Prototypennutzung im Produktentstehungsprozess auf eine initiale Identifikation notwendiger Informationen stützt oder diese Informationen wertorientiert in eine flexible Prototypenbauplanung einfließen lässt. Die Ansätze beschränken sich auf konsekutive Planungsvorgehen, in denen lediglich initial gestellte Anforderungen eingeplant werden.

3.3.5 Zusammenfassende Bewertung

Zur Evaluation der möglichen Existenz eines offensichtlichen Lösungsbeitrags für den in Kapitel 2.5 beschriebenen Handlungsbedarf aus der Praxis wurde der in Kapitel 3.1 hergeleitete Suchraum der Prototypenphase auf der Basis einer extensiven Literaturstudie der einschlägigen Standardliteratur untersucht. Dafür wurde der theoretische Bereich der Prototypenphase in die Bestandteile Produktmodellraum, Prozesstechnologieraum, Aufgabenspektrum und Planungsansätze gegliedert. Im Produktmodellraum wird deutlich, dass die meisten Klassifikationen vornehmlich die Gestalt oder den Reifegrad eines Prototyps in den Mittelpunkt stellen. Eine Klassifizierung hinsichtlich des Nutzens von Hardwareprototypen, speziell für die Informationsgenerierung in der Produktionsplanung, besteht nicht. Der Prozesstechnologieraum eröffnet die Möglichkeit, Informationen über Serienproduktionen bereits in Prototypenphasen zu generieren. Jedoch fehlt es auch hier an konkreten Ansätzen zur Konzeption oder zur Nutzung der Prototypenphase. Das Aufgabenspektrum von Prototypenphasen konzentriert sich auf die Validierung von Entwicklungsständen, die Einbeziehung von Stakeholdern im Produktentwicklungsprozess oder die Informationsgenerierung für die Produktentwicklung. Die Nennung der Möglichkeit, Informationen für eine Serienproduktionsplanung in Prototypenphasen zu generieren, ist lediglich nebensächlicher Teil der Literatur. Zuletzt fehlt es an Planungsansätzen, welche die wertorientierte Informationsplanung im Prototypenbau in den Mittelpunkt planerischer Zielgrößen stellen.

---

[520] Vgl. Canuto da Silva und Kaminski (2015): Virtual and physical prototypes, S. 11.
[521] Vgl. Salwa Isa (2014): Classifying physical models and prototypes, S. 6.
[522] Vgl. Westkämper et al. (1996): Qualitätsmanagement im Rapid Prototyping, S. 617.
[523] Vgl. Clausen und Weber (2006): Prototypenplanung, S. 741.
[524] Vgl. ebd., S. 744.
[525] Vgl. Gartzen et al. (2016): Target-oriented Prototyping, S. 22f.

3.4 Organisationales Lernen und Wissen in der Produktionsplanung

Die Generierung und das Management (Aufbereitung, Nutzung, Speicherung, Bereitstellung etc.) von Informationen, Wissen oder Kompetenz ist der Kern und Befähiger erfolgreicher Produktentstehungsprozesse[526] und somit umfangreicher Bestandteil der Literatur aus den Bereichen Sozial-, Betriebswirtschafts- und Ingenieurswissenschaft. Hierbei fehlt es jedoch an einer klaren terminologischen Abgrenzung und eindeutig etablierten Definition der einzelnen Begriffe und Konzepte.[527] Das nachfolgende Kapitel analysiert daher die Generierung und das Management der unter den drei Begriffen zusammengefassten Konstrukte Informationen, Wissen und Kompetenz aus der Sicht der Produktionsplanung und darauf anwendbarer theoretischer Ansätze in der bestehenden Literatur. Zudem wird die Existenz relevanter Lösungsbeiträge für den in Kapitel 2.5 dargelegten Handlungsbedarf aus der industriellen Praxis überprüft. In Kapitel 2.3.3 ist bereits eine allgemeine Einführung in den Informationsbegriff erfolgt, welcher als Grundlage der Befriedigung eines speziellen Bedürfnisses nach Wissen dient.[528] Wissen baut auf diesen Informationen auf und bezeichnet sämtliche Kenntnisse und Fähigkeiten, welche Individuen oder Organisationen zur Problemlösung einsetzen können.[529] Kompetenz bezeichnet wiederum darauf aufbauend die Anwendungsfähigkeit von Wissen und bedarf daher oftmals noch einer subjektiven Sichtweise auf das Wissen.[530] Hierbei fokussiert die Arbeit insbesondere den Aufbau und das Management von explizitem technologischem Spezial- und Fachwissen als deklaratives (was) und prozedurales (wie) Wissen auf Basis von Informationen im Sinne des organisationalen Lernens.[531] Kompetenzseitig fokussiert die Arbeit den Aufbau von Sachkompetenz (Kenntnisse und Fähigkeiten über Art und Typik von Wissensbereichen) sowie Systemkompetenz (Kenntnisse und Fähigkeiten über Zusammenwirken von Einzelnem und gesamter Einheiten).[532] Organisationales Lernen beschreibt die Veränderung einer organisationalen Wissensbasis durch die Schaffung kollektiver Bezugsrahmen und die Erhöhung der Problem- und Handlungskompetenz.[533] Es ist grundsätzlich notwendig die Unsicherheit von

[526] Vgl. Scheer (1993): Handbuch Informationsmanagement, S. 237; Ehrlenspiel et al. (2014): Kostengünstig Entwickeln und Konstruieren, S. 16.

[527] Vgl. Bellmann (2002): Kompetenz-Management, S. 294, WITTMANN definiert zudem Information als zweckorientiertes, dem Handeln zugrundeliegendes Wissen; Wittmann (1959): Unvollkommene Information, S. 14; in Kapitel 4, Kapitel 5 und Kapitel 6 wird somit ausschließlich der Begriff Information als kumulierendes Synonym verwendet.

[528] Vgl. Bibliographisches Institut (2015): Duden.

[529] Vgl. Probst et al. (2012): Wissen managen, S. 23.

[530] Vgl. Jacobsen (2000): Intelligenz von Unternehmen, S. 33ff; die subjektive Sichtweise auf das Wissen wird in der Literatur als Meinung bezeichnet; vgl. ebd.

[531] Vgl. Voß und Gutenschwager (2001): Information management, S. 317; BERGMANN UND DAUB definieren zudem die folgenden für ein Unternehmen relevanten Wissensarten: personales Wissen, Wissen über Produkte, Technologien und Produktionsprozesse, Handlungs- und Prozesswissen, Projektwissen, Steuerungs- und Führungswissen, Expertenwissen, Milieuwissen; vgl. Bergmann und Daub (2008): Innovations- und Kompetenzmanagement, S. 82; im Sinne dieser Gliederung fokussiert die Arbeit insbesondere Wissen über Produktionsprozesse; KEUPER differenziert häufig verwendete Wissensarten wie folgt: kodiertes Wissen, verborgenes Wissen, verinnerlichtes Wissen, konzeptionelles Wissen, sozial konstruiertes Wissen, Ereigniswissen, Prozesswissen, kulturelles Wissen; vgl. Keuper (2009): Wissens- und Informationsmanagement, S. 12f; dieser subjektiv-humanzentrierten Perspektive auf Wissen bedient sich diese Arbeit nicht.

[532] Vgl. Bergmann und Daub (2008): Innovations- und Kompetenzmanagement, S. 76f; zu den genannten Kompetenzen definieren BERGMANN UND DAUB noch die Kompetenzfelder Selbstkompetenz, Sozialkompetenz, Schnittmengenkompetenz, Methodenkompetenz, Medienkompetenz, Kulturkompetenz, Wertekompetenz und Durchsetzungskompetenz; vgl. ebd.

[533] Vgl. Probst et al. (2012): Wissen managen, S. 23; insbesondere beschäftigt sich die Arbeit nicht mit dem humanzentrierten Prozess des persönlichen Wissensaufbaus, welcher ebenfalls unter den genannten Stichworten

Entscheidungen für diese zu senken, um unter anderem bei neuen Produktentwicklungen die Produktionsplanung zu ermöglichen.[534]

3.4.1 Bestehende Ansätze der Informationsgenerierung und des Wissens- und Kompetenzaufbaus

Die Generierung von Informationen, Wissen und Kompetenzen ist die notwendige Voraussetzung für betriebliche Innovationen[535] sowie für Einzigartigkeit und Wettbewerbsfähigkeit von Unternehmen.[536] Nachfolgend werden etablierte Ansätze der theoretischen wissenschaftlichen Literatur aus den Bereichen Informationsgenerierung sowie Wissens- und Kompetenzaufbau erläutert und auf einen möglichen Lösungsbeitrag für den in Kapitel 2.5 dargelegten Handlungsbedarf aus der industriellen Praxis untersucht.

Rahmensystem für Simultane Produktentwicklung nach SCHEER

SCHEER definiert ein Rahmensystem, welches die Simultane Produktentwicklung durch EDV-Unterstützung mit Wissen versorgen soll. Dieses besteht aus einer Daten- und Wissensbank, einer Benutzerkomponente, einer Problemlösungskomponente sowie einer Daten- und Wissenserwerbskomponente. Die Erwerbskomponente stellt hierbei die zentrale Basis des Rahmensystems dar. Sie ist gegliedert in eine logische Ebene, welche die Konfigurierung des betriebs- und produktspezifischen Funktions- und Koordinationsmodells übernimmt und notwendige Wissensbasiselemente auswählt, in eine Werkzeugebene, welche die Schnittstelle zu einer Datenbank abbildet, sowie in eine Anwendungsebene, welche für einen automatischen oder interaktiven Wissenserwerb und die Pflege der Wissensbasis verantwortlich ist.[537]

Unternehmensintelligenz nach JACOBSEN

JACOBSEN fasst unter dem Begriff Unternehmensintelligenz die Fähigkeit eines Unternehmens, Kompetenzen aus dem Gesamtzusammenhang von Wissen, Meinung und Information abzuleiten.[538] Er fordert eine auf die Unternehmensintelligenz fokussierte Aufbau- und Ablaufstruktur und gestaltet diese in sechs Handlungsfelder: Kompetenzbildung, Kompetenzentfaltung, Verankerung der Kompetenzentwicklung, Ausrichtung auf Kompetenzentwicklung, Nutzung von IKT-Systemen zur Kompetenzentwicklung sowie eine klare Agenda für die Gestaltung aller Aspekte.[539] Als Möglichkeiten der Kompetenzbildung nennt er zurückschauende Erfahrungsanalyse, vorrausschauende Forschung, systematische Schwachstellenbeseitigung oder zufällige Einfälle. Grundsätzlich erfolgt die Kompetenzbildung auf Basis der Wahrnehmung eines Bedarfes durch Lernen und Anwendung. Die Wahrnehmung ist oftmals

---

beschrieben ist und u.a. von TEECE UND NONAKA mit dem Prozess der Sozialisierung, Externalisierung, Kombination und Internalisierung beschrieben wird, vgl. Teece und Nonaka (2001): Managing industrial knowledge, S. 16.

[534] Vgl. Schaaf (1999): Entwicklungsmanagement in der Automobilindustrie, S. 24.

[535] Vgl. Jacobsen (2000): Intelligenz von Unternehmen, S. 3ff.

[536] Vgl. Keuper (2009): Wissens- und Informationsmanagement, S. 294; aufgrund der fehlenden wissenschaftlich eindeutigen Definition sind der Literatur diverse Synonyme für die Generierung von Informationen, Wissen und Kompetenzen zu entnehmen; so bezeichnen u.a. die Ausdrücke Wissenserwerb, Wissensmodifikation, Unternehmensintelligenz, Wissensaufbau, Wissensakquisition, Kompetenzaufbau, Kompetenzbildung und weitere ein identisches semantisches Konstrukt im Sinne dieser Arbeit; vgl. u.a. Jacobsen (2000): Intelligenz von Unternehmen, S. 9; Scheer (1993): Handbuch Informationsmanagement, S. 242.

[537] Vgl. Scheer (1993): Handbuch Informationsmanagement, S. 243.

[538] Vgl. Jacobsen (2000): Intelligenz von Unternehmen, S. 29.

[539] Vgl. ebd., S. 43.

subjektiv geprägt. Das Lernen kann hierbei zum Beispiel durch Forschung und Entwicklung abgebildet werden.[540] Zudem besteht die Möglichkeit der Nutzung externer Quellen durch Beobachtung des Verhaltens anderer Unternehmen, der Kooperation sowie des Erwerbs externer Kompetenz und der Nutzung interner Quellen durch die gesamte Innenwelt eines Unternehmens. Hierzu sind Experimente und Simulationen denkbar.[541]

Wissensproduktionsprozess nach TEECE UND NONAKA

TEECE UND NONAKA definieren Vorgehensweisen, durch die Pfade des Wissenserwerbs in Unternehmen implementiert werden können. Diese befähigen ein Unternehmen zur Anpassung an geänderte Randbedingungen. Zum einen beschreiben die Autoren einen Prozess zur internen und externen Wissenssuche und bezeichnen die interne Suche nach bestehendem Wissen als die in der Regel kostengünstigere. Auf der Basis des gefundenen Wissens beschreiben die Autoren einen weiteren Prozess der Wissensassemblierung. Dieser dient dazu, das Wissen in die bestehende Wissensbasis des Unternehmens einzufügen und mit diesem zu kombinieren.[542] Als Strategien für die Suche und Assemblierung von Wissen nennen die Autoren vier Kategorien: tiefe Exploration (z.B. Forschung und Entwicklung), externe Akquisition (z.B. Netzwerke, Universitäten, externe Projekte), interne Suche (z.B. Wissensverbreitungsprojekte, interdisziplinäre Suche) und gezielte Auswahl (z.B. Partnerschaften zwischen verschiedenen Wissensdisziplinen).[543]

Wissensakquisition nach VOß

VOß beschreibt den Prozess der Wissensakquisition auf der Basis einer ausführlichen Wissensbedarfsanalyse, welche durch den Abgleich des objektiven und subjektiven Informationsbedarfs, der Informationsnachfrage und des Informationsangebots erfolgt. Durch eine Priorisierung, eine Ist-Analyse und einen iterativen Prozess aus Planung, Sammlung, Reflexion sowie Theoriebildung und einer Abschließenden Nutzung der Ergebnisse wird zudem der gesamte Prozess der Wissensakquisition definiert. Für die Erhebung des Informationsbedarfes nennt der Autor subjektive Verfahren (z.B. Befragungen), objektive Verfahren (analytische Ansätze) und gemischte Verfahren (Kombination subjektiver und objektiver Verfahren).[544]

Organisationales Lernsystem nach BERGMANN UND DAUB

BERGMANN UND DAUB beschreiben ein Corporate Learning System,[545] was den Transfer von individuellem impliziten Wissen zu kollektivem expliziten Wissen unterstützt. Es befähigt Unternehmen, Fähigkeiten für die Anpassung an neue Bedingungen zu entwickeln. Hierfür nennen die Autoren mit einer tiefen systematischen Verankerung des Lernens im Unternehmen eine Grundbedingung für ein organisationales Lernsystem. Der Kern des Beitrages liegt in der Beschreibung der Vorgehensweise zur Einführung eines entsprechenden Lernsystems. So muss das Lernen in einem ersten Schritt standardisiert werden. Daraufhin können Veränderungsinitiativen gestartet werden, welche das Lernen tief im Unternehmen verankern. Grundlegend für das Gelingen eines organisationalen Lernsystems ist jedoch

[540] Vgl. Jacobsen (2000): Intelligenz von Unternehmen, S. 45ff.
[541] Vgl. ebd., S. 57.
[542] Vgl. Teece und Nonaka (2001): Managing industrial knowledge, S. 187ff.
[543] Vgl. ebd., S. 196.
[544] Vgl. Voß und Gutenschwager (2001): Information management, S. 103ff.
[545] Engl.: Unternehmenslernsystem.

eine umfassende Planung und Koordination. In dieser soll das Lernen mit strategischen Initiativen verknüpft, Muster notwendiger Informationen identifiziert sowie Technologiefrüherkennung, Marketing und Controlling integriert werden.[546]

Wissensmanagement nach PROBST

Der Ansatz des Wissensmanagement nach PROBST fokussiert insbesondere den Bereich des Wissensaufbaus und wird daher an dieser Stelle und nicht in Kapitel 3.4.2 erläutert. Der Autor nennt Wissensidentifikation, Wissenserwerb, Wissensentwicklung, Wissensverteilung, Wissensnutzung und Wissensbewahrung als Kernprozesse des Wissensmanagements. Diese sind miteinander verknüpft und voneinander abhängig. Unter **Wissensidentifikation** werden Maßnahmen gefasst, um Transparenz über intern und extern vorhandenes Wissen eines Unternehmens zu schaffen und somit die Wissenssuche zu unterstützen. **Wissenserwerb** beinhaltet sämtliche Aktionen zur Importierung von Wissen. Als Beispiel nennt der Autor die Rekrutierung von Experten oder die Akquisition besonders innovativer Unternehmen. Die **Wissensentwicklung** ist zu diesem Baustein komplementär und befasst sich mit der Produktion neuer Fähigkeiten oder Produkte, besserer Ideen oder leistungsfähigerer Prozesse, welche intern nicht bestehen oder extern überhaupt nicht existieren. Hierfür müssen sämtliche Unternehmensfunktionen und Prozesse auf ihr Wissensgenerierungspotential hin untersucht werden. **Wissensverteilung** beschäftigt sich mit der Verbreitung bereits vorhandenen Wissens innerhalb des Unternehmens. **Wissensnutzung** stellt die Nutzung von wertvollen Fähigkeiten und Wissensbeständen sicher und **Wissensbewahrung** selektiert, speichert und aktualisiert diese. Durch die Identifikation und Definition von **Wissenszielen** kann der Prozess des Lernens zudem an der Unternehmensstrategie ausgerichtet werden. Diese fokussiert sowohl normatives (Schaffung einer wissensbewussten Unternehmenskultur) als auch strategisches (organisationales Kernwissen) und operatives (Umsetzung des Wissensmanagements) Wissen. In der **Wissensbewertung** wird zudem zum einen die Qualität des Wissens überprüft. Zum anderen wird die Wirksamkeit von Maßnahmen des Wissensmanagements überprüft.[547] Abbildung 3-12 fasst den Ansatz des Wissensmanagements nach Probst übersichtlich zusammen.

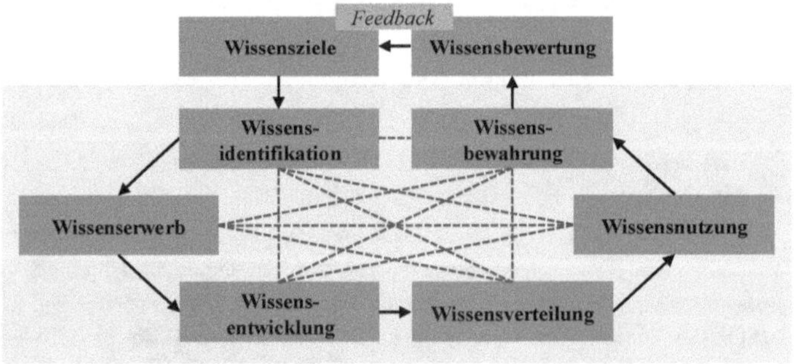

Abbildung 3-12: Bausteine des Wissensmanagements nach PROBST[548]

546 Vgl. Bergmann und Daub (2008): Innovations- und Kompetenzmanagement, S. 246.
547 Vgl. Probst et al. (2012): Wissen managen, S. 30ff.
548 Vgl. ebd.

3.4.2 Bestehende Ansätze des Informations-, Wissens- und Kompetenzmanagements

Die simultane Produktentwicklung erfordert die Integration und Koordination von Wissen und Daten.[549] Dazu werden in industriellen Entwicklungsprozessen Informations-, Wissens- oder Kompetenzmanagementaktivitäten eingesetzt. **Informationsmanagement** bezeichnet sämtliche Aktivitäten zur Identifikation, Generierung, Speicherung, Verwaltung und Verbreitung von expliziten Informationen.[550] Dadurch soll die Wettbewerbsfähigkeit durch höhere Produktivität und Wirtschaftlichkeit erreicht werden, indem die Informationsgeschwindigkeit erhöht und die Informationsflut beseitigt beziehungsweise geordnet wird. Zudem sollen die Werte von Informationen herausgestellt werden.[551] **Wissensmanagement** erweitert das Informationsmanagement um implizites, personenbezogenes Wissen und umfasst die Generierung, Distribution und Allokation von Wissen einer Organisation, dessen Wissensbasis sich aus individuellen und kollektiven Wissensbeständen zusammensetzt.[552] Ziel des Wissensmanagements ist es, gesuchtes und notwendiges Wissen zu finden und die Wissensbasis einer Organisation transparent und zugänglich zu machen.[553] Organisationales Lernen als Teil des Wissensmanagements dient zudem dazu, die organisationale Wissensbasis zu erweitern und somit die Problemlösungs- und Handlungskompetenz zu steigern.[554] Derart generiertes Wissen ist wiederum explizierbar und kann im Sinne des Informationsmanagements verfügbar gemacht werden.[555] Auch das Wissensmanagement dient der systematischeren Verarbeitung der Ressource Wissen zur Steigerung der Wettbewerbsfähigkeit in Unternehmen.[556] **Kompetenzmanagement** wiederum erweitert das Wissensmanagement um Metakompetenzen wie Selektionsfähigkeit, Lernfähigkeit, Innovationsfähigkeit und Kombinationsfähigkeit und legt somit die Basis für die Intelligenz eines Unternehmens.[557] Es integriert somit das Wissens- und das Innovationsmanagement.[558] Auch dies soll Wettbewerbsvorteile generieren, indem Kernkompetenzen entwickelt werden.[559] Nachfolgend werden etablierte Ansätze der theoretischen wissenschaftlichen Literatur aus den Bereichen Informations-, Wissens- und Kompetenzmanagement[560] erläutert und auf einen möglichen Lösungsbeitrag für den in Kapitel 2.5 dargelegten Handlungsbedarf aus der industriellen Praxis untersucht.

---

549 Vgl. Bergmann und Daub (2008): Innovations- und Kompetenzmanagement, S. 244.

550 Vgl. Keuper (2009): Wissens- und Informationsmanagement, S. 496; Schönsleben (2001): Integrales Informationsmanagement, S. 34f; ebenfalls unter dem Begriff Informationsmanagement finden sich in der Literatur Ansätze zur Integration von IT-Werkzeugen in Organisationen und Entwicklungsprozessen; diese Begriffsdefinition macht sich die vorliegende Arbeit nicht zu Eigen und geht nicht weiter darauf ein.

551 Vgl. Fickenscher et al. (1990): Zielorientiertes Informationsmanagement, S. 14.

552 Vgl. Voß und Gutenschwager (2001): Information management, S. 317; Keuper (2009): Wissens- und Informationsmanagement, S. 22f; Bellmann (2002): Kompetenz-Management, S. 304.

553 Vgl. Bergmann und Daub (2008): Innovations- und Kompetenzmanagement, S. 244; Keuper (2009): Wissens- und Informationsmanagement, S. 496.

554 Vgl. Voß und Gutenschwager (2001): Information management, S. 317.

555 Vgl. Keuper (2009): Wissens- und Informationsmanagement, S. 496.

556 Vgl. Krcmar (2015): Informationsmanagement, S. 660.

557 Vgl. Bellmann (2002): Kompetenz-Management, S. 301.

558 Vgl. Bergmann und Daub (2008): Innovations- und Kompetenzmanagement, S. 244.

559 Vgl. Bellmann (2002): Kompetenz-Management, S. 302; Kernkompetenzen zeichnen sich durch die Eigenschaften Kundennutzen, Imitationsschutz, Differenzierung und Diversifikation aus; vgl. ebd.

560 Der wissenschaftlichen Literatur zu entnehmende Begriffe wie Know How-Management oder Knowledge Based System (engl.: Wissensbasiertes System) bezeichnen ein identisches semantisches Konstrukt im Sinne dieser Arbeit; vgl. u.a. Jacobsen (2000): Intelligenz von Unternehmen, S. 67; Mayr et al. (2017): Integrated Product and Process Development of Electric Drives, S. 120.

Expertensystem nach Kurbel

Kurbel definiert als Expertensystem ein System, welches als Teil wissensbasierter Systeme im Kontext künstlicher Intelligenz Expertenwissen auf schwierige reale Probleme anwendbar ist. Das Expertensystem besteht aus Komponenten zur Wissensakquisition, Dialog, Problemlösung und Erklärung sowie einer Wissensbasis. Die Wissensakquisitionskomponente bringt neues Wissen in die Wissensbasis ein, verändert bestehendes Wissen oder entfernt obsoletes. Die Wissensbasis enthält somit domänenspezifisches Fachwissen über das Anwendungsgebiet. Die Problemlösungskomponente wiederum verarbeitet das bestehende Wissen zur Beantwortung an sie gestellter Fragen. Die Begründung des Ergebnisses erfolgt wiederum durch die Erklärungskomponente. Über die Dialogkomponente kann ein Benutzer mit dem System in Interaktion treten. Als Ansätze zur Wissensakquisition nennt der Autor die Möglichkeiten der indirekten Wissensakquisition (Extraktion des Wissens eines Experten durch einen Wissensingenieur), der direkten Wissensakquisition (Kommunikation des Wissens eines Experten an das Expertensystem) sowie der automatischen Wissensakquisition (Lernen durch Problemlösen).[561]

Informationsmanagement nach Fickenscher

Fickenscher definiert ein Informationsmodell mit den Komponenten Zielmodell, Informationslogistikmodell, Informationswertmodell, Funktionsmodell und Kommunikationsmodell. Das Zielmodell soll das Informationsmanagement mit den Unternehmenszielen in Einklang bringen. Das Informationslogistikmodell bildet Zusammenhänge im Unternehmen ab. Im Informationswertmodell sollen die Werte von Informationen in Relation zum Zielbezug dieser gemessen werden. Der Wert wird gesteigert, je mehr er sich am Zielsystem des Unternehmens orientiert und wird relativ zum Beitrag für die jeweiligen Ziele bewertet. Somit können Informationswerte untereinander und bezüglich des Lösungsbeitrages bewertet werden. Eine absolute monetäre Bewertung erfolgt nicht. Im Funktionsmodell und im Kommunikationsmodell werden zudem ebenfalls die Zusammenhänge der jeweiligen Bereiche dargestellt. Weiterhin stellt der Autor die Forderung nach einer informationsorientierten Unternehmensplanung auf, welche die Ziele und die Integration des Informationsmanagements definiert. Darüber hinaus muss in der Aufbauorganisation des Unternehmens ebendiese Funktion geschaffen und in der Ablauforganisation prozessual verankert werden.[562]

Parallele Gestaltung von Produkten und Fertigungsprozessen nach Penschke

Penschke definiert ein Konzept zum Schließen von Lücken im Informationsbedarf der Produktentwicklung aus verschiedenen Phasen des Produktlebenszyklus mit Informationstechnologien. Der Autor bezieht seinen Ansatz spezifisch auf die Verarbeitung von Feinblech. Das Konzept sieht die Module Wissensverarbeitung und -bereitstellung, Systemverwaltung, Schnittstelle sowie integriertes Produkt- und Prozessmodell vor, in dem Fakten- und Methodenwissen generiert und gespeichert wird. Gespeist werden soll dieses Modell durch Wissensakquisition aus einer Trainings- und Einsatzphase. In der Trainingsphase wird der Betrachtungsbereich ausführlich analysiert und Fertigungsfälle gebildet. Diese können im Rahmen der Einsatzphase über eine Regel- und Fallbasis bereitgestellt und in der Produkt- und Prozessdefinition sowie in der Fertigungs- und Qualitätsdatenerfassung verwendet werden. Auch aus

[561] Vgl. Kurbel (1989): Expertensysteme, S. 25ff.

[562] Vgl. Fickenscher et al. (1990): Zielorientiertes Informationsmanagement, S. 61ff.

dieser Phase können wiederum Fertigungsfälle anhand von Regeln in die Basis zurückgespielt werden.[563]

Informationssystem für die Entwicklung technologischer Kompetenz nach JACOBSEN

JACOBSEN beschreibt ein Informationssystem für die Entwicklung technologischer Kompetenz, welches sich an den Funktionen der Unternehmensintelligenz orientiert und in die zwei Bereiche Bildung und Entfaltung gegliedert ist. Der Bereich Bildung ist zudem gegliedert in die Teilsysteme technologische Frühaufklärung, Technologieerwerb und Einführung von Produkten und Produktionsverfahren. Der Bereich der Entfaltung besteht aus den Teilsystemen Transfer technologischer Kompetenz und Speicherung technologischer Kompetenz. Insbesondere im Zuge der technologischen Frühaufklärung werden interne und externe Aktivitäten beobachtet und systematisch Informationsbedarfe erhoben. Dies erfolgt durch Recherchen sowie den proaktiven Beitrag von Mitarbeitern aus Forschungs- und Entwicklungsabteilungen. Der Technologieerwerb fokussiert anschließend den Aufbau von Kompetenzen zu Produkten oder Produktionsprozessen. Zudem definiert der Autor eine Attributstabelle, welche die Dokumentation von Informationen oder Informationsbedarfen ermöglicht.[564]

Informations- und Wissensmanagement nach SCHÖNSLEBEN

SCHÖNSLEBEN beschreibt unabhängige Managementsysteme für Informationen und Wissen, welche jedoch gleichsam auf den Modulen Zielbestimmung, Identifikation, Akquisition, Verarbeitung, Übermittlung und Präsentation, Nutzung, Bewertung, Verbesserung und zentraler Speicherung aufbauen. Die Zielbestimmung legt das Ziel des Informations- oder Wissenseinsatzes fest, woraufhin die Information oder das Wissen im Zuge der Identifikation genau definiert werden soll. Diese können daraufhin durch die Akquisition in klar definierten Prozessen sowohl unternehmensintern als auch unternehmensextern beschafft werden und durch die Verarbeitung an das Unternehmen angepasst werden. Die Übermittlung ist für die Verteilung im Unternehmen verantwortlich und die Präsentation stellt eine grafische Aufbereitung dar. Die Nutzung stellt die eigentliche Absicht des Managements von Informationen und Wissen dar. Die Bewertung stellt Messkriterien auf und die Verbesserung stellt die Unternehmensentwicklung sicher. Die Speicherung ist zudem die zentrale Aufgabe des Informations- und Wissensmanagements und stellt die Verfügbarkeit über die Zeit sicher.[565]

Rapid Product Development-Informationsmanagement nach BERTSCHE

Bertsche definiert die Architektur einer Rapid Product Development-IT-Infrastruktur durch einen datenorientierten und einen anwendungsorientierten Bereich. Der datenorientierte Bereich fokussiert hierbei die Informationsbeschaffung und stellt durch ein aktives semantisches Netz und eine Datenbankstruktur Informationen zur Verfügung. Diese werden im anwendungsorientierten Bereich mit dem Fokus auf die Informationsaufbereitung über ein Portal bereitgestellt, welches über definierte Anwendungen sowie teaminterne Kommunikation gespeist wird. Der datenorientierte Bereich kann somit mit Informationen, welche entlang des Produktentstehungsprozesses entstehen, gefüllt werden.[566]

---

[563] Vgl. Penschke et al. (1996): Parallele Gestaltung von Produkten und Fertigungsprozessen, S. 51.
[564] Vgl. Jacobsen (2000): Intelligenz von Unternehmen, S. 210ff.
[565] Vgl. Schönsleben (2001): Integrales Informationsmanagement, S. 24ff.
[566] Vgl. Bertsche et al. (2007): Entwicklung innovativer Produkte, S. 206ff.

Lebenszyklusmodell der Informationswirtschaft nach KRCMAR

KRCMAR definiert ein Lebenszyklusmodell der Informationswirtschaft mit den fünf Managementbereichen Informationsressourcen, Informationsangebot, Informationsnachfrage, Informationsquellen und Informationsverwendung. Dieses ist über einen Managementprozess der Informationswirtschaft gedeckt. Ausgehend von einem Informationsbedarf eines Informationsnutzers wird ein Informationsbedarf erhoben und überprüft und eine Anforderung an zu prüfende Informationsquellen gerichtet. Diese werden nutzbar gemacht, als Informationsressource erschlossen und zu einem Informationsangebot entwickelt, welches abschließend verwendet werden kann. Auch KRCMAR beschreibt subjektive, objektive und gemischte Verfahren der Informationsbedarfsanalyse.[567]

Informationsversorgungskonzept für die Produktionsplanung nach LACHENMAIER

LACHENMAIER definiert ein Informationsversorgungskonzept mit dem die Informationsgüte, die Informationspräsentation und der Informationszugang für die Produktionsplanung sichergestellt werden soll. Das vom Autor entwickelte Business Intelligence-Konzept[568] soll den Aufwand der Informationsbeschaffung senken. Es besteht aus einem Quellsystem, welches Daten aus verschiedenen internen technischen und betriebswirtschaftlichen Systemen bezieht, sowie externen Quellen. Dies wird über ein Datenbereitstellungssystem einem Analyse- und Verteilungssystem zugeführt und kann über ein Business Intelligence-Portal domänenübergreifend eingesehen werden.[569]

Knowledge Based System nach KARNAVAS UND CHASIOTIS

KARNAVAS UND CHASIOTIS definieren ebenfalls ein wissensbasiertes System speziell für die Entwicklung und Produktionsplanung elektrischer Maschinen. Dies basiert auf den aufeinander aufbauenden und interdependenten Ebenen der Daten, Technologien, Algorithmen, Hintergründe, Lösungen und des sozialen, normativen und ökonomischen Kontexts. Auf der Datenebene sind insbesondere Materialeigenschaften über hart- und weichmagnetische sowie leitende und isolierende Materialien hinterlegt. Diese Ebene ist in der Lage zu wachsen und sich zu ändern. Auf der technologischen Ebene werden Maschinenspezifikationen, Designvariablen sowie elektrische, mechanische und magnetische Einschränkungen hinterlegt. Auf der algorithmischen Ebene sind Funktionen zur Antriebsberechnung und -auslegung hinterlegt, dessen Ergebnisse auf der Hintergrundebene evaluiert und auf der Lösungsebene bereitgestellt werden. Die abschließende Ebene bringt die Lösung mit Informationen und Randbedingungen aus der Sicht der Produktion, der Ökonomie und dem Markt in Einklang.[570]

Knowledge Based System nach MAYR

MAYR definiert ein wissensbasiertes System speziell für die Entwicklung und Produktion elektrischer Maschinen. Dies besteht im Kern aus einem Inferenzmechanismus,[571] welcher auf der einen Seite durch Wissensabruf und Modifizierung aus einer grafenbasierten Datenbank mit einem semantischen Netzwerk gespeist wird und das in dieser Datenbank hinterlegte Wissen erweitern kann. Auf der anderen Seite existiert eine Web-basierte Nutzerschnittstelle, durch die Wissen über Methoden, Produkte, Pro-

---

[567] Vgl. Krcmar (2015): Informationsmanagement, S. 119ff.
[568] Engl.: Unternehmensintelligenz.
[569] Vgl. Lachenmaier et al. (2015): Informationsversorgungskonzept für die Produktionsplanung, S. 11ff.
[570] Vgl. Karnavas und Chasiotis (2016): Simple Knowledge Base Software, S. 113ff.
[571] Etwa: Mechanismus für die Ableitung von Schlussfolgerungen.

zesse und Produktionsfaktoren ausgetauscht werden kann. Das wissensbasierte System soll die interdisziplinäre Produktentwicklung durch eine gemeinsame Wissensbasis sowie die Beherrschung der dem Themenkomplex zugrundeliegenden Komplexität unterstützen.[572]

Knowledge Based System nach RIVERA

Auch RIVERA definiert ein wissensbasiertes System für die Entwicklung elektrischer Maschinen. Das System basiert auf der Sammlung, Standardisierung und Modellierung von Wissen zur Integration in einen V-förmigen Produktentstehungsprozess (vgl. Kapitel 3.2.1.2). In dem wissensbasierten System werden das Erfahrungswissen und die Technologien des Entwicklungsprozesses, wie zum Beispiel das Anforderungsmanagement, die Produktentwicklung, das Lebenszyklusmanagement, die Simulation und multiphysikalische Tools zusammengefasst und bereitgestellt. Dies dient als Input in einen aus drei Makrozyklen bestehenden Entwicklungsprozess, in dem Konzept-, Komponenten- und industrielle Prototypen entstehen sollen. In dem ersten Schritt sollen Fertigungs- und Montageprozesse definiert werden ohne eine industrielle Produktion anzustreben. Nachdem im zweiten Schritt der Fokus auf dem Produktkonzept liegt, soll im dritten Zyklus zu der industriell fertigbaren Multidomänenauslegung der elektrischen Maschine der gesamte Satz an Anforderungen hinsichtlich Fertigungs- und Montageplänen spezifiziert sein. Der gesamte Prozess wird mit Wissen aus dem wissensbasierten System unterstützt. Entstehendes neues Wissen wird zudem zurückgespielt. Das System ist sowohl für etablierte große und kleine als auch für neue kleine Unternehmen geeignet.[573]

3.4.3 Zusammenfassende Bewertung

Zur Evaluation der möglichen Existenz eines offensichtlichen Lösungsbeitrags für den in Kapitel 2.5 beschriebenen Handlungsbedarf aus der Praxis wurde der in Kapitel 3.1 hergeleitete Suchraum des Informations-, Wissens- und Kompetenzaufbaus auf der Basis einer extensiven Literaturstudie der einschlägigen Standardliteratur hin untersucht. Analog zu Kapitel 3.2.3 wurden bezugnehmend auf die inhaltlichen Anforderungen an eine Lösung, welche in Kapitel 4.3.1 hergeleitet werden, die in Kapitel 3.4.1 und 3.4.2 beschriebenen Ansätze zur Generierung und zum Management von Informationen, Wissen und Kompetenzen analysiert. Die Untersuchungskategorien können wie folgt beschrieben werden:

- **Fokus der Generierung/ des Managements:** Die beschriebenen Ansätze fokussieren die semantischen Konstrukte Informationen, Wissen oder Kompetenzen
- **Produktionsplanung:** Der Aspekt Produktionsplanung ist zentraler theoretischer Bestandteil der Literatur
- **Generierung von Informationen, Wissen, Kompetenzen:** Der Aspekt der Informations-, Wissens- oder Kompetenzgenerierung ist zentraler theoretischer Bestandteil der Literatur
- **Planung der Generierung:** Die prospektive Planung oder Strukturierung der Informationsgenerierung ist ein theoretischer Bestandteil der Literatur
- **Identifikation von Bedarfen:** Die Unterstützung der Bedarfsermittlung von Informationen, Wissen oder Kompetenzen ist theoretischer Bestandteil der Literatur
- **Effizienzorientierung:** Effizienzorientierte Ansätze zur Generierung/ Nutzung sind theoretischer Bestandteil der Literatur

[572] Vgl. Mayr et al. (2017): Integrated Product and Process Development of Electric Drives, S. 125.
[573] Vgl. Rivera et al. (2017): Electrical machine design process, S. 3.

- **Einsatz von Prototypen:** Ansätze zur Nutzung von Prototypen für Generierung sind theoretischer Bestandteil der Literatur

Die Ergebnisse der Literaturstudie sind in Abbildung 3-13 zusammenfassend dargestellt.

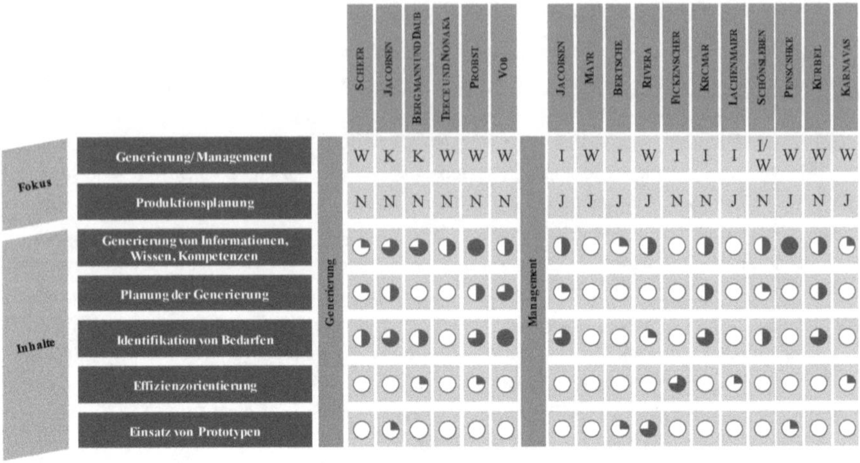

Abbildung 3-13: Ergebnisse der Literaturstudie zu Generierung und zum Management von Informationen, Wissen und Kompetenzen[574]

Es wird deutlich, dass ein Defizit in der bestehenden Theorie zur Gestaltung von Informations-, Wissens- und Kompetenzgenerierung sowie deren Management hinsichtlich einer effizienzorientierten Planung existiert. Der geringe Fokus der Theorie auf die systematische und technologisch orientierte konkrete Identifikation von Bedarfen und auf den Einsatz von Prototypen zur Informationsgenerierung verdeutlicht das dem Promotionsvorhaben zugrundeliegende Theoriedefizit zusätzlich.

3.5 Effizienz in Produktentstehungsprozessen

Der Begriff *Effizienz* kann auf der Basis des Begriffes *Effektivität* definiert werden.[575] Im unternehmerischen Kontext beschreibt dieser eine richtige Handlung zur Zielerreichung im Sinne einer vorgegebenen Unternehmensstrategie. Die Phrase ‚die richtigen Dinge tun' als Zusammenfassung effektiver Handlung bezieht sich somit insbesondere auf den Einsatz zielführender Werkzeuge zur Bearbeitung

[574] Bewertungsschema:
1: Ist zentraler Teil der Theorie
3/4: Wird vom Autor ausführlich beschrieben oder gefordert
1/2: Wird vom Autor ansatzweise beschrieben oder als optional empfohlen
1/4: Wird vom Autor erwähnt
0: Wird vom Autor nicht erwähnt
I: Information, W: Wissen, K: Kompetenz
J: Ja; N: Nein

[575] Eine ähnliche Abhandlung hat der Autor bereits in der Arbeit „Effizienzsteigerung im Innovationsprozess von automobilen KMUs – Methodische Analyse des Return on Engineering-Ansatzes" verfasst, welche bei der Fakultät für Wirtschaftswissenschaften der RWTH Aachen im Jahr 2015 zur Erlangung des Abschlusses *Master of Science* eingereicht wurde.

einer Aufgabe. Effizienz ist darauf aufbauend als der Grad der Zielerreichung innerhalb eines vorgegebenen Zielsystems definiert und kann mit der Phrase ‚die Dinge richtig tun' zusammengefasst werden. Durch effiziente Handlungen können erfolgsrelevante (effektive) Ziele mit einem hohen Wirkungsgrad (effizient) erreicht werden. Somit werden bei effizienten Handlungen die richtigen Werkzeuge bestmöglich eingesetzt.[576] Besonders in der Entwicklung disruptiver Technologien rückt eine effiziente Produktentwicklung in den Fokus, um die geringen Margen in dieser Produktkategorie nicht noch weiter aufzuzehren.[577] Dies liegt zum einen in einer für disruptive Technologien grundsätzlich minderwertigen Mindestanforderungserfüllung begründet.[578] Zum anderen sind in frühen Phasen der Entwicklung neuer Produkte marktweit nur geringe Fortschritte bei gleichzeitig hohem Ressourceneinsatz zu verzeichnen.[579] Des Weiteren haben im Speziellen bestehende Lösungen für elektrische Maschinen am Markt im Verhältnis zur Kundenakzeptanz einen zu hohen Kosten- und zu geringen Wertbeitrag.[580] Zusammenfassend können Effektivität und Effizienz in Produktentstehungsprozessen somit als wesentliche Voraussetzungen für eine erfolgreiche Entwicklung und Markteinführung von Produkten beschrieben werden.[581] Im Kontext dieser Arbeit kommt daher einem effektiven und effizienten Einsatz von Prototypen im Produktentstehungsprozess erhöhte Aufmerksam zu, da dieser kosten- und zeitintensiv ist und ein gesteigerter Einsatz somit zunächst kontraintuitiv erscheint (vgl. Kapitel 2.5).[582]

Effiziente Produktentstehungsprozesse zeichnen sich durch eine optimale Ressourcenallokation aus und sind folglich im Verhältnis zum Entwicklungsergebnis kostenoptimal. Dies wird insbesondere bei Betrachtung der diskontierten Zahlungsströme eines Produktlebenszyklus deutlich, wie er in Abbildung 3-14 dargestellt ist. Sämtliche finanzielle Aufwendungen, welche durch die zwischen den Zeitpunkten t_0 und t_1 aufgespannte Fläche repräsentiert werden, stehen den Mittelrückflüssen zwischen den Zeitpunkten t_1 und t_2 entgegen. Als Optimierungsstoßrichtung gilt hierbei die Minimierung der ersten Fläche.

---

[576] Vgl. Werner (2002): Leistung im Innovationsprozess, S. 38; Scheer (1993): Handbuch Informationsmanagement, S. 275.
[577] Vgl. Govindarajan und Kopalle (2006): Disruptiveness of Innovations, S. 192.
[578] Vgl. Danneels (2004): Disruptive Technology Reconsidered, S. 247.
[579] Vgl. Christensen (2016): The innovator's dilemma, S. 27.
[580] Vgl. Danneels (2004): Disruptive Technology Reconsidered, S. 247.
[581] Vgl. Cooper (2002): Produktentwicklung, S. 15; im Gleichklang mit Effektivität und Effizienz nennen diverse Autoren des Weiteren die Flexibilität als ebenbürtigen Befähiger und Erfolgsfaktor für Produktentstehungsprozesse; vgl. Scheer (1993): Handbuch Informationsmanagement, S. 275; Eversheim et al. (1995): Simultaneous Engineering, S. 46.
[582] Vgl. Isa et al. (2015): The value of prototypes, S. 1.

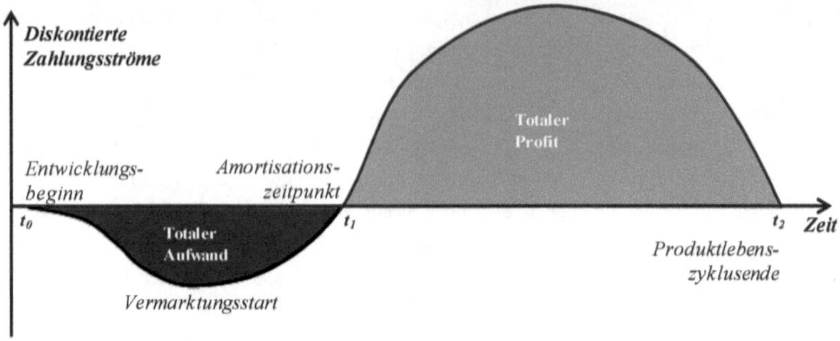

Abbildung 3-14: Diskontierte Zahlungsströme in einem Produktlebenszyklus (schematisch)[583]

Die Quantifizierung der Effizienz als messbare Kennzahl kann jedoch aufgrund des Einflusses des Vermarktungserfolges, welcher nicht nur mit einem effizienten Entwicklungsprozess zu steigern ist, nicht auf Basis eines Quotienten zwischen der zweiten und der ersten Fläche erfolgen. Daher kann lediglich der Quotient aus innovativen und schwer quantifizierbaren Outputgrößen beziehungsweise Entwicklungsergebnissen und (monetären, sachlichen oder temporalen) Inputgrößen als qualitative Bewertungskennzahl wie folgt herangezogen werden, wie Abbildung 3-15 zeigt:

$$\boldsymbol{Effizienzquotient} = \frac{\boldsymbol{Output}}{\boldsymbol{Input}} = \frac{\sum y_i}{\sum x_i}$$

y_i: Innovative Outputgrößen
x_i: Inputgrößen des Entwicklungsprojektes

Abbildung 3-15: Quotient zur Messung der Effizienz im Produktentstehungsprozess[584]

Die Beeinflussung dieses Quotienten zur Steigerung der Effizienz des Produktentstehungsprozesses dient der Erzielung eines möglichst großen Effektes mit definierten eingesetzten Ressourcen.[585] Dies kann durch die Senkung von Kosten (z.B. geringere Entwicklungskosten als Inputfaktor, geringere Produktionskosten als Outputfaktor), die Steigerung der erzielten Produktqualität (z.B. besseres Entwicklungsergebnis) oder die Verkürzung der eingesetzten Zeit (z.B. geringere Time-to-market, kürzere Entwicklungszeit, kürzere Ressourcenbindung) erfolgen.[586] Den Effekt dieser Beeinflussung auf die diskontierten Zahlungsströme wird in Abbildung 3-16 dargestellt.

---

[583] Eigene Abbildung in Anlehnung an Corre und Mischke (2005): Innovation Game, S. 1; Steinmetz (1993): Strategie der Integrierten Produktentwicklung, S. 54.
[584] Vgl. Proff et al. (2014): Radikale Innovationen in der Mobilität, S. 28.
[585] Vgl. Wagner et al. (2010): Low-Cost-Innovationen, S. 12.
[586] Vgl. Pleschak und Sabisch (1996): Management von Innovationen, S. 9; Ehrlenspiel et al. (2014): Kostengünstig Entwickeln und Konstruieren, S. 25; Ullman (2010): Mechanical design process, S. 3; Scheer (1993): Handbuch Informationsmanagement, S. 224.

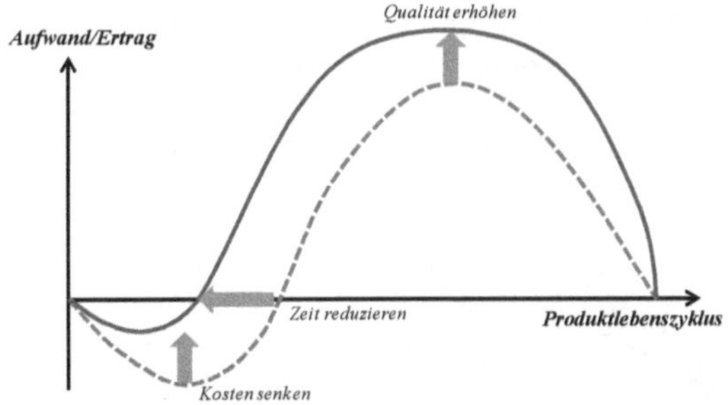

Abbildung 3-16: Beeinflussung der Effizienz im Produktentstehungsprozess[587]

Ein dominierender Ansatz in der Literatur zur Steigerung der Effizienz von Produktentstehungsprozessen ist die Vermeidung von Verschwendung.[588] Dies erfolgt durch Weglassen von Blind- und Fehlleistung. Die vorliegende Arbeit konzentriert sich jedoch durch den effizienzorientierten Einsatz von Prototypen auf die Effizienzsteigerung durch noch effektivere Wirkleistung und die Nutzbarmachung von Stützleistung. Dies folgt der Forderung VAJNAS nach angemessenen Unterstützungsmaßnahmen zur Bereitstellung geeigneter Informationen in den richtigen Formaten, Umfängen und der richtigen Güte zur richtigen Zeit am richtigen Ort als charakterisierendes Merkmal effizienter Produktentwicklung.[589] Der Wertbeitrag der verschiedenen Prozessarten ist in Abbildung 3-17 dargestellt.

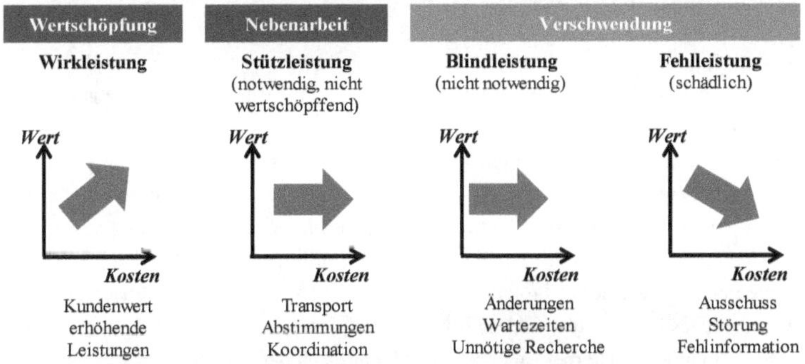

Abbildung 3-17: Wertschöpfungsbeitrag in der Produktentwicklung[590]

Abbildung 3-18 macht zudem deutlich, dass der Fokus effizienter Produktentwicklung aufgrund der hohen Bedeutung früher Projektabschnitte auf den frühen Phasen des Produktentstehungsprozesses liegen muss.[591] So werden ein Großteil der Produkteigenschaften zu Beginn der Produktplanung und -

[587] Vgl. Kampker und Deutskens (2015): Return on Engineering, S. 3.
[588] Vgl. u.a. Schuh (2013): Lean Innovation, S. 141; Thom (1976): Effizienz betrieblicher Innovationsprozesse, S. 79; Eversheim et al. (1995): Simultaneous Engineering, S. 49; Ehrlenspiel et al. (2014): Kostengünstig Entwickeln und Konstruieren, S. 11; Vajna (2014): Integrated Design Engineering, S. 362ff.
[589] Vgl. Vajna (2014): Integrated Design Engineering, S. 362ff.
[590] Vgl. Schuh (2013): Lean Innovation, S. 144.
[591] Vgl. Ehrlenspiel et al. (2014): Kostengünstig Entwickeln und Konstruieren, S. 14.

entwicklung festgelegt, während die Änderungs- und Gestaltungsmöglichkeiten sinken.[592] Parallel dazu wird ein Großteil der Produktkosten zu Beginn der Produktplanung und -entwicklung durch das Produktdesign festgelegt.[593] Gleichzeitig sinkt die Möglichkeit zur Kostenbeeinflussung, während Änderungskosten deutlich ansteigen. Falsche Entscheidungen in der Produkt- und Prozessentwicklung durch fehlende oder minderwertige Informationen können somit schnell zu übermäßigen Effizienzverlusten führen (vgl. Kapitel 3.2.2).

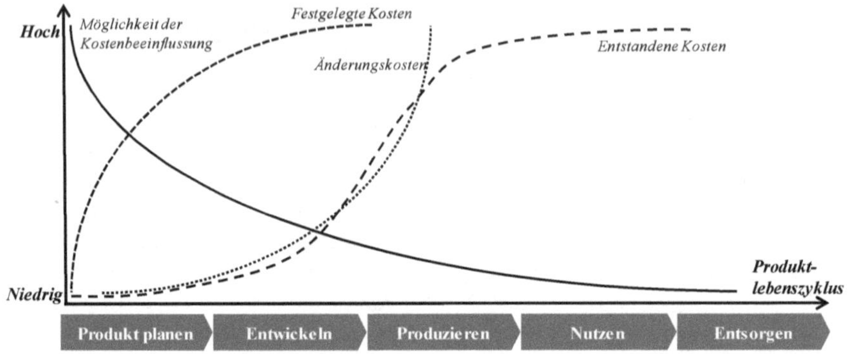

Abbildung 3-18: Kostenfestlegung, -entstehung und -beeinflussung sowie Änderungskosten im Produktentstehungsprozess[594]

Mit dem Zielbild eines effizienten Produktentstehungsprozesses wird der Fokus auf das organisationale Lernen in den frühen Phasen gelenkt. KAMPKER ET AL. fordern dafür die Parallelisierung von Innovations- und Lernprozessen.[595] PISANO schärft diese Forderung mit der Aussage, dass Lernprozesse vor der konkreten Produkt- und Prozessentwicklung stattfinden müssen.[596] Informationen hieraus stellen einen zentralen und integralen Bestandteil der Entwicklung dar,[597] aus denen wiederum anwendungsbezogenes Wissen generiert werden muss.[598] Die Notwendigkeit hierzu ergibt sich insbesondere für disruptive Produkte und Neuentwicklungen in Unternehmen. Konfligiert wird das organisationale Lernen hierbei durch fehlendes und erst mit Projektfortschritt steigendes Wissen über die Herausforderungen der Produkt- und Prozessentwicklung, sodass sowohl antizipierter als auch aufkommender Wissensbedarf Teil dessen sein muss.[599] Hierbei ist entscheidend, dass sich der Wissensaufbau explizit nicht nur

---

592 Vgl. Schaaf (1999): Entwicklungsmanagement in der Automobilindustrie, S. 42.

593 Vgl. Dombrowski (2015): Lean Development, S. 1.

594 Eigene Abbildung in Anlehnung an Ehrlenspiel et al. (2014): Kostengünstig Entwickeln und Konstruieren, S. 13; Schuh (2012): Innovationsmanagement, S. 233; Schaaf (1999): Entwicklungsmanagement in der Automobilindustrie, S. 79; Sabisch (1991): Produktinnovationen, S. 131; Cohen (2015): Prototype to product, S. 3; Krottmaier (1995): Leitfaden Simultaneous Engineering, S. 7; Eversheim et al. (1995): Simultaneous Engineering, S. 13f; Ullman (2010): Mechanical design process, S. 4f; Geuer (1996): Rapid Prototyping in der Produktentwicklung, S. 12.

595 Vgl. Kampker et al. (2017): Think Big, Start Small, S. 107.

596 Vgl. Pisano (1997): Development factory, S. 35ff; siehe auch Loch und Terwiesch (2000): Concurrent Engineering, S. 281.

597 Vgl. Keuper (2009): Wissens- und Informationsmanagement, S. 7.

598 Vgl. ebd., S. 14.

599 Vgl. Ullman (2010): Mechanical design process, S. 19; Loch und Terwiesch (2000): Concurrent Engineering, S. 269.

auf die Produktentwicklung sondern auch auf die Prozessentwicklung beziehen muss, da ohne Wissen über Letzteres nicht kostengünstig entwickelt werden kann.[600] Abbildung 3-19 stellt die notwendigen Lernprozesse für antizipierten sowie entwicklungsparallel aufkommenden Wissensbedarf dar.

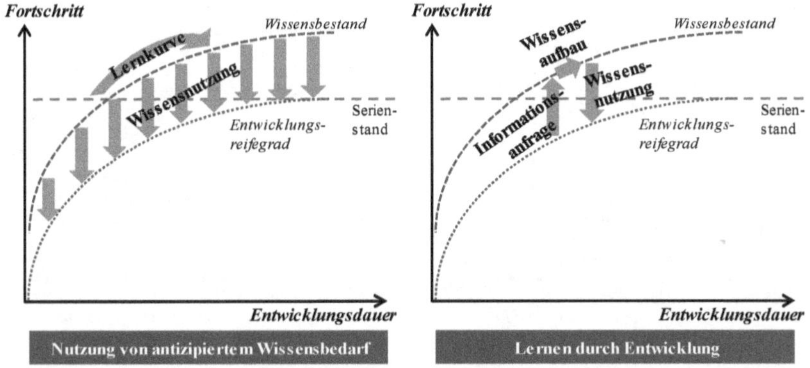

Abbildung 3-19: Lernen als Voraussetzung des Produktentwicklungsprozesses

Somit kann der Fokus zur Messung des Fortschritts und Erfolges eines Produktentstehungsprozesses nicht mehr nur auf dem erreichten Reifegrad des Produktmodells liegen. Das Wissen sowie der Wissensfortschritt mit seinem eigenen Wert sowie dem hohen Einfluss auf den erfolgreichen Verlauf des Produktentstehungsprozesses muss als zentrale Ziel- und Erfolgskenngröße berücksichtigt werden. Effizienz und Geschwindigkeit im Wissensaufbau sind somit entscheidende Erfolgsfaktoren im Produktentstehungsprozess.

3.6 Handlungsbedarf aus der wissenschaftlichen Theorie

In Kapitel 2.5 wurde gezeigt, dass eine informationsbedarfs- und informationswertorientierte, zeit- und reifegradseitig flexible Planung von Prototypen und Prototypenphasen für eine Effizienzsteigerung im Produktionsplanungsprozess für elektrische Maschinen in der Elektromobilität notwendig ist. Anhand des in Kapitel 3.1 antizipierten Suchfeldes für mögliche bestehende Lösungen oder lösungsunterstützende Elemente aus der wissenschaftlichen Theorie wurden die Bereiche Produkt- und Prozessentwicklung, Prototypeneinsatz und organisationales Lernen hinsichtlich eines Lösungsbeitrages zum Handlungsbedarf aus der industriellen Praxis untersucht. Es konnte herausgearbeitet werden, dass in der Theorie keine Methodik existiert, welche den praktischen Handlungsbedarf aufgreift. Den Ansätzen der Produkt- und Prozessentwicklung (vgl. Kapitel 3.2) fehlt der Fokus des Wissensaufbaus und der Prototypen generell. Die Theorie der Prototypen (vgl. Kapitel 3.3) fokussiert wiederum primär den Einsatz als Validierungswerkzeug in Produktentstehungsprozessen. Der theoretische Bereich des organisationalen Lernens (vgl. Kapitel 3.4) kennt zudem den Prototypenbau ebenfalls nicht als Informationsquelle. Abbildung 3-20 zeigt, dass selbst auch identifizierte, dem Handlungsbedarf nahekommende Ansätze das Informationsgenerierungspotential eines Prototypenbaus in Bezug auf die Produktionsplanung mindern.

[600] Vgl. Ehrlenspiel et al. (2014): Kostengünstig Entwickeln und Konstruieren, S. 222; Vajna (2014): Integrated Design Engineering, S. 311f.

		Informationsseitige Flexibilität	
		Planungsinduziert starr	*Informationsorientiert dynamisch*
Prototypenkonstitution	*zeitlich*	**Sequentielle Produktentwicklungsprozesse** Durch einen fehlenden Reifegrad zum festgelegten Zeitpunkt des Prototypenaufbaus wird die Informationsbereitstellung verzögert	**Individuelle Phasenmodelle** Durch die Individualität von Produktentstehungsprozessen können deterministische Phasenmodelle auch bei individueller Vorplanung aufkommenden Informationsbedarfen nicht effizienzorientiert gerecht werden
	reifegradorientiert	**Agile Produktentwicklungsprozesse** Durch einen fixen Informationszusammenhang und einen zu geringen Reifegrad zum festgelegten Reifegrad des Prototypenbaus wird die Informationsbereitstellung verzögert	**Minimum viable prototype** Zur Validierung von Kundenwünschen möglichst schlanke Prototypen stehen Informationsgenerierungspotential entgegen **Inkrementeller Prototyp** Durch stetig weiterentwickelte Prototypen verliert der Prototypenaufbau einen möglichen Bezug zu Serienproduktionsprozessen

Abbildung 3-20: Hemmnisse des Informationsgenerierungspotentials durch Prototypen[601]

Es wird deutlich, dass durch die zeitliche oder reifegradorientierte Prototypenkonstitution bei fehlender informationsorientierter Flexibilität durch planungsinduzierte Starrheit Effizienz durch zeitliche Verzögerung der Informationsgenerierung verloren geht. Selbst eine informationsorientierte Dynamik bei gleichzeitig zeitlicher Prototypenkonstitution, zum Beispiel durch individuelle Phasenmodelle, scheitert an der Individualität jeweiliger Produktentstehungsprozesse. Bei informationsorientierter Dynamik und einer reifegradorientierten Prototypenkonstitution stehen die existierenden Konzepte von inkrementellen oder schlanken Prototypen aufgrund ihrer Art dem Informationsgenerierungspotential entgegen.

Aufgrund fehlender Lösungsbeiträge aus der wissenschaftlichen Theorie zur Nutzung des Prototypenbaus zur Informationsgenerierung für die Produktionsplanung bedarf es einer anwendungsbezogen individuell entwickelten Methodik, um den gesteigerten Informationsbedarf in der Produktionsplanung für Elektromotoren für die elektromobile Traktion zu decken.

[601] Eigene Abbildung in Anlehnung an Kampker et al. (2016): Prototypen im agilen Entwicklungsmanagement, S. 72; Schmidt und Paetzold (2016): Agilität in der Entwicklung physischer Produkte, S. 259; Goll und Hommel (2015): Mit Scrum zum gewünschten System, S. 53ff.

4 *Konzeption:* Methodik zur informationsorientierten Prototypenplanung in der Produktionsplanung

Ausgehend von dem in Kapitel 2 beschriebenen Praxisdefizit im Betrachtungsbereich Produktionsplanung für Elektromotoren sowie dem in Kapitel 3 aufgezeigten Theoriedefizit erfolgt nach dem gewählten explorativen Forschungsansatz nach ULRICH in diesem Kapitel die Konzeption einer Methodik zur informationsorientierten Prototypenplanung in der Produktionsplanung. Das Praxisdefizit besteht in einem gesteigerten und ungedeckten Informationsbedarf sowie einer fehlenden Ausnutzung des Informationsgenerierungspotentials von Prototypenphasen in der Produktionsplanung für elektrische Traktionsmotoren in der Elektromobilität. Das Theoriedefizit entsteht durch das Fehlen theoretischer Ansätze zur strukturierten Ausnutzung des Potentials im Bereich Produktentwicklungsvorgehen, Prototypen, Informationsmanagement und Kompetenzaufbau. Dafür wird in Kapitel 4.1 zunächst eine methodische Grundlagenbetrachtung durchgeführt, woraufhin in Kapitel 4.3 inhaltliche und formale Anforderungen an die Methodik aufgestellt werden. Ausgehend von der forschungsleitenden Ausgangshypothese der Effizienzsteigerung im Produktentstehungsprozess durch experimentelle Produktionsplanung in Kapitel 4.2 wird in Kapitel 4.4 eine Methodik entwickelt und ihre Teilmodelle beschrieben, mit der die bestehende Theorielücke geschlossen und das Praxisdefizit somit überwunden wird. Nach einem Zwischenfazit in Kapitel 4.5 wird die Methodik dann in Kapitel 5 ausdetailliert.

4.1 Methodische Grundlagenbetrachtung

Die vorliegende Forschungsarbeit fokussiert die Entwicklung einer Methodik zur informationswertorientierten Prototypenplanung in der Produktionsplanung. Grundlegend hierfür werden nachfolgend der Begriff Methodik definiert und die Bestandteile dieser dargestellt. Zudem werden der modelltheoretische und der systemtechnische Ansatz erläutert, welche für eine Methodikkonzeption herangezogen werden können.[602]

4.1.1 Definition und Bestandteile einer Methodik

Der Begriff **Methodik** bezeichnet eine festgelegte Art des Vorgehens.[603] Sie kann als ein zusammenfassendes System verknüpfter Modelle, Methoden und Hilfsmittel definiert werden und dient der Lösung theoretischer oder praktischer Probleme und Aufgabenstellungen.[604] **Modelle** werden hierbei genutzt, um Ausschnitte und Aspekte der Realität abzubilden, indem sie ein hinreichen genaues Abbild von Systemen oder Prozessen schaffen. Sie konzentrieren sich durch Abstraktion auf problemrelevante Merkmale (vgl. hierzu Kapitel 4.1.2). **Methoden** sind planmäßige Vorgehen oder Vorgehensprinzipien, welche auf einem Regelsystem aufbauen um wissenschaftliche oder praktische Ergebnisse und Erkennt-

[602] Vgl. Bruns (1991): Ingenieurwissenschaftliche Methodik: Systemtechnik, S. 2ff; Patzak (1982): Grundlagen der Systemtechnik, S. 14; ähnliche Abhandlungen finden sich unter anderem in Nee (2014): Wertschöpfungsnetzwerke in der Elektromotorenproduktion; Heimes (2014): Auswahl von Fertigungsressourcen; Maue (2015): Gestaltung des Produktionsanlaufs.
[603] Vgl. Bibliographisches Institut (2015): Duden.
[604] Vgl. Laufenberg (1996): Methodik zur integrierten Projektgestaltung, S. 7.

nisse erzielen sollen. Sie können unter anderem heuristischer oder analytischer Natur sein. Zur Unterstützung der Anwendung und Verknüpfung von Modellen und Methoden werden **Hilfsmittel** eingesetzt.[605] Abbildung 4-1 stellt die Zusammenhänge der Bestandteile einer Methodik nachfolgend dar.

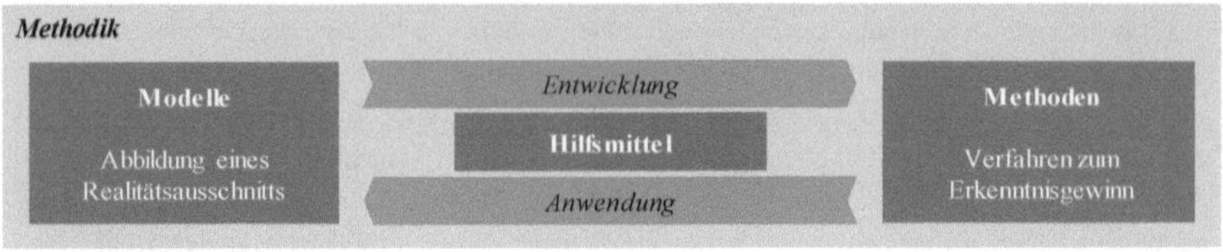

Abbildung 4-1: Bestandteile einer Methodik[606]

Zudem wird eine Methodik durch eine **Aufbau-** und eine **Ablaufstruktur** charakterisiert. Während die Aufbaustruktur als statisches Gefüge von Ordnungsrelationen einen Systeminhalt nach sachlichen Zusammenhängen der in einem System enthaltenen Komponenten gliedert, stellt die Ablaufstruktur den die Systemfunktion als zeitlich logische Anordnung ebendieser Komponenten dar.[607]

4.1.2 Grundlagen der Modellierung

Für die Abbildung der komplexen Interdependenzen in der Produktionsplanung kann die Modelltheorie verwendet werden. Als Modell kann hierbei ein konstruiertes Abbild der Wirklichkeit definiert werden, welches durch die Grundlage einer Struktur-, Funktions- oder Verhaltensanalogie zu einem entsprechenden Original eines Subjektes entwickelt und eingesetzt wird. Es dient der Lösung einer bestimmten Aufgabe, welche mittels direkter Operationen am Original zunächst oder überhaupt nicht möglich bzw. unter gegebenen Voraussetzungen zu aufwendig oder nicht zweckmäßig ist.[608] Ein Modell ist abstrakt, vereinfachend und widerspruchsfrei sowie zielbezogen.[609] Der inhärente Zielkonflikt der Modellerstellung besteht hierbei zwischen dem Aufwand zur Erstellung des Modells sowie dem Wunsch nach maximaler Abbildungstreue der Realität.[610] STACHOWIAK legt drei Hauptmerkmale des allgemeinen Modellbegriffs fest:

- **Abbildungsmerkmal:** Modelle können als Abbildungen oder Repräsentationen natürlicher sowie künstlicher Originale, welche selbst wieder Modelle sein können, beschrieben werden. Sie können natürlich entstanden, technisch hergestellt oder sonst wie gegeben sein, in jeder Dimension oder Abbildungsart repräsentiert sein und natürlich oder maschinell perzipiert werden.
- **Verkürzungsmerkmal:** Modelle erfassen nicht alle Attribute des durch sie repräsentierten Originals sondern fokussieren die der Modellerschaffenden oder Modellbenutzenden relevant erscheinenden Merkmale. Für eine optimale Nutzung eines Modells ist somit die Kenntnis über sämtliche Attribute und Eigenschaften des Originals und des Modells vonnöten, welche in der Regel nur den Modellerschaffenden gegeben ist.

---

605 Vgl. Heyn (1999): Methodik zur Entwicklungskooperation.
606 Eigene Abbildung nach Laufenberg (1996): Methodik zur integrierten Projektgestaltung, S. 7.
607 Vgl. Patzak (1982): Grundlagen der Systemtechnik, S. 40.
608 Vgl. Daengelmaier (2017): Methoden der Produktion, S. 2.
609 Vgl. Baetge (1974): Betriebswirtschaftliche Systemtheorie, S. 47.
610 Vgl. Patzak (1982): Grundlagen der Systemtechnik, S. 315; Baetge (1974): Betriebswirtschaftliche Systemtheorie, S. 57.

- **Pragmatisches Merkmal:** Die Zuordnung eines Modells zu seinem Original erfolgt nicht per se eindeutig, sondern wird oftmals in Bezug auf bestimmte Subjekte, Zeitintervalle oder Operationen vorgenommen.[611]

Ein Modell kann subjektiv oder objektiv erstellt werden. Nach einer Abgrenzung des realen Systems erfolgt die inhaltliche Bestimmung der Modellvariablen und -parameter. Daraufhin werden analytisch oder versuchsweise funktionale Relationen zwischen den Variablen erzeugt und das Modell auf die prognostische Relevanz getestet.[612] Daraufhin kann das Modell für die Lösungsfindung eingangs definierter Fragestellungen verwendet werden. Abbildung 4-2 stellt die Phasen des Problemlösungsprozesses durch Modellbildung nachfolgend dar.

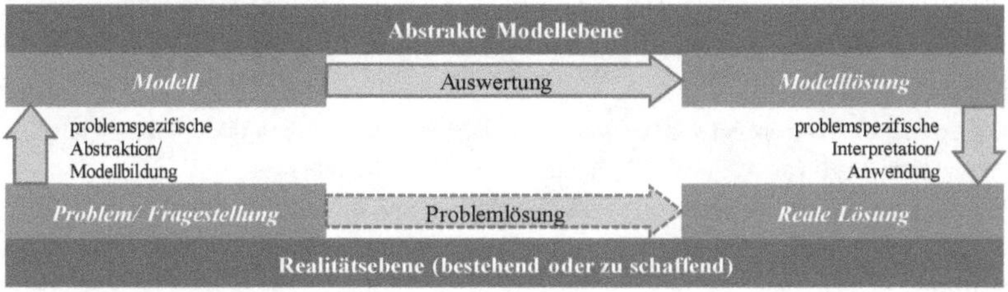

Abbildung 4-2: Problemlösung durch Modellierung[613]

In der Literatur sind verschiedene Modellarten zu finden. **Beschreibungsmodelle** haben deskriptiven Charakter und bilden vorgefundene Zustände ab. **Erklärungsmodelle** haben explikativen Charakter und replizieren das Auftreten bestimmter Systemzustände durch abgebildete Wirkzusammenhänge. **Vorhersagemodelle** haben prognostischen Charakter und lassen Vorhersagen zukünftiger Systemzustände zu. **Entscheidungsmodelle** haben preskriptiv-normativen Charakter und dienen der Bestimmung und Festlegung von Handlungsalternativen. Aufgrund der im Regelfall fehlenden Modelle für spezielle reale Probleme in der Literatur ist die Aufgabe des Prototypenbauers, geeignete strukturähnliche Modelle zu identifizieren und diese zu adaptieren, zu ergänzen und zu vervollständigen.[614]

4.1.3 Grundlagen der Systemtechnik

Als System wird ein Komplex bezeichnet, in dem Elemente durch Abhängigkeit und Verbindung eine Struktur bilden, welche Außenbeziehungen instrumentalisiert und bestrebt ist, diese in einen neuen, befriedigenden Zustand zu überführen.[615] Die Systemtheorie ist die Wissenschaft der Systeme.[616] Systemanalysen müssen auf der Basis einer systematischen Vorgehensweise erfolgen.[617] Die Systemtechnik[618] als Teil der Systemtheorie fokussiert hierbei die Untersuchung und Entwicklung von Systemen als sinnvoll gegliederte reale Organisationsformen mit technischen, wirtschaftlichen und humanen Komponenten. Sie hat als interdisziplinäre Wissenschaft zum Ziel, für technische, soziale und natürliche

---

611 Vgl. Stachowiak (2013): Allgemeine Modellltheorie, S. 131ff.
612 Vgl. Baetge (1974): Betriebswirtschaftliche Systemtheorie, S. 49.
613 Eigene Abbildung nach Vajna et al. (2009): CAx für Ingenieure, S. 100.
614 Vgl. Patzak (1982): Grundlagen der Systemtechnik, S. 313ff.
615 Vgl. Luhmann und Baecker (2009): Einführung in die Systemtheorie, S. 23.
616 Vgl. Luhmann (2017): Systemtheorie, S. 1ff.
617 Vgl. Haberfellner (2015): Systems Engineering, S. 19ff.
618 Auch: Systems Engineering, engl.: Systementwicklung.

Systeme eine gültige formale Theorie bereitzustellen und beschäftigt sich mit der Struktur, den Verknüpfungen und dem Verhalten derer. Hierbei können Systeme als eine korrelierende Elementenmenge definiert werden, welche zu einem gemeinsamen Zweck wechselwirken.[619] Die Systemtechnik als Methodik hilft insbesondere für die Lösung komplexer Probleme bei der Existenz vieler denkbarer Lösungen sowie keinem klar vorgezeichneten Lösungsweg.[620] Somit kann sie zur Lösungsfindung in der Methodikkonzeption dieser Arbeit angewendet werden und schafft eine Grundlage für die Lösung des Praxis- und Theoriedefizits.[621] Bestandteile der Systemtechnik sind das Systemdenken und das Vorgehensmodell. Das **Systemdenken** ist eine Denkweise zum besseren Verständnis und zur Gestaltung komplexer Erscheinungen. Sie beinhaltet zur Lösungsstrukturierung Begriffe zur Beschreibung komplexer Zusammenhänge, modellhafte Ansätze zur Veranschaulichung realer komplexer Erscheinungen ohne unzulässige Vereinfachungen sowie Ansätze zur Unterstützung des gesamtheitlichen Denkens.[622] Dem **Vorgehensmodell** liegen vier Grundprinzipien zugrunde:

- Die Lösungsfindung erfolgt vom Ganzen zum Teil, also **vom Groben ins Detail**, um unwichtigen Aspekten nicht zu viel Aufmerksamkeit zukommen lassen zu müssen.
- Für die **Variantenbildung** erfolgt eine Identifikation und Strukturierung möglicher Lösungsansätze, aus der durch schrittweise Variantenreduzierung eine geeignete Lösungsalternative herausgearbeitet werden kann.
- Durch eine **Phasengliederung** wird der Lösungsweg inhaltlich und zeitlich in überschaubare Schritte geteilt.
- Der problemneutrale, arbeitslogische und ergebnisorientierte **Problemlösungsprozess** ist in die Teilschritte Identifikation der Problemstellung, Definition der Ziel- und Lösungssuche sowie Lösungsauswahl unterteilt.[623]

Die in Kapitel 4.1.2 vorgestellte Modelltheorie sowie die Systemtechnik werden dazu genutzt, das Praxis- und Theoriedefizit zu lösen und eine Methodik zur Nutzung von Prototypen zur Informationsgewinnung durch informationswertorientierte Planung von Prototypenphasen zu entwickeln. Die Modelltheorie dient hierbei der Überführung des Praxisproblems in ein Formalproblem. Darauf aufbauend strukturiert die Systemtechnik den Problemlösungsprozess zur Ableitung eines anforderungsgerechten Vorgehensmodells.

4.2 Ausgangshypothese der Effizienzsteigerung im Produktentstehungsprozess durch experimentelle Produktionsplanung

Bezugnehmend auf die in Kapitel 1.5 aufgestellte Forschungsfrage wird nachfolgend die Ausgangshypothese zur Effizienzsteigerung im Produktentstehungsprozess durch experimentelle Produktionsplanung postuliert, auf dessen Basis Anforderungen an eine Methodik aufgestellt werden (vgl. Kapitel 4.3) und diese daraufhin konzipiert (vgl. Kapitel 4.4) und detailliert (vgl. Kapitel 5) wird. Diese Hypothese wird daraufhin durch die Anwendung und Validierung der Methodik verifiziert beziehungsweise falsifiziert (vgl. Kapitel 6).

---

619 Vgl. Patzak (1982): Grundlagen der Systemtechnik, S. 13ff.
620 Vgl. Haberfellner (2015): Systems Engineering, S. 19ff.
621 Vgl. Bruns (1991): Ingenieurwissenschaftliche Methodik: Systemtechnik, S. 1.
622 Vgl. Haberfellner et al. (1997): Systems Engineering Methodik, S. 4.
623 Vgl. Patzak (1982): Grundlagen der Systemtechnik, S. 125f; Haberfellner et al. (1997): Systems Engineering Methodik, S. 29ff.

Bereits in Kapitel 2 wurde dargelegt, dass der Produktionsplanung für elektrische Traktionsmotoren in der Elektromobilität ein gesteigerter Informationsbedarf inhärent ist (vgl. Kapitel 2.1.6 sowie Kapitel 2.2.4), welcher in der industriellen Realität aktuell weder umfassend noch ausreichend gedeckt ist (vgl. Kapitel 2.3.4). Gleichzeitig wurde gezeigt, dass der Prototypenbau ein hohes Informationsgenerierungspotential aufweist (vgl. Kapitel 2.3.5), welches weder systematisch noch zielgerichtet utilisiert oder genutzt wird (vgl. Kapitel 2.4.8). In Kapitel 3.6 konnte zudem aufgezeigt werden, dass es in der wissenschaftlichen Theorie der Themenfelder Innovationsprozesse, Prototypen sowie Informationsmanagement und Kompetenzaufbau keine Ansätze gibt, durch die dieses Praxisdefizit aufgehoben werden kann. Die Ausgangshypothese kann somit in einen anwendungsbezogen-praktischen und einen theoretisch-methodischen Teil differenziert werden. Der anwendungsbezogen-praktische Teil kann wie folgt formuliert werden:

Die zielgerichtete Gestaltung und Nutzung von Prototypenphasen bereits in frühen Phasen des Produktentstehungsprozesses elektrischer Traktionsmotoren für die Elektromobilität kann die Informationsgenerierung befähigen. Wenn diese bezogen auf den gesamten Produktentstehungsprozess effizienzorientiert geplant und durchgeführt wird, kann diese Informationsbereitstellung für die Produktionsplanung befähigend und insgesamt effizienzsteigernd sein.

Diese Hypothese wird durch LIOU unterstützt, welcher Prototypen vornehmlich die Fähigkeit zuspricht, neues Wissen zu generieren und aussagt, dass die Demonstration bereits bekannter Tatsachen kein konstituierender Grund für einen Prototypenaufbau sein soll.[624] WHEELWRIGHT UND CLARK erweitern diese Aussage und sprechen Prototypen hervorragende Fähigkeiten zur Wissenserweiterung in Unternehmen zu.[625] CASSACK beschreibt zudem, dass Prototypen dazu beitragen können, Entscheidungen unter Ungewissheit in Entscheidungen unter Risiko umzuwandeln.[626] Stern fügt zudem hinzu, dass experimentelle Erkenntnisgewinnung insbesondere für disruptive Technologien einträchtig ist.[627] So kann der zu entwickelnde Ansatz insbesondere als erfolgreich bewertet werden, wenn ebendieses Risiko mitigiert beziehungsweise durch ausreichende Informationen vollständig aufgehoben wird. ISA zeigt darüber hinaus, dass Prototypen insbesondere in frühen Phasen des Produktentstehungsprozesses ein hohes Informationsgenerierungspotential entfalten.[628]

Der theoretisch-methodische Teil der Ausgangshypothese kann wie folgt formuliert werden:

Für die Nutzbarmachung sowie Gestaltbarkeit von Prototypenphasen zur Informationsgenerierung für die Produktionsplanung kann eine strukturierte Methodik entwickelt werden, welche Informationsbedarfe systematisch und iterativ identifiziert und die Generierung dieser Informationswertorientiert in den Produktentstehungsprozess einplant, um Effizienzvorteile zu erreichen.

Die Hypothese stützt sich auf GARTZEN, welcher eine Methodik zur strukturierten Senkung von Unsicherheiten im Produktentstehungsprozess durch Prototypen vorschlägt.[629] Die Neuartigkeit der ausge-

[624] Vgl. Liou (2007): Rapid Prototyping, S. 417.
[625] Vgl. Wheelwright und Clark (2011): Revolutionizing product development, S. 138ff; Ankarbranth und Martenson (2013): Prototypes in Product Development, S. 48; Bowen et al. (1994): Successful product and process development, S. 19.
[626] Vgl. Cassack (2006): Prototypgestützte Kosten- und Erlösplanung, S. 84.
[627] Vgl. Stern (2010): Erfolgreiches Innovationsmanagement, S. 256.
[628] Vgl. Isa et al. (2015): The value of prototypes, S. 7.
[629] Vgl. Gartzen et al. (2016): Target-oriented Prototyping, S. 22.

hend von den Hypothesen zu entwickelnden Methodik besteht in der strukturierten Exploration des notwendigen Informationsbedarfes sowie der informationswertorientierten Planung von Prototypenphasen zur Durchführung einer experimentellen Produktionsplanung.

Übergreifend lassen sich die beiden Teilhypothesen aus dem von KAMPKER geforderten Hardware Engineering (vgl. Kapitel 3.3.3) ableiten und in den Return on Engineering-Ansatz (vgl. Kapitel 3.5) einordnen. Hierbei sollen Prototypen als zentrales Medium im Produktentstehungsprozess genutzt werden um zu lernen sowie Entwicklungsergebnisse zu erarbeiten und durch diesen Ansatz effizienzsteigernd wirken. Die evolutionäre Weiterentwicklung der Prototypennutzung im Kontext der Produktionsplanung zur gesteigerten Potentialausnutzung ist zusammenfassend in Abbildung 4-3 dargestellt.

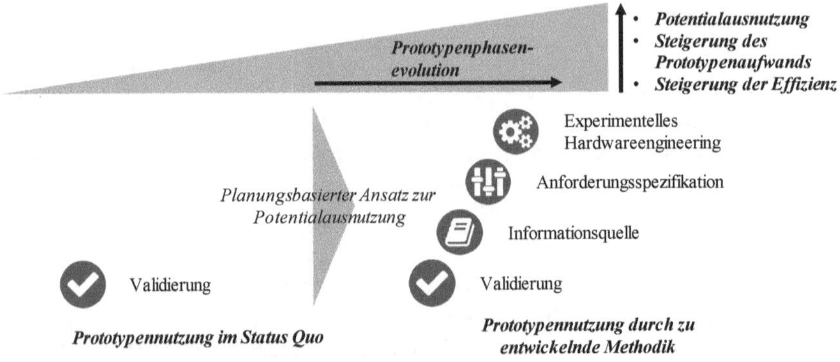

Abbildung 4-3: Evolution der Nutzung einer Prototypenphase für die Produktionsplanung[630]

4.3 Anforderung an eine Methodik zur effizienzorientierten Prototypenplanung

Für die eignungsgerechte Entwicklung einer Methodik zur effizienzorientierten Prototypenplanung sowie für die nachfolgende Überprüfung der Eignung werden nachfolgend Anforderungen an ebendiese hergeleitet. Diese lassen sich in formale und inhaltliche Anforderungen differenzieren und werden nachfolgend erläutert. Für die Verständlichkeit und Anwendbarkeit der Methodik ist zudem der wissensprägende Kanon des Adressatenkreises zu berücksichtigen. Dieser umfasst insbesondere verantwortliche Planer des Produktentstehungsprozesses, Planer des Prototypeneinsatzes sowie Produktionsplaner in Unternehmen des Elektromaschinenbaus sowie der Automobilindustrie.

4.3.1 Formale Anforderungen

Die formalen Anforderungen an die zu entwickelnde Methodik werden aus der zuvor beschriebenen Modelltheorie sowie der Systemtechnik abgeleitet. Hierbei weist STACHOWIAK einem Modell die drei Hauptmerkmale Abbildung, Verkürzung und Pragmatismus (vgl. Kapitel 4.1.2) zu, welche als grundlegende formale Anforderungen für diese Forschungsarbeit dienen:[631]

---

[630] Eigene Abbildung nach Kampker et al. (2018): Prototyping im elektrischen Antriebsstrang, S. 4.
[631] Vgl. Stachowiak (2013): Allgemeine Modelltheorie, S. 131ff.

- **Abbildung:** Das der Methodik zugrunde liegende Modell fokussiert den Betrachtungs- und Gestaltungsbereich der vorliegenden Forschungsarbeit (vgl. Kapitel 2 und Kapitel 3)
- **Verkürzung:** Das Modell vereinfacht und selektiert die abgebildeten Systemelemente
- **Pragmatismus:** Das Modell ist zielgerichtet und für einen bestimmten Zweck und Anwenderkreis entwickelt

Zudem definiert Patzak im Kontext der Systemtechnik die Anforderungen Empirische Richtigkeit, Formale Richtigkeit, Produktivität, Handhabbarkeit, und Niedriger Aufwand als Charakteristika eines guten Modells, welche ebenfalls als formale Anforderungen für diese Arbeit dienen:[632]

- **Empirische Richtigkeit:** Das Modell soll realitätsbezogen sein und mit den Beobachtungen des Phänomensystems möglichst gut übereinstimmen, was durch eine hohe Ähnlichkeit von Systemstruktur und Systemelementen zwischen Original und Modell erreicht wird
- **Formale Richtigkeit:** Widerspruchsfreiheit und formale Einwandfreiheit sowie vorzugsweise quantifizierbare Ergebnisse sind anzustreben
- **Produktivität:** Auf spezifisch gestellte Fragen soll das Modell inhaltlich und formal brauchbare Antworten liefern
- **Handhabbarkeit:** Eine leichte Anwendbarkeit des Modells und eine leichte Interpretierbarkeit der Ergebnisse sind anzustreben
- **Niedriger Aufwand:** Modellerstellung und Modellanwendung sollen mit möglichst geringem Aufwand erfolgen

4.3.2 Inhaltliche Anforderungen

Die inhaltlichen Anforderungen an die zu entwickelnde Methodik lassen sich aus dem Betrachtungsbereich im Anwendungszusammenhang sowie aus dem Gestaltungsbereich im Theoriezusammenhang herleiten.[633] Aus dem Anwendungszusammenhang ergeben sich die folgenden Anforderungen:

- **Anwendbarkeit auf Planungsprozesse für Elektromotoren:** Die Methodik lässt sich insbesondere auf die Planungs- und Entwicklungsprozesse für Elektromotoren anwenden und berücksichtigt die Besonderheiten dieser Produktgruppe. Eine Anwendbarkeit auf andere Produkte (insbesondere mechatronische Produkte) ist nicht explizit ausgeschlossen, erzeugt jedoch gegebenenfalls Anpassungsbedarf aufgrund technologischer Andersartigkeit.
- **Nutzung von Prototypen:** Konstituierend und differenzierend für die Methodik ist die Nutzung von Prototypen zur Informationsgenerierung.
- **Fokussierung der Produktionsplanung:** Die Methodik fokussiert die Produktionsplanung.
- **Berücksichtigung Rahmenwerk des Produktentstehungsprozesses:** Die Methodik stellt explizit keine neue Art der Produktentstehung dar, sondern lässt sich auf etablierte, konsekutiv-sequentielle oder agile Entwicklungsvorgehen anwenden.
- **Sicherstellen der Existenz von Meilensteinen:** Die Etablierung synchronisierender interdisziplinär wirksamer Meilensteine im Produktentstehungsprozess durch den Aufbau von Prototypen sind

[632] Vgl. Patzak (1982): Grundlagen der Systemtechnik, S. 309ff.

[633] Die Anforderungen wurden im Zuge von Experteninterviews bezüglich ihrer Vollständigkeit und Richtigkeit validiert; Experteninterviews Produkt- und Prozessentwicklung für elektrische Antriebe 01/2018.

ein entscheidender Faktor für die Effizienz und Zielgerichtetheit von Produktentstehungsprozessen.[634] Somit sollen die Prototypen auch im Kontext der zu entwickelnden Methodik weiterhin als zeitlich und inhaltlich final fest definierte Meilensteine wirken.

Aus dem Theoriezusammenhang ergeben sich zudem die folgenden Anforderungen:

- **Effizienzorientiert:** Planungsinformationen müssen effizienzorientiert (vgl. Kapitel 3.5) erzeugt werden. Die Methodik muss die dafür notwendigen Methoden und Rahmenbedingungen zur Verfügung stellen.[635] Dies dient dazu, dem Dilemma der Kostensteigerung durch Prototypenphasen entgegen zu wirken (vgl. Kapitel 2.5).
- **Informationsnutzbarkeit:** Die generierten Informationen müssen für die Produktionsplanung nutzbar sein und somit zuverlässig, verfügbar, vollständig sowie konsistent sein und eine hohe Qualität aufweisen, also anforderungsgerecht sein.[636]
- **Frühzeitigkeit:** Durch frühzeitig verfügbare Informationen kann Verschwendung vermieden werden.[637] Somit muss die zu entwickelnde Methodik insbesondere in frühen Phasen des Produktentstehungsprozesses eine Informationsgenerierung ermöglichen.
- **Iterativ:** Aufgrund des iterativen und agilen Charakters von Produktentstehungsprozessen muss die zu entwickelnde Methodik Iterationen und Anpassungen während eines Entwicklungsprojektes zulassen und darf nicht nur als Apriori anwendbare Methodik entwickelt werden.[638]

4.4 Darstellung der Gesamtmethodik und Ableitung der Teilmodelle

Ausgehend von der in Kapitel 4.2 aufgestellten Ausgangshypothese der Effizienzsteigerung im Produktionsplanungsprozess durch experimentelle Produktionsplanung wird unter Berücksichtigung der in Kapitel 4.3 formulierten Anforderungen für die effizienzorientierte Umsetzung der experimentellen Produktionsplanung nachfolgend eine Methodik für die informationsorientierte Prototypenplanung zur Effizienzsteigerung im Produktionsplanungsprozess konzipiert, Teilmodule abgeleitet und diese anforderungsseitig beschrieben.

4.4.1 Konzeption der Methodik

Der Leitgedanke der zu entwickelnden Methodik zur effizienzsteigernden Informationsgenerierung für die Produktionsplanung ist die effizienzorientierte Planung der Informationsgenerierung durch den Prototypenbau. Dadurch sollen unausgeschöpfte Potentiale des bestehenden Prototypenbaus erschlossen und weitere frühzeitige Informationen durch Planung zusätzlicher Experimente berücksichtigt werden. Dies folgt der Forderung VAJNAS, für einen erfolgreichen Entwicklungsprozess Wissensintegration zu einer ganzheitlichen Wissensbasis zu betreiben, welche durch sämtliche Unternehmensfunktionen entlang des Produktentstehungsprozesses beitragen können, um die benötigten Wissenskomponenten angemessen, also am richtigen Ort zur richtigen Zeit in der richtigen Qualität und Form und im richtigen

[634] Vgl. Ankarbranth und Martenson (2013): Prototypes in Product Development, S. 47; Ulrich und Eppinger (2016): Product design and development, S. 296.

[635] Vgl. Eversheim und Schuh (2005): Integrierte Produkt- und Prozessgestaltung, S. 17.

[636] Vgl. Greitemann et al. (2017): Search for production technologies, S. 23; Klabunde (2003): Wissensmanagement in der Produkt- und Prozessgestaltung, S. 25; Krcmar (2015): Informationsmanagement, S. 139.

[637] Vgl. Dombrowski (2015): Lean Development, S. 116; Frühzeitigkeit wird in der Literatur oftmals auch als Frontloading bezeichnet.

[638] Vgl. Hallgrimsson (2012): Prototyping and modelmaking, S. 12.

Umfang für die richtigen Personen bereitzustellen.[639] Zudem wird sie der von EVERSHEIM UND SCHUH zugewiesenen zentralen Rolle des Informationsmanagements im Kontext der integrierten Produkt- und Prozessentwicklung gerecht.[640] Darüber hinaus abstrahiert der Ansatz den effizienten kognitiven Lernprozess auf explizites technologisches Spezial- und Fachwissen (vgl. nachfolgende Ausführung). KOLB sieht hierbei den reflektierten Akt des aktiven Experimentierens, welcher auf Basis eines abstrahierten Konzeptes für eine bewusste Erfahrung dient, als Kernelement des Lernens an.[641] Aufgrund der durch den etablierten Stand der Technik in der Produktentstehungsprozessplanung induzierten effizienzmindernden Hemmnisse für die Informationsgenerierung (vgl. Kapitel 3.6) basiert die Methodik auf der Inversion des Verhältnisses von Konstitution[642] und Flexibilität in der Prototypen- und Informationsplanung. Während bei etablierten Planungsansätzen für Produktentstehungsprozesse Zeitpunkt und Umfang von Prototypen konstituierend und führend sind und sich die Informationsgenerierung dieser unterordnen muss, stellt die zu entwickelnde Methodik die Information als führende Planungsgröße in den Mittelpunkt der Produktentstehung. Durch eine Aufwands-Ertrags-Abwägung können sinnvolle Informationen somit entlang des Produktentstehungsprozesses effizienzorientiert berücksichtigt werden, worauf sich die Prototypenplanung entsprechend beziehen kann und jeweilige Prototypen und Experimente informationsorientiert einplant. Dadurch kann die Informationsmenge unter Berücksichtigung entstehender Kosten wertmaximierend im Produktentstehungsprozess generiert werden. Hierbei stellt die Methodik explizit keine neue Produktentwicklungsmethodik dar, sondern stellt sich dem Anspruch, in etablierten sequentiellen oder agilen Produktentstehungsprozessen einsetzbar zu sein. Der methodische Kernbefähiger wird in Abbildung 4-4 (vgl. Abbildung 3-20) vereinfachend dargestellt.

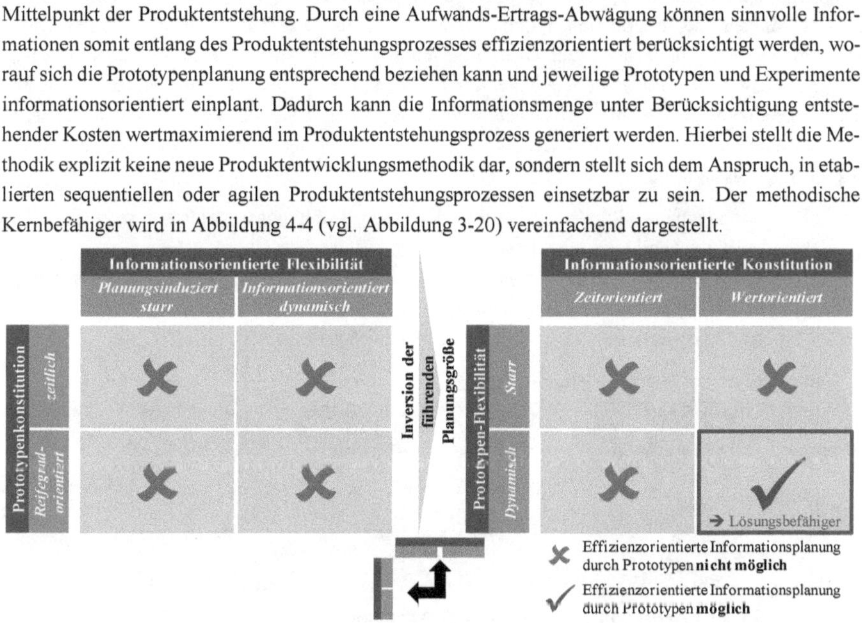

Abbildung 4-4: Inversion führender und folgender Planungsgrößen im Produktentstehungsprozess zur Befähigung effizienzorientierter Informationsgenerierung

[639] Vgl. Vajna (2014): Integrated Design Engineering, S. 67.

[640] Vgl. Eversheim und Schuh (2005): Integrierte Produkt- und Prozessgestaltung, S. 11.

[641] Vgl. Kolb (1976): Management and the Learning Process, S. 22.

[642] Unter Konstitution bzw. Prototypenkonstitution wird in dieser Arbeit die grundsätzlich rechtfertigende oder führende Planungsgröße für den Aufbau eines Prototyps verstanden.

Die Methodik fokussiert hierbei explizit die Planung und Generierung von Informationen[643] zur Bildung technologischen Spezial- und Fachwissens (vgl. Kapitel 3.4) für die Planung von Produktionsprozessen und -technologien sowie Fertigungs-, Prüf- und Automatisierungsressourcen als Teil eines Produktionssystems (vgl. Kapitel 2.2) im Kontext von Elektromotoren für die Elektromobilität. Eine Anwendung auf kontextferne mechatronische oder weitere physische Produkte und die Produktplanung ist denkbar, jedoch nicht Fokus der vorliegenden Arbeit.

Funktionsseitig fokussiert die Methodik die Definition von Wissenszielen und die Planung der Generierung und nachfolgend Schließung sich daraus ergebender Wissenslücken durch experimentelle Wissensentwicklung. Dies ist notwendig, um den von PROBST definierten Zielerreichungsgrad der Wissensentwicklung zu maximieren.[644] **Vorgehensseitig** macht sich die Konzeption der Methodik dafür auf der Basis des Grundgedankens einer Inversion der führenden und folgenden Planungsgrößen zu einer informationsorientierten Konstitution flexibler Prototypenphasen die Systemtechnik (vgl. Kapitel 4.1.3) zunutze. Mit dem Ziel, Informationen für die Produktionsplanung aus Prototypenaufbauten zu generieren, wird somit eine dreiphasige Vorgehensweise mit den Phasen Analyse, Planung und Anwendung gewählt. PROBST UND GOMEZ definieren im Kontext der Systemtechnik eine ganzheitliche Problemlösungsmethodik, an der sich die vorliegende Arbeit in aggregierter Form bedient. Er besteht auf sechs untereinander verknüpften sowie iterativ ablaufenden Schritten, welche für die zu entwickelnde Methodik wie folgt zusammengefasst werden:

- 1. Zielbestimmung und Problemsituationsmodellierung, 2. Wirkungsverlaufsanalyse zu Phase 1: Analysephase
- 3. Situationsveränderungsmöglichkeitserfassung und 4. Lenkungsmöglichkeitsabklärung und 5. Strategie- und Maßnahmenplanung zu Phase 2: Planungsphase
- 6. Problemlösungsverwirklichung zu Phase 3: Anwendungsphase[645]

Diese wird in Abbildung 4-5 dargestellt.

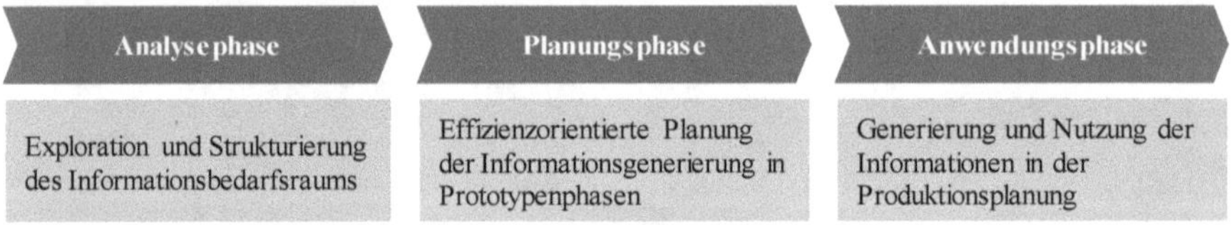

Abbildung 4-5: Phasenkonzept der Methodik zur effizienzorientierten Informationsgenerierung für die Produktionsplanung im Prototypenbau

[643] Die vorliegende Arbeit macht sich hierbei die Definition von FICKENSCHER zunutze, welcher die fokussierte Informationsart als betriebliche Information bezeichnet, welche Kenntnisse über betriebliche Sachverhalte und Vorgänge im Unternehmen enthält, für die Durchführung einer betrieblichen Aufgabe oder Entscheidungsfindung notwendig ist, der Produktivitätssteigerung dient, zweckgebunden und zielorientiert ist und somit eine Ressource oder ein Wirtschaftsgut im betriebswirtschaftlichen Sinne darstellt, welche für das Unternehmen ebenso wichtig wie andere betriebliche Ressourcen sein kann; vgl. Fickenscher et al. (1990): Zielorientiertes Informationsmanagement, S. 3.

[644] Vgl. Probst et al. (2012): Wissen managen, S. 90.

[645] Vgl. Probst und Gomez (1991): Vernetztes Denken, S. 8.

Modellseitig bedarf es der Abstraktion der Informationsbedarfe zu einem optimierbaren Informationsraum. Zudem muss der Prototypenbau modellhaft beschrieben werden, um die Planbarkeit und Planung der Informationsgenerierung sowie die Anwendung auf die Serienproduktionsplanung sicherzustellen. Vordergründiges zentrales Alleinstellungsmerkmal der zu entwickelnden Methodik ist jedoch die modellhafte Strukturierung des Produktentstehungsprozesses bei gleichzeitiger Flexibilisierung der Prototypenplanung. So sollen die Prototypenphasen inhaltlich und zeitlich nicht mehr fix und a-priori vorgeplant werden. Der Prototypenbau soll auf Basis informationswert- und informationskostenseitiger Analysen innerhalb definierter Zeit- und Reifegradkorridore und unter Berücksichtigung von produktentwicklungsseitig fest vorgegebenen Randbedingungen effizienzorientiert optimiert werden. Dies folgt der Anforderung der Berücksichtigung des Rahmenwerks etablierter Produktentstehungsprozesse, welche in Kapitel 4.3.2 erläutert wurde. Somit werden zeitliche und reifegradseitige Korridore anstelle von fixen Zeit- und Reifegradpunkten zur führenden Planungsgröße in der Prototypenplanung. Dadurch können Informationen stets zum Zeitpunkt zum Zeitpunkt ihres maximalen Informationswertes generiert werden, wie Abbildung 4-6 darstellt (vgl. ebenfalls Abbildung 2-20, welches die Minderung des Informationsgenerierungspotentials im Produktentstehungsprozess bei fehlender Flexibilisierung darstellt).

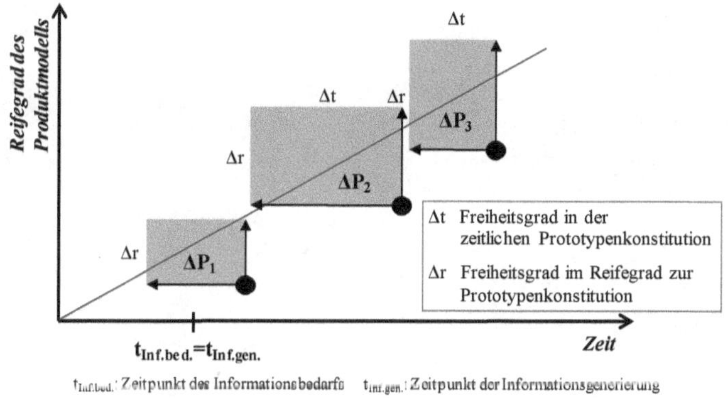

Abbildung 4-6: Modellvorstellung der Prototypenflexibilität im Produktentstehungsprozess

Auf der Basis des Phasenkonzeptes sowie der aufgezeigten Modellvorstellung wird nachfolgend eine detaillierte Modulstruktur für eine handhabbare Methodik entwickelt.

4.4.2 Ableitung und Beschreibung der Teilmodule

Das auf der Basis der ganzheitlichen Problemlösungsmethodik der Systemtechnik abgeleitete Phasenkonzept (vgl. Kapitel 4.4.1) wird genutzt, um eine handhabbare Modulstruktur der Methodik zur informationsorientierten Prototypenplanung zur effizienten Informationsgenerierung für die Produktionsplanung zu entwickeln. Dafür wird der etablierte Ansatz des Wissensmanagement nach PROBST als methodische Grundlage herangezogen.[646] Dieser beschreibt den iterativen Prozess der Wissenszieldefi-

[646] Vgl. Probst et al. (2012): Wissen managen, S. 30ff; der Ansatz nach PROBST ist der einzige identifizierte Ansatz in der theoretischen Literatur, welcher eine adäquate Modulstruktur aufweist und sich weitgehend etab-

nition, Wissensidentifikation, Wissenserwerb, Wissensentwicklung, Wissensverteilung, Wissensnutzung und Wissensbewahrung als Kern des Wissensmanagements (vgl. Kapitel 3.4.1).[647] Abbildung 4-7 stellt dar, wie die einzelnen Schritte zu zielführenden und handhabbaren Modulen zusammengefasst werden. Die Analysephase wird somit durch das Modul der Bedarfsanalyse abgebildet, welche das durch einen Leitfaden antizipierte benötigte Wissen mit dem bestehenden Wissen abgleichen soll. Für die Planungsphase muss der Ansatz von PROBST aufgrund bestehender Theoriedefizite (vgl. Abbildung 3-13) erweitert werden, da dieser nach der Analyse eine direkte Generierung des Wissens vorsieht. Dies ist im Sinne eines effizienzorientierten Ansatzes nicht ausreichend. So bedarf es eines Planungsmoduls, welches basierend auf einer Kosten- und Nutzenanalyse die Vorgehensweise der Wissensgenerierung festlegt. Die Informationen werden daraufhin im Generierungsmodul erhoben. Zudem bedarf es einer Erweiterung des Ansatzes für die Nutzung der generierten Informationen, da diese durch die Erhebung in einem prototypischen Kontext einen Unterschied zum Serienproduktionsszenario aufweisen. Hierfür wird das abschließende Modul des Transfers eingeführt. Die weitere Wissensverteilung, Wissensnutzung, Wissensbewahrung und Wissensbewertung findet zudem konsekutiv in den Entwicklungsprozessen statt und ist nicht mehr Fokus der zu entwickelnden Methodik.

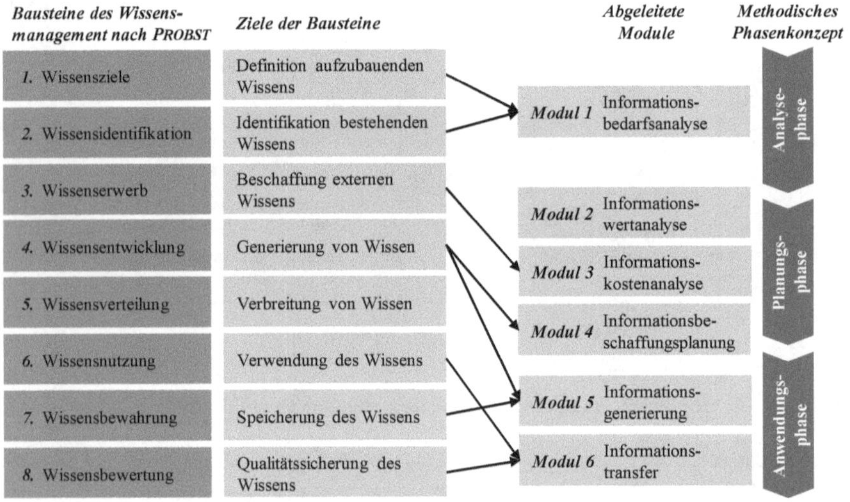

Abbildung 4-7: Ableitung der Teilmodule der Methodik[648]

Die sich daraus ergebenden Zusammenhänge und die modulare Aufbaustruktur der Methodik werden in Abbildung 4-8 dargestellt. Diese tragen insbesondere der konsekutiven und logischen Reihenfolge der einzelnen Phasen sowie den Zusammenhängen und Abhängigkeiten der Informationswertanalyse

liert hat; so referenzieren diverse Autoren auf diesen Ansatz; vgl. u.a. Keuper (2009): Wissens- und Informationsmanagement, S. 34; Bodendorf (2003): Daten- und Wissensmanagement, S. 117; Kienecker (1999): Wissenskapital, S. 622ff; Kern et al. (2009): Wissensmanagement in Projektorganisationen, S. 53ff.

[647] Vgl. Probst et al. (2012): Wissen managen, S. 30ff.

[648] Eigene Abbildung in Anlehnung an Probst et al. (2012): Wissen managen, S. 30ff.

und der Informationskostenanalyse mit der Informationsbeschaffungsplanung Rechnung. Die Informationsbeschaffungsplanung stellt somit das zentrale Modul der Methodik dar.

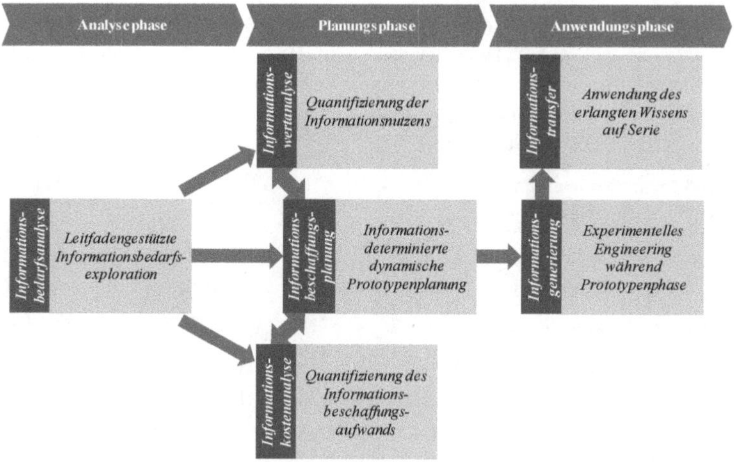

Abbildung 4-8: Modulare Aufbaustruktur der Methodik zur effizienzorientierten Informationsgenerierung durch Prototypenphasen[649]

Die aus den Anforderungen (vgl. Kapitel 4.3) und der Modulstruktur abgeleiteten Teilzielsetzungen, zu entwickelnde Lösungsbeiträge, notwendige Eingangsinformationen sowie relevante zu berücksichtigende Randbedingungen der einzelnen Module werden nachfolgend erläutert.

4.4.2.1 Modul 1: Informationsbedarfsanalyse

Für einen zielgerichteten Einsatz von Prototypenphasen müssen die richtigen Ansprüche und Fragen an diese gestellt werden.[650] Das Eingangsmodul der Methodik zur informationswertorientierten Prototypenplanung soll die Ansprüche und Informationsbedarfe der Produktionsplanung an den Prototypenbau explorieren und strukturieren. Dadurch wird die sich anschließende prospektive Planung einer effizienzorientierten Informationsgenerierung befähigt.

Zielsetzung

Zentrales Ziel des ersten Moduls der Informationsbedarfsanalyse ist die systematisierte und dokumentierte Kenntnis über sämtliche antizipierbare Informationsbedarfe, welche im Zuge der Produktionsplanung eines definierten Industrialisierungsprojektes aufkommen. Die kausalen und temporalen Interdependenzen und Relationen zwischen den expliziten Informationsbedarfen sowie eine mögliche partielle Bedarfsdeckung durch bestehende Kompetenz im Unternehmen müssen nach Abschluss von Modul 1 bekannt sein. Neben der inhaltlichen Exploration soll der offene Informationsraum abschließend mathematisch dargestellt und formuliert werden, um eine nachfolgende analytische und quantitative Planung der Informationsgenerierung zu ermöglichen.

---

[649] Der Begriff Aufbaustruktur wurde in Kapitel 4.1.1 definiert; vgl. Patzak (1982): Grundlagen der Systemtechnik, S. 40.

[650] Vgl. Ankarbranth und Martenson (2013): Prototypes in Product Development, S. 28.

Zu entwickelnde Lösungsbeiträge

Als Kern einer notwendigen strukturierten Vorgehensweise zur Befähigung des Methodenanwenders, das oben gestellte Ziel zu erreichen, bedarf es eines Leitfadens zur holistischen Exploration des Informationsbedarfsraums der Produktionsplanung, da ein derartiger Lösungsbeitrag in der bestehenden wissenschaftlichen Literatur nicht identifiziert werden kann. Zudem muss unter Berücksichtigung der Verfahrensweise nachfolgender Module eine geeignete mathematische Darstellung und Formulierung des Informationsbedarfsraums[651] gefunden werden.

Notwendige Eingangsinformationen

Für die Durchführung des Moduls der Informationsbedarfsanalyse bedarf es einer klar definierten Produktionsaufgabe. Für den Abgleich der benötigten Informationen mit den im Unternehmen bereits bestehenden Informationen ist zudem die implizite oder explizite Kenntnis letzterer notwendig.

Relevante Randbedingungen

Zu beachten ist, dass der Bereich des unbekannten Unwissens im Wissensraum im Allgemeinen wie auch speziell im Bereich der Produktionstechnologie selbst durch einen strukturierten theoretischen Leitfaden nicht vollständig explorieren werden kann sondern lediglich implizites Wissen oder Wissensbedarfe explizierbar sind. Zudem muss der zu Beginn eines Entwicklungsprojektes niedrige bestehende Reifegrad des Produktmodells berücksichtigt werden, welcher eine initiale vollständige Antizipation des Informationsraums ausschließt. Diese beiden Tatsachen greifen den in Kapitel 4.4.1 geforderten iterativen Charakter der Methodik auf und motivieren dazu, den physischen Prototypenaufbau stets auch für eine erneute Exploration und Reflektion notwendiger weiterer Informationsbedarfe zu nutzen, wodurch ein regelmäßiges Durchlaufen der Methodik und damit eine Aktualisierung der Prototypenplanung notwendig wird, was den Bedarf eines agilen Prototypenbaus im Produktentstehungsprozess unterstreicht.

4.4.2.2 Modul 2: Informationswertanalyse

Die kontextspezifische und zeitliche Disposition einer Information entscheidet maßgeblich über den generierten Wertbeitrag der Utilisierung dieser im Produktentstehungsprozess.[652] Prototypenphasen zeichnen sich hierbei durch einen hohen Wertbeitrag aus und können somit zu einer Effizienzsteigerung in konsekutiven Prozessschritten führen.[653] Das Modul der Informationswertanalyse soll ebendiesen Wertbeitrag auf der Basis einer organisationskontextuellen qualitativen und quantitativen Wertanalyse im organisationalen Kontext spezifischer Produktentstehungsprozesse bestimmen, um die methodisch nachfolgenden Module auf dieser Basis zu einer Effizienzorientierung zu befähigen.

Zielsetzung

Zentrales Ziel der Informationswertanalyse ist die organisationskontextuelle qualitative und quantitative Erfassung und Analyse sämtlicher den Wert einer Information determinierender Variablen, welche während der Produktionsplanung eines Produktentstehungsprozesses relevant sind. Hierbei sollen

---

[651] Unter Informationsbedarfsraum wird in dieser Arbeit die Menge der bestehenden Informationsbedarfe sowie ihre Relationen verstanden.

[652] Vgl. Krcmar (2015): Informationsmanagement, S. 36.

[653] Vgl. Ulrich und Eppinger (2016): Product design and development, S. 300.

die temporalen, monetären sowie funktionalen Parameter, welche die Erfolgsfaktoren der Produktentwicklung repräsentieren, in den Fokus genommen werden.[654] Die Ableitung absoluter, nur zeitabhängiger Größen monetärer Informationsgrenzwerte soll unter Berücksichtigung der entwicklungsprojektspezifischen Präferenzen des Entscheiders in einem informationsspezifischen Wertevektor für alle geforderten Informationen erfasst werden können. Hierfür müssen vorgelagert Transformationssätze zur funktional-monetären und zur temporal-monetären Umwandlung formuliert und angewendet werden, auf dessen Basis organisatorische Informationswerte als subjektive Präferenz möglichst objektiviert werden können.

Zu entwickelnde Lösungsbeiträge

Als Kern einer notwendigen strukturierten Vorgehensweise zur Befähigung des Methodenanwenders, das oben gestellte Ziel zu erreichen, bedarf es eines Leitfadens zur qualitativen Wertbeitragsbestimmung von Informationen und der Kalkulation eines monetären Äquivalenzwertes, da ein derartiger ganzheitlicher Lösungsbeitrag in der bestehenden wissenschaftlichen Literatur nicht identifiziert werden kann (vgl. Kapitel 3.6).

Notwendige Eingangsinformationen

Für die Durchführung des Moduls der Informationswertanalyse bedarf es der Kenntnis des Informationsbedarfes als Ausgangsgröße von Modul 1 sowie wertdeterminierender zu bestimmender Randbedingungen des Entwicklungsprozesses sowie der prozessinhärenten Organisation.

Relevante Randbedingungen

Zu beachten ist, dass die quantitative Kalkulation von funktionalen und temporalen zu monetären Informationswerten aufgrund subjektiver Parameter nie zu einem rein objektiven Ergebnis führen kann, wodurch die Kalkulationssätze die Umwandlung inhärent nur hinreichend genau, jedoch nicht absolut beschreiben können. So werden die Informationswerte a-priori auf Basis einer quasiobjektivierenden Analyse geschätzt und somit die subjektiven Einflüsse minimiert. Eine tatsächliche Bestimmung im Vorfeld ist daher immanent nicht möglich und nur a-posteriori nachvollziehbar. Für den organisatorischen Informationswert müssen außerdem noch die subjektiven Präferenzen des Entscheiders berücksichtigt werden.

4.4.2.3 Modul 3: Informationskostenanalyse

Für die Planung einer effizienzorientierten Generierung von Informationen müssen die antizipierten Informationswerte gegen die einzusetzenden Kosten abgewogen werden.[655] Somit ist eine frühzeitige möglichst präzise Determinierung von Kosten und der Zuweisung von finanziellen Budgets für die jeweiligen technologisch zu entwickelnden Prototypenphasen notwendig.[656]

Zielsetzung

Zentrales Ziel der Informationskostenanalyse ist die strukturierte, umfassende Antizipation aller für die tatsächliche Informationsgenerierung anfallenden Kosten physischer Prototypen. Dafür müssen die notwendigen Prototypenphasen und Experimente bis zu einem ausreichenden Detaillierungsgrad technisch und technologisch konzipiert und entwickelt werden. Hierbei sind im Kontext des betreffenden

---

654 Vgl. Ehrlenspiel et al. (2014): Kostengünstig Entwickeln und Konstruieren, S. 25.
655 Vgl. Liou (2007): Rapid Prototyping, S. 23.
656 Vgl. Neff (2002): Front Load Costing, S. 49.

Produktentstehungsprozesses möglichst kostengünstige Ansätze zu wählen und gegebenenfalls Varianten zu bilden. Auf der Basis eines geeigneten Kostenkalkulationsverfahrens können diese somit monetär bewertet werden.

Zu entwickelnde Lösungsbeiträge

Als Kern einer notwendigen strukturierten Vorgehensweise zur Befähigung des Methodenanwenders, das oben gestellte Ziel zu erreichen, bedarf es eines Leitfadens zur omnidirektionalen Kostenerfassung des physischen Prototypenbaus. Dieser soll auf der Auswahl einer geeigneten etablierten Methode für die Kostenkalkulation sowie einer modellhaften Erfassung von Prototypenphasen basieren. Zudem müssen generische Anforderungen an die zu entwickelnden Prototypenphasen und Experimente entwickelt werden, auf dessen Basis die maximale Ausschöpfung des Informationsgenerierungspotentials bei minimal möglichem Faktoreinsatz sichergestellt wird.

Notwendige Eingangsinformationen

Für die Durchführung des Moduls der Informationskostenanalyse bedarf es zum einen der detaillierten Kenntnis über die Informationsbedarfe. Darüber hinaus muss das organisationsinhärente Portfolio des Prototypenbaus, verfügbare Technologien und Expertise, bekannt sein. Des Weiteren sind unternehmerische Kennzahlen und Randbedingungen sowie Kostensätze, zum Beispiel Gemeinkostensätze, Personalkosten und Maschinenstundensätze, für die methodikanwendende Organisation zu benennen.

Relevante Randbedingungen

Zu beachten ist, dass die Methodik neben der Nutzung oder Erweiterung bestehender geplanter Prototypenphasen eine hypothetische Addition weiterer Prototypen in einen bestehenden Projektplan ermöglicht, sodass auf der Basis zusätzlicher oder alternativer Prototypen oder Experimente weitere effektive Informationsquellen effizienzorientiert genutzt werden können. Zudem können einzelne Prototypen durch einen multiexperimentellen Einsatz mehrere Informationsbedarfe adressieren. Dadurch ergibt sich im realitätsnahen Berechnungsfall eine komplexe mehrdimensionale Kostenkonstellation, welche durch eine geeignete modellhafte Abstraktion handhabbar gemacht werden muss. Zudem muss die in Modul 4 der Informationsbeschaffungsplanung verwendete Optimierungsmethode dem multioptionalen Gestaltungsraum, also der gesamten Menge möglicher Gestaltungsmöglichkeiten, Rechnung tragen. Abschließend sind die unternehmerischen Randbedingungen und das bestehende Portfolio des Prototypenbaus, welche bereits als notwendige Eingangsinformationen definiert wurden, zu berücksichtigen.

4.4.2.4 Modul 4: Informationsbeschaffungsplanung

Die besten Prototypen sind jene, die die nutzenstiftendsten und wichtigsten Entscheidungen im Produktentstehungsprozess ermöglichen. Sie können als substituierende Plattform für die Verhandlung und Erschaffung ökonomischer Werte dienen.[657] Um die Informationsgenerierung für eine effiziente Produktionsplanung zu befähigen, leitet sich die optimale Prototypenstrategie, also die Konfiguration und Zuordnung technologischer Fragestellungen zu Prototypen und Zeitpunkten, aus dem Wert und den Kosten der zu generierenden Informationen ab. Die Methodik muss dabei einen effizienzorientierten Ansatz verfolgen, indem sie Prototypenphasen in frühen Phasen nutzt und zielgerichtet gestaltet, um einer Steigerung des Verhältnisses von Kosten zu Nutzen entgegenzuwirken. Neben der Frage nach

[657] Vgl. Schrage (2008): Serious play, S. 35f.

Anzahl und Zeitpunkten von Prototypenphasen existiert nach KAMPKER die Dichotomie zwischen einer vollständigen Produktausentwicklung und späten Validierung oder einem frühzeitigen, lernorientierten physischen Prototypenaufbau.[658] Die vorliegende Arbeit fokussiert hierbei insbesondere frühes Lernen durch Prototypenphasen im Sinne des Hardware Engineering (vgl. Return on Engineering in Kapitel 3.2.1.3).

Zielsetzung

Zentrales Ziel der Informationsbeschaffungsplanung ist die Planung der operativen Informationsgenerierung in Prototypenphasen entlang von Produktentstehungsprozessen für eine effiziente Produktionsplanung. Die Optimierung des Gestaltungsraumes ist hierbei auf ein optimales Verhältnis zwischen Informationswert und Informationskosten ausgerichtet. Auf der Basis eines Anforderungsabgleichs zwischen der Produkt- und Produktionsplanung kann die Optimierung bestehende Prototypen nutzen oder neue initialisieren, um sich in vorgegebene Produktentstehungsprozessplanungen einzugliedern. Dabei sollen die identifizierten Informationsbedarfe Prototypen zugeordnet und die Zeitpunkte dieser innerhalb bestehender Produktentstehungsprozesse festgelegt werden.

Zu entwickelnde Lösungsbeiträge

Als Kern einer notwendigen strukturierten Vorgehensweise zur Befähigung des Methodenanwenders, das oben genannte Ziel zu erreichen, bedarf es einer Methode zur Optimierung des Gestaltungsraums der Informationsgenerierung durch Prototypenphasen hinsichtlich der Erkenntnis und des Erkenntniswerts, der Relevanz, der Kosten sowie der Terminierung. Zum Erreichen dessen bedarf es nach dem Anforderungsabgleich zwischen der Produkt- und der Produktionsplanung einer Festlegung der optimalen Zuordnung von Informationen und Experimenten zu geplanten oder zusätzlichen Prototypen auf der Basis eines zu entwickelnden oder festzulegenden Algorithmus oder einer Heuristik.

Notwendige Eingangsinformationen

Für die Durchführung des Moduls der Informationsbeschaffungsplanung ist die explizite Kenntnis der Prototypenanforderungen sowie der Rahmenbedingungen für den Entwicklungsprozess mit definierten Fristen[659] und Flexibilitätskorridoren für den Prototypenaufbau seitens der Produktentwicklung notwendig. Für die optimierte Planung des Informationsgenerierungsprozesses sind im Voraus die Informationswertanalyse und die Informationskostenanalyse durchzuführen.

Relevante Randbedingungen

Neben einer nicht exakt vorhersehbaren Dynamik bezüglich Zeitpunkten und Wirtschaftlichkeit muss die Optimierung in der Lage sein, aufgrund agiler oder sequentieller Produktentstehungsprozesse zeit- oder reifegradgetriebene Prototypenphasen zu adressieren.

4.4.2.5 Modul 5: Informationsgenerierung

Um das dem Prototypenbau inhärente Informationsgenerierungspotential zu nutzen, müssen während des physischen Prototypenbaus schließlich Informationen generiert und erhoben werden. Hierbei wird neben dem klassischen Prototypenbau der Wissensaufbau im Sinne des Hardware-Engineering vorgenommen, welches nach KAMPKER dem gezielten Erfahrungsaufbau zur Erkenntnisgenerierung durch

---

[658] Vgl. Kampker et al. (2016): Prototypen im agilen Entwicklungsmanagement, S. 74.
[659] Vgl. Ankarbranth und Martenson (2013): Prototypes in Product Development, S. 25.

iterative Experimente dient.[660] Zudem eröffnet der Prototypenbau die Möglichkeit, unantizipierte und im organisatorischen Kontext ebenso unantizipierbare Informationsbedarfe (vgl. Kapitel 4.4.2.1) aufzudecken, welche nicht im Zusammenhang mit der ursprünglichen Mission des Prototypen stehen.[661] Für die aufgeführten Aktivitäten bedarf es einer definierten Struktur,[662] welche dieses zentrale Modul der Methodik zur informationswertorientierten Prototypenplanung bereitstellen soll.

Zielsetzung

Zentrales Ziel des fünften Moduls der Informationsgenerierung ist die systematische Durchführung des Prototypenbaus sowie der geplanten Experimente. Durch Beobachtung und Nutzung dieser können die Informationen generiert und strukturiert dokumentiert werden. Zudem stellt die Aufdeckung unbekannter und ungedeckter Wissensbedarfe einen wichtigen Wertbeitrag dieses Moduls für die gesamte Methodik und somit für den Produktentstehungsprozess dar.

Zu entwickelnde Lösungsbeiträge

Als Kern einer notwendigen strukturierten Vorgehensweise zur Befähigung des Methodenanwenders, das oben gestellte Ziel zu erreichen, bedarf es Richtlinien für eine organisatorische Struktur zur korrekten Abarbeitung der Prototypenpläne sowie der Beobachtung und Nutzung des Prototypenbaus, um die Informationsgenerierung unter Berücksichtigung der notwendigen Informationsbedarfe zu maximieren. Weiterhin müssen Anforderungen an ein Informationsmanagementtool zur Dokumentation und Nutzung der Informationen aufgestellt werden, auf dessen Basis ebenjenes ausgewählt oder entwickelt werden kann.

Notwendige Eingangsinformationen

Für die Durchführung des Moduls der Informationsgenerierung bedarf es eines organisatorischen Plans für den Prototypenbau sowie die in Modul 3 technisch entwickelten Prototypen oder Experimente. Diese müssen aus Spezifikationen sowie einer technischen Dokumentation bestehen. Darüber hinaus ist die in Modul 1 definierte Informationsbedarfsliste vonnöten.

Relevante Randbedingungen

Zu beachten ist der organisationsintern bestehende Umfang an Produktionsfaktoren inklusive der Verfügbarkeit und die Expertise der am Prototypenbau beteiligten Akteure. Zudem ist ein möglichst seriennaher Prototypenbau anzustreben. Beide Punkte sollten jedoch bereits in den vorhergehenden Modulen berücksichtigt worden sein. Weiterhin ist zu berücksichtigen, dass Modul 5 durch eine weitere Informationsbedarfserfassung als Anstoß einer weiteren Iteration der Methodik dienen kann und somit die Informationen nicht nur an das Modul 6 des Informationstransfers weitergibt, sondern ebenfalls als Input an das Modul 1 der Informationsbedarfsanalyse zurückspielt.

4.4.2.6 Modul 6: Informationstransfer

Der Transfer von Wissen aus der Theorie in die Praxis ist ein grundlegendes ontologisches und epistemologisches Problem.[663] Trotz des Ansatzes, Informationen in seriennahem Kontext zu generieren, ist

---

[660] Vgl. Kampker et al. (2017): Think Big, Start Small, S. 108.
[661] Vgl. Ulrich und Eppinger (2016): Product design and development, S. 297f.
[662] Vgl. Bracht et al. (2011): Methoden zur digitalen Fabrik, S. 61.
[663] Vgl. van de Ven und Johnson (2006): Knowledge for Theory and Practice, S. 802; Ontologie bezeichnet die Lehre des Seienden; Epistemologie bezeichnet die Erkenntnistheorie.

eine Andersartigkeit des in der Prototypenphase generierten Wissens nicht auszuschließen. Das abschließende Modul adressiert somit die notwendige Umgestaltung des prototypisch erlangten Wissens durch Transferfunktionen zur Nutzung durch die sich anschließende Serienproduktionsplanung ebendessen.

Zielsetzung

Ziel des abschließenden Moduls der Methodik zur informationsorientierten Prototypenplanung zur Informationsgenerierung für die Serienproduktionsplanung ist die Umgestaltung und damit Nutzbarmachung des prototypisch generierten Wissens für die Serienproduktionsplanung. Dafür muss die Qualität und Kontextualität des generierten Wissens bekannt sein und dieses auf Basis bekannter und geeigneter Transferfunktionen angepasst werden. Dadurch wird sichergestellt, dass die generierten Informationen ihren betriebswirtschaftlichen Informationswert in den konsekutiven Planungsfunktionen der Serienproduktionsplanung sowie der Nutzung in der Schnittstelle der integrierten Produkt- und Prozessentwicklung vollumfänglich entfalten können.

Zu entwickelnde Lösungsbeiträge

Als Kern einer notwendigen strukturierten Vorgehensweise zur Befähigung des Methodenanwenders, das oben gestellte Ziel zu erreichen, bedarf es einer Auswahl und Anwendung geeigneter Transferfunktionen, um das Wissen aus dem prototypischen Kontext für die Serienproduktionsplanung umzugestalten. Daraus ergibt sich in einem ersten Schritt darüber hinaus die Notwendigkeit, die Qualität und Kontextualität der Informationen auf der Basis eines Leitfadens zu bewerten. Darauf aufbauend können geeignete Transferfunktionen (z.B. Regeln, Heuristiken, Logiken) ausgewählt und angewendet werden.

Notwendige Eingangsinformationen

Für die Durchführung des Moduls des Informationstransfers bedarf es der in Modul 5 generierten Informationen. Zudem ist die Kenntnis über die Kontextualität der Wissensgenerierung, also der Randbedingungen des Prototypenbaus, notwendig, um die geeigneten Transferfunktionen auswählen und anwenden zu können.

Relevante Randbedingungen

Zu beachten sind die relevanten Dimensionen einer möglichen Andersartigkeit des Prototypenbaus gegenüber der Serienproduktion. Diese sind neben der Technologieauswahl und des Technologieeinsatzes (vgl. Abbildung 3-8) der Reifegrad des Produktmodells sowie die Übereinstimmung von Prototypen- und Serienmaterialien. Dabei ist zu berücksichtigen, dass die Möglichkeit einer direkten Informationsanwendung ebenfalls gegeben sein kann. Aufgrund der Komplexität und der Spezifität des Transferraums kann die vorliegende Arbeit hier lediglich einen Leitfaden für die Auswahl und Entwicklung geeigneter Transferfunktionen bieten und kein holistisches Modell bereitstellen, welches anforderungsseitig jedes Szenario abdeckt.

4.4.3 Zusammenfassende Übersicht über Modell-, Methoden- und Hilfsmittelebene

In Kapitel 4.1.1 wurde aufgezeigt, dass Modelle, Methoden und Hilfsmittel die konstituierenden Bestandteile einer Methodik sind. Diese werden im Kapitel 5 ausgewählt oder entwickelt und anwendungsgerecht dokumentiert. Zur Übersicht werden die einzelnen notwendigen Bestandteile in den jeweiligen

Modulen in Tabelle 4-1 nachfolgend dargestellt. Dies dient als Rahmenwerk für die Detaillierung der Methodik im nachfolgenden Kapitel.

Module	Modellebene	Methodenebene	Hilfsmittelebene
Modul 1 *Informations-bedarfsanalyse*	-/-	• Leitfaden Informationsbedarfsexploration (Bedarfe, Zusammenhänge, Abgleich bestehenden Wissens)	• Strukturierte Vorgehensweise • Mathematische Darstellung des Informationsbedarfsraums
Modul 2 *Informations-wertanalyse*	• Abstraktion der Rahmenbedingungen von Produktentstehungsprozess und Organisation	• Leitfaden Informationswertanalyse (qualitativ, quantitativ, organisatorisch)	• Strukturierte Vorgehensweise • Mathematische Darstellung der Informationswerte
Modul 3 *Informations-kostenanalyse*	• Abstraktion des Prototypenbaus im organisatorischen Kontext	• Entwicklung Hardware Engineering/ Experimente • Leitfaden Kostenerfassung Prototypenbau (zusätzliche, bestehende)	• Strukturierte Vorgehensweise • Anforderungen an Prototypenbau und Experimente • Übersicht Prototypenportfolio
Modul 4 *Informations-beschaffungsplanung*	• Abstraktion des Produktentstehungsprozesses	• Optimierungsalgorithmus oder Heuristik für effizienzorientierte Gestaltung der Prototypenphasen	• Strukturierte Vorgehensweise
Modul 5 *Informations-generierung*	-/-	• Prototypenbau • Durchführung Hardware Engineering/ Experimente	• Strukturierte Vorgehensweise • Informationsmanagement • Richtlinien für Prototypenbau/ Informationsbedarfsexploration
Modul 6 *Informationstransfer*	-/-	• Leitfaden Qualitäts- und Kontextualitätsbewertung • Auswahl und Anwendung von Transferfunktionen	• Strukturierte Vorgehensweise

Tabelle 4-1: Modell-, Methoden- und Hilfsmittelebene der Methodik zur effizienzorientierten Prototypenplanung

4.4.4 Ablaufstruktur

Neben dem Phasenkonzept und der statischen Aufbaustruktur mit den logischen und inhaltlichen Zusammenhängen der einzelnen Module, wie sie in Abbildung 4-5 und Abbildung 4-8 dargestellt wurden, stellt die dynamische Ablaufstruktur mit der zeitlich logischen Anordnung ebendieser Module ein weiteres wichtiges konstituierendes Merkmal einer Methodik dar.[664] Hierbei soll die Methodik **in zwei abhängigen Handlungssträngen** durchlaufen werden. Zum einen ist die **konsekutive Abarbeitung der Methodik** durch eine initiale Planung notwendig. Hierbei werden die drei Phasen stets nacheinander durchlaufen. In der ersten Analysephase wird Modul 1 der Informationsbedarfsanalyse abgearbeitet. In der zweiten Planungsphase können Modul 2 der Informationswertanalyse und Modul 3 der Informationskostenanalyse parallel erfolgen, während Modul 4 der Informationsbeschaffungsplanung den beiden Modulen konsekutiv folgt, da diese die Eingangsfunktionen des vierten Moduls bilden. In der dritten Anwendungsphase werden Modul 5 der Informationsgenerierung und Modul 6 des Informationstransfers ebenfalls konsekutiv durchlaufen, da Modul 5 ebenfalls die Eingangsfunktion von Modul 6 bildet. Zum anderen hat die Methodik einen **iterativen Charakter** und unterstützt damit die Forderung von HEESEN zur Implementierung von Rückkopplungen als entscheidend für kontinuierliche Verbesserungsprozesse und Wissensaufbau in Unternehmen.[665] Der Anstoß für diese Iterationen kann durch mehrere Besonderheiten der Methodik und zu verschiedenen Zeitpunkten erfolgen. So dient das Modul 5 neben

[664] Der Begriff Ablaufstruktur wurde in Kapitel 4.1.1 definiert; vgl. Patzak (1982): Grundlagen der Systemtechnik, S. 40.

[665] Vgl. Heesen und Ahsen (2009): Innovationsportfoliomanagement, S. 75.

der Wissensgenerierung zur weiteren Exploration des Informationsbedarfsraums während der Prototypenphase und kann somit durch die Aufdeckung weiterer unbekannter Informationsbedarfe, welche nicht antizipativ ermittelt werden konnten, die Notwendigkeit einer weiteren Analyse- und Planungsphase bedingen. Ebenso kann sich diese Notwendigkeit entlang des gesamten Projektfortschritts und des Reifegrads des Produktmodells durch Änderungen der technologischen, finanziellen oder temporalen Randbedingungen und Ziele ergeben. Die Ablaufstruktur der Methodik wird schematisch in Abbildung 4-9 dargestellt.

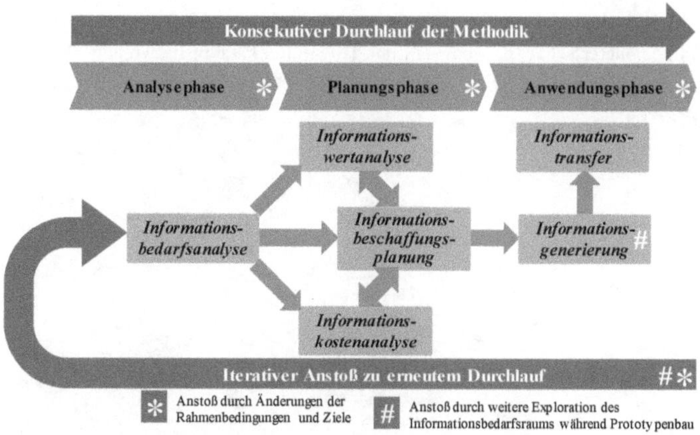

Abbildung 4-9: Ablaufstruktur der Methodik zur effizienzorientierten Informationsgenerierung durch Prototypenphasen

4.5 Zwischenfazit

Im vorangegangenen Kapitel wurde das Konzept einer Methodik der informationsorientierten Prototypenplanung zur Informationsgenerierung für die Produktionsplanung entwickelt. Basierend auf der Zielsetzung der Arbeit sowie der Handlungsbedarfe aus der betrieblichen Praxis und der wissenschaftlichen Theorie wurde eine Ausgangshypothese formuliert, welche die handlungsleitende Forschungsfrage adressiert. Diese besagt, dass die Produktionsplanung auf der Basis einer strukturierten Methodik, die systematisch identifizierte Informationsbedarfe informationswertorientiert in den Produktentstehungsprozess einplant und Prototypenphasen für die Informationsgenerierung nutzt, bereits in frühen Phasen befähigt und effizienzsteigernd gestaltet werden kann. Ebendiese Methodik wurde auf der Basis von theoretisch und empirisch hergeleiteten Anforderungen konzipiert.

Das Ergebnis der Methodikkonzeption, welcher auf der Basis der Systemtechnik sowie des Wissensmanagementansatzes nach PROBST erfolgt ist, ist ein dreiphasiges Vorgehen mit 6 Modulen. In der ersten Analysephase wird durch Modul 1 (Informationsbedarfsanalyse) der Informationsbedarfsraum systematisch exploriert und initialisiert. Darauf aufbauend werden in der zweiten Planungsphase durch Modul 2 (Informationswertanalyse) die Wertbeiträge spezifischer Informationen zu bestimmten Produktentstehungsprozessen ermittelt. Parallel werden die Informationskosten in Modul 3 (Informationskostenanalyse) durch die Entwicklung und Kostenanalyse notwendiger Prototypenphasen und Experimente ermittelt. Daraufhin optimiert Modul 4 (Informationsbeschaffungsplanung) den Prototypenbau effizienzorientiert mit dem Ziel, eine maximale Informationsausschöpfung aus diesem zu erlangen. In der dritten Anwendungsphase werden in Modul 5 (Informationsgenerierung) die Prototypenphasen für die Erhebung oder Entwicklung der benötigten Funktionen genutzt. Auf dieser Basis analysiert Modul 6 (Informationstransfer) die Informationen aus dem Prototypenkontext und transferiert diese in Serienproduktionsszenarien.

Die somit konzipierte modulare Aufbaustruktur und die konsekutive und iterative Ablaufstruktur ermöglichen die Anwendung der Methodik auf die Produktionsplanung von Elektromotoren für die elektromobile Traktion. Die Adaptierbarkeit auf konsekutive und agile Entwicklungsprozesse erlaubt den Einsatz der Methodik in bestehenden definierten Produktentstehungsprozessen. Die Entwicklung oder Auswahl geeigneter Modelle, Methoden und Hilfsmittel als konstituierende Elemente einer Methodik, die Detaillierung sowie Dokumentation und Darstellung erfolgt im nachfolgenden Kapitel 5.

5 *Detaillierung:* Vorgehensweise zur informationsorientierten Prototypenplanung in der Produktionsplanung

Basierend auf dem in Kapitel 4 erarbeiteten Konzept für eine Methodik zur informationsorientierten Prototypenplanung zur Generierung von Informationen für die Produktionsplanung von elektromobilen Traktionsmotoren fokussiert dieses Kapitel die Detaillierung der Methodik. Hierbei lehnt sich der Aufbau des folgenden Kapitels an die Struktur der in Kapitel 4.4.2 abgeleiteten Teilmodule an. Auf der Basis jener dort erläuterten Zielsetzungen und den relevanten Randbedingungen werden die zu entwickelnden Lösungsbeiträge nachfolgend im Detail entwickelt. Abschließend wird ein Zwischenfazit gezogen.

Zusammenfassend zielt die nachfolgend detaillierte Methodik darauf ab, den Grad der Informationsverfügbarkeit, auch bezeichnet als Informationslage, zu verbessern. Hierbei ist zu berücksichtigen, dass eine umfassende Informationslage, welche als Grundlage für eine absolut wirksame Planung gebraucht würde, im Allgemeinen nicht erreichbar ist.[666] Somit stellt die Methodik insbesondere einen Beitrag zur Senkung der Unsicherheit in Entwicklungs- und Entscheidungssituationen dar, was jedoch einen entscheidenden Erfolgsfaktor in der Produkt- und Prozessentwicklung darstellen kann.[667] Um eine reine Selbstzweckerfüllung der Informationsgenerierung zu vermeiden ist zudem das Motiv der Effizienzorientierung, also der Abgleich zwischen Aufwand und Nutzen beziehungsweise Kosten und Wert, handlungsleitend für die Konzeption und Detaillierung der Methodik.

Nachfolgend werden die in Kapitel 4.4.2 abgeleiteten Teilmodule der Informationsbedarfsanalyse (Modul 1), Informationswertanalyse (Modul 2), Informationskostenanalyse (Modul 3), Informationsbeschaffungsplanung (Modul 4), Informationsgenerierung (Modul 5) und des Informationstransfers (Modul 6) detailliert. Hierzu werden jeweils für die einzelnen Module die Ausgangs- und Rahmenbedingungen erläutert und die notwendigen Methodikelemente je nach Verfügbarkeit bestehender theoretischer oder praktischer Ansätze ausgewählt oder neu entwickelt. Daraufhin erfolgt die Detaillierung der für eine Methodik notwendigen Modell-, Methoden- und Hilfsmittelebene, welche abschließend zusammenfassend dargestellt wird.

5.1 Modul 1: Informationsbedarfsanalyse

In Kapitel 4.4.2.1 wurde die systematisierte und dokumentierte Kenntnis über sämtliche antizipierbare Informationsbedarfe der Produktionsplanung im Zuge eines definierten und abgegrenzten Industrialisierungsprojektes als zentrales Ziel des ersten Moduls der Informationsbedarfsanalyse definiert. Hierbei sollen die temporalen und kausalen Interdependenzen zwischen den expliziten Informationsbedarfen sowie eine partielle Bedarfsdeckung durch bereits bestehende Kompetenzen im Unternehmen berücksichtigt werden. Zudem soll abschließend der offene Informationsraum unter Berücksichtigung der Anforderungen aus den sich konsekutiv anschließenden Modulen der Methodik mathematisch for-

[666] Vgl. Wittmann (1959): Unvollkommene Information, S. 26; mit einer umfassenden Informationslage bezeichnet WITTMANN eine vollständige Verfügbarkeit aller notwendiger Informationen, welcher einen Planer dazu befähigt, eine absolut wirksame Planung durchzuführen; eine absolut wirksame Planung bezeichnet laut des Autors eine Planung mit bestmöglichem Ergebnis im Sinne der Planungsaufgabe.

[667] Vgl. Berndt (2004): Competitiveness und Ethik, S. 49.

muliert und dargestellt werden, um diesen für den weiteren Verlauf der Methodik handhabbar zu machen. Die hierfür notwendigen Modelle, Methoden und Hilfsmittel werden nachfolgend auf Grundlage der relevanten Ausgangs- und Rahmenbedingungen ausgewählt oder entwickelt, detailliert und zusammenfassend dargestellt.

5.1.1 Ausgangs- und Rahmenbedingungen

Nachfolgend werden notwendige Grundlagen für die Bereiche des Wissens und Unwissens sowie der Informationsbedarfsanalyse erläutert.

Wissen und Unwissen

Informationen stellen die entscheidende Grundlage für sämtliche Entscheidungen und Aktivitäten im Produktentstehungsprozess dar. So besteht dieser vornehmlich aus der Sammlung, Veränderung, Klassifizierung, Erschaffung, Transformation und Weitergabe von Informationen.[668] Informationen (aus dem Lateinischen von *informatio*: Bildung, Belehrung) bezeichnen den Bedeutungsgehalt eines Satzes an Zeichen eines Codes. Es dient der Befriedigung eines allgemeinen oder speziellen Interesses an Wissen.[669] Durch Information kann Ungewissheit aufgrund fachlicher Informationsprozesse verringert werden, indem das Wissen einer Person verbessert wird. Dadurch kann diese eine Aktivität besser ausführen oder eine Entscheidung sicherer treffen.[670] Sie entsteht aus der Kontextuierung von Daten und kann durch Verknüpfung zu Wissen weiterverarbeitet werden. Dieser Zusammenhang ist in Abbildung 5-1 dargestellt. Unabhängig von ihrem Gegenstand oder Adressat kann eine Information stets durch ihren Informationszweck (z.B. Planungs-, Kontroll- oder Vorgabeinformationen), ihrer Modalität (faktisch, prognostisch, explanatorisch, konjunktiv, normativ, logisch)[671] sowie ihrer Beschaffenheit (Form, Aktualität, Güte)[672] unterschieden werden. Im Sinne der vorliegenden Arbeit sind Informationen und ihre Beschaffung somit zentraler Bestandteil von Produktionsplanungsprozessen. Sie dienen dazu, Wissen auf verschiedenen Ebenen zu generieren, was wiederum in einen Produktionssystemplan und schlussendlich seine physische Umsetzung umgewandelt werden kann. Die Zusammenhänge im Kontext dieser Arbeit können ebenfalls Abbildung 5-1 entnommen werden.

---

[668] Vgl. Suh (2001): Axiomatic design, S. 51.
[669] Vgl. Bibliographisches Institut (2015): Duden.
[670] Vgl. Galliers (1987): Information analysis, S. 4.
[671] Vgl. Wirtschaftslexikon24.com (2017): Informationsarten.
[672] Vgl. Wang und Strong (1996): Beyond Accuracy, S. 5ff.

Abbildung 5-1: Rolle der Information im Kontext der Produktionssystemplanung[673]

Als Informationsdefizit kann das Fehlen einer Information beziehungsweise ein unbefriedigter Informationsbedarf definiert werden. Das Organisieren dieser Informationsdefizite sowie die Informationsbeschaffung sind zentrale Aufgaben im Produktentstehungsprozess. Hierfür ist neben dem Wissen oder Unwissen bezüglich eines Informationsbedarfes auch das Metawissen, also die Kenntnis über einen Informationsbedarf, relevant. Somit ist als kognitiver Operator nicht nur die Wissensgenerierung, sondern grundsätzlich auch die Aufdeckung von Unbekanntem entscheidend. Abbildung 5-2 stellt den Wissensraum sowie mögliche Kognitionsoperatoren dar. Dabei stellt insbesondere unbekanntes Unwissen eine Gefahr für den Fortschritt von Produktionsplanungsprozessen dar, da die hierzu notwendigen Informationen nicht aktiv durch Maßnahmen erarbeitet werden können.

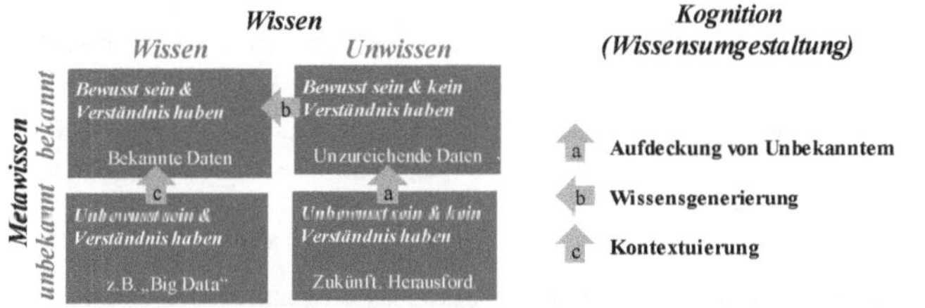

Abbildung 5-2: Wissensraum und Kognitionsoperatoren[674]

Zudem stellt die Informationsverfügbarkeit den zentralen Erfolgsfaktor in Produktentstehungsprozessen dar und der Start und Fortschritt der Produktionsplanung hängt maßgeblich von dieser ab.[675] Insbesondere in Entscheidungssituationen ist diese besonders wichtig, da oftmals viele Informationen

---

[673] Eigene Abbildung in Anlehnung an Vajna (2014): Integrated Design Engineering, S. 390; Bodendorf (2003): Daten- und Wissensmanagement, S. 1.

[674] Vgl. Sutcliffe und Sawyer (2013): Unknown Unknowns, S. 93; Krcmar (2015): Informationsmanagement, S. 663.

[675] Vgl. Kampker et al. (2018): Prototyping im elektrischen Antriebsstrang, S. 2.

in verdichteter Form notwendig sind.[676] GERBERICH fasst diesen Zusammenhang mit der Aussage „Informationsvorsprung schafft Wettbewerbsvorsprung“[677] zusammen. Diese der zu detaillierenden Methodik zugrundeliegende Motivation soll durch eine grundlegende Analyse des Informationsbedarfsraums befähigt werden. Hierbei ist zu berücksichtigen, dass selbst die Anwendung eines systematischen Leitfadens zur Informationsbedarfsexploration nur bekanntes Wissen und Unwissen als Informationsbedarfe identifizieren kann, da dieser lediglich implizite Wissensbedarfe und implizites Wissen explizieren kann.[678] Dies ist damit zu begründen, dass ein derartiger Leitfaden kein neues Wissen erschaffen, sondern dem Methodenanwender nur latentes Wissen in das aktive Bewusstsein rufen kann.[679] Die Aufdeckung von Unbekanntem, wie sie Abbildung 5-2 durch den Kognitionsoperator *a* darstellt, kann erstmals durch den prototypischen Aufbau von Produktmodellen (erfolgt im Zuge der Methodik in Modul 5) erfolgen.[680] Der beschriebene Zusammenhang wird in Abbildung 5-3 übersichtlich dargestellt.

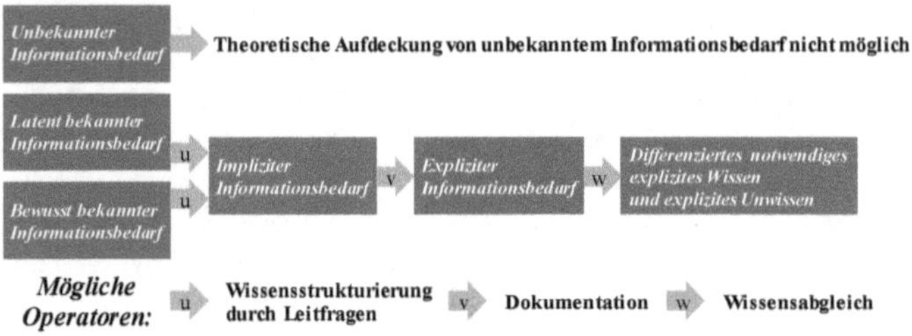

Abbildung 5-3: Mögliche Operatoren einer theoretischen Informationsbedarfsanalyse[681]

Informationsbedarfsanalyse

Aufgrund der obenstehend dargelegten zentralen Bedeutung von Informationen im Produktentstehungsprozess und damit auch in der Produktionsplanung ist die initiale Aufgabe in einem Produktentstehungsprozess die Beantwortung der Frage nach den für die Entwicklungsarbeit notwendigen Informationen, den sogenannten Informationsbedarfen.[682] Ohne das systematische Wissen über die benötigte Information besteht zum einen die Gefahr, erschließbare Quellen nicht zu nutzen. Gleichzeitig können effizienzmindernde Anstrengungen für die Akquisition von unnötigem Wissen nicht vermieden werden. Zuletzt kann ohne das Wissen über Informationsbedarfe keine objektive Übersicht über einen erreichten Informationsstand, also die Menge der bestehenden Informationen im Verhältnis zu den benötigten Informationen, erreicht werden.[683] PICOT definiert den Informationsbedarf als Art, Menge und Beschaf-

[676] Vgl. Jäger (1991): Systematische Planung komplexer Produktionssysteme, S. 39ff.
[677] Vgl. Gerberich (2004): Erfolgreiches Innovationsmanagement, S. 49.
[678] Vgl. Voß und Gutenschwager (2001): Information management, S. 131ff.
[679] Latentes Wissen beschreibt vorhandenes aber verborgenes Wissen.
[680] Vgl. Sutcliffe und Sawyer (2013): Unknown Unknowns, S. 94.
[681] Eigene Abbildung in Anlehnung an Sutcliffe und Sawyer (2013): Unknown Unknowns, S. 92ff.
[682] Vgl. Suh (2001): Axiomatic design, S. 51.
[683] Vgl. Wittmann (1959): Unvollkommene Information, S. 25.

fenheit von Informationen, die ein Individuum oder eine Gruppe für die Erfüllung einer Aufgabe benötigt.[684] HJØRLAND definiert den Begriff weiterhin als notwendige Existenz einer Information zur Befriedigung einer Notwendigkeit unter den Gesichtspunkten der vorhergesehenen Informationsnutzung, des ausdrücklichen Informationsbedarfs sowie der Verbesserung der Informationsnutzung.[685]

JÄGER definiert drei verschiedene Arten von Informationsbedarfen in der Produktionsplanung, dessen Anteil am Produktionsplanungsprozess unterschiedlich ist und sich mit der Zeit verändern:

- **Numerische Informationen:** Stückzahlen, Verfügbarkeiten, Vorgabezeiten, Flächenbedarfe, Kosten, Parameter etc.
- **Geometrische Informationen:** Layouts, Elektropläne, Bauteilzeichnungen, Generalbebauungspläne etc.
- **Strukturelle Informationen:** Subjektives Hintergrundwissen wie z.B. Erfahrungen, Strategien, Randbedingungen etc.

Während numerische Informationen insbesondere am Anfang von Planungsprozessen und geometrische Informationen zum Ende notwendig sind, haben strukturelle Informationen durchgehend und in einem hohen Grad Relevanz.[686] Die Informationsbeschaffung zur Befriedigung der Informationsbedarfe nimmt hierbei einen sehr hohen Anteil an der Arbeit von Produktionsplanern ein. Angaben hierzu differieren zwischen 23%[687] und 60%[688] der Bruttoarbeitszeit.

Für eine effektive und effiziente Informationsbedarfsexploration für die Produktionsplanung müssen somit zielführende und domänenspezifische Fragen gestellt werden. FICKENSCHER stellt in diesem Kontext einen Fragebogen zur Informationserhebung und zur Daten- und Informationsbeurteilung zur Verfügung. In diesem werden auf generischer Ebene Fragen nach notwendigen Informationen für verschiedene Nutzenszenarien (grundsätzlich notwendig, für Wettbewerbsvorteil, für Gewinnmaximierung, für Kostensenkung) gestellt. Zudem gehen die Leitfragen auf den Nutzen und die Quellen von Informationen ein.[689] Somit eignet sich dieser Leitfaden eher für die generelle Strukturierung eines Informationsmanagements als für die Informationsbedarfsexploration. VOß UND GUTENSCHWAGER definieren als Ziel einer Informationsbedarfsanalyse die Identifizierung aller für eine Aufgabenerfüllung notwendiger Informationen. Hierfür definieren sie ein integriertes Vorgehensmodell der Informationsbedarfsanalyse und Wissensakquisition, in dem eine Priorisierung der Einsatzfelder und eine grobe und eine feine Ist-Analyse des Informationsstandes durchgeführt werden. Daran schließt ein iterativer Prozess mit den Prozessschritten Planung der Erhebung, Informationssammlung, Reflexion und Auswertung sowie Theoriebildung an, woraufhin die Ergebnisse genutzt werden sollen. Mögliche Ansätze der Informationsbedarfsanalyse differenzieren sie in vier Klassen, welche auch in gemischten Ausprägungen Anwendung finden können:

- **Subjektive Verfahren:** Subjektive Verfahren basieren auf hinreichend spezifizierten Fragen, anhand derer der wahrgenommene Informationsbedarf der Befragten, in der Regel disziplinspezifische Mitarbeiter, aufgenommen wird.

---

[684] Vgl. Picot und Franck (1988): Unternehmensressource Information, S. 609.
[685] Vgl. Hjørland (1995): Informationsvidenskabelige grundbegreber, S. 156.
[686] Vgl. Jäger (1991): Systematische Planung komplexer Produktionssysteme, S. 39ff.
[687] Vgl. Marczinski (2005): Digitale Fabrik, S. 38.
[688] Vgl. Bracht et al. (2011): Methoden zur digitalen Fabrik, S. 61.
[689] Vgl. Fickenscher et al. (1990): Zielorientiertes Informationsmanagement, S. 134.

- **Objektive Verfahren:** Unter objektiven Verfahren werden analytische Ansätze subsumiert. Hierzu zählen die Strategieanalyse, welche Informationsbedarfe aus strategischen Zielen ableitet, die Prozessanalyse, welche Informationsbedarfe aus der Analyse von notwendigen Entscheidungsprozessen ableitet, die Aufgabenanalyse, welche Informations- und Entscheidungsprozesse analysiert, die Dokumentenanalyse, welche sämtliche notwendige Dokumente in einem Planungsprozess betrachtet sowie die Analogieschlussmethode, bei welcher der Informationsbedarf für eine Aufgabe aus der Analogie zu einer anderen bereits erledigten Aufgabe abgeleitet wird.
- **Ableitung aus bestehendem Informationssystem:** Die Ableitung des Informationsbedarfes aus einem bestehenden Informationssystem stellt kein eigentliches Verfahren der Bedarfsanalyse dar, sondern ist eher als eine Ist-Analyse zu verstehen. Auch wenn sich das bestehende Informationssystem auf vorangegangene Informationsbedarfsanalysen stützt, sind Informationsbedarfe in der Regel so speziell und veränderlich, dass sich das Verfahren kaum für eine umfassende Informationsbedarfsanalyse eignet.
- **Inkrementelle und experimentelle Verfahren:** Inkrementelle und experimentelle Verfahren werden während der Nutzung eines Informationssystems, also zum Zeitpunkt der Wissensexposition, eingesetzt. Somit werden ungedeckte Informationsbedarfe während der eigentlichen Entwicklungsarbeit deutlich, welche durch den Ansatz strukturiert aufgenommen und der Wissensakquisition zugeführt werden können.[690]

KRCMAR differenziert die möglichen Verfahren in Anlehnung daran in subjektive, objektive und gemischte Verfahren. Er spezifiziert jedoch die Art der Befragung und weist den subjektiven Verfahren als eine Ableitung des Informationsbedarfes aus einer subjektiven Interpretation der Aufgabenstellung die Methode der offenen Befragung zu, während eine strukturierte Befragung ein gemischtes Verfahren ist, welches die subjektive Interpretation eines vorgegebenen Rasters darstellt.[691]

Abbildung 5-4 stellt den Informationsraum als Ziel der Informationsbedarfsanalyse übersichtlich dar. So muss eine Informationsbedarfsanalyse drei Funktionen erfüllen:

- **Aufdecken:** Objektiven und subjektiven Informationsbedarf in Einklang bringen
- **Dokumentieren:** Informationsbedarf zu einer Informationsnachfrage machen
- **Abgleichen:** Informationsbedarf und Informationsangebot abgleichen

---

[690] Vgl. Voß und Gutenschwager (2001): Information management, S. 131ff.
[691] Vgl. Krcmar (2015): Informationsmanagement, S. 121ff.

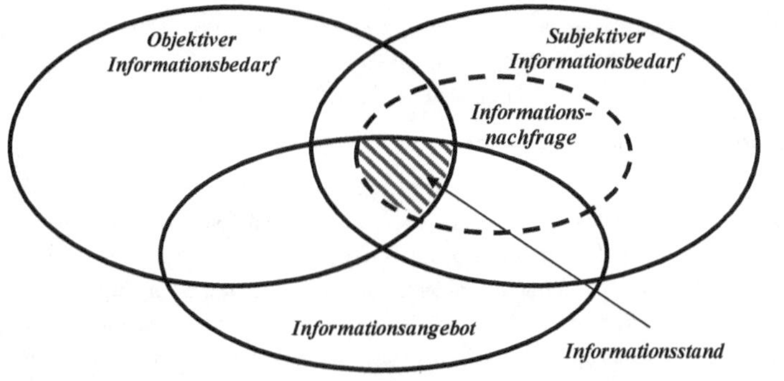

Abbildung 5-4: Schematische Darstellung des Informationsbedarfsraums[692]

5.1.2 Auswahl und Entwicklung notwendiger Methodikelemente

Nachfolgend werden die in Kapitel 4.4.2.1 spezifizierten Methodikelemente durch eine Auswahl bestehender Ansätze oder Neuentwicklung hergeleitet. Die detaillierte Darstellung des Ergebnisses dieser Herleitung erfolgt der Übersichtlichkeit halber in den sich anschließenden Kapiteln 5.1.3 (Hilfsmittelebene), 5.1.4 (Modellebene) und 5.1.5 (Methodenebene).

Strukturierte Vorgehensweise

Um eine vollständige Durchführung des Moduls der Informationsbedarfsanalyse zu gewährleisten, soll dem Methodenanwender eine strukturierte Vorgehensweise als unterstützende Methodenanleitung zur Verfügung gestellt werden. Auf der Basis einer antizipierten Prozesskette kann somit die Informationsbedarfsanalyse erfolgen. Die Anzahl der identifizierten Informationsbedarfe soll daraufhin durch eine Analyse auf Trivialität und Verfügbarkeit für die weitere Bearbeitung in der Methodik minimiert werden. Daraufhin sollen die Zusammenhänge und Wechselbeziehungen der einzelnen Informationen untersucht werden, um sogenannte Informationscluster zu bilden, welche im Laufe der Methodik zusammengefasst betrachtet werden. Abschließend soll der Informationsraum mathematisch formuliert und dargestellt werden, um ihn handhabbar für die konsekutiv nachfolgenden Module der Methodik zu machen. Die Vorgehensweise wird in Abbildung 5-6 in Kapitel 5.1.3 übersichtlich dargestellt.

Leitfaden Informationsbedarfsexploration

Die Identifikation von Informationsbedarfen ist insbesondere bei strategischen Produktentwicklungen ein entscheidender Erfolgsbefähiger.[693] Für den Leitfaden zur Informationsbedarfsexploration müssen Methoden für drei aufeinanderfolgende Schritte ausgewählt oder entwickelt werden. Auf der Basis einer Prozesskettenanalyse sollen Informationsbedarfe in einem ersten Schritt anhand eines strukturierten Leitfadens für die Produktionsplanung systematisch ermittelt werden. In einem zweiten Schritt sollen die Informationsbedarfe daraufhin mit dem bestehenden Informationsangebot abgeglichen und auf

---

692 Vgl. Picot und Franck (1988): Unternehmensressource Information, S. 609; Voß und Gutenschwager (2001): Information management, S. 131ff; Krcmar (2015): Informationsmanagement, S. 121ff.
693 Vgl. Proff et al. (2014): Radikale Innovationen in der Mobilität, S. 122.

Trivialität untersucht werden, um die ungedeckten Informationsbedarfe zu ermitteln. Die Zusammenhänge der einzelnen Informationsbedarfe sollen zudem in einem dritten Schritt analysiert werden. Die Auswahl und Entwicklung der drei Schritte wird nachfolgend dokumentiert.

Leitfragen Informationsbedarfsexploration

Nach VOẞ UND GUTENSCHWAGER sowie nach KRCMAR eignet sich eine gemischte Form von subjektiven und objektiven Verfahren als Herangehensweise für die Informationsbedarfsexploration in Entwicklungsprozessen. Hierbei sollen objektive Leitfragen die subjektive Einschätzung von Befragten schärfen.[694] Zudem hat sich die Befragung in der Gruppe als effiziente und effektive Möglichkeit herausgestellt.[695] In der Literatur können Anforderungen an Leitfragen zur Informationsbedarfsexploration identifiziert werden. So sollen die Fragen den Methodenanwender davon abbringen, auf eine subjektive, unternehmenszentrierte Betrachtungsweise zurück zu fallen. Daher müssen die Fragen möglichst objektiv beziehungsweise objektivierend sein.[696] Zudem sollen die Fragen richtig gestellt auf den Informationsbedarf abzielen.[697] Zuletzt ist entscheidend, dass die Fragen spezifisch und detailliert auf den Betrachtungsgegenstand eingehen.[698] Somit bedarf es Leitfragen, die spezifisch die Produktionsplanung adressieren. Ein entsprechender Ansatz konnte in der bestehenden Literatur nicht identifiziert werden (vgl. Kapitel 3.4.3 und Kapitel 5.1.1) und wird daher nachfolgend entwickelt. Als Entwicklungsansatz wird ein deduktiv-induktiver Ansatz gewählt, um auf der Basis einer extensiven Literaturrecherche möglichst viele Planungsparameter zu identifizieren (Deduktion) und diese zu Leitfragen zusammenzufassen und zu aggregieren (Induktion). So werden in einem initialen deduktiven Schritt aus der relevanten theoretischen Literatur zur Produktionsplanung Querschnittsaufgaben sowie Detailergebnisse und zu beeinflussende Parameter ermittelt. Durch die Beschränkung der vorliegenden Arbeit auf die Entwicklung der Produktionstechnik des leistungserstellenden Produktivsystems in Produktionssystemen (vgl. Kapitel 1.4.1) können diese Parameter eingegrenzt werden. Für die übrigen Parameter werden daraufhin deduktiv Klassen[699] gebildet und die einzelnen Parameter strukturiert zugeordnet. Die in den einzelnen Klassen befindlichen Parameter dienen schlussendlich als Grundlage für die Formulierung von Leitfragen, anhand derer der Informationsbedarf auf Prozessschrittebene ergründet werden kann. Dadurch kann ein breites Spektrum des Informationsbedarfes abgedeckt werden. Aufgrund der Anforderung der Handhabbarkeit (vgl. Kapitel 4.3.1) ist hier jedoch auch eine Beschränkung notwendig, sodass die Menge der Leitfragen kein Anspruch auf Vollständigkeit besitzen kann. Die deduktiv-induktive Vorgehensweise sowie die Details der einzelnen Schritte wird in Abbildung 5-5 übersichtlich dargestellt.

---

[694] Vgl. Voß und Gutenschwager (2001): Information management, S. 131ff.
[695] Vgl. ebd.
[696] Vgl. Jacobsen (2000): Intelligenz von Unternehmen, S. 47ff.
[697] Vgl. Ankarbranth und Martenson (2013): Prototypes in Product Development, S. 28.
[698] Vgl. Voß und Gutenschwager (2001): Information management, S. 131ff; Krcmar (2015): Informationsmanagement, S. 121ff.
[699] Als Klasse wird im Kontext dieser Arbeit eine zusammengefasste Menge von Objekten verstanden; der Prozess der Klassenbildung wird als Klassifizierung bezeichnet.

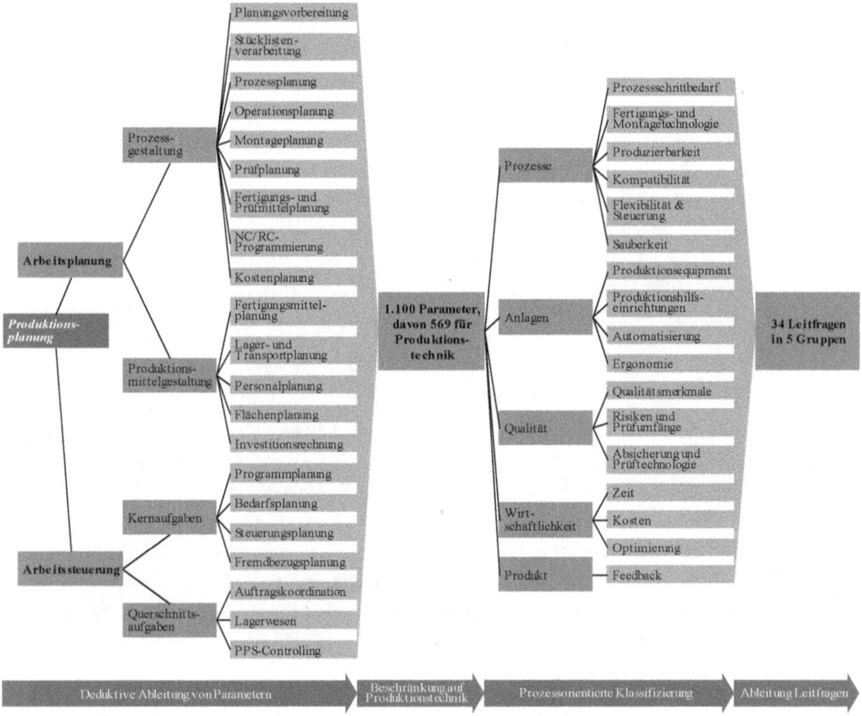

Abbildung 5-5: Deduktiv-induktive Vorgehensweise zur Leitfragenentwicklung[700]

Die aus den Klassen abgeleiteten Leitfragen werden in Kapitel 5.1.5 übersichtlich dargestellt.

Verfügbarkeits- und Trivialitätsanalyse

Nach der Erhebung der Informationsbedarfe sollen diese auf Verfügbarkeit und Trivialität hin analysiert werden. Eine verfügbare Information ist Teil des Informationsangebotes eines Unternehmens und

---

[700] Die grundlegende Aufgabenstruktur der Produktionsplanung wurde EVERSHEIM entnommen; vgl. Eversheim (2002): Organisation in der Produktionstechnik - Arbeitsvorbereitung; Eversheim (1989): Organisation in der Produktionstechnik - Fertigung und Montage; zu der Detaillierung der Parameterebene beigetragen haben zudem Schuh und Stich (2012): Produktionsplanung und -steuerung; Klocke (2018): Fertigungsverfahren 1; Klocke und König (2005): Fertigungsverfahren 2; Klocke und König (2007): Fertigungsverfahren 3; Klocke (2017): Fertigungsverfahren 4; Klocke (2015): Fertigungsverfahren 5; Nöcker (2012): Zustandsbasierte Fabrikplanung; Ehrlenspiel et al. (2014): Kostengünstig Entwickeln und Konstruieren, S. 59; Bracht et al. (2011): Methoden zur digitalen Fabrik; Penschke et al. (1996): Parallele Gestaltung von Produkten und Fertigungsprozessen, S. 47; Jäger (1991): Systematische Planung komplexer Produktionssysteme; Lachenmaier et al. (2015): Informationsversorgungskonzept für die Produktionsplanung, S. 8; Deutsches Institut für Normung: DIN 8580 - Fertigungsverfahren; auf eine detaillierte Definition der einzelnen Aufgaben und Klassen wird der Übersicht halber aufgrund des Umfangs an dieser Stelle verzichtet und auf die entsprechende Literatur verwiesen, da die Kenntnis des Bedeutungsgehalts der Begriffe als Teil des Wissenskanons der Rezipienten/ Methodenanwender vorausgesetzt wird; Anspruch auf Vollständigkeit kann die Parameterliste nicht haben.

muss somit nicht aufwändig erhoben werden.[701] Hierbei stellt sich die Tatsache als Hürde heraus, dass Unternehmen oftmals keinen systematischen Ansatz zur Strukturierung verfügbarer Informationen sowie ihrer Quellen verfolgen.[702] Als trivialer Informationsbedarf wird im Kontext dieser Arbeit eine auf vermutlich einfache Weise zu beschaffende Information definiert. Hierzu gehören unter anderem Norm- und Tabellenwerke, Bestandteile der wissenschaftlichen und technischen Standardliteratur oder voraussetzbares Allgemeinwissen. Nicht triviale Informationsbedarfe im Kontext dieser Arbeit zeichnen sich insbesondere durch eine wahrgenommene Komplexität, einen Neuheitsgrad oder eine Domänenspezifität aus. Aufgabe der Verfügbarkeits- und Trivialitätsanalyse ist es, die entsprechenden Informationsbedarfe zu identifizieren und aus dem für die Methodik weiter zu verarbeitenden Informationsraum zu eliminieren, da diese nicht weiter im Fokus der Methodik stehen. Dies dient der Handhabbarkeit der Methodik. Die Analyse kann anhand der Beantwortung von Leitfragen erfolgen. Diese werden in Kapitel 5.1.5 formuliert.

Analyse Zusammenhänge und Abhängigkeiten

Zur weiteren Vereinfachung des Methodikverlaufs und unter Berücksichtigung der formalen Anforderungen der Handhabbarkeit und des niedrigen Aufwandes (vgl. Kapitel 4.3.1) sollen die detaillierten Informationsbedarfe gebündelt und zu Informationsklassen zusammengefasst (klassifiziert) werden. Diese können nachfolgend integriert betrachtet und ihre Generierung integriert geplant und optimiert werden. Dies trägt der Logik Rechnung, dass erst durch die Verknüpfung von Informationen Wissen entstehen kann.[703] Hierbei existieren verschiedene Zusammenhänge und Abhängigkeiten, welche aus der Theorie zu relationalen Datenbanken abgeleitet wurden.[704] Mögliche Zusammenhänge von Informationsbedarfen sind wie folgt zu klassifizieren:

- **Unabhängig:** Unabhängige Informationsbedarfe stehen in keiner Relation zu anderen Informationsbedarfen. Ziel ist es, durch die Analyse der Zusammenhänge und Abhängigkeiten Informationscluster zu bilden, die als unabhängig klassifiziert werden können und somit im weiteren Verlauf der Methodik autark weiterverarbeitet werden können.
- **Zusammenhängend:** Ein Informationsbedarf ist mit einem weiteren Informationsbedarf zusammenhängend, wenn diese in einem identischen Themenkomplex verortet werden können, jedoch keine direkte Abhängigkeit (siehe unten) untereinander aufweisen (z.B. unabhängige Parameter eines Prozesses). Zusammenhängende Informationsbedarfe können somit für den weiteren Verlauf der Methodik zusammengefasst werden.
- **Abhängig:** Eine grundsätzliche Abhängigkeit von Informationsbedarfen ergibt sich, wenn eine Information ohne eine weitere Information nicht genutzt werden oder im Sinne der zu detaillierenden Methodik ihren Wert nicht entfalten kann (vgl. Modul 2: Informationswertanalyse). Abhängigkeiten können sich unidirektional, bidirektional oder chronologisch ergeben.
  - **Unidirektional abhängig:** Eine unidirektionale Abhängigkeit ergibt sich, wenn eine Information einseitig von einer anderen Information abhängig ist, die andere Information jedoch nicht

[701] Vgl. Picot und Franck (1988): Unternehmensressource Information, S. 609; Voß und Gutenschwager (2001): Information management, S. 131ff; Krcmar (2015): Informationsmanagement, S. 121ff.

[702] Vgl. Greitemann et al. (2017): Search for production technologies, S. 21.

[703] Vgl. Bodendorf (2003): Daten- und Wissensmanagement, S. 2.

[704] Vgl. Gaus (2005): Dokumentations- und Ordnungslehre, S. 68; Bodendorf (2003): Daten- und Wissensmanagement, S. 2ff; Henzler (1992): Information und Dokumentation, S. 92; BODENDORF spricht in dem Kontext von zusammenhängenden Informationen; GAUS beschreibt getrennte Sachverhalte, disjunkte Klassen und Klassen mit und ohne Überlagerung; HENZLER nutzt den Begriff Datenunabhängigkeit.

von dieser. Unidirektional abhängige Informationen können ebenfalls zusammengefasst werden.

- **Bidirektional abhängig:** Eine bidirektionale Abhängigkeit ergibt sich, wenn zwei Informationen jeweils voneinander abhängen. Bidirektional abhängige Informationen können ebenfalls zusammengefasst werden.
- **Chronologisch abhängig:** Eine chronologische Abhängigkeit ergibt sich, wenn eine Information nur genutzt oder erzeugt werden kann, wenn eine andere Information zu einem früheren Zeitpunkt vorliegt beziehungsweise vorgelegen hat. Chronologisch abhängige Informationen können zusammengefasst werden, wenn die Erzeugung zum früheren Zeitpunkt eingeplant wird und Prototypen oder Experimente so gestaltet sind, dass die zeitliche Abhängigkeit der Erzeugung berücksichtigt wird. Die chronologische Abhängigkeit ist eine zusätzliche Dimension unidirektionaler oder bidirektionaler Abhängigkeit.

Als Werkzeug zur Untersuchung und Organisation der Zusammenhänge und Abhängigkeiten von Informationsräumen hat sich die Design-Struktur-Matrix (kurz: DSM) als probates Mittel etabliert.[705] Die Design-Struktur-Matrix ist ein Netzwerkmodelierungswerkzeug, welches systemumfassende Elemente, ihre Interaktionen sowie ihre Zusammenhänge und Abhängigkeiten effizient und effektiv sortiert und abbildet.[706] Sie wird als NxN-Matrix gebildet, wobei sowohl jede m-te Zeile als auch m-te Spalte einen jeweiligen Informationsbedarf repräsentiert. Durch das Markieren von Spaltenabhängigkeiten einzelner Zeilen und das Sortieren mit dem Bestreben, quadratische Muster in der DSM zu bilden, können Informationsbedarfe zusammengefasst und somit Informationsbedarfsklassen gebildet werden.[707] Das Markieren von Informationszusammenhängen kann durch einen Abgleich mit den vorangegangen definierten Möglichkeiten der Abhängigkeit erfolgen. Die Darstellung der Anwendung der Design-Struktur-Matrix erfolgt in Kapitel 5.1.5.

Mathematische Formulierung und Darstellung des Informationsbedarfsraums

Zur weiteren Verarbeitung und Optimierung des Informationsbedarfsraums bezogen auf eine effiziente Informationsgenerierung durch Prototypen und Experimente wird eine mathematische Formulierung und Darstellung gewählt, welche sich an der Funktionalität und den Anforderungen der nachfolgenden Module orientiert. Hierzu wird ein Spaltenvektor verwendet. Die Formulierung und Indizierung sowie die Darstellung des Vektors wird in Kapitel 5.1.3 aufgezeigt.

5.1.3 Detaillierung der Hilfsmittelebene

Nachfolgend werden die in Kapitel 5.1.2 entwickelten und ausgewählten Elemente der Hilfsmittelebene von Modul 1 detailliert dargestellt.

Strukturierte Vorgehensweise

Die strukturierte Vorgehensweise dient dem Methodenanwender als unterstützende Methodenanleitung zur Sicherstellung der korrekten und vollständigen Nutzung der detaillierten Methodik. Abbildung 5-6 stellt diese übersichtlich dar.

---

705 Vgl. Schuh (2012): Innovationsmanagement, S. 240.
706 Vgl. Eppinger und Browning (2012): Design structure matrix methods, S. 2.
707 Für eine detaillierte Erläuterung der Funktionalität von DSM-Matrizen sei an dieser Stelle auf die relevante Standardliteratur verwiesen; vgl. u.a. Eppinger und Browning (2012): Design structure matrix methods.

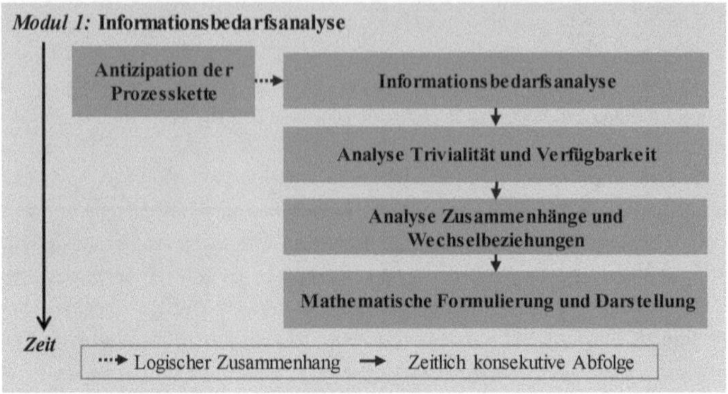

Abbildung 5-6: Strukturierte Vorgehensweise Modul 1: Informationsbedarfsanalyse

Mathematische Formulierung und Darstellung des Informationsbedarfsraums

Der Informationsbedarfsraum wird durch einen Spaltenvektor mit der Bezeichnung I_{bedarf} formuliert und dargestellt. Die einzelnen Einträge des Vektors repräsentieren eine Informationsbedarfsklasse. Diese werden mit i_b bezeichnet und mit einem fortlaufenden Index n nummeriert. Eine detaillierte Aufschlüsselung der einzelnen Informationsbedarfe in den Informationsbedarfsklassen erfolgt durch den Spaltenvektor Q_{bedarf}, in dem die einzelnen Einträge q_b mit einem weiteren fortlaufenden Index m nummeriert werden. Abbildung 5-7 stellt die Vektoren der Informationsbedarfsklassen und der einzelnen Informationsbedarfe übersichtlich dar.

Zeilenvektor der Informationsbedarfsklassen

$i_{b,n}$ = Informationsbedarfsklasse n
n = Anzahl Klassen

$$I_{bedarf}[nx1] = \begin{pmatrix} i_{b,1} \\ i_{b,2} \\ i_{b,3} \\ \vdots \\ i_{b,n} \end{pmatrix}$$

Spaltenvektor der detaillierten Informationsbedarfe

$q_{b,n,m}$ = Informationsbedarf m aus Klasse n
m = Anzahl Bedarfe in der Klasse
n = Verweis auf Informationsbedarfsklasse

$$Q_{bedarf}[1xm] = \begin{pmatrix} q_{b,n,1} & q_{b,n,2} & q_{b,n,3} & \cdots & q_{b,n,m} \end{pmatrix}$$

Abbildung 5-7: Formulierung und Darstellung des Informationsbedarfsraums

5.1.4 Detaillierung der Modellebene

Obwohl die der Informationsbedarfsanalyse zugrundeliegende Prozesskettenbildung eine Modellbildung des Produktionsprozesses darstellt (u.a. Werkstückmodell, Prozessmodell, Strukturmodell),[708] macht sich die zu detaillierende Methodik in Modul 1 keine Modellierung zu eigen. Dies begründet sich insbesondere mit dem einem Modell zugrundeliegenden Verkürzungsmerkmal, welches einer tiefgehenden Analyse des Informationsbedarfes entgegen spricht. So soll zum einen die Prozesskette lediglich als Grundlage für eine detaillierte Analyse des Kenntnisstandes über die einzelnen Prozesse, Technologien

[708] Vgl. Eichgrün (2003): Prozesssicherheit in Prozessketten, S. 53.

und Anlagentechnik dienen. Die Produktionsplanung selber und somit auch die Informationsbedarfsanalyse soll möglichst detailliert, realitätsbezogen und genau erfolgen.[709] Zum anderen soll der Informationsbedarf mit dem tatsächlichen Informationsbestand und nicht mit einer aggregierten modellhaften Zusammenfassung dessen abgeglichen werden.

5.1.5 Detaillierung der Methodenebene

Nachfolgend werden die in Kapitel 5.1.2 entwickelten und ausgewählten Elemente der Methodenebene von Modul 1 detailliert dargestellt.

Leitfaden Informationsbedarfsexploration

Der Leitfaden zur initialen Informationsbedarfsexploration dient der Ermittlung und prospektiven Planung notwendiger Informationen in der Produktionsplanung. Er besteht aus den Schritten der Informationsbedarfsanalyse durch Leifragen, der Trivialitäts- und Verfügbarkeitsanalyse sowie der Analyse der Zusammenhänge und Wechselbeziehungen der einzelnen Informationen. Diese werden nachfolgend dargestellt.

Leitfragen Informationsbedarfsexploration

Die Leitfragen zur Informationsbedarfsexploration sollen prozessschrittweise in einer Gruppe mit verantwortlichen Prozess- und Produktentwicklern sowie dem Methodenanwender beantwortet werden. Die negierende Antwort einer Frage deutet auf einen grundsätzlichen Informationsbedarf hin. Der Fragebogen ist in Tabelle 5-1 übersichtlich dargestellt.

[709] Vgl. Jäger (1991): Systematische Planung komplexer Produktionssysteme, S. 15.

	Parameter	Leitfragen
Prozesstechnik	*Prozessschrittbedarf*	• Ist der Bedarf aller für die Produktionsaufgabe notwendiger Prozessschritte bekannt?
	Fertigungs- & Montagetechnologie	• Sind die für den jeweiligen Prozessschritt anwendbaren Prozesstechnologien bekannt? • Ist bekannt welche Technologie in Bezug auf Zeit, Qualität und Kosten die geeignetste ist?
	Produzierbarkeit	• Ist bekannt ob die Komponente mit den entsprechenden Technologien fertigbar ist? • Ist bekannt ob das Produkt mit den entsprechenden Technologien montierbar ist?
	Technologie-kompatibilität	• Ist bekannt ob die anwendbaren Technologien der einzelnen Prozessschritte untereinander kompatibel sind? • Ist bekannt ob die eingesetzten Produktmaterialien mit den in den einzelnen Prozessschritten geplanten Prozesstechnologien kompatibel sind? • Ist bekannt welche Voraussetzungen für die Kompatibilität der Prozesse und Materialien geschaffen werden müssen? (z.B. Oberflächenbehandlung, Abkühlen, Reinigen)
	Flexibilität der Prozessparameter & Prozesssteuerung	• Sind die technologieseitig relevanten Parameter und ihre optimalen Ausprägungen bekannt? • Ist der kosten-, zeit- und qualitätsneutrale Flexibilitätskorridor der jeweiligen Prozesstechnologien und ihrer Parameter bekannt? • Ist bekannt wie und mit welchen Parametern der Prozess intelligent gesteuert werden kann?
	Technische Sauberkeit	• Ist der technisch notwendige Sauberkeitsgrad für die einzelnen Prozesse bekannt? • Ist bekannt welche Technologien für die Sicherstellung des Sauberkeitsgrads notwendig ist?
Anlagentechnik	*Maschinen- & Anlagenkonzepte*	• Ist bekannt wie die Prozesstechnologien in Maschinen/Anlagen integriert werden können? • Ist bekannt welche Auswirkungen die Maschinen/Anlagen auf den Prozess haben? • Ist bekannt welche Auswirkungen die Maschinen/Anlagen auf die Fabrik haben? • Ist bekannt welche Voraussetzungen für den Betrieb der jeweiligen Maschinen/Anlagen zu erfüllen sind?
	Produktionshilfs-einrichtungen	• Sind die notwendigen Hilfseinrichtungen bekannt? (Transport, Lager, Verpackung) • Ist bekannt aus welchen Vorrichtungen die jeweiligen Hilfseinrichtungen bestehen?
	Automatisierung	• Ist der zeit-, kosten- und qualitätsbezogen optimale Automatisierungsgrad bekannt? • Ist bekannt ob eine vollständige Automatisierung des Prozesses möglich ist?
	Ergonomie	• Ist bekannt welche Mensch-Maschine-Schnittstellen in den jeweiligen Prozessen existieren? • Ist bekannt ob der Prozess nach ergonomischen Richtlinien ausführbar ist?
Qualität	*Qualitätsmerkmale*	• Sind die relevanten Qualitätsmerkmale und ihre notwendigen Ausprägungen bekannt? • Ist bekannt ob die Qualitätsmerkmale durch die jeweiligen Technologien erreichbar sind? • Ist bekannt welche Maßnahmen für das Erreichen der Qualitätsmerkmale notwendig sind?
	Risiken & Prüfumfänge	• Sind die möglichen Fehler- und Versagensmöglichkeiten der jeweiligen Prozesse bekannt? • Ist bekannt welche Qualitätsmerkmale und Produkteigenschaften geprüft werden können und geprüft werden müssen?
	Absicherung & Prüftechnologie	• Ist bekannt welche Prüftechnologien eingesetzt werden können und sollen? • Ist bekannt welche Sensorik wie für die IoT-Einbindung eingesetzt werden soll? • Ist bekannt wie man Prozessschritte anderweitig absichern und Risiken umgehen kann?
Wirtschaftlichkeit	*Zeiten & Zyklen*	• Ist bekannt welche Zykluszeiten für die einzelnen Prozesse notwendig sind? • Ist bekannt welche weiteren Nebenzeiten für die jeweiligen Prozesse relevant sind?
	Kosten	• Ist bekannt welche Kosten sich aus den jeweiligen Prozessen ergeben? • Ist bekannt welche weiteren Kosten anfallen?
	Optimierung	• Ist bekannt in welcher Technologie- und Parameterkombination die gesamte Prozesskette hinsichtlich Zeit, Kosten und Qualität optimal ist?
IPPE	*IPPE-Feedback*	• Ist bekannt welche Auswirkungen der Prozess auf die Produktgestaltung hat? • Ist die optimale Kombination möglicher Produkt- und Prozessgestaltungen bekannt?

Tabelle 5-1: Leitfragen zur initialen Informationsbedarfsexploration der Produktionsplanung

Leitfragen Verfügbarkeits- und Trivialitätsuntersuchung

Die Leitfragen zur Verfügbarkeits- und Trivialitätsuntersuchung sollen ebenfalls in einer Gruppe mit verantwortlichen Prozess- und Produktentwicklern sowie dem Methodenanwender beantwortet werden. Diese kann mit der Gruppe für die Exploration des Informationsbedarfs identisch sein. Zudem kann eine tiefergehende Recherche wie zum Beispiel eine Dokumentensichtung notwendig sein. Die Leitfragen sollen für jeden einzelnen Informationsbedarf beantwortet werden. Werden die nachfolgend dokumentierten Fragen bejahend beantwortet, dann können die jeweiligen Informationsbedarfe aus dem für die weitere Verarbeitung in der Methodik vorgesehenen Informationsbedarfsraum herausgenommen werden. Die Fragen werden wie folgt formuliert:

- Ist der Informationsbedarf durch ein implizit oder explizit in der Organisation bestehendes Informationsangebot gedeckt?
- Ist die Schaffung des fehlenden Informationsangebotes zur Informationsbedarfsdeckung ohne großen Aufwand realisierbar?

Zusammenhänge und Abhängigkeiten der Informationsbedarfe

Durch die Anwendung einer Design-Struktur-Matrix, welche aus den einzelnen Informationsbedarfen gebildet wird, sollen die Zusammenhänge und Abhängigkeiten des Informationsbedarfsraums analysiert und dieser sortiert werden. Hierzu sollen sämtliche Zusammenhänge sowie unidirektionale, bidirektionale und chronologische Abhängigkeiten in der DSM markiert und diese entsprechend einer möglichen Clusterung sortiert werden. Bestehende Erscheinungsbilder möglicher Zusammenhänge oder Abhängigkeiten in der DSM sind in Abbildung 5-8 dargestellt.

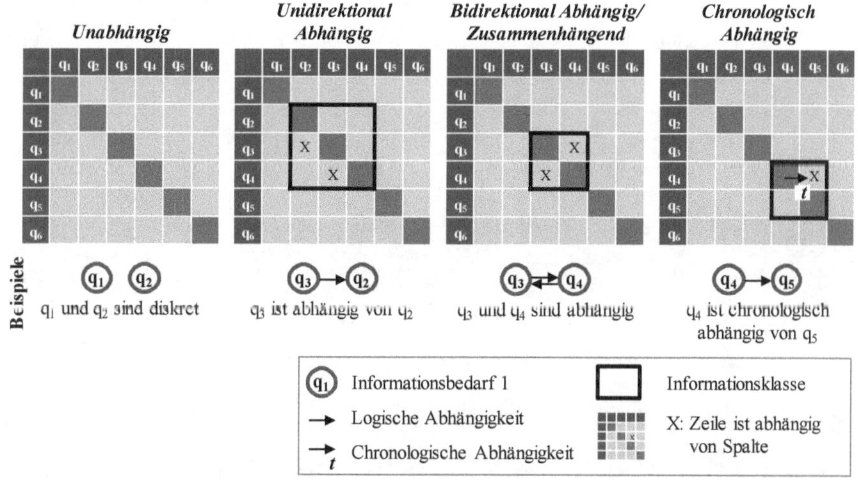

Abbildung 5-8: Zusammenhänge und Abhängigkeiten von Informationsbedarfen in der DSM

Ein weiteres Phänomen kann speziell im Kontext dieser Methodik für Schnittstellengrößen zwischen zwei Prozessen identifiziert werden. So deutet das in Abbildung 5-9 dargestellte Muster auf zwei aufeinanderfolgende oder anderweitig durch Produktmerkmale oder Produktzustände zusammenhängende Prozesse hin. Hierbei können die Informationsbedarfe sowohl zusammen als auch getrennt klassifiziert und weiterverarbeitet werden. Die Information kann inhaltlich beiden oder nur einer Klasse zugeordnet werden.

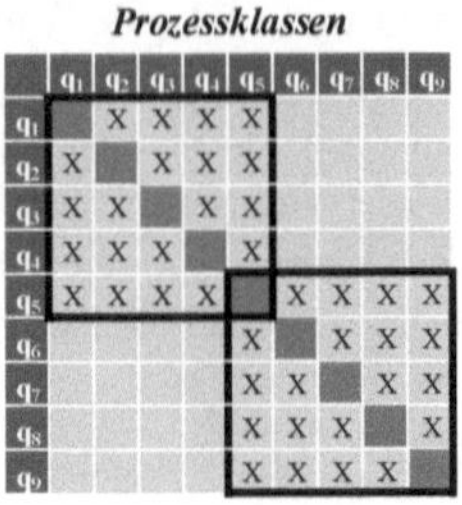

Abbildung 5-9: Klassifizierung von Prozessen und Schnittstelleninformationsbedarfen

5.1.6 Zusammenfassende Darstellung

Die wesentlichen Merkmale sowie die Eingangsgrößen, die Vorgehensweise und die Ausgangsgrößen des Moduls 1 der Informationsbedarfsanalyse werden in Abbildung 5-10 nachfolgend übersichtlich zusammengefasst.[710]

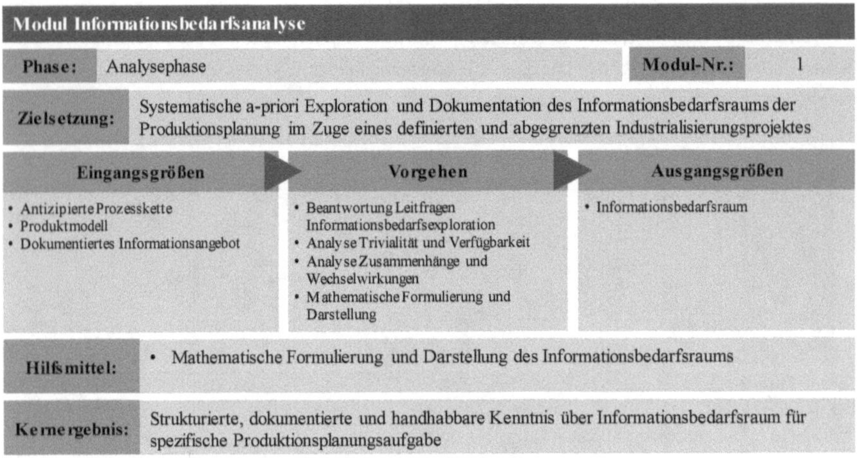

Abbildung 5-10: Zusammenfassende Darstellung Modul 1: Informationsbedarfsanalyse

5.2 Modul 2: Informationswertanalyse

In Kapitel 4.4.2.2 wurde die Erfassung und Analyse von Informationswerten im betrieblichen Kontext als zentrales Ziel des zweiten Moduls der Informationswertanalyse definiert. Die Informationswerte sollen unter Berücksichtigung temporaler, monetärer und funktionaler Parameter erhoben werden und

[710] Die Darstellungsweise trägt insbesondere der formalen Anforderung der Handhabbarkeit an die Methodik Rechnung; eine ähnliche Darstellungsweise findet sich u.a. bei HEIMES; vgl. Heimes (2014): Auswahl von Fertigungsressourcen, S. 110; die zusammenfassende Darstellungsweise wird für alle 6 Module der zu detaillierenden Methodik angewandt.

der Methodik unter Berücksichtigung ihrer Interdependenzen als zeitabhängige Größe zur Verfügung gestellt werden. Die hierfür notwendigen Modelle, Methoden und Hilfsmittel werden nachfolgend auf Grundlage der relevanten Ausgangs- und Rahmenbedingungen ausgewählt oder entwickelt, detailliert und zusammenfassend dargestellt.

5.2.1 Ausgangs- und Rahmenbedingungen

Informationen besitzen aufgrund ihrer hohen Bedeutung sowie ihres Beitrags für den Unternehmenserfolg einen eigenen Wert für unternehmerisches Handeln.[711] Die genaue quantifizierte Kenntnis über diesen Wert kann für die Budgetierung der Informationsbeschaffung herangezogen werden und ist somit ein Befähiger für die Planung effizienter Produktentstehungsprozesse.[712] Der Begriff Wert im Sinne der vorliegenden Arbeit bezeichnet nach MATSCHKE UND BRÖSEL die monetär quantifizierbare Bedeutung von Wirtschaftsobjekten als Tauschwert beziehungsweise einen maximal akzeptablen Grenzpreis für deren Beschaffung.[713] KERSTEN fasst unter dem Begriff zudem alles, was einen Wert für eine Organisation hat.[714] Unter den ökonomischen Wertebegriff fallen Nutzwert, Entscheidungswert, Argumentationswert, Tauschwert und Normwert. Die vorliegende Arbeit orientiert sich hierbei an den Begriffen Entscheidungswert und Tauschwert, wobei ersterer die maximale Bereitschaft für Zugeständnisse eines Entscheiders darstellt und letzterer das geltende Austauschverhältnis zwischen Gütern beschreibt.[715] Der Wertbeitrag, welchen eine Information leisten kann, wird als Wertschöpfung bezeichnet, wenn dem Ergebnis des Einsatzes ein höherer Wert beigemessen wird als die Summe der für die Bereitstellung entstandenen Kosten.[716]

Damit eine Information einen Wert darstellen kann, muss sie bestimmte Anforderungen erfüllen. So muss sie dem Nutzer zugänglich sein, inhaltliche und zeitliche Relevanz besitzen, interpretierbar, exakt, zuverlässig, eindeutig und für den Anwender neu sein.[717] Überragende Bedeutung hat hierbei die rechtzeitige Informationsverfügbarkeit.[718] Zudem wird der Wert einer Information weiter gesteigert, wenn diese eindeutig, klar verständlich, eingängig, gut zugänglich und zur Weiterverwendung aufbereitet ist.[719] Hierfür muss der Weiterverwendungszweck der Information bekannt sein. Auf der semantischen Ebene sind das Objekt, der Gegenstand und der Inhalt einer Information entscheidend. Hierbei determinieren die Bestimmtheit, die Sicherheit und der Geltungsbereich des Informationsgehalts, ob eine Information informativ ist. Die Bestimmtheit reduziert ein weites Möglichkeitsspektrum auf wenige essentielle Informationen, der Geltungsbereich beschreibt den weiten Umfang oder Gültigkeitsbereich der Information und die Sicherheit den Wahrheitsgrad, der idealerweise sicher ist, aber in Abhängigkeit der

---

711 Vgl. Gerberich (2004): Erfolgreiches Innovationsmanagement, S. 49.
712 Vgl. Laux et al. (2012): Entscheidungstheorie, S. 301; Gerberich (2004): Erfolgreiches Innovationsmanagement, S. 49.
713 Vgl. Matschke und Brösel (2013): Unternehmensbewertung, S. 5ff.
714 Vgl. Kersten et al. (2013): IT-Sicherheitsmanagement nach ISO 27001, S. 117.
715 Vgl. Matschke und Brösel (2013): Unternehmensbewertung, S. 7.
716 Vgl. Ehrlenspiel et al. (2014): Kostengünstig Entwickeln und Konstruieren, S. 7.
717 Vgl. Wang und Strong (1996): Beyond Accuracy, S. 9; Ahituv et al. (1994): Principles of information systems, S. 47; Krcmar (2015): Informationsmanagement, S. 36; Fickenscher et al. (1990): Zielorientiertes Informationsmanagement, S. 55; Huang et al. (1999): Quality information and knowledge, S. 43; Versteegen (2002): Management-Technologien, S. 10f; Wittmann (1959): Unvollkommene Information, S. 25.
718 Vgl. Ehrlenspiel et al. (2014): Kostengünstig Entwickeln und Konstruieren, S. 27.
719 Vgl. Eppler (2006): Managing Information Quality, S. 79.

beiden vorausgegangen Variablen selbst variiert.[720] Grundsätzlich kann einer Information ein Wert zugesprochen werden, wenn diese dazu beiträgt, dass ein Entscheider für mindestens ein Informationsergebnis eine andere Variante wählen würde als für den Fall, dass keine Information vorliegt.[721] Der Wert einer Information ist umso höher, je besser sich die Information am Zielsystem der sie nutzenden Organisation orientiert.[722]

5.2.2 Auswahl und Entwicklung notwendiger Methodikelemente

Nachfolgend werden die in Kapitel 4.4.2.2 spezifizierten Methodikelemente durch eine Auswahl bestehender Ansätze oder Neuentwicklung hergeleitet. Die detaillierte Darstellung des Ergebnisses dieser Herleitung erfolgt der Übersichtlichkeit halber in den sich anschließenden Kapiteln 5.2.3 (Hilfsmittelebene), 5.2.4 (Modellebene) und 5.2.5 (Methodenebene).

Strukturierte Vorgehensweise

Um eine vollständige Durchführung des Moduls der Informationswertanalyse zu gewährleisten, soll dem Methodenanwender eine strukturierte Vorgehensweise als unterstützende Methodenanleitung zur Verfügung gestellt werden. Auf der Basis der modellhaften Abstraktion des Produktentwicklungsprozesses wird in einem ersten Schritt die qualitative Informationswertanalyse durchgeführt. Die hierbei identifizierten Mechanismen werden in der quantitativen Informationswertanalyse monetär quantifiziert, auf deren Basis ein Entscheider in der organisatorischen Informationswertanalyse die finalen Informationswerte festlegt. Diese werden abschließend mathematisch formuliert und dargestellt werden. Durch eine iterative Anpassung der quantitativen und qualitativen Informationswerte besteht zudem die Möglichkeit, auf Änderungen, zum Beispiel durch das Aufdecken weiteren unbekannten Unwissens und somit neuen Informationsbedarfen, zu reagieren. Die Vorgehensweise wird in Abbildung 5-11 in Kapitel 5.2.3 übersichtlich dargestellt.

Leitfaden Informationswertanalyse

Der Leitfaden zur Informationswertanalyse deckt sich in diesem Fall mit der strukturierten Vorgehensweise im Rahmen dieses Kapitels. Hierbei orientiert sich der Leitfaden an der Informationswertanalyse nach FICKENSCHER, welcher die Wichtigkeit einer Information, den Zeitpunkt des Informationsbedarfs und der Informationsbeschaffung, die Möglichkeit der Informationsverdichtung sowie die benötigte Genauigkeit und Menge als Kriterien hierzu definiert. Er weist Informationen einen grundsätzlichen Wert zu, wenn diese das langfristige Bestehen eines Unternehmens sichern, die höchste Wertschöpfung für ein Unternehmen erzielen, zur Festlegung oder Erreichung von Unternehmenszielen beitragen und die Wettbewerbsfähigkeit eines Unternehmens sichern oder steigern.[723] Als Vorgehensweise definiert FICKENSCHER einen dreistufigen Ansatz, welcher den Wert einer Information für den gesamten Unternehmenserfolg determiniert. Hierbei erfolgt in einem ersten Schritt eine Informations-Einzelziel-Bewertung, in einem zweiten Schritt eine Informations-Gesamtziel-Bewertung und in einem dritten Schritt eine Beurteilung der Information nach der Wirtschaftlichkeit der Informationsversorgung. Um dieses Vorgehen auf effiziente Produktentstehungsprozesse anwendbar zu machen, werden die ersten

---

[720] Vgl. Bode (1993): Betriebliche Produktion von Information, S. 22.
[721] Vgl. Laux et al. (2012): Entscheidungstheorie, S. 322.
[722] Vgl. Fickenscher et al. (1990): Zielorientiertes Informationsmanagement, S. 86.
[723] Vgl. ebd., S. 55.

beiden Schritte zusammengefasst und in ein zweistufiges Vorgehen überführt. So soll jede einzelne Information auf qualitativer Ebene auf einen möglichen Wertbeitrag überprüft werden, welcher in einem zweiten Schritt quantifiziert wird. Diese Quantifizierung ist zusätzlich zu FICKENSCHER notwendig, da erst durch die Quantifizierung eine effizienzorientierte Planung möglich wird. In einem dritten Schritt erfolgt dann auf Basis der Quantifizierung des Informationswertes die Bestimmung des organisatorischen Informationswertes, welcher die Zahlungsbereitschaft eines Entscheiders für die Informationsbeschaffung darstellt.[724] Die strukturierte Vorgehensweise wird in Kapitel 5.2.3 übersichtlich dargestellt.

Qualitative Informationswertanalyse

Zunächst soll der Wertbeitrag einer Information für einen spezifischen Produktentstehungsprozess und insbesondere die Produktionsplanung auf einer qualitativen Ebene untersucht werden, um die für eine entsprechende Information aktiven Wertbeitragshebel für das Entwicklungsziel zu identifizieren. Hierbei kann der Wertbeitrag in den drei für den Erfolg eines Entwicklungsprozesses relevanten Dimensionen Zeit, Qualität sowie Kosten differenziert werden.[725] Dabei trägt eine Information zu Wert bei, wenn durch sie Zeit- oder Kostenbedarfe gesenkt sowie Produkt- oder Prozessqualität gesteigert werden kann.[726] Die qualitativen Wertbeiträge des Informationsbedarfes lassen sich dabei auf Wichtigkeit und Dringlichkeit untersuchen. Die Dringlichkeit ist hierbei mit der Zeit als Einflussgröße verknüpft, während sich die Wichtigkeit eher als Qualitäts- oder Kosteneinflussgröße äußert.[727] Die Mechanismen des Wertbeitrags der drei Dimensionen Zeit, Kosten und Qualität werden nachfolgend differenziert untersucht.

Wertbeitrag zeitlicher Effekte auf qualitativer Ebene

Der Zeitpunkt der Distribution eines Produktes ist ein primärer Faktor für den wirtschaftlichen Erfolg.[728] Hierbei stellt Zeit die wertvollste Ressource in der Produktentwicklung dar.[729] Zwar spricht ein ausgereifteres, qualitativ hochwertigeres Produkt grundsätzlich einen größeren Markt an, jedoch wird durch eine zu lange Entwicklungszeit das Aktivitätsfenster am Markt verkürzt.[730] Die Zeit als knappe Ressource oder Produktionsfaktor kann dabei nicht durch beliebigen zusätzlichen Humanressourceneinsatz zur Beschleunigung eines Entwicklungsfortschrittes aufgestockt werden, da diese zur Informationsbeschaffung nicht unbegrenzt eingesetzt werden kann. Weiter müssen alternative Einsatzmöglichkeiten der Ressource Zeit als Opportunität in der Planung und damit verbunden bei der Informationsbewertung berücksichtigt werden.[731] Als zeitliche Einflussparameter eines zu deckenden Informationsbedarfs lassen sich der Zeitpunkt des Startes der Informationsbeschaffung, die Zeitdauer der Informationsbeschaffung und der Informationsverarbeitung sowie der Zeitpunkt des Informationseinsatzes identifizieren, welche einen großen Einfluss auf den Wert einer Information haben.[732] Einen grundsätzlichen Wert erzeugen Informationen auf der zeitlichen Ebene durch folgende Einflüsse:

---

[724] Vgl. Laux et al. (2012): Entscheidungstheorie, S. 301.
[725] Vgl. Ehrlenspiel et al. (2014): Kostengünstig Entwickeln und Konstruieren, S. 25; Bertsche et al. (2007): Entwicklung innovativer Produkte, S. 166; Schuh und Klappert (2011): Technologiemanagement, S. 223.
[726] Vgl. Bertsche et al. (2007): Entwicklung innovativer Produkte, S. 139.
[727] Vgl. Schuh (2012): Innovationsmanagement, S. 229.
[728] Vgl. Geuer (1996): Rapid Prototyping in der Produktentwicklung, S. 1.
[729] Vgl. Stern (2010): Erfolgreiches Innovationsmanagement, S. 253f.
[730] Vgl. Cohen et al. (1996): New Product Development, S. 174.
[731] Vgl. Wenzel (1975): Entscheidungsorientierte Informationsbewertung, S. 27.
[732] Vgl. ebd.; Kaltwasser (1994): Wissenserwerb, S. 160.

- **Ergebnisse früher erzielen:** Aufgrund vorhandener Informationen können Entwicklungsergebnisse durch eine richtige Bearbeitung von Anfang an sowie eine mögliche Parallelisierung früher erzielt werden.[733] Ein dadurch möglicher früherer Marktzugang stellt einen hohen kommerziellen Erfolgsfaktor dar.[734] Gleichzeitig birgt eine Verzögerung des Markteintrittes eine Steigerung externer Marktrisiken.[735]
- **Ergebnisse schneller erzielen:** Durch eine Steigerung der Entwicklungsgeschwindigkeit können vorhandene Informationen zu einer Einsparung von Opportunitätskosten führen und sonst gebundene Ressourcen für weitere Entwicklungstätigkeiten freisetzen.[736] Hierbei ist jedoch auch zu berücksichtigen, dass sich die Integration einer Reflexionszeit zur Fehlervermeidung durch Wegfall von notwendigen Korrekturzeiten und Korrekturkosten letztlich ebenfalls positiv auf die Effizienz eines Entwicklungsprozesses auswirken kann.[737]

Wertbeitrag monetärer Effekte auf qualitativer Ebene

Ein Ziel unternehmerischen Agierens ist die Erlösmaximierung und die Kostensenkung. Hierfür ist eine optimierte Fertigungsplanung ein geeignetes Mittel.[738] Dabei ist ein Fokus auf die Senkung von Herstell- und Produktionskosten, Beschaffungs-, Lager-, Verwaltungs- und Vertriebskosten zu legen.[739] Die Kostensenkung in der Entwicklung selber steht von der Bedeutung zurück, da ihr Kostenbeitrag deutlich unter ihrer Kostenfestlegung für spätere Phasen eines Produktlebenszyklus liegt.[740] Grundsätzlich ist festzustellen, dass eine mangelhafte Verfügbarkeit von Informationen sowie ein Kostenunwissen der Entwicklung kostengünstiger Produkte entgegensteht.[741] So können Informationen einen grundsätzlichen Wert auf monetärer Ebene durch folgende Einflüsse erzeugen:

- **Ergebnisse kostenoptimal erzielen:** Eine kostenorientierte Planung und Steuerung von Entwicklungsprojekten kann durch die frühe Bereitstellung entscheidungsrelevanter Informationen erreicht werden.[742] Durch einen dadurch gewonnenen Effizienzgewinn können Kosten im Entwicklungsprozess eingespart werden.[743]
- **Kostenoptimale Ergebnisse erzielen:** Die Entwicklung kostengünstiger Produkte beinhaltet die Selektion geeigneter Produktkonzepte sowie eine material- und montageoptimale Konstruktion.[744] Geringe Produktkosten lassen sich hierbei immer auf richtige Lösungsentscheidungen auf der Basis von vorhandenen Informationen zurückführen.[745] Insbesondere in der Produktionsplanung für die

---

[733] Vgl. Müller-Prothmann und Dörr (2009): Strategien des Innovationsmanagement, S. 40.
[734] Vgl. Stern (2010): Erfolgreiches Innovationsmanagement, S. 253f; Vajna (2014): Integrated Design Engineering, S. 33.
[735] Vgl. Neff (2002): Front Load Costing, S. 66.
[736] Vgl. Kaltwasser (1994): Wissenserwerb, S. 161f.
[737] Vgl. Eversheim et al. (1994): Pilotprojekte statt Trockenübung, S. 265; Stern (2010): Erfolgreiches Innovationsmanagement, S. 256.
[738] Vgl. Ehrlenspiel et al. (2014): Kostengünstig Entwickeln und Konstruieren, S. 8.
[739] Vgl. Fickenscher et al. (1990): Zielorientiertes Informationsmanagement, S. 129ff.
[740] Vgl. Ehrlenspiel et al. (2014): Kostengünstig Entwickeln und Konstruieren, S. 15.
[741] Vgl. ebd., S. 29ff.
[742] Vgl. Bertsche et al. (2007): Entwicklung innovativer Produkte, S. 184.
[743] Vgl. Kaltwasser (1994): Wissenserwerb, S. 176; Bertsche et al. (2007): Entwicklung innovativer Produkte, S. 184.
[744] Vgl. Ehrlenspiel et al. (2014): Kostengünstig Entwickeln und Konstruieren, S. 8.
[745] Vgl. Neff (2002): Front Load Costing, S. 31ff; Ehrlenspiel et al. (2014): Kostengünstig Entwickeln und Konstruieren, S. 25.

Serienproduktion amortisieren sich erhöhte Aufwände in der Planungsphase im Laufe des Lebenszyklus deutlich.[746]

- **Kostentransparenz schaffen:** Aufgrund des hohen Anteils der Kostenfestlegung durch die Produktionsplanung und Entwicklung ist eine hohe und hochwertige Kostentransparenz maßgeblicher Befähiger für eine kostenorientierte Produktentwicklung.[747] Die Bereitstellung von Kosteninformationen ist daher ein entscheidender Beitrag zur Schaffung von Kostentransparenz.[748]
- **Änderungskosten vermeiden:** Änderungskosten stellen einen großen Teil der Produktentwicklungskosten dar und sind neben sich verändernden Randbedingungen auch auf fehlerhafte Entscheidungen in frühen Phasen der Produktentwicklung zurückzuführen. Durch frühe korrekte Entscheidungen auf der Basis von Informationen können diese somit gesenkt werden.[749]

Wertbeitrag produktseitig qualitativer Effekte auf qualitativer Ebene

Qualität ist der Grad, in dem ein Satz inhärenter Merkmale Anforderungen erfüllt.[750] Sie kommt im unternehmerischen Kontext durch *Sollen*, *Wollen* und insbesondere *Können* zustande.[751] Letzteres wird neben Kompetenzen vor allem durch verfügbare Informationen im Produktentstehungsprozess sichergestellt. Informationen können somit dazu beitragen, einen höheren Wert durch eine gesteigerte Anforderungserfüllung zu erreichen.[752] Auf qualitativer Ebene erzeugen Informationen in der Produktionsplanung somit einen Wert durch folgende Einflüsse:

- **Feedback für integrierte Produkt- und Prozessentwicklung:** Durch frühzeitig zur Verfügung stehende Informationen kann seitens der Produktionsplanung qualifiziertes Feedback im Sinne einer integrierten Produkt- und Prozessentwicklung gegeben werden.[753]
- **Optimale Technologieauswahl:** Nur auf der Basis einer guten Informationsbasis kann eine Technologieauswahl getroffen werden, welche eine hochqualitative Produktion ermöglicht.[754]
- **Optimaler Technologieeinsatz:** Der Qualitätsbeitrag ausgewählter Technologien kann aufgrund von falschem Einsatz zu minderwertigen Produkten führen. Gleichzeitig ist eine zielgerechte Parametrisierung Befähiger für qualitativ hochwertige und wirtschaftliche Prozessergebnisse.[755] Diese kann nur auf der Basis vorhandener Informationen erfolgen.

Das Vorgehen zur qualitativen Informationswertanalyse wird in Kapitel 5.2.5 übersichtlich zusammengefasst.

---

[746] Vgl. Ehrlenspiel et al. (2014): Kostengünstig Entwickeln und Konstruieren, S. 35.
[747] Vgl. Ehrlenspiel und Meerkamm (2013): Integrierte Produktentwicklung, S. 662.
[748] Vgl. Bertsche et al. (2007): Entwicklung innovativer Produkte, S. 138f; Ehrlenspiel et al. (2014): Kostengünstig Entwickeln und Konstruieren, S. 12.
[749] Vgl. Bertsche et al. (2007): Entwicklung innovativer Produkte, S. 138; Warfel (2009): Prototyping Guide, S. 94; Schuh (2012): Innovationsmanagement, S. 230.
[750] Vgl. Schmitt und Pfeifer (2015): Qualitätsmanagement, S. 18.
[751] Vgl. ebd., S. 116.
[752] Vgl. Warfel (2009): Prototyping Guide, S. 9.
[753] Vgl. Suh (2001): Axiomatic design, S. 51; Klabunde (2003): Wissensmanagement in der Produkt- und Prozessgestaltung, S. 75.
[754] Vgl. Schuh (2012): Innovationsmanagement, S. 299; Cohen et al. (1996): New Product Development, S. 175.
[755] Vgl. Bertsche et al. (2007): Entwicklung innovativer Produkte, S. 181.

Quantitative Informationswertanalyse

Der zweite Schritt der Informationswertanalyse besteht in der monetären Quantifizierung der zuvor identifizierten Mechanismen in den Bereichen Zeit, Qualität und Kosten. Auf diese Weise soll eine objektive Bewertungsbasis für die Informationswerte geschaffen werden, welche den Entscheider im dritten Schritt in der Festlegung des organisatorischen Informationswerts unterstützen soll. Hierbei gilt es insbesondere, die Problematik einer unmöglichen vollständigen und objektiven Quantifizierung zu überwinden und eine hinreichende Genauigkeit und Sicherheit des quantitativen Informationswertes zu bestimmen. Empirische Untersuchungen zur direkten Quantifizierung von Kosteneinsparungen im Produktentstehungsprozess sind in großer Zahl vorhanden. Die Kalkulation quantitativer monetärer Werte aus temporalen oder leistungsbezogenen Faktoren wird jedoch weithin als problematisch angesehen.[756] Diese Problematik ist zum einen wiederum auf einen Mangel an Informationen zurückzuführen.[757] Zum anderen stellt die Translation qualitativer Kenngrößen in eine absolute, monetäre Einheit ein grundlegendes Problem dar.[758] Zudem steht der evolutionäre und agile Charakter von Technologie- und Produktentwicklungsprozessen einer prospektiven analytischen Bestimmung des monetären Informationswertes entgegen, was in der Praxis zu einer größeren Verbreitung von qualitativen Analysen führt.[759]

Somit kann die quantitative Informationswertanalyse schlussendlich nur auf Expertenschätzungen beruhen. Diese können durch etablierte Methoden unterstützt werden, welche in ihrer Aussagekraft jedoch beschränkt sind.[760] Die größte Herausforderung stellt hierbei die Quantifizierung von Wertbeiträgen auf **qualitativer Ebene** aufgrund hoher Unsicherheit, vielfältiger Einflussvariablen sowie subjektiver Eindrücke des Beurteilers dar.[761] Als grundsätzliche quantitative Ansätze stellt die Literatur im Kontext der Technologiebewertung die (Nutz-)Wertanalyse, die Kosten-Nutzen-Analyse, die Trendexploration, die Modellsimulation und die Regressionsanalyse zur Verfügung.[762] Die Analogie zur Technologiebewertung ist an dieser Stelle gegeben, da diese verschiedene Handlungsoptionen für eine Technologieauswahl vergleicht. Diese verschiedenen Handlungsoptionen ergeben sich ebenfalls durch vorhandene oder nicht vorhandene Informationen. Aufgrund einer fehlenden monetären Bewertung in sämtlichen bestehenden Ansätzen muss an dieser Stelle ein weiterer Schritt über eine Verhältnisbewertung eingefügt werden. Hierfür stellt sich die Nutzwertanalyse als geeignetstes Verfahren heraus. Diese ordnet verschiedenen Attributen Werte zu und gewichtet die Attribute untereinander. Auf der Basis einer vergleichenden Bewertung kann somit ein Verhältnis des Wertes einer bestehenden Information zu dem Wert ohne diese bestimmt werden. Dieses Verhältnis kann dann auf einen festzulegenden Basiswert angewendet werden. Hierbei wird der Wert entweder durch einen höheren Marktanteil oder eine höhere Rendite erzielt. Die Quantifizierung von Wertbeiträgen auf **zeitlicher Ebene** kann durch die schätzende Bestimmung des Zeitvorteils erfolgen. Hierzu bedarf es für die Verrechnung einer schnelleren Entwicklung der Kenntnis der Cash-Burn-Rate,[763] also der monetären Bewertung einer Zeiteinheit im Entwicklungsprozess. Für die Verrechnung eines frühzeitigen Abschlusses eines Innovationsprozesses muss der

---

[756] Vgl. Buxmann (2001): Informationsmanagement in vernetzten Unternehmen, S. 75.
[757] Vgl. Krcmar (2015): Informationsmanagement, S. 162f; Schuh und Klappert (2011): Technologiemanagement, S. 321.
[758] Vgl. Kaltwasser (1994): Wissenserwerb, S. 172.
[759] Vgl. Schuh und Klappert (2011): Technologiemanagement, S. 311.
[760] Vgl. Schwankl (2002): Analyse und Dokumentation, S. 62.
[761] Vgl. Kaltwasser (1994): Wissenserwerb, S. 151.
[762] Vgl. Schuh und Klappert (2011): Technologiemanagement, S. 316.
[763] Engl.: etwa Geldverbrauchsrate.

monetäre Vorteil einer früheren Markteinführung bekannt sein oder geschätzt werden. Die Quantifizierung von Wertbeiträgen auf **monetärer Ebene** kann direkt und auf Basis einer Vollkostenrechnung oder -schätzung erfolgen.

Als Orientierungshilfe stellt die Literatur einige Referenzwerte zur Verfügung. Nach EHRLENSPIEL verursacht beispielsweise die Produktentwicklung im Durchschnitt 9% der Selbstkosten eines Produktes.[764] Direkte Kostensenkungsmaßnahmen am Produkt machen zudem insbesondere in der Serienproduktion Sinn.[765] GEUER beschreibt, dass eine 50%ige Steigerung der Entwicklungskosten den Vermarktungserfolg eines Produktes lediglich um 4% senkt. Eine verspätete Markteinführung um 6 Monate wiederum senkt das Ergebnis um bis zu 33%.[766] VAJNA unterstützt dies und fügt hinzu, dass 9% zu hohe Produktionskosten das Ergebnis um 22% verringern.[767] Stern stellt zudem fest, dass schnellere Unternehmen bis zu 174% mehr Rendite erzielen.[768] BERTSCHE UND BULLINGER weisen Kostensenkungspotentiale von 10%-30% durch eine auf guter Zusammenarbeit, Kommunikation und Informationsverfügbarkeit basierenden Produktionsplanung aus.[769] Zu berücksichtigen bei der Quantifizierung ist zudem, dass ein Informationswert auch über ein bestimmtes Entwicklungsprojekt hinaus bestehen kann. So beträgt die Halbwertszeit von IT-Fachwissen lediglich zwei bis drei Jahre, von Technologiewissen fünf bis zehn Jahre und Methoden und Vorgehensweisen sind zumeist 15 bis 20 Jahre gültig.[770] Das Vorgehen zur quantitativen Informationswertanalyse wird in Kapitel 5.2.5 übersichtlich zusammengefasst.

Organisatorische Informationswertanalyse

Der Wert einer Information ist umso höher, je besser sich diese am Zielsystem eines Unternehmens orientiert.[771] Der Wert einer Information im organisatorischen Umfeld kann somit lediglich von einem Entscheider als subjektiver individueller Grenznutzen bestimmt werden.[772] In der organisatorischen Informationswertanalyse findet somit eine präferenzbasierte Analyse und Festlegung des Entscheiders statt. Auf der Basis der quantitativen Informationswertanalyse kann dieser den Grenzpreis und somit seine maximale Zahlungsbereitschaft für die Beschaffung einer Information festlegen.[773] Durch eine klare Formulierung der an den Unternehmenszielen orientierten Wertvorstellungen des Entscheiders sollen die Gewichtungen für die Informationswertbestimmung intersubjektiv nachvollziehbar gemacht werden.[774] Die Werte dieser einschätzenden Bestimmung sind von Entscheider zu Entscheider unterschiedlich, können jedoch durch den Einsatz von Skalen angeglichen werden.[775] Somit wird eine faktorielle Anpassung der bestimmten quantitativen Informationswerte als Methode zur Bestimmung des organisatorischen Informationswertes gewählt. Das Vorgehen zur organisatorischen Informationswertanalyse wird in Kapitel 5.2.5 übersichtlich zusammengefasst.

---

764 Vgl. Ehrlenspiel et al. (2014): Kostengünstig Entwickeln und Konstruieren, S. 25.
765 Vgl. ebd., S. 101ff.
766 Vgl. Geuer (1996): Rapid Prototyping in der Produktentwicklung, S. 2.
767 Vgl. Vajna (2014): Integrated Design Engineering, S. 33.
768 Vgl. Stern (2010): Erfolgreiches Innovationsmanagement, S. 253f.
769 Vgl. Bertsche et al. (2007): Entwicklung innovativer Produkte, S. 127.
770 Vgl. Vajna (2014): Integrated Design Engineering, S. 387.
771 Vgl. Fickenscher et al. (1990): Zielorientiertes Informationsmanagement, S. 86.
772 Vgl. Matschke und Brösel (2013): Unternehmensbewertung, S. 6.
773 Vgl. Laux et al. (2012): Entscheidungstheorie, S. 36.
774 Vgl. Wenzel (1975): Entscheidungsorientierte Informationsbewertung, S. 7f.
775 Vgl. Krcmar (2015): Informationsmanagement, S. 162f; Wenzel (1975): Entscheidungsorientierte Informationsbewertung, S. 51.

Abstraktion Rahmenbedingungen Produktentstehungsprozess

Um die Kalkulation der quantitativen Informationswerte unter den in Kapitel 4.3.1 aufgezeigten Anforderungen des Pragmatismus, der Handhabbarkeit und des geringen Aufwands realisieren zu können, bedarf es bestimmter Abstraktionen relevanter monetärer Werte des Produktentstehungsprozesses und des Produktlebenszyklus, welche zum Teil analytisch und zum Teil durch Expertenschätzungen ermittelt werden können. Für die Kalkulation von Werten durch **Geschwindigkeitsvorteile** bedarf es der Kenntnis des Kostengradienten bzw. der monetären Verbrauchsrate der Produktionsentwicklung, welche mit einer eingesparten Zeitspanne verrechnet werden. Diese können zum Beispiel durch die durchschnittlichen Tagesausgaben repräsentiert werden.[776] Für die Kalkulation von **Zeitvorteilen** beziehungsweise Zeitnachteilen bedarf es der Kenntnis von sich daraus ergebenden gewonnenen oder verlorenen Marktanteilen.[777] Die monetäre Kalkulation von **Qualitätsvorteilen** durch höhere Umsätze oder geringere Produktionskosten ist ohne vollständige Informationsverfügbarkeit nicht direkt möglich.[778] Daher soll der Wertbeitrag qualitativer Effekte prozentual von einem Basiswert des eigenen Marktanteils durch Experten geschätzt und somit Umsatz- oder Kostenvorteile einkalkuliert werden. Direkte **Kostenvorteile** können sich auf der Basis einer Vollkostenrechnung an den gesamten Entwicklungskosten orientieren. Das zu abstrahierende Modell des Produktentwicklungsprozesses wird in Kapitel 5.2.3 übersichtlich zusammengefasst.

Mathematische Darstellung und Weiterverarbeitung der Informationswerte

Aufbauend auf der in Modul 1 in Kapitel 5.1.3 gewählten mathematischen Formulierung sowie den Anforderungen der sich anschließenden Module wird der quantitative Informationswert durch Bestimmung und Addition der einzelnen Werte jedes Informationsbedarfes in den Dimensionen Zeit, Kosten und Qualität als Vektor dargestellt. Durch die Erweiterung mit der Einheitsmatrix zu einer Diagonalmatrix kann dieser durch eine Matrixmultiplikation mit einer binären Entscheidungsvariable mehreren Zeitpunkten oder Zeiträumen zugeordnet werden. Diese Zeiträume orientieren sich an dem in Modul 4 beschriebenen Modell zur Aufteilung des Produktentstehungsprozesses (vgl. Kapitel 5.4.3). An dieser Stelle wird auf eine prozentuale Skalierung des Informationswertes zu den verschiedenen Zeitpunkten verzichtet, um den in Kapitel 4.3.1 erläuterten Anforderungen des Pragmatismus, der Handhabbarkeit und des geringen Aufwands gerecht zu werden. Diese Skalierung ist jedoch grundsätzlich denkbar. Die so dargestellten quantitativen Informationswerte über der Zeit können daraufhin über zwei weitere Matrixmultiplikationen mit Präferenzwerten des Entscheiders zu den organisatorischen Informationswerten erweitert werden. An dieser Stelle und aufgrund der vorhergehend genannten Anforderungen an die Methodik soll der Entscheider lediglich die einzelnen Zeitpunkte und die einzelnen Informationsbedarfe bewerten. Grundsätzlich wäre an dieser Stelle auch die Bewertung jedes Informationsbedarfes zu jedem Zeitpunkt denkbar. Die Formulierung und Indizierung sowie die Darstellung der Vektoren, Matrizen und Kalkulationen wird in Kapitel 5.2.3 aufgezeigt.

5.2.3 Detaillierung der Hilfsmittelebene

Nachfolgend werden die in Kapitel 5.2.2 ausgewählten und entwickelten Elemente der Hilfsmittelebene von Modul 2 detailliert dargestellt.

---

[776] Vgl. Wöltje (2017): Investition und Finanzierung, S. 526.
[777] Vgl. Burghardt (2018): Projektmanagement, S. 42.
[778] Vgl. Bertsche et al. (2007): Entwicklung innovativer Produkte, S. 127.

Strukturierte Vorgehensweise

Die strukturierte Vorgehensweise dient dem Methodenanwender als unterstützende Methodenanleitung zur Sicherstellung der korrekten und vollständigen Nutzung der detaillierten Methodik. Abbildung 5-6 stellt diese übersichtlich dar.

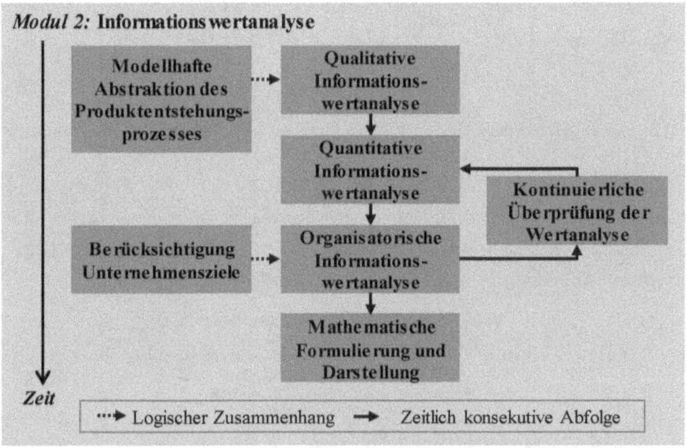

Abbildung 5-11: Strukturierte Vorgehensweise Modul 2: Informationswertanalyse

Mathematische Darstellung und Weiterverarbeitung der Informationswerte

Durch die Addition der einzelnen Informationswertbeiträge aus den Dimensionen Zeit, Kosten und Qualität jeder Informationsbedarfsklasse und durch eine skalare Multiplikation mit den jeweiligen Einträgen des Informationsbedarfsvektors wird der Zeilenvektor W_{wert} der Informationswerte erzeugt, welcher in Abbildung 5-12 dargestellt ist.

Zeilenvektor der quantitativen Informationswerte

$i_{wert,n}$ = Informationswert von Klasse n

$Z_{i,n}, K_{i,n}, Q_{i,n}$ = Zeit-, Kosten- und Qualitätswertbeitrag für Informationsbedarfsklasse n

n = Anzahl Klassen

$$W_{wert}[nx1] = \begin{pmatrix} i_{wert,1} \\ i_{wert,2} \\ i_{wert,3} \\ \vdots \\ i_{wert,n} \end{pmatrix} = \begin{pmatrix} Z_{i,1} + K_{i,1} + Q_{i,1} \\ Z_{i,2} + K_{i,2} + Q_{i,2} \\ Z_{i,3} + K_{i,3} + Q_{i,3} \\ \vdots \\ Z_{i,n} + K_{i,n} + Q_{i,n} \end{pmatrix}$$

Abbildung 5-12: Mathematische Darstellung der quantitativen Informationswerte

Mit der binären Entscheidungsvariablen $t_{j,n}$ kann daraufhin die Entscheidung getroffen werden, ob der jeweilige Informationswert für den jeweiligen Zeitpunkt relevant ist oder ob dieser nicht aktiviert werden kann. Durch die Multiplikation der zeitlichen Relevanzmatrix mit dem um die Einheitsmatrix multiplizierten quantitativen Informationswertevektor können somit die Informationswerte über der Zeit in der Matrix $W_{zeitwert}$ angegeben werden. Dies ist in Abbildung 5-13 dargestellt.

Matrix der zeitlichen Relevanz der quantitativen Informationswerte

$i_{wert,n}$ = Informationswert von Klasse n

$t_{j,n}$ = Binäre Entscheidungsvariable, ob Informationswert $i_{wert,n}$ zu Zeitpunkt t_j begründet ist

n = Anzahl Klassen

j = Anzahl der Zeiträume

$$W_{zeitwert}[nxj] = \begin{pmatrix} i_{wert,1} & 0 & 0 & \cdots & 0 \\ 0 & i_{wert,2} & 0 & \cdots & 0 \\ 0 & 0 & i_{wert,3} & \cdots & 0 \\ \vdots & \vdots & \vdots & \ddots & \vdots \\ 0 & 0 & 0 & \cdots & i_{wert,n} \end{pmatrix} * \begin{pmatrix} t_{1,1} & t_{2,1} & t_{3,1} & \cdots & t_{j,1} \\ t_{1,2} & t_{2,2} & t_{3,2} & \cdots & t_{j,2} \\ t_{1,3} & t_{2,3} & t_{3,3} & \cdots & t_{j,3} \\ \vdots & \vdots & \vdots & \ddots & \vdots \\ t_{1,n} & t_{2,n} & t_{3,n} & \cdots & t_{j,n} \end{pmatrix}$$

Abbildung 5-13: Berücksichtigung der zeitlichen Relevanz der quantitativen Informationswerte

Daraufhin soll ein Entscheider prozentuale Präferenzen für Zeitpunkte und Informationsbedarfe nennen, womit durch erneute Matrixmultiplikationen die quantitative Informationswertmatrix zur organisatorischen Informationswertmatrix $W_{orgawert}$ erweitert wird. Diese stellt das zentrale Ergebnis des Moduls 2 dar und wird in Abbildung 5-14 übersichtlich dargestellt.

Matrix der organisatorischen Informationswerte

$i_{wert,n}$ = Informationswert von Klasse n

$t_{j,n}$ = Binäre Entscheidungsvariable, ob Informationswert $i_{w,n}$ zu Zeitpunkt t_j begründet ist

$p_{w,n}$ = Präferenz des Entscheiders für Klasse n

$p_{w,j}$ = Präferenz des Entscheiders für Zeitpunkt j

n = Anzahl Klassen

j = Anzahl der Zeiträume

$W_{n,j} = i_{wert,n} * t_{j,n} * p_{w,n} * p_{w,j}$

$$W_{orgawert}[nxj] = \begin{pmatrix} p_{w,1} & 0 & 0 & \cdots & 0 \\ 0 & p_{w,2} & 0 & \cdots & 0 \\ 0 & 0 & p_{w,3} & \cdots & 0 \\ \vdots & \vdots & \vdots & \ddots & \vdots \\ 0 & 0 & 0 & \cdots & p_{w,n} \end{pmatrix} * \begin{pmatrix} i_{wert,1}t_{1,1} & i_{wert,1}t_{2,1} & i_{wert,1}t_{3,1} & \cdots & i_{wert,1}t_{j,1} \\ i_{wert,2}t_{1,2} & i_{wert,2}t_{2,2} & i_{wert,2}t_{3,2} & \cdots & i_{wert2}t_{j,2} \\ i_{wert,3}t_{1,3} & i_{wert,3}t_{2,3} & i_{wert3}t_{3,3} & \cdots & i_{wert,3}t_{j,3} \\ \vdots & \vdots & \vdots & \ddots & \vdots \\ i_{wert,n}t_{1,n} & i_{wert,n}t_{2,n} & i_{wert,n}t_{3,n} & \cdots & i_{wert,n}t_{j,n} \end{pmatrix} * \begin{pmatrix} p_{t,1} & 0 & 0 & \cdots & 0 \\ 0 & p_{t,2} & 0 & \cdots & 0 \\ 0 & 0 & p_{t,3} & \cdots & 0 \\ \vdots & \vdots & \vdots & \ddots & \vdots \\ 0 & 0 & 0 & \cdots & p_{t,j} \end{pmatrix}$$

Abbildung 5-14: Organisatorische Informationswerte mit Präferenzen des Entscheiders

5.2.4 Detaillierung der Modellebene

Nachfolgend werden die in Kapitel 5.2.2 ausgewählten und entwickelten Elemente der Modellebene von Modul 2 detailliert dargestellt.

Abstraktion Rahmenbedingungen Produktentstehungsprozess

Die Quantifizierung von Informationswerten bedarf der Abstraktion von Randbedingungen aus dem Produktentstehungsprozess sowie des Produktlebenszyklus. Diese sind in Abbildung 5-15 schwarz hervorgehoben und müssen zu Beginn des Moduls 2 erhoben werden. Dies kann durch Kalkulation oder Expertenschätzungen erfolgen.

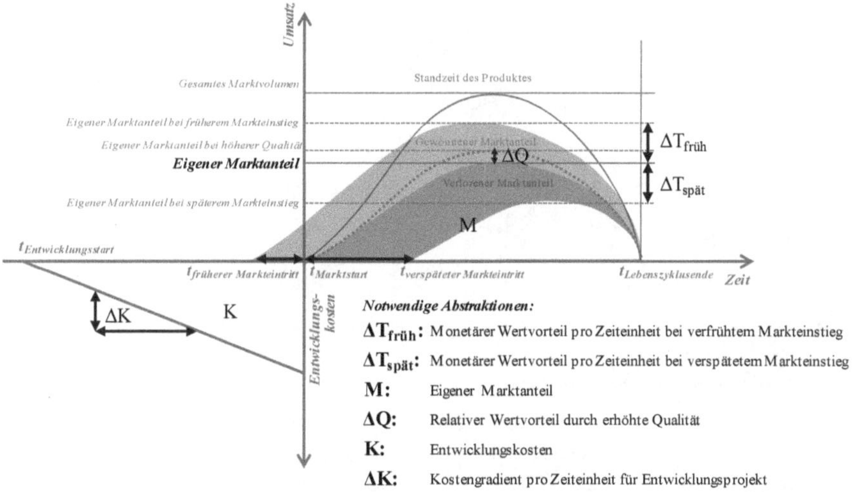

Abbildung 5-15: Modellhafte Abstraktion von Randbedingungen des Produktlebenszyklus[779]

5.2.5 Detaillierung der Methodenebene

Nachfolgend werden die in Kapitel 5.2.2 ausgewählten und entwickelten Elemente der Methodenebene von Modul 2 detailliert dargestellt.

Leitfaden Informationswertanalyse

Durch eine qualitative, quantitative und organisatorische Informationswertanalyse soll der Wertbeitrag einer Information für den Produktionsplanungsprozess bestimmt werden. Dieser kann in der effizienzorientierten Planung eines Produktentstehungsprozesses als Nutzendivisor im Kosten-Nutzen-Verhältnis verwendet werden.

Qualitative Informationswertanalyse

Der Wertbeitrag der einzelnen in Modul 1 identifizierten Informationsbedarfe soll auf qualitativer Ebene in den Dimensionen Zeit, Kosten und Qualität untersucht werden. Hierbei soll identifiziert werden, ob die Existenz einer Information die in Kapitel 5.2.2 identifizierten grundsätzlichen Mechanismen bedingen und somit ein Wertbeitrag generiert wird. Die potentiellen Mechanismen im Spannungsfeld von Zeit, Kosten und Qualität werden in Abbildung 5-16 übersichtlich dargestellt.

[779] Eigene Abbildung in Anlehnung an Burghardt (2018): Projektmanagement, S. 42.

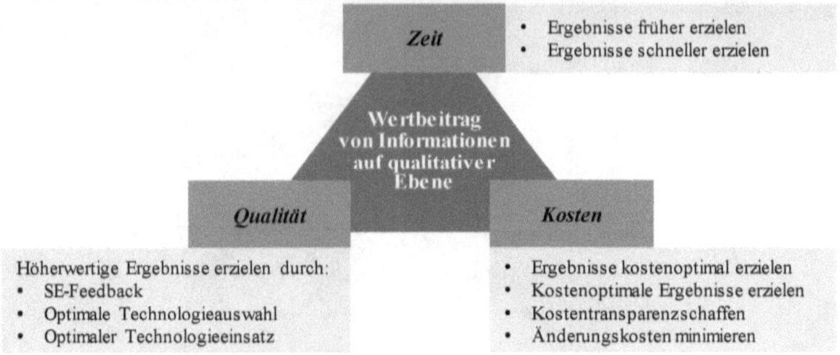

Abbildung 5-16: Spannungsfeld der qualitativen Informationswertanalyse

Quantitative Informationswertanalyse

Den identifizierten Mechanismen zur Generierung eines Wertbeitrags aus der qualitativen Informationswertanalyse sollen in der quantitativen Informationswertanalyse monetäre Werte zugeordnet werden. Hierfür sollen die nachfolgenden Kalkulationen verwendet werden:

- **Kosten:** Vollkostenrechnung der antizipierten Einsparpotentiale
- **Zeit:** Verrechnung des zeitlichen Einsparpotentials mit der Cash-Burn-Rate bei Geschwindigkeitsvorteilen; Verrechnung eines verfrühten Marktstarts mit dem monetären Vorteil auf Basis einer Expertenschätzung
- **Qualität:** Faktorielle Anpassung eines durch Expertenschätzung ermittelten Basiswertes unter Zuhilfenahme einer das erreichbare Qualitätsniveau mit und ohne Information vergleichenden Nutzwertanalyse

Die für die Kalkulationen notwendigen Randbedingungen können dem in Kapitel 5.2.3 abstrahierten Modell der monetären Randbedingungen entnommen werden. Die methodikgerechte mathematische Kalkulation und Dokumentation wird in der Hilfsmittelebene des Moduls 2 in Kapitel 5.2.3 erläutert.

Organisatorische Informationswertanalyse

Unter Berücksichtigung der quantitativen Informationswertanalyse soll ein Entscheider in der organisatorischen Informationswertanalyse eine faktorielle Anpassung der Informationswerte vornehmen, um diese an das Zielsystem und die Strategie des Unternehmens anzupassen. Die methodikgerechte mathematische Kalkulation und Dokumentation wird ebenfalls in der Hilfsmittelebene des Moduls 2 in Kapitel 5.2.3 erläutert.

5.2.6 Zusammenfassende Darstellung

Die wesentlichen Merkmale sowie die Eingangsgrößen, die Vorgehensweise und die Ausgangsgrößen des Moduls 2 der Informationswertanalyse werden in Abbildung 5-17 nachfolgend übersichtlich zusammengefasst.

Modul Informationswertanalyse

Phase:	Planungsphase	**Modul-Nr.:**	2

Zielsetzung: Ermittlung des monetären Wertvorteils der Verfügbarkeit notwendiger Informationen im Produktentstehungsprozess

Eingangsgrößen	Vorgehen	Ausgangsgrößen
• Informationsbedarfe • Projektplan • Monetäre Randbedingungen des Produktentstehungsprozesses und der Produktionsplanung	• Ermittlung des qualitativen Einflusses von Informationen auf die Produktentwicklung • Monetäre Quantifizierung des Informationswertes • Berücksichtigung der Präferenzen des Entscheiders • Mathematische Formulierung und Darstellung	• Organisatorische Informationswerte

Hilfsmittel:
- Kalkulationsansätze zur monetären Bewertung von Wertvorteilen
- Mathematische Formulierung und Darstellung

Kernergebnis: Quantifizierte, zeitbezogene Informationswerte im organisatorischen Kontext

Abbildung 5-17: Zusammenfassende Darstellung Modul 2: Informationswertanalyse

5.3 Modul 3: Informationskostenanalyse

In Kapitel 4.4.2.3 wurde die technische Entwicklung der Prototypenphasen und Experimente sowie die umfassende Antizipation aller für die tatsächliche Informationsgenerierung anfallender Kosten als zentrales Ziel des dritten Moduls der Informationskostenanalyse definiert. Dadurch können die Informationsbedarfe in Kombination mit den in Modul 2 ermittelten Informationswerten effizienzorientiert durch einen Kosten-Nutzen-Vergleich in den Produktentstehungsprozess eingeplant werden. Die hierfür notwendigen Modelle, Methoden und Hilfsmittel werden nachfolgend auf Grundlage der relevanten Ausgangs- und Rahmenbedingungen ausgewählt oder entwickelt, detailliert und zusammenfassend dargestellt.

5.3.1 Ausgangs- und Rahmenbedingungen

Der antizipierte Nutzen eines Prototyps muss gegen die für ihn aufgewendeten monetären und temporalen Ressourcen abgewogen werden.[780] Durch den hohen Kostenaufwand für eine detaillierte und präzise Informationsgenerierung bedarf es einer umfassenden und genauen Analyse dieser Ressourcen.[781] Dazu müssen die Möglichkeiten bekannt sein, wie Prototypen im organisatorischen Kontext eingesetzt und auf welcher Basis dadurch Entscheidungen herbei geführt werden können.[782] Hierfür unterscheidet die zu entwickelnde Methodik den Einsatz physischer Modelle im Produktentstehungsprozess auf zwei Ebenen. Auf der **Ebene des Produktmodells** unterscheidet sie zwischen ***Prototypen*** und ***Primotypen***. Während Prototypen eine physische Ableitung des Entwicklungsstandes sind und für die Produktvalidierung mit einer fixen Deadline und einem Flexibilitätskorridor im Produktentstehungsprozess eingeplant sind, stellen Primotypen möglichst einfache und kostengünstige Lernobjekte dar, welche flexibel zusätzlich im Produktentstehungsprozess eingesetzt werden können.[783] Auf der **Ebene des**

[780] Vgl. Liou (2007): Rapid Prototyping, S. 23.
[781] Vgl. Greitemann et al. (2017): Search for production technologies, S. 26.
[782] Vgl. Salwa Isa (2014): Classifying physical models and prototypes, S. 7.
[783] Vgl. Kampker et al. (2017): Think Big, Start Small, S. 108.

Hardwareeinsatzes zur Informationsgenerierung unterscheidet die Methodik in ***Prototypenaufbau*** und ***Experimente***. Während im Prototypenaufbau eine einmalige prozessuale Nutzung zur Informationsgenerierung erfolgt, stellen Experimente systematische und repetitive Vorgehensweisen, zum Beispiel für Parameterstudien, dar. Experimente können an Prototypen oder Primotypen vorgenommen werden.[784]

5.3.2 Auswahl und Entwicklung notwendiger Methodikelemente

Nachfolgend werden die in Kapitel 4.4.2.3 spezifizierten Methodikelemente durch eine Auswahl bestehender Ansätze oder Neuentwicklung hergeleitet. Die detaillierte Darstellung des Ergebnisses dieser Herleitung erfolgt der Übersichtlichkeit halber in den sich anschließenden Kapiteln 5.3.3 (Hilfsmittelebene), 5.3.4 (Modellebene) und 5.3.5 (Methodenebene).

Strukturierte Vorgehensweise

Um eine vollständige Durchführung des Moduls der Informationskostenanalyse zu gewährleisten, soll dem Methodenanwender eine strukturierte Vorgehensweise als unterstützende Methodenanleitung zur Verfügung gestellt werden. Auf der Basis des bestehenden Prototypenportfolios der methodenanwendenden Organisation werden Experimente für die Generierung von Informationen zur Deckung der Bedarfe der einzelnen Informationsbedarfsklassen entwickelt. In einem weiteren Schritt werden diese auf Integrierbarkeit in bereits bestehende Prototypen sowie Kombinierbarkeit untereinander untersucht. Auf dieser Basis entsteht ein Lösungsraum möglicher Experimente in verschiedenen Prototypen. Zudem können zusätzliche Primotypen erschaffen werden. Diese Möglichkeiten müssen somit monetär bewertet werden. Dafür werden die Prototypenintegrationskosten sowie die Primotypenvollkosten kalkuliert und dokumentiert. Die Vorgehensweise wird in Abbildung 5-19 in Kapitel 5.3.3 übersichtlich dargestellt.

Abstraktion Prototypenbau im organisatorischen Kontext und Prototypenportfolio

Die Entwicklung der Prototypen sowie ihre kostenseitige Bewertung kann nur im organisatorischen Kontext sinnvoll erfolgen und sollte nicht generisch durchgeführt werden. Dadurch wird sowohl die Durchführbarkeit als auch eine wirtschaftliche Realisierbarkeit sichergestellt. Um die Entwicklung und Kostenbewertung im organisatorischen Kontext zu realisieren, soll die Methodik zum einen mit einer Übersicht über das bestehende Prototypenportfolio durchgeführt werden. Dies setzt sich aus bestehenden Humanressourcen, existierenden technischen Ressourcen, der Materialwirtschaft eines Unternehmens, vorhandenem Wissen sowie einem bestehenden Partnernetzwerk zusammen.[785] Zur Auswahl der Handlungsmöglichkeiten ist es wichtig, die realistischen Technologien und ihren möglichen Technologieeinsatz (vgl. Abbildung 3-8) abzubilden.[786] Zum anderen bedarf es für die Planung und Kostenbewertung einer modellhaften Abstraktion des Prototypenbaus, in dem die Verfügbarkeiten, Kapazitäten und Kosten des Prototypenportfolios abstrahiert sind. Die modellhafte Abstraktion des Prototypenbaus sowie des Prototypenportfolios wird in Kapitel 5.2.3 übersichtlich dargestellt und zudem in Kapitel 5.2.3 aufgegriffen.

[784] Vgl. Zheng Li (2015): Prototype Experimentation, S. 102; eine ausführliche Einführung in die Begrifflichkeiten sowie den Themenkomplex erfolgt in Kapitel 3.3.

[785] Eine umfassende Beschreibung des Theoriekomplexes Prototypenbau erfolgt in Kapitel 3.3.

[786] Vgl. Schuh und Klappert (2011): Technologiemanagement, S. 199.

Konzeptionierung des Hardware Engineering und Entwicklung der Experimente

Der Neuigkeitsgrad, welcher der Generierung von Informationen zur Befriedigung von bestehenden Informationsbedarfen inhärent ist, führt zu einer fehlenden Erfahrung zur Entwicklung eines spezifischen Experimentes sowie der Strukturierung, des Zeitbedarfs und relevanter Abhängigkeiten.[787] Aus diesem Grund soll dem Methodikanwender ein Prozess zur Konzeptionierung des Hardware Engineerings und der Entwicklung der Experimente sowie handlungsleitende zu berücksichtigende Anforderungen an den Prototypenbau zur Verfügung gestellt werden, welche nachfolgend entwickelt werden. Prototypen haben hierbei einen hohen Einfluss auf die Produktentwicklung, können bei falschem Einsatz jedoch schnell einen negativen Einfluss auf Kosten, Qualität und Zeit haben. Die physischen Modelle müssen daher auf eine schnelle und kostengünstige Implementierung ausgelegt werden und die Produktentwicklung und die Informationsgenerierung gezielt unterstützen. Bei Erfüllung der Funktionsanforderungen ist besonders auf die Materialauswahl in Hinblick auf die Anforderungen des Serienwerkstoffes sowie die Prozesstechnologie zur Erprobung und Optimierung des Produktes und des Produktionsprozesses zu achten.[788] Die zu entwickelnde Methodik bedient sich bei der Entwicklung der Prototypen an der einzigen in der wissenschaftlichen Literatur identifizierbaren Vorgehensweise nach ULRICH UND EPPINGER, welche ein vierstufiges Vorgehen zur Prototypenentwicklung definiert haben:[789]

- **Schritt 1 - Prototypenzweck definieren:** Die Definition des Einsatzzweckes erfolgt auf der Basis einer Analyse der Relevanz, der Meilensteine, der Integration, der Kommunikation und des Lernens.
- **Schritt 2 - Annäherungsgrad des Prototyps an das Produkt festlegen:** Es sollte die einfachste Möglichkeit für einen Prototyp gewählt werden. Ein Aufbau auf einem vorangegangenen oder themenverwandten Prototyp ist genauso möglich wie der Aufbau eines neuen Modells.
- **Schritt 3 - Planung der Tests und Experimente:** Die für den Prototyp vorgesehenen Tests und Experimente zur Extraktion der Informationen werden entwickelt. Besonders bei umfangreichen Tests und Experimenten ist auf die Beachtung aller Variablen und den damit verbundenen Versuchen, auf die Einhaltung des Testprotokolls und der Planung der Auswertung zu achten, sodass ein effizienter Ablauf gesichert ist.
- **Schritt 4 - Erstellung des Zeitplans für die Beschaffung, die Herstellung und das Testen:** Für die Erstellung des Zeitplans sind insbesondere drei Zeitpunkte relevant. So ist ein Fokus auf die Beschaffungsdauer der Teile, die Durchführungsdauer der Experimente sowie die Bereitstellungsdaten aller relevanter Informationen zu legen.

In Schritt 1 stehen für die zu entwickelnde Methodik die Informationsbedarfe im Mittelpunkt. In Schritt 2 erfolgt die Planung zunächst unabhängig von den bestehenden Anforderungen und definierten Prototypen der Produktentwicklung. Schritt 3 wird durch eine Methode zur Auswahl von Technologien und Reifegraden im Prototypenbau nach WESTKÄMPER (siehe unten) ergänzt, da die Methode von ULRICH UND EPPINGER nicht anwendungsbezogen genug ist. Die Entwicklung der Experimente muss sich zudem an den Anforderungen an diese orientieren, welche im nachfolgenden Abschnit erläutert werden. Darüber hinaus müssen die Informationen untereinander auf Kompatibilität und Integrierbar-

---

[787] Vgl. Klabunde (2003): Wissensmanagement in der Produkt- und Prozessgestaltung, S. 41.
[788] Vgl. Liou (2007): Rapid Prototyping, S. 13f.
[789] Vgl. Ulrich und Eppinger (2016): Product design and development, S. 305ff.

keit in bestehende Prototypen untersucht werden. Ebenso bedarf es einer geeigneten technischen Dokumentation der Experimente. Schritt 4 erfolgt in den Modulen 4 und 5. WESTKÄMPER definiert hierfür eine zehnstufige Vorgehensweise zur Prototypenfertigungs- und Prüfverfahrensauswahl. Diese ordnet mögliche Herstell- und Prüftechnologien den entsprechenden Experimenten auf der Basis einer Analyse der relevanten Qualitäts- und Prototypenmerkmale und durch eine Bewertung sowie Präferenzbildung unter Zuhilfenahme von Erfahrungswissen zu.[790] Die detaillierte Vorgehensweise sowie die mathematische Formulierung und Darstellung der Kombinations- und Integrationsanalyse werden in Kapitel 5.3.5 dargestellt.

Anforderungen an die Konzeption von Hardware Engineering und Entwicklung von Experimenten

Durch den unkonventionellen Fokus der Prototypenphasen auf die Informationsgenerierung anstelle der Validierung sind besondere Anforderungen an diese zu stellen, um ein möglichst hohes Informationsgenerierungspotential zu generieren.[791] Um dies zu erreichen, einen einfachen Transfer der generierten Informationen sicherzustellen und zu vermeiden, dass nicht-transferierbare Informationen generiert werden, sollen in der Konzeption der Experimente möglichst seriennahe Produkt- und Prozesstechnologien gewählt werden.[792] Zudem soll die Auswahl der Technologiekombinationen anforderungsgerecht und auf den Informationsbedarf ausgerichtet sein.[793] Zudem soll die Entwicklung kostenorientiert erfolgen.[794] Dies kann unter anderem durch die Berücksichtigung des bestehenden Prototypenbauportfolios sichergestellt werden.[795] Ebenfalls ist der Prototypenaufbau möglichst transparent und mit möglichst geringer Improvisation zu konzipieren.[796] Konzept- und ablaufbedingt sollen die Experimente zudem auf der Basis einer statistischen Versuchsplanung entwickelt werden.[797] Durch diese wird der Einfluss einstellbarer Parameter und Umgebungsbedingungen auf das Prozessergebnis ermittelt. Zudem können die Interdependenzen und Widersprüche zwischen Produkt und Prozess herausgearbeitet werden. Darüber hinaus unterstützt diese in der Exploration des Einflussparameterraums bereits in der Entwicklungsphase.[798] Abschließend müssen die entwickelten Experimente anwendungsgerecht technisch dokumentiert werden.[799] Die aus den Erläuterungen abgeleiteten konkreten Anforderungen an die Konzeption von Hardware Engineering und Entwicklung von Experimenten werden in Kapitel 5.3.3 formuliert.

Leitfaden Kostenerfassung Prototypenbau

Um die Informationsgenerierung effizienzorientiert durch den Abgleich von Kosten und Nutzen in den Produktentstehungsprozess einplanen zu können, bedarf es der Erfassung sämtlicher Informationskosten, welche durch Prototypen und Experimente entstehen. Informationskosten sind jegliche Kosten, welche zur Informationsbeschaffung notwendig sind, gleichzeitig aber eine monetäre Minderung des Werts der Information durch die entstandenen Ausgaben verursachen. Die Differenz zwischen dem Wert

---

[790] Vgl. Westkämper et al. (1996): Qualitätsmanagement im Rapid Prototyping, S. 618.
[791] Die Anforderungen wurden im Rahmen von Experteninterviews validiert; Experteninterviews Produkt- und Prozessentwicklung für elektrische Antriebe 01/2018.
[792] Vgl. van de Ven und Johnson (2006): Knowledge for Theory and Practice, S. 808.
[793] Vgl. Salwa Isa (2014): Classifying physical models and prototypes, S. 7.
[794] Vgl. Liou (2007): Rapid Prototyping, S. 43.
[795] Vgl. ebd., S. 42.
[796] Vgl. Grover (2003): Prototyping Techniques, S. 1f.
[797] Validiert in Experteninterviews Produkt- und Prozessentwicklung für elektrische Antriebe 01/2018.
[798] Vgl. Pfeifer und Schmitt (2014): Handbuch Qualitätsmanagement, S. 501ff; für eine ausführliche Einführung in den Themenkomplex der statistischen Versuchsplanung sei auf die relevante Standardliteratur verwiesen.
[799] Vgl. Grover (2003): Prototyping Techniques, S. 1f.

und den Kosten eines Informationsbedarfes soll positiv sein. Negative Kosten, also Einnahmen oder Werterhöhungen durch das Durchführen der Beschaffung der Information sind denkbar. Die beschriebene Differenz kann jeden reellen Wert annehmen. Informationskosten können in zwei Kategorien differenziert werden: In die vom Informationsbedarf abhängigen und in die unabhängigen Kosten. Die unabhängigen Kosten sind jene die anfallen, bis dem Entscheider die Information zu Verfügung steht. Die abhängigen Kosten werden durch eine veränderte Situation durch die Beschaffung der Information determiniert. Hierzu können beispielsweise die unbeabsichtigte Stärkung eines Konkurrenten durch die Informationsbeschaffung oder Opportunitätskosten durch den investierten Zeitaufwand gezählt werden.[800]

Kostenrechnung im Allgemeinen basiert auf der Produktions- und Kostentheorie. Die Produktionstheorie fokussiert dabei im Rahmen der Leistungserstellung die quantifizierbaren Relationen zwischen Produktionsinput und -output sowie die Effekte auf den Faktorverbrauch. Die darauf aufbauende Kostentheorie betrachtet Abhängigkeiten zwischen Kosteneinflussgrößen und ermittelt die zugehörigen Kostenhöhen.[801] Der Kostenbegriff ist als betriebsbedingter Werteverzehr definiert.[802] Er umfasst die vier Merkmale Existenz eines Mengengerüsts, Existenz eines Wertgerüsts, Produktionsbezug als Verzehrfunktion sowie Periodenbezug als zeitliche Komponente. Der mengenmäßige Verzehr einer Ressource stellt die Ausprägung des ersten Merkmals dar. Jede Ressource besitzt zudem einen Wert, womit der Ressourcenverzehr monetär quantifizierbar ist. Mengen- und Wertgerüst bringen Kostenbeträge in direkte Relation zum mengenmäßigen Ressourcenverzehr und ihrer wertmäßigen Relevanz. Nach dem dritten Merkmal des Produktionsbezugs gehen Kosten mit dem Ursache-Wirkungs-Prinzip zwischen Produkterstellung und dem Ressourcenverbrauch einher. Der Bezugszeitraum für die Kostenrechnung ergibt eine definierte Periode.[803] Die Kosten von Informationen und ihrer Erzeugung ist ein Untersuchungsgegenstand der Kostentheorie. Im Rahmen der Informationsgenerierung durch Prototypen sind die anfallenden Informationskosten zu ermitteln und zu analysieren, um eine effizienzorientierte Prototypenplanung zu gestalten. Eine effiziente und praktikable Kostenrechnung und -analyse erfordert ein strukturiertes Vorgehen mit Prototypenbezug.[804] LIOU, ARDIANSYAH und NEFF haben Kostenrechnungsverfahren für den Prototypenbau in der wissenschaftlichen Literatur vorgestellt. Diese werden nachfolgend beschrieben und daraufhin auf ihre Anwendbarkeit für die zu entwickelnde Methodik untersucht.

- **Kostenschätzungen nach LIOU:** LIOU beschreibt Kostenschätzungsverfahren für Prototypen. Bei der Schätzung durch Analogie werden Produkte mit bereits entwickelten Produkten verglichen. In der Bottom-up-Schätzung wird ein System in seine Komponenten zerlegt und die Summe der Kosten der einzelnen Komponenten addiert. Bei der Top-down-Schätzung[805] werden Kosten durch zusammenhängende Teilfunktionalitäten bewertet. Expertenurteile basieren auf begründeten Schätzungen. Schätzmodelle verwenden für die Kostenschätzung eine Gleichung, welche auf parametrischen Daten beruht.[806]

---

[800] Vgl. Wenzel (1975): Entscheidungsorientierte Informationsbewertung, S. 18ff.
[801] Vgl. Götze (2010): Kostenrechnung und Kostenmanagement, S. 9ff.
[802] Vgl. Hering (2015): Kostenrechnung und Kostenmanagement für Ingenieure, S. 12.
[803] Vgl. Schlink (2017): Wirtschaftlichkeitsrechnung für Ingenieure, S. 124f.
[804] Vgl. Bode (1993): Betriebliche Produktion von Information, S. 2.
[805] Engl.: Bottom-up: von unten nach oben; Top-down: von oben nach unten.
[806] Vgl. Liou (2007): Rapid Prototyping, S. 36ff.

- **Parametrische Kostenschätzung nach ARDIANSYAH:** ARDIANSYAH definiert ein Kostenschätzmodell für die Bestimmung von Kosten von der Konstruktion bis zum Bau eines speziellen Prototyps für ein Elektrofahrzeug. Die parametrischen Kosten werden auf den Prototypen-Entwicklungsprozess bezogen, welcher modellhaft aus vier Teilprozessen besteht. Darüber hinaus stellt das Modell Leistungen, Kostenstellen und Kostentreiber in jedem Prozess dar. Die Gesamtkosten jeder Kostenstelle werden durch mathematische Gleichungen formuliert. Prototypenkosten bestehen somit aus Komponentenkosten und Managerkosten. Komponentenkosten bestehen wiederum aus Teilekosten, welche sich aus dem Verzehr von Kostentreibern bei einer bestimmten Kostenrate bestimmen.[807]
- **Front Load Costing nach NEFF:** NEFF definiert ein probabilistisches Modell zur frühzeitigen Kostenbewertung und Entscheidungsunterstützung. Mit Produktkostenmodellen wird eine wirtschaftliche Bewertung auf Basis unvollkommener Information durchgeführt. Bereits vor dem endgültigen Feststehen der technischen und wirtschaftlichen Aspekte der Produktentwicklung erfolgen Aussagen über die potenziellen Produktkosten. Die Methode gliedert sich in drei Bereiche. Der Erfassung unsicherer Daten folgt deren Modellierung und Verarbeitung. Die Entscheidungsvorbereitung und -unterstützung wird durch die Visualisierung und Interpretation der unsicheren Informationen in Form von Chancen-Risiken-Profilen und ABC-Analysen erreicht. Dadurch wird ein erhöhter Koordinationsbedarf durch Simultaneous Engineering in frühe Phasen des Produktentstehungsprozesses verschoben. Dies führt zu einer Verlängerung der Konzeptphase, verringert aber die Gesamtentwicklungszeit und den Industrialisierungsaufwand durch verkürzte Iterationsschleifen und geringeren Abstimmungsbedarf in den späten Entwicklungsphasen. Die Kostenerfassung basiert hierbei auf Vergangenheitsdaten und Expertenbefragungen.[808]

Für eine direkte Nutzung in der zu entwickelnden Methodik sind die in der Literatur beschriebenen Kostenrechnungsverfahren nicht anwendbar. Die auf Verhältniskosten beziehungsweise Erfahrungswissen beruhenden Verfahren nach LIOU und NEFF sind aufgrund des zu erwartenden Neuheitsgrades durchzuführender Prototypenaufbauten und Experimente nicht geeignet. Das parametrische Rahmenwerk nach ARDIANSYAH ist zudem zu unspezifisch und vereinfachend. Dafür wird nachfolgend eine Kostenrechnung für Prototypen entwickelt, welche den Anforderungen der zu entwickelnden Methodik gerecht wird. LIOU beschreibt dazu als Grundlage die Kostenstruktur eines Prototyps, welche in Abbildung 5-18 übersichtlich dargestellt wird.

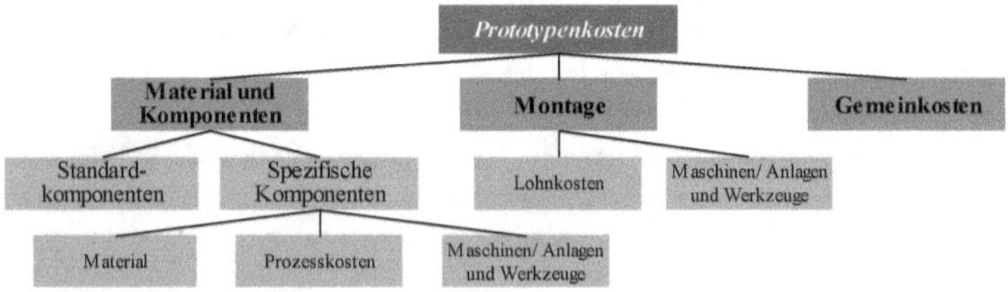

Abbildung 5-18: Kostenstruktur von Prototypen[809]

---

[807] Vgl. Ardiansyah et al. (2013): Parametric cost estimation model for prototypes, S. 385ff.

[808] Vgl. Neff (2002): Front Load Costing, S. 103ff; Neff (2002): Front Load Costing, S. 240; Engl.: Front Load Costing: Frühzeitige Kostenkalkulation.

[809] Eigene Abbildung in Anlehnung an Liou (2007): Rapid Prototyping, S. 43.

Zunächst muss für die Kostenrechnung in Prototypen- und Primotypenkosten unterschieden werden. Während für die Informationsgenerierung durch Prototypenaufbauten und -experimente Extrakosten auf bereits geplante Prototypenphasen kalkuliert werden müssen, sind Primotypenaufbauten und -experimente als Vollkosten zu bestimmen, da diese speziell für die Informationsgenerierung im Produktentstehungsprozess eingesetzt werden. Somit werden die Deltakosten oder Integrationskosten der einzelnen Experimente in den jeweiligen Prototypen bestimmt. Ebenso werden die Vollkosten für die jeweiligen Primotypen kalkuliert. Die Kalkulationen orientieren sich dabei an der oben dargestellten Kostenstruktur von Prototypen. Die Kalkulationsvorschriften sowie die mathematische Darstellung werden in Kapitel 5.3.5 dargestellt.

5.3.3 Detaillierung der Hilfsmittelebene

Nachfolgend werden die in Kapitel 5.3.2 ausgewählten und entwickelten Elemente der Hilfsmittelebene von Modul 3 detailliert dargestellt.

Strukturierte Vorgehensweise

Die strukturierte Vorgehensweise dient dem Methodenanwender als unterstützende Methodenanleitung zur Sicherstellung der korrekten und vollständigen Nutzung der detaillierten Methodik. Abbildung 5-19 stellt diese übersichtlich dar.

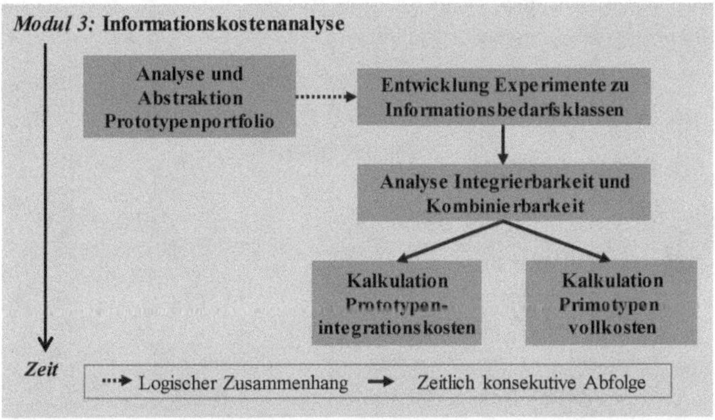

Abbildung 5-19: Strukturierte Vorgehensweise Modul 3: Informationskostenanalyse

Anforderungen an die Konzeption von Hardware Engineering und Entwicklung von Experimenten

Die Berücksichtigung der nachfolgenden Anforderungen unterstützt die Konzeption des Hardware Engineering sowie die Entwicklung der Experimente bei der optimalen und effizienten Ausschöpfung des Informationsgenerierungspotentials.

- Die Experimente sollen möglichst unter Berücksichtigung des bestehenden Prototypenbauportfolios entwickelt werden.
- Um nicht-transferierbare Ergebnisse zu vermeiden, sollen möglichst seriennahe Technologien und Technologieintegrationen gewählt werden.
- Die Experimente sollen sich auf die definierten Informationsbedarfe fokussieren.
- Die Experimente sollen möglichst kostengünstig konzipiert sein.

- Die Experimente sollen eine möglichst hohe Transparenz für den Prozess garantieren.
- Die Experimente sollen auf der Basis einer statistischen Versuchsplanung entwickelt werden.
- Die Experimente sollen anwendungsgerecht technisch dokumentiert werden.

Übersicht Prototypenportfolio

Die Übersicht über das Prototypenportfolio der methodenanwendenden Organisation dient als Grundlage für die Entwicklung von Prototypen und Experimenten. Dadurch werden die technische und wirtschaftliche Realisierbarkeit sichergestellt. Das Portfolio muss zu Beginn der Methodenanwendung erhoben werden und wird in Kapitel 5.3.3 in Kombination mit der modellhaften Abstraktion des Prototypenbaus übersichtlich dargestellt.

5.3.4 Detaillierung der Modellebene

Nachfolgend werden die in Kapitel 5.3.2 ausgewählten und entwickelten Elemente der Modellebene von Modul 3 detailliert dargestellt.

Abstraktion Prototypenbau im organisatorischen Kontext

Die Entwicklung und monetäre Bewertung der Experimente zur Befriedigung existierender Informationsbedarfsklassen bedarf der Übersicht über das bestehende Prototypenportfolio sowie der Abstraktion organisatorischer und wirtschaftlicher Randbedingungen. Ein mögliches Rahmenwerk hierzu wird in Abbildung 5-20 übersichtlich dargestellt und muss zu Beginn des Moduls 3 erhoben werden.

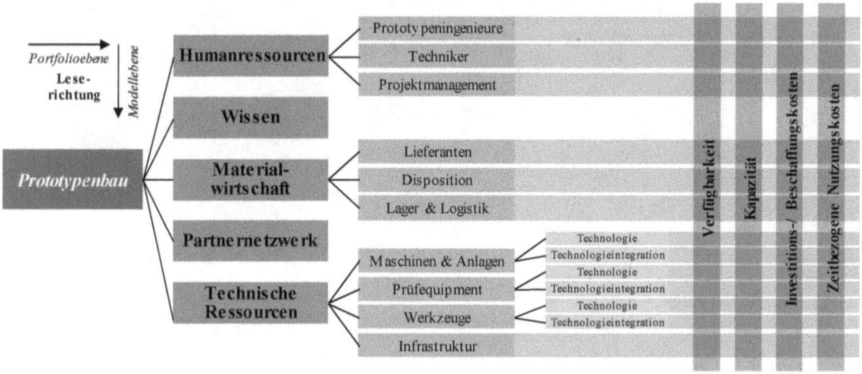

Abbildung 5-20: Modellhafte Abstraktion Prototypenbau und Prototypenportfolio

5.3.5 Detaillierung der Methodenebene

Nachfolgend werden die in Kapitel 5.3.2 ausgewählten und entwickelten Elemente der Methodenebene von Modul 3 detailliert dargestellt.

Konzeptionierung des Hardware Engineering und Entwicklung der Experimente sowie Anforderungen an diese

Die Entwicklung der Prototypen und Experimente erfolgt analog zu dem von ULRICH UND EPPINGER definierten vierstufigen Vorgehen.[810] Dies wird nachfolgend erläutert.

Schritt 1 – Prototypenzweck definieren

Im ersten Schritt erfolgt die Definition des Prototypenzwecks durch die Analyse der Informationsbedarfsklassen.

Schritt 2 – Annäherungsgrad des Prototyps an das Produkt festlegen

Im zweiten Schritt wird die grobe Gestalt des Prototyps festgelegt. Hierbei sollte die einfachste Möglichkeit für diesen gewählt werden. Ein Aufbau auf einem vorangegangenen oder themenverwandten Prototyp ist genauso möglich wie der Aufbau eines neuen Modells.

Schritt 3 – Planung der Tests und Experimente

Im dritten Schritt werden die für den Prototyp vorgesehenen Tests und Experimente zur Extraktion der Informationen entwickelt. Dies erfolgt unter Berücksichtigung der in Kapitel 5.3.3 dokumentierten Anforderungen. Die Auswahl der Herstellungs- und Prüftechnologien erfolgt dabei auf Basis der von WESTKÄMPER definierten zehnstufigen Vorgehensweise:[811]

- Erfassung, Gewichtung und Auswahl relevanter Qualitätsmerkmale
- Identifizierung notwendiger Prototypen (Produkt, Baugruppen, Einzelteile)
- Zuordnung der Prototypmerkmale und Prototypart zu gewichteten Qualitätsmerkmalen
- Ableitung und Beschreibung von Forderungen an einen Prototyp
- Unterstützung des Anwenders bei der Auswahl von geeigneten Prototypherstell- und -prüfverfahren unter Berücksichtigung von Zeit- und Kostenaspekten
- Bewertung und Präferenzbildung von Kombinationen aus Herstell- und Prüftechnologien
- Dokumentation vorhandener Lösungen zur Auswahlunterstützung für ähnliche Produkte
- Nutzung der Wissensbasis für Prototypenauswahl, -einsatz und -prüfung
- Auswahl von einzusetzenden Prüfverfahren
- Weiternutzung bestehenden Wissens aus Qualitätsprüfungen bei Prototyp- und Produktentwicklungen für zukünftige Produktentwicklungen

Zum Abschluss von Schritt drei werden die einzelnen Experimente auf Integrierbarkeit in die von der Produktentwicklung definierten Prototypen sowie die Kompatibilität untereinander analysiert. Die Ergebnisse werden durch eine binäre Entscheidungsvariable in der Kompatibilitätsmatrix $I_{Kompatibilität}$ sowie der Integrationsmatrix $I_{Integration}$ festgehalten. Diese werden nachfolgend übersichtlich dargestellt.

---

[810] Vgl. Ulrich und Eppinger (2016): Product design and development, S. 305ff.

[811] Vgl. Westkämper et al. (1996): Qualitätsmanagement im Rapid Prototyping, S. 618.

Kompatibilitätsmatrix zwischen den Experimenten der Informationsbedarfsklassen $i_{b,n}$

n = Anzahl Klassen

$a_{n,n}$ = (1: kombinierbar; 0: nicht kombinierbar)

$$I_{\text{kompatibilität}}[nxn] = \begin{pmatrix} 1 & a_{1,2} & \cdots & a_{1,n} \\ a_{2,1} & 1 & \cdots & a_{2,n} \\ \vdots & \vdots & \ddots & \vdots \\ a_{n,1} & 0 & \cdots & 1 \end{pmatrix}$$

Abbildung 5-21: Formulierung und Darstellung der Kompatibilitätsmatrix

Integrationsmatrix der Informationsbedarfsklassen $i_{b,n}$ zu Prototypen P_p

n = Anzahl Klassen

P_p = bestehender Prototyp zum Zeitpunkt t_{P_p}

$b_{n,p}$ = (1: integrierbar; 0: nicht integrierbar)

$$I_{\text{integration}}[nxp] = \begin{pmatrix} b_{1,1} & b_{1,2} & \cdots & b_{1,p} \\ b_{2,1} & b_{2,2} & \cdots & b_{2,p} \\ \vdots & \vdots & \ddots & \vdots \\ b_{n,1} & b_{n,2} & \cdots & b_{n,p} \end{pmatrix}$$

Abbildung 5-22: Formulierung und Darstellung der Integrationsmatrix

Schritt 4 – Erstellung des Zeitplans für die Beschaffung, die Herstellung und das Testen

Die Zeitplanung des Prototypenbaus wird im Modul 4 durch einen Optimierungsalgorithmus vorgenommen (vgl. Kapitel 5.4.5). Die Organisation des Prototypenbaus inklusive der Beschaffung erfolgt in Modul 5 (vgl. Kapitel 5.5.5).

Leitfaden Kostenerfassung Prototypenbau

Die Kostenerfassung erfolgt in zwei Dimensionen. Zum einen werden die Integrations- oder Deltakosten für die Informationsgenerierung in bestehenden Prototypen ermittelt. Zum anderen werden die Vollkosten zusätzlicher Primotypen kalkuliert.

Kostenrechnung für die Integration von Experimenten in bestehende Prototypen

Die Kosten der Informationsgenerierung von Experimenten einer bestimmten Informationsbedarfsklasse in Prototypen muss für sämtliche kompatible Prototypen erfolgen. Diese Integrierbarkeit wird durch die Integrationsmatrix $I_{\text{integration}}$ festgehalten (vgl. Kapitel 5.3.3). Aufgrund des bereits geplanten Prototyps müssen für die Kalkulation der Kosten lediglich die Anpassungskosten, zusätzliche Materialkosten, Kosten für die Experimententwicklung sowie -durchführung (Lohnkosten, Maschinenstunden etc.) einkalkuliert werden. Die einzelnen Kosten bestimmen sich nach Formel 1 wie folgt:

$$\Delta K_{n,p} = AK + MK + EE + ED \qquad (1)$$

mit: AK: Anpassungskosten
MK: Materialkosten
EE: Experimententwicklungskosten
ED: Experimentdurchführungskosten

Sämtliche Kosten werden in der Matrix der Prototypenintegrationskosten $K_{\text{integrationskosten}}$ zusammengefasst. Diese wird nachfolgend exemplarisch dargestellt.

Matrix der Prototypenintegrationskosten

$\Delta K_{n,p}$ = Prototypenintegrationskosten von Klasse n zum Prototypen P_p

P_p = bestehender Prototyp zum Zeitpunkt t_{Pp}

n = Anzahl Klassen

$$K_{integrationskosten}[nxp] = \begin{pmatrix} \Delta K_{1,1} & \Delta K_{1,2} & \dots & \Delta K_{1,p} \\ \Delta K_{2,1} & \Delta K_{2,2} & \dots & \Delta K_{2,p} \\ \vdots & \vdots & \ddots & \vdots \\ \Delta K_{n,1} & \Delta K_{n,2} & \dots & \Delta K_{n,p} \end{pmatrix}$$

Abbildung 5-23: Formulierung und Darstellung der Prototypenintegrationskostenmatrix

Ist eine Informationsbedarfsklasse beziehungsweise ein Experiment gemäß $I_{integration}$ nicht integrierbar, so wird dem zugehörigen Kostenelement in der Matrix der Wert ∅ (leere Menge) zugewiesen.

Kostenrechnung für den Bau eines zusätzlichen Primotypen

Prinzipiell ist für jede Informationsbedarfsklasse der Aufbau eines spezifischen Primotyps möglich. Neben solchen werden in Modul drei sämtliche Primotypen berücksichtigt, die Kombinationen oder Teilkombinationen von Informationsbedarfsklassen gemäß der Kombinationsmatrix $I_{Kompatibilität} I_{b,n}$ abdecken. Die Vollkosten für den Aufbau und die systematische Informationsgenerierung mit einem spezifischen Primotyp umfassen die Kosten für den Bau dieses Primotyps und spezifische Integrationskosten für die entsprechende Informationsbedarfsklasse mit zugehörigem Experiment. Für die kombinierbaren Informationsbedarfsklassen wird ein gemeinsamer, kostenminimaler Primotyp entwickelt, in den die Kombinationen oder Teilkombinationen integriert werden können. In diesem Fall werden in den Vollkosten für jede Informationsbedarfsklasse die anteilige Berechnung der Primotypkosten, sodass diese auf alle berücksichtigten Klassen umgelegt wird, sowie die jeweiligen Integrationskosten berücksichtigt. Die Grundgleichung der Primotypenvollkosten lautet nach Formel 2 wie folgt:

$$VK_{n,q} = PTK_q + \Delta K_{n,PTq} \qquad (2)$$

mit: PTK_q: Kosten Primotypengrundkörper

$\Delta K_{n,PTq}$: Integrationskosten der Experimente (Analog zu Formel 1)

Die Kalkulation für die Vollkostenrechnung des Primotypengrundkörpers in Anlehnung an die Kostenstruktur aus Abbildung 5-18 erfolgt nach Formel 3 wie folgt:

$$PTK_q = STK + MK + FK + IVK + LK + MoK + A + O \qquad (3)$$

mit: STK: Kosten für Standardkomponenten

MK: Kosten für spezifische Materialien

FK: Fertigungskosten

IVK: Investitionskosten – Maschinen, Anlagen und Werkzeuge

LK: Lohnkosten

MoK: Montagekosten

A: Aufschlag für Entwicklung, Unsicherheit

O: Overhead

Die Vollkosten für die berechneten Primotypen sind periodenunabhängig und damit konstant. Sämtliche Kosten werden in der Matrix der Prototypenintegrationskosten $K_{Vollkosten}$ zusammengefasst. Diese wird nachfolgend exemplarisch dargestellt.

Matrix der Primotypenvollkosten

$VK_{n,q}$ = Primotypenvollkosten von Klasse n für Primotyp q

$PT_{n,q}$ = Primotyp q für Klassen n

q = Anzahl Primotypen

n = Anzahl Klassen

$$K_{vollkosten}[nxq] = \begin{pmatrix} VK_{1,1} & VK_{1,2} & \cdots & VK_{1,q} \\ VK_{2,1} & VK_{2,2} & \cdots & VK_{2,q} \\ \vdots & \vdots & \ddots & \vdots \\ VK_{n,1} & VK_{n,1} & \cdots & VK_{n,q} \end{pmatrix}$$

Abbildung 5-24: Formulierung und Darstellung der Primotypenvollkostenmatrix

5.3.6 Zusammenfassende Darstellung

Die wesentlichen Merkmale sowie die Eingangsgrößen, die Vorgehensweise und die Ausgangsgrößen des Moduls 3 der Informationskostenanalyse werden in Abbildung 5-17 nachfolgend übersichtlich zusammengefasst.

Modul Informationskostenanalyse		
Phase: Planungsphase		**Modul-Nr.:** 3
Zielsetzung: Ermittlung der Kosten für den Einsatz von Prototypen und Primotypen zur Informationsgewinnung		
Eingangsgrößen	**Vorgehen**	**Ausgangsgrößen**
• Informationsbedarfe • Portfolio Prototypenbau • Zeitplan Produktentstehungsprozess • Monetäre Randbedingungen des Prototypenbaus	• Entwicklung der Prototypen, Primotypen und Experimente • Evaluation der Integrierbarkeit und Kompatibilität der Experimente • Kalkulation der Prototypenintegrationskosten • Kalkulation der Primotypenvollkosten	• Informationsbeschaffungskosten
Hilfsmittel: • Übersicht über Prototypenbau-Portfolio • Anforderungen an Prototypenbau und Experimente		
Kernergebnis: Informationsbeschaffungskosten für Beschaffung durch Prototypen und Primotypen		

Abbildung 5-25: Zusammenfassende Darstellung Modul 3: Informationskostenanalyse

5.4 Modul 4: Informationsbeschaffungsplanung

In Kapitel 4.4.2.4 wurde die Optimierung des Gestaltungsraums für die Planung der operativen Informationsgenerierung in Prototypenphasen als zentrales Ziel des vierten Moduls der Informationsbeschaffungsplanung definiert. Diese übernimmt insbesondere die inhaltliche und zeitliche Planung der Informationsgenerierung sowie die Festlegung von Prototypenumfängen. Hierbei bildet das Modul die Synchronisation der Planungsphase als Abgleich zwischen der Informationswertanalyse und der Informationskostenanalyse ab. Die hierfür notwendigen Modelle, Methoden und Hilfsmittel werden nachfolgend auf Grundlage der relevanten Ausgangs- und Rahmenbedingungen ausgewählt oder entwickelt, detailliert und zusammenfassend dargestellt.

5.4.1 Ausgangs- und Rahmenbedingungen

Für eine effektive und effiziente Prototypennutzung ist ein grundlegendes Verständnis darüber notwendig, welche Fragen an einen Prototyp oder einen Prototypenaufbau zu stellen sind, wann diese zu stellen sind und wie diese beantwortet werden können.[812] Aufgrund hoher Kosten, welche durch den Prototypeneinsatz im Produktentstehungsprozess erzeugt werden, muss die konkrete Aufgabe sowie der Nutzen eines Prototyps definiert werden, um den Wert bezogen auf die eingesetzten Ressourcen eines Prototyps zu maximieren.[813] Dies kann durch die Neuzuordnung von Informationen und die Verschiebung oder Schaffung eines neuen Prototypen erfolgen. Wenn ein Prototyp mehr Wert erzeugt als er verbraucht, ist seine Erschaffung zweckdienlich und angebracht.[814] Dabei ist es notwendig, ein integrierendes Konzept für die Ansprüche der Produktentwicklung sowie der Produktionsplanung zu generieren.[815] Die Festlegung der Informationsbeschaffung durch Prototypen stellt somit ein Entscheidungsproblem dar.[816] Dieses wird durch die Informationsbedarfsanalyse in Modul 1 (vgl. Kapitel 5.1) grundlegend strukturiert. Der so entstandene Informationsbedarfsraum und sämtliche alternative Ergebnisse sind jedoch zunächst unabhängig von einer möglichen Informationsbeschaffung, was in der Realität jedoch nicht immer erfüllt ist.[817] Für die Auswahl und Zuordnung einer Teilmenge des Informationsraumes stehen grundsätzlich drei Kriterien zur Verfügung:

- das Kriterium der Nutzenmaximierung
- das Kriterium der Kostenminimierung
- das Kriterium der Wirtschaftlichkeitsmaximierung

Nach dem Kriterium der Nutzenmaximierung werden die Alternativen mit den höchsten Nutzwerten, hier die Informationen mit den höchsten Werten, ausgewählt. Bei dem Kriterium der Kostenminimierung liegt ein Fokus auf den Kosten, womit die kostengünstigsten Alternativen zu wählen sind. Die Wirtschaftlichkeitsmaximierung beruht darauf, die Alternativen mit den höchsten Quotienten aus Wert und Kosten auszuwählen.[818]

5.4.2 Auswahl und Entwicklung notwendiger Methodikelemente

Nachfolgend werden die in Kapitel 4.4.2.4 spezifizierten Methodikelemente durch eine Auswahl bestehender Ansätze oder Neuentwicklung hergeleitet. Die detaillierte Darstellung des Ergebnisses dieser Herleitung erfolgt der Übersichtlichkeit halber in den sich anschließenden Kapiteln 5.4.3 (Hilfsmittelebene), 5.4.4 (Modellebene) und 5.4.5 (Methodenebene).

Abstraktion des Produktentstehungsprozesses

Die Entwicklung eines bestimmten Produktes bedarf eines individuellen Produktentstehungsprozesses, um den organisatorischen und technologischen Besonderheiten Rechnung tragen zu können.[819] Gleichzeitig bedarf die effizienzorientierte Optimierung der Informationsgenerierung im Produktentste-

[812] Vgl. Ankarbranth und Martenson (2013): Prototypes in Product Development, S. 28.
[813] Vgl. Liou (2007): Rapid Prototyping, S. 25.
[814] Vgl. Ulrich und Eppinger (2016): Product design and development, S. 300.
[815] Vgl. Eversheim et al. (1995): Simultaneous Engineering, S. 34.
[816] Vgl. Schrage (2008): Serious play, S. 35f.
[817] Vgl. Laux et al. (2012): Entscheidungstheorie, S. 322.
[818] Vgl. Miessen (1989): Rechnergestützte Produktionsplanung, S. 98ff.
[819] Vgl. Eversheim et al. (1995): Simultaneous Engineering, S. 52ff.

hungsprozess eines bestimmten Rahmenwerks als Gestaltungsraum. Dieses muss wegen des oben genannten Grundes und der in Kapitel 4.3.2 aufgestellten inhaltlichen Anforderung der Berücksichtigung des Rahmenwerks bestehender Produktentstehungsprozesse sowie der Sicherstellung der Existenz von Meilensteinen stets individuell gebildet werden. Für die Informationsbeschaffungsplanung bedarf es somit der Abstraktion des automobilen Produktentstehungsprozesses in unterschiedliche Informationsphasen, begrenzt durch Meilensteine. Hierbei orientiert sich das Modell an der Funktionalität der Optimierung in der Methodik (vgl. Kapitel 5.4.5). So müssen Prototypen, ihre finalen Zeitpunkte sowie ihre Flexibilitätskorridore definiert werden. Zudem muss die Granularität der diskreten Optimierung während der Prototypenkorridore im Spannungsfeld von Effizienz und Effektivität der Methodik festgelegt werden. So kann lediglich ein Optimierungspunkt zu Beginn eines Flexibilitätskorridors eingesetzt werden. Dies bietet sich insbesondere bei kürzeren Korridoren an. Es besteht jedoch auch die Möglichkeit, in längeren Korridoren mehrere Punkte zu definieren. Zudem besteht die Möglichkeit, mögliche Primotypen und deren Zeiträume zu definieren. Die Zeiträume müssen sich an zwei bestehenden Optimierungspunkten als Start und Ende orientieren. Diese müssen jedoch nicht gezwungener Maßen benachbart sein, sodass ein Primotypenzeitraum mehrere Optimierungspunkte umfassen kann. Die modellhafte Abstraktion des Produktentstehungsprozesses wird in Kapitel 5.4.3 übersichtlich zusammengefasst.

Entwicklung des Optimierungsalgorithmus

Für die Optimierung des Gestaltungsraums der Informationsbeschaffung soll das Kriterium der Wirtschaftlichkeitsmaximierung genutzt werden (vgl. Kapitel 5.4.1) um der in Kapitel 4.3.2 erläuterten inhaltlichen Anforderung der Effizienzorientierung an die Methodik gerecht zu werden. Für die Entscheidung zur Informationsbeschaffung soll der Quotient aus Informationswert und Informationskosten möglichst hoch sein und insgesamt maximiert werden. Der absolute Betrag des Informationswertes und der Informationskosten wird vernachlässigt. Eine mögliche Lösung des Optimierungsproblems wird durch die Anwendung von Algorithmen oder Heuristiken vermutet. Ein Algorithmus bezeichnet ein festgelegtes rechnerisches Vorgehen zur schrittweisen Lösung einer Klasse von gleichartigen Problemen. Dabei ist die Lösungsvorschrift präzise formuliert, in endlicher Form dargestellt und effektiv ausführbar.[820] Heuristiken sind eine Untergruppe der Algorithmen, welche die Optimalität der mit ihnen bestimmten Lösungen nicht garantieren. Sie zeichnen sich durch schnellere Rechenzeiten bei immer wiederkehrenden Kalkulationen oder komplexen Optimierungsproblemen aus, was sie durch gezielte Abstraktion, Vereinfachung oder Annäherung der Lösung erreichen.[821]

Ziel des zu entwickelnden oder auszuwählenden Algorithmus ist die Maximierung des Informationswertes sowie die Minimierung der Informationskosten. Zudem bestehen diskrete Randbedingungen im Gestaltungsraum. Somit stellt das Optimierungsproblem ein multikriterielles Entscheidungsproblem in einem multikriteriellen Zielsystem dar. Derartige Probleme zeichnen sich durch einen Zielkonflikt aus, in dem die Verbesserung hinsichtlich einer Zielsetzung mit einer Verschlechterung in mindestens einem anderen Kriterium verbunden ist.[822] Funktional soll der Algorithmus unter den gegebenen Randbedingungen der modellhaften Abstraktion des Produktentstehungsprozesses sowie der Informationswert- und Informationskostenanalyse Gestaltungsvarianten festgelegter Prototypen und möglicher Primotypen transparent machen und objektiv analysieren. Darauf aufbauend sollen Informationsbedarfsklassen

---

[820] Vgl. Ottmann und Widmayer (2017): Algorithmen und Datenstrukturen, S. 2ff; für eine tiefgehende Einführung in die Grundlagen der Algorithmen sei auf die relevante Literatur verwiesen.

[821] Vgl. Günther (2010): Alternative Problemlösungszyklen, S. 162.

[822] Vgl. Geiger (2015): Multikriterielle Ablaufplanung, S. 6f.

zu bestehenden Prototypen zugeordnet und diese terminiert oder neue Primotypen festgelegt werden. Dies soll auf der Basis einer ökonomisch rationalen Planung und vor dem Hinblick der Effizienzmaximierung erfolgen. Somit soll eine mathematische Zielfunktion aufgestellt und unter gegebenen Randbedingungen optimiert werden. Grundlage dafür ist die Abbildung der Realität auf ein mathematisches Optimierungsmodell, das der mathematischen Methode und der Realität gerecht wird, sodass das Planungsergebnis praxistauglich ist.[823] Aus dieser Aufgabe sowie den in Kapitel 4.3 aufgestellten Anforderungen an die Methodik leiten sich die folgenden Anforderungen an die Funktionalität des Algorithmus ab:[824]

- **Optimierung mehrerer Zielfunktionen:** Maximierung des Informationswertes, Minimierung der Informationskosten
- **Diskretisierung:** Berücksichtigung diskreter Randbedingungen im Gestaltungsraum
- **Expertensystem:** Möglichkeit des Ausschlusses von Kombinationsmöglichkeiten a-priori
- **Praxistauglichkeit:** Anwendbarkeit auf das erläuterte Problem
- **Handhabbarkeit der Berechnung:** Möglichst geringe Anzahl an Berechnungen auch bei hoher Anzahl an Prototypen/ Primotypen oder Informationsbedarfsklassen
- **Effizienzorientierung:** Im Vergleich zur Anwendung ist der Aufwand für die Formulierung des Optimierungsproblems gering

Auf der Basis einer extensiven Recherche in der wissenschaftlichen Standardliteratur sowie eines Experteninterviews wurden Ansätze mit einem möglichen Lösungsbeitrag identifiziert und auf die Erfüllung der oben aufgestellten Kriterien untersucht. Nachfolgend werden die Ansätze einführend beschrieben:

- **Vektoroptimierung:** In der Vektoroptimierung werden Vektoren mit Kombinationen einer bestimmten Zielfunktion aufgestellt, woraufhin eine Lösung aus der Menge aller zulässigen Alternativen hinsichtlich einer Minimierungs- oder Maximierungsvorgabe ausgewählt werden. Die Vektoroptimierung kann als Expertensystem ausgeführt werden, in dem die Menge der möglichen Lösungen a-priori angepasst oder die Lösung aus der Menge pareto-optimaler Lösungen a-posteriori ausgewählt wird.[825]
- **Branch-and-Bound:** Branch-and-Bound stellt eine kombinatorische Optimierung dar, bei dem eine Enumeration aller Lösungen ohne eine vollständige Einzelbetrachtung durchgeführt wird, um zu einer optimalen Lösung zu gelangen. In dem ersten Branch-Schritt wird das Problem so lange in einfachere Teilprobleme aufgeteilt, bis keine vereinfachenden Teilprobleme mehr gefunden werden können, wodurch eine Baumstruktur entsteht. In dem sich anschließenden Bound-Schritt werden durch die Untersuchung der Teilprobleme je nach Optimierungsvorgabe obere oder untere Grenzen für die Lösung festgelegt, welche zum Ausschluss weiterer Lösungsvarianten führen. Das Verfahren wird so lange durchgeführt, bis eine dominante Lösung gefunden wurde. Das Branch-and-Bound-Verfahren liefert stets eine optimale Lösung. Die Implementierung und die Effizienz

823 Vgl. Hansmann (1992): Praxis und Theorie der Unternehmung, S. 257f.

824 Die Anforderungen wurden im Zuge eines Experteninterviews bezüglich ihrer Vollständigkeit und Richtigkeit validiert; Experteninterview Operations Research 08/2018.

825 Vgl. Geiger (2015): Multikriterielle Ablaufplanung, S. 14.

hängen vom konkreten Problem ab. Aufgrund der Vielzahl der möglichen Kombinationen im vorliegenden Gestaltungsraum führt der Branch-and-Bound-Algorithmus jedoch nicht zu einer akzeptablen Rechenzeit.[826]

- **Knapsack-Problem:** Für die Lösung eines Knapsack-Problems wird für eine Reise ein Rucksack mit einer gegebenen Menge an Gegenständen gepackt. Der Nutzwert der eingepackten Gegenstände soll möglichst hoch und das Maximalgewicht nicht überschritten werden.[827] Die zugehörige Lösung fällt in die Kategorie der dynamischen Optimierung und basiert auf einem Algorithmus mit Rekursionsformeln.[828]
- **Quicksort:** Quicksort ist ein Sortier-Algorithmus mit einer langsamen Laufzeit, der sich jedoch als praktikabel und effizient erweist. Der Algorithmus fungiert nach dem Prinzip „Teilung und Eroberung“ in den drei Stufen Teilen, Erobern und Kombinieren. Beim Teilen wird eine Datenstruktur in zwei (eventuell leere) Unterstrukturen geteilt. Beim Erobern werden diese Unterstrukturen sortiert. Beim Kombinieren kann dann eine geeignete Lösung ausgewählt werden.[829]
- **Agententheorie:** Ein Agent stellt eine künstlich erstellte Einheit dar, welche ihre Umgebung wahrnimmt und in einer proaktiven oder reaktiven Weise in dieser Umgebung mit weiteren Agenten handelt. Dies erfolgt auf der Basis von Kommunikations- und Koordinationsprotokollen, welche mehrere Ziele aufweisen:[830]
    - Vermeidung von Chaos hat zum Ziel, durch die Zusammenführung aller Teilergebnisse ein Gesamtziel zu erreichen
    - Schaffung einer einheitlichen Umgebung, die die Randbedingungen beinhaltet, in denen die Komponenten arbeiten
    - Koordination von verteilten Informationen, Ressourcen und Verantwortlichkeiten, um eine klare Zuständigkeit zu erhalten
    - Auflösung von Abhängigkeiten zwischen zwei Komponenten
    - Effizientes Arbeiten durch die Aufgabenaufteilung spezialisierter Agententypen[831]

Für eine praktische Anwendung in Unternehmen können Agenten Prinzipien des Marktes anwenden. Dabei werden die einzelnen Koordinationskomponenten monetär hinterlegt und eine geeignete Lösung wird aufgrund eines adäquaten Preis/Leistungsverhältnisses ausgewählt. Aufgrund der notwendigen umfangreichen Protokolle stellt die Agententheorie jedoch keine effiziente Lösung für das vorliegende Optimierungsproblem dar.[832]

Die Lösungsmöglichkeiten wurden hinsichtlich der Erfüllung der aufgestellten Anforderungen hin überprüft und auf ihre Anwendbarkeit hin bewertet. Die Ergebnisse dieser Bewertung sind in Abbildung 5-26 abgebildet.

---

[826] Vgl. Korte und Vygen (2008): Kombinatorische Optimierung, S. 596.
[827] Vgl. Suhl und Mellouli (2013): Optimierungssysteme, S. 150.
[828] Vgl. Korte und Vygen (2008): Kombinatorische Optimierung, S. 481ff.
[829] Vgl. Cormen et al. (2007): Introduction to algorithms, S. 145ff.
[830] Vgl. Wooldridge und Jennings (1995): Intelligent agents, S. 114ff.
[831] Vgl. Bertsche et al. (2007): Entwicklung innovativer Produkte, S. 244.
[832] Vgl. ebd., S. 245ff.

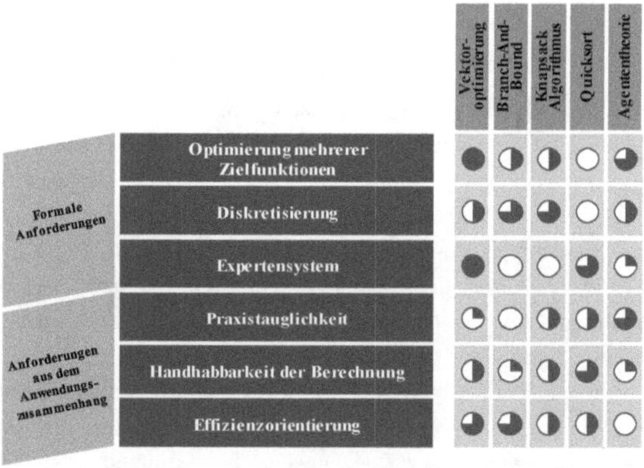

Abbildung 5-26: Bewertung algorithmischer Lösungsansätze für die Optimierung[833]

Es wird deutlich, dass keiner der bestehenden Lösungsansätze direkt für die Lösung des beschriebenen Optimierungsproblems infrage kommt. Aus diesem Grund wird nachfolgend ein Algorithmus entwickelt und beschrieben. Dieser orientiert sich aufgrund der größten Übereinstimmung an der Vektoroptimierung, stellt jedoch in seiner Ausführung eine Heuristik dar.

Ausgangspunkt für die Entwicklung einer Lösungsvorschrift ist die Spezifikation des zu lösenden Problems mit einer vollständigen, detaillierten und eindeutigen Beschreibung. Ziel ist die Planung der operativen Informationsgenerierung in Prototypenphasen entlang des Produktentstehungsprozesses für eine effiziente Produktionsplanung. Die Optimierung soll bestehende Prototypen nutzen oder neue Primotypen initialisieren, um sich in vorgegebene Produktentstehungsprozessplanungen einzugliedern. Hierbei gilt es, sämtliche Informationen technologisch kompatibel Prototypen und Primotypen zuzuordnen und ein ökonomisch rationales Optimum bezüglich der Wertmaximierung zu finden. Nach der Spezifikation des Problems müssen ein Modell und ein Lösungsweg mit exakt vorgeschriebenen Schritten in Form eines Algorithmus entworfen werden, der gemäß den zuvor dargestellten Algorithmus-Definitionen endlich, deterministisch, effektiv und effizient ist. Die Darstellungsweise von Algorithmen ist hierbei nicht fest vorgeschrieben und kann nach eigenem Ermessen gestaltet werden, die Ausführung des Algorithmus durch den Menschen oder durch Maschinen muss jedoch möglich sein. Ein Algorithmus kann allgemein Operationen an Objekten durchführen und diese Objekte von einem Ursprungszustand in einen bestimmten Endzustand überführen. Dabei können diese Anweisungen zergliedert werden, sodass der Algorithmus aus den Grundelementen Sequenz als Folge von Anweisungen, Alternative

[833] Die Bewertung wurde in einem Experteninterview validiert; Experteninterview Operations Research 08/2018; Bewertungsschema:
1: Anforderung vollständig erfüllt
3/4: Anforderung größtenteils erfüllt
1/2: Anforderung teilweise erfüllt
1/4: Anforderung ansatzweise erfüllt
0: Anforderung nicht erfüllt.

als bedingungsgesteuerte Verzweigung, Auswahl als Verallgemeinerung der Alternative oder Iteration als eine Menge von Anweisungen mit endlicher Wiederholung besteht und beschrieben werden kann.[834]

Prinzipiell kann für jede Informationsbedarfsklasse ein eigener Primotyp initialisiert werden, wenn dieser bezogen auf die Vollkosten den höchsten Wertbeitrag generiert. Zudem können die Informationsbedarfsklassen Prototypen zugeordnet und diese zeitlich innerhalb eines vorgegebenen Flexibilitätskorridors terminiert werden. Hierfür werden zunächst die Informationsbedarfsklassen, die Matrix der organisatorischen Informationswerte, die Matrix der Prototypenintegrationskosten und die Matrix der Primotypenvollkosten initialisiert. Es folgt ein mehrstufiges Vorgehen. Als Erstes wird mit Hilfe der Matrix der Prototypenintegrationskosten bestimmt, ob eine Informationsbedarfsklasse nicht in bestehende Prototypen integriert werden kann. Dies ist der Fall, wenn alle Einträge einer Zeile den Wert Ø (leere Menge) aufweisen, weil ein technischer Konflikt besteht. Für eine derartige Informationsbedarfsklasse muss ein spezifischer Primotyp aufgebaut werden. Anschließend werden für die weiteren Informationsbedarfsklassen in beiden Kostenmatrizen die minimalen Kosteneinträge erfasst. Mittels paarweisem Vergleich werden die jeweiligen minimalen Kosteneinträge gegenübergestellt und verglichen. Ist das minimale Kostenelement der Matrix der Prototypenintegrationskosten größer als der verglichene Wert der Matrix der Primotypenvollkosten, wird die zugehörige Primotypenkonstitution für die entsprechende Informationsbedarfsklasse vorgenommen. Dies folgt der Tatsache, dass der Bau eines Primotypen grundsätzlich zu bevorzugen ist, da dadurch Komplexität in Planung und Koordination der Prototypenphase gesenkt wird und die Ansprüche an einen bestimmten Prototyp minimiert werden. Zudem wird der nachfolgende Rechenaufwand weiter gemindert. Darauf aufbauend werden die Profitabilitätsmatrizen für die Informationsgenerierung durch Prototypen und Primotypen berechnet. Für alle Informationsbedarfsklassen werden in beiden Profitabilitätsmatrizen die maximalen Profitabilitätsbeträge erfasst und paarweise verglichen. Das zum größeren Betrag zugehörige Matrixelement bestimmt die Konstitution und die optimale Informationsphase für die betrachtete Informationsbedarfsklasse. Im Falle einer höheren Profitabilität auf Seiten der Prototypenintegration wird der Zeitpunkt des maximalen Wertes während des Flexibilitätskorridors des bestimmten Prototyps gesucht und ausgewählt. Danach wird das Ergebnis auf Kompatibilität der einzelnen Experimente überprüft. Im Falle eines Konflikts wird das Ergebnis mit dem geringeren Wertbeitrag einem anderen, kompatiblen Prototyp zugeordnet. Es werden keine weiteren Iterationen hinsichtlich eines neuen Optimums durchgeführt, um den Rechenaufwand gering zu halten. Ergebnis ist eine integrierte Informationsbeschaffungs- und Prototypen-/ Primotypenplanung, die durch wirtschaftlich optimale Integration der Experimente zu den einzelnen Informationsbedarfen in bestehende Prototypen und Aufbauten von Primotypen gekennzeichnet ist. Der Algorithmus sowie die mathematische Darstellung und Formulierung der Vorgehensweise zur Informationsbeschaffungsplanung werden in Kapitel 5.4.3 dargestellt.

Strukturierte Vorgehensweise

Um eine vollständige Durchführung des Moduls der Informationsbeschaffungsplanung zu gewährleisten, soll dem Methodenanwender eine strukturierte Vorgehensweise als unterstützende Methodenanleitung zur Verfügung gestellt werden. Auf der Basis der modellhaften Abstraktion des Gestaltungsraums der Terminierung von Prototypen und Primotypen werden in einem ersten Schritt die Profitabilitätsmatrizen der Prototypen und Primotypen bestimmt. Auf dieser Basis soll der Gestaltungsraum effizienzorientiert anhand der vorgegebenen Algorithmik optimiert werden, woraufhin die notwendigen

---

[834] Vgl. Günther (2010): Alternative Problemlösungszyklen, S. 160ff.

Primotypen konstituiert und Prototypen sowie Primotypen terminiert werden können. Die Vorgehensweise wird in Abbildung 5-27 in Kapitel 5.5.3 übersichtlich dargestellt.

5.4.3 Detaillierung der Hilfsmittelebene

Nachfolgend werden die in Kapitel 5.4.2 ausgewählten und entwickelten Elemente der Hilfsmittelebene von Modul 4 detailliert dargestellt.

Strukturierte Vorgehensweise

Die strukturierte Vorgehensweise dient dem Methodenanwender als unterstützende Methodenanleitung zur Sicherstellung der korrekten und vollständigen Nutzung der detaillierten Methodik. Abbildung 5-27 stellt diese übersichtlich dar.

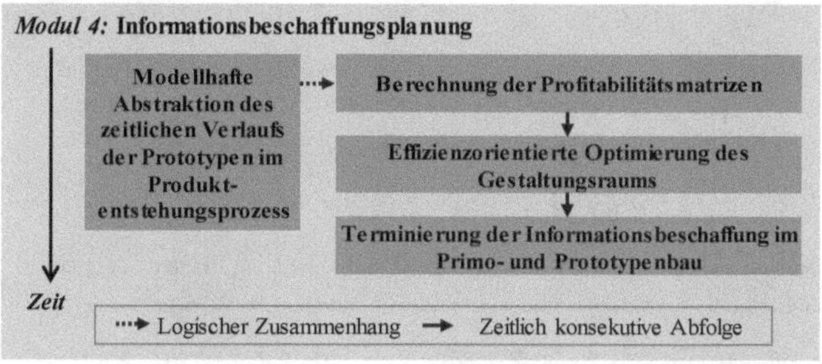

Abbildung 5-27: Strukturierte Vorgehensweise Modul 4: Informationsbeschaffungsplanung

5.4.4 Detaillierung der Modellebene

Nachfolgend werden die in Kapitel 5.4.2 ausgewählten und entwickelten Elemente der Modellebene von Modul 4 detailliert dargestellt.

Abstraktion des Produktentstehungsprozesses

Die handhabbare Optimierung der effizienzorientierten Informationsgenerierung bedarf der Abstraktion des zeitlichen Verlaufs des Produktentstehungsprozesses sowie der Festlegung von Prototypen, ihrer finalen Zeitpunkten und temporalen Flexibilitätskorridore sowie möglicher Primotypenzeiträume. Zudem bedarf es einer Festlegung, wie viele Optimierungszeitpunkte während der Flexibilitätskorridore vorgesehen werden sollen. Eine Steigerung der Anzahl erhöht die Effektivität der Optimierung, senkt jedoch die Effizienz durch einen erhöhten Aufwand, so dass ein Optimierungszeitpunkt zu Beginn und einer zum Ende eines Flexibilitätskorridors als aufwandsärmste Grundkonfiguration vorgeschlagen wird. Hierbei sind die Vorhersehbarkeit des zeitlichen Verlaufs sowie die Granularität der Planung als Argument zu berücksichtigen. Die festzulegenden Modellinhalte sind in Abbildung 5-28 schwarz dargestellt und müssen zu Beginn des Moduls 4 durch die Produktentwicklung sowie den Methodenanwender festgelegt werden. Diese sollen sich nach dem angewandten Phasenmodell des Produktentstehungsprozesses sowie der eingesetzten Prototypenlogik richten. In der nachfolgenden Abbildung ist dies exemplarisch an der Vorgehensweise und der Prototypenlogik nach VDA dargestellt.

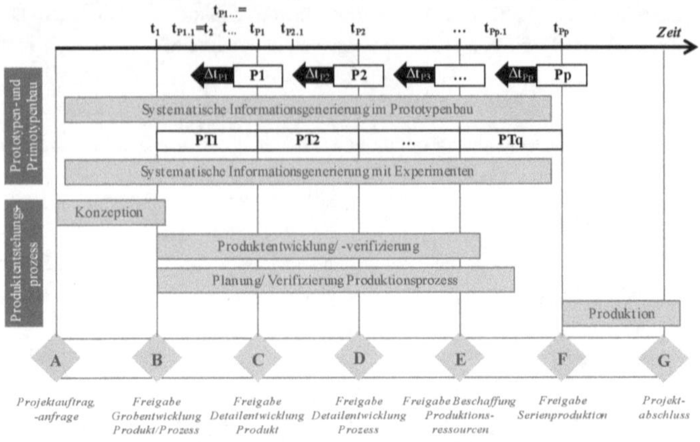

Abbildung 5-28: Modellhafte Abstraktion des Produktentstehungsprozesses[835]

5.4.5 Detaillierung der Methodenebene

Nachfolgend werden die in Kapitel 5.4.2 ausgewählten und entwickelten Elemente der Methodenebene von Modul 4 detailliert dargestellt.

Optimierungsvorgehen für effiziente Informationsgenerierung im Prototypenbau

Der effizienzorientierten Informationsgenerierung für die Produktionsplanung liegt die Wirtschaftlichkeit beziehungsweise Profitabilität als zentrales Kriterium zu Grunde. Diese spiegelt sich im Differenzbetrag von Informationswert und Informationskosten wieder. Daher werden in einem ersten Schritt die Profitabilitätsmatrizen $P_{protoprofitabilität} = W_{orgawert} - K_{integrationskosten}$ mit Berücksichtigung von bestehenden Prototypen und $P_{primoprofitabilität} = W_{orgawert} - K_{vollkosten}$ mit Berücksichtigung von möglichen Primotypen berechnet. Diese werden nachfolgend übersichtlich dargestellt.

Profitabilitätsmatrix Informationsgenerierung durch Prototypen

$W_{n,j}$ = Organisatorischer Informationswert von Klasse n zum Zeitpunkt j

$\Delta K_{n,j}$ = Prototypenintegrationskosten von Klasse n zum Zeitpunkt j

n = Anzahl Klassen

j = Anzahl der Zeiträume

$$P_{protoprofitabilität}[nxj] = \begin{pmatrix} W_{1,1} - \Delta K_{1,1} & W_{1,2} - \Delta K_{1,2} & \dots & W_{1,j} - \Delta K_{1,j} \\ W_{2,1} - \Delta K_{2,1} & W_{2,2} - \Delta K_{2,2} & \dots & W_{2,j} - \Delta K_{2,j} \\ \vdots & \vdots & \ddots & \vdots \\ W_{n,1} - \Delta K_{n,1} & W_{n,2} - \Delta K_{n,2} & \dots & W_{n,j} - \Delta K_{n,j} \end{pmatrix}$$

Abbildung 5-29: Formulierung und Darstellung der Profitabilitätsmatrix prototypische Informationsgenerierung

[835] Eigene Abbildung in Anlehnung an Verband der Automobilindustrie VDA (1998): Qualitätsmanagement in der Automobilindustrie, S. 14; Kohler (2008): Wissenstransfer bei Produkt- und Prozesskomplexität, S. 20.

Profitabilitätsmatrix Informationsgenerierung durch Primotypen

$W_{n,j}$ = Organisatorischer Informationswert von Klasse n zum Zeitpunkt j

$VK_{n,q}$ = Primotypenvollkosten von Klasse n für Primotyp q

n = Anzahl Klassen

j = Anzahl der Zeiträume

q = Anzahl Primotypen

Wähle stets höchsten Wert in einer Primotypenphase

$$P_{primoprofitabilität}[nxj] = \begin{pmatrix} W_{1,j} - VK_{1,1} & W_{1,j} - VK_{1,2} & \cdots & W_{1,j} - VK_{1,j} \\ W_{2,j} - VK_{2,1} & W_{2,j} - VK_{2,2} & \cdots & W_{2,j} - VK_{2,j} \\ \vdots & \vdots & \ddots & \vdots \\ W_{n,j} - VK_{n,1} & W_{n,j} - VK_{n,2} & \cdots & W_{n,j} - VK_{n,j} \end{pmatrix}$$

Abbildung 5-30: Formulierung und Darstellung der Profitabilitätsmatrix primotypische Informationsgenerierung

Die Lösungsvorschrift zur Optimierung der Prototypenplanung wird nachfolgend mittels Pseudocode veranschaulicht. Pseudocode beschreibt Algorithmen ähnlich wie höhere Programmiersprache klar und prägnant als Programme. Eine Auseinandersetzung mit Fragen der Softwareentwicklung erfolgt dabei nicht.[836]

Optimierung der Prototypenplanung hinsichtlich der Erkenntnis, des Wertes und der Kosten

Funktion Prototypenplanung (Informationsbedarfsklassen, Produktentstehungsprozess, Informationswerte, Informationskosten)

//Initialisierung des Programms (Vektor der Informationsbedarfsklassen, Matrix der organisatorischen Informationswerte, Matrix der Prototypenintegrationskosten, Matrix der Primotypenvollkosten)

Initialisiere (I_{bedarf}, $W_{orgawert}$, $K_{integrationskosten}$, $K_{vollkosten}$)

//Bau eines Primotypen, wenn die Integration in Prototypen nicht möglich ist

Für jede Zeile i von $K_{integrationskosten}$

wenn in jeder Spalte p(i) = Ø;

entscheide Bau des Primotypen PT_i und speichere die Zuordnung;

//Bau eines Primotypen wenn dieser grundsätzlich günstiger als die Integration in Prototypen ist

ansonsten erfasse minimalen Kosteneinträge für $K_{integrationskosten}$ (i,p) und für $K_{vollkosten}$ (i,q);

wenn min ($K_{integrationskosten}$ (i,p)) > min ($K_{vollkosten}$ (i,q));

berücksichtige Primotypen PT_{iq} und speichere die Zuordnung;

ansonsten streichen;

//Berechnung der Profitabilitätsmatrizen

---

[836] Vgl. Cormen et al. (2007): Introduction to algorithms, S. 15f.

berechne $P_{protoprofitabilität} = W_{orgawert} - K_{integrationskosten}$ und

$P_{primoprofitabilität} = W_{orgawert} - K_{vollkosten}$ für alle noch nicht zugeordneten Informationen;

//Entscheidung zwischen Prototyp und Primotyp und anschließende Terminierung der Prototypen und Sicherstellung, dass sämtliche Informationsbedarfe mit positivem Wertbeitrag berücksichtigt sind

erfasse maximale Profitabilitätsbeträge für $P_{protoprofitabilität}$ (i,j) und für $P_{primoprofitabilität}$ (i,j);

wenn max ($P_{protoprofitabilität}$ (i,j)) $\geq$ max ($P_{primoprofitabilität}$ (i,j)),

betrachte $P_{protoprofitabilität}$ (i,j);

wenn $P_{protoprofitabilität}$ (i,j-1) > $P_{protoprofitabilität}$ (i,j), terminiere Pp zu t_{j-1} und speichere die Zuordnung;

wiederhole für alle t_j in $P_{protoprofitabilität}$;

ansonsten baue Pp zum Zeitpunkt t_j und speichere die Zuordnung;

ansonsten baue PT_i zum Zeitpunkt t_j. und speichere die Zuordnung;

//Überprüfung der Zuordnung auf inkompatible Zuordnung mehrerer Informationsbedarfsklassen zu Prototypen und Terminierung der unprofitableren Informationsbedarfsklasse zu nächstprofitablem kompatiblem Termin

gleiche Zuordnungen mit Kompatibilitätsmatrix $I_{kompatibilität}$ **ab**;

wenn Ausschluss einer Zuordnung für i;

nehme Experiment mit niedrigerem Profitabilitätsbeitrag

betrachte $P_{protoprofitabilität}$ (i) und $P_{primoprofitabilität}$ (i);

bestimme t_j zu zweitgrößtem Profitabilitätsbetrag;

terminiere i zu t_j mit min {$K_{integrationskosten}$ (i,p); $K_{vollkosten}$ (i,q)} und Kompatibilität nach $I_{kompatibilität}$;

5.4.6 Zusammenfassende Darstellung

Die wesentlichen Merkmale sowie die Eingangsgrößen, die Vorgehensweise und die Ausgangsgrößen des Moduls 4 der Informationsbeschaffungsplanung werden in Abbildung 5-31 nachfolgend übersichtlich zusammengefasst.

Modul Informationsbeschaffungsplanung		
Phase: Planungsphase		**Modul-Nr.:** 4
Zielsetzung: Optimierung des Gestaltungsraums zur operativen Informationsgenerierung in Prototypen- und Primotypenphasen für eine effiziente Produktionsplanung		
Eingangsgrößen	**Vorgehen**	**Ausgangsgrößen**
• Zeitliche Randbedingungen Prototypen/ Primotypen im Produktentstehungsprozess • Technisch entwickelte Experimente • Informationsbedarfe • Organisatorischer Informationswert • Informationsvoll- und Integrationskosten	• Optimierung der Prototypenplanung hinsichtlich der Erkenntnis, des Wertes, der Kosten und der Terminierung • Zuordnung von Informationsbedarfen zu Prototypen und neu definierten Primotypen • Terminierung des Prototypen- und Primotypenbaus	• Prototypenstrategie für Informationsgenerierung • Zeitplan Prototypen- und Primotypenbau
Hilfsmittel: • -/-		
Kernergebnis: Strategie und Zeitplan für die Informationsgenerierung durch Prototypen und Primotypen		

Abbildung 5-31: Zusammenfassende Darstellung Modul 4: Informationsbeschaffungsplanung

5.5 Modul 5: Informationsgenerierung

In Kapitel 4.4.2.5 wurde die systematische Durchführung des Prototypenbaus sowie der geplanten Experimente als zentrales Ziel des fünften Moduls der Informationsgenerierung definiert. Durch operative und aktive Beobachtung und Nutzung der Prototypenphasen und der Experimente sollen notwendige Informationen generiert und strukturiert dokumentiert werden. Darüber hinaus muss dieses Modul durch die strukturierte Beobachtung des Prototypenbaus den Informationsbedarfsraum erweitern und vervollständigen. Die hierfür notwendigen Modelle, Methoden und Hilfsmittel werden nachfolgend auf Grundlage der relevanten Ausgangs- und Rahmenbedingungen ausgewählt oder entwickelt, detailliert und zusammenfassend dargestellt.

5.5.1 Ausgangs- und Rahmenbedingungen

Der Prototypenbau als betriebliche Einheit und Funktion ist in der industriellen Realität in die jeweilige Organisation sowie seine Umwelt eingebettet. Die betriebliche Einheit besteht hierbei aus funktionsfähigen Betriebsmitteln wie Maschinen, Anlagen und Werkzeugen, Infrastruktur und Gebäuden wie Werkstätten, Lager und Büros sowie Mitarbeitern wie Techniker, Ingenieure und Betriebswirte. Zudem sind externe Dienstleister und Ressourcen zu berücksichtigen.[837] Insbesondere die technische Ausstattung setzt sich aus bestehenden und anzuschaffenden Teilmengen des in Kapitel 3.3.2 aufgezeigten Gestaltungsrahmens des Prototypenbaus zusammen. Die Funktion wird neben der Existenz von Komponenten und Verbrauchsmaterial sowie Hilfs- und Betriebsstoffen durch den organisierten Einsatz sämtlicher Ressourcen erfüllt.[838] Somit stellt eine effiziente und effektive Organisation des Prototypenbaus

[837] Vgl. Geuer (1996): Rapid Prototyping in der Produktentwicklung, S. 127.

[838] Vgl. Hallgrimsson (2012): Prototyping and modelmaking, S. 44; Bryden (2014): Rapid prototyping for product design, S. 131.

eine entscheidende Ausgangsbedingung für die Wirksamkeit der informationsorientierten Prototypenplanung und effizienten Informationsgenerierung dar.[839] Sie stellt die korrekte und zielgerichtete Umsetzung des in Modul 4 aufgestellten Plans sicher. Zu einer ordentlichen Organisation des Prototypenbaus zählen die Ressourcen- und Mitarbeiterplanung sowie die Zeit- und Kostenplanung, die Material- und Betriebsmittelbeschaffung, die inhaltliche und betriebswirtschaftliche Kontrolle sowie das Risiko- und Fehlermanagement.[840] Sie ist sowohl initial als auch dauerhaft den Prototypenbau begleitend notwendig. Diese Funktionen müssen durch die Organisation sichergestellt werden und sind Voraussetzung für die detaillierte Methodik. Die herausragende Bedeutung des zeitlichen Informationswertes für die detaillierte Methodik lenkt den Fokus des Prototypenmanagements hierbei insbesondere auf das Zeitmanagement. Der aufgezeigte Umfang der notwendigen Organisation des Prototypenbaus wirft die Forderung nach einem oder mehreren verantwortlichen Prototypenmanagern auf. Diese können sich neben der ordentlichen Organisation des Prototypenbaus insbesondere des Risiko- und Fehlermanagements widmen, welches aufgrund der vielen Unwägbarkeiten, Risiken und Herausforderungen im Prototypenprozess einen umfangreichen Anteil einnehmen kann.[841]

Neben der Organisation stellt die Anwesenheit eines technischen Teams zur Informationsgenerierung und Informationsbedarfsraumerweiterung zu bestimmten Zeiten während der Ausführung des Prototypenbaus eine Rahmenbedingung für die effiziente und effektive Durchführung der Methodik dar. Die Informationsgenerierung kann hierbei durch Beobachtung und Auswertung des Prototypenbaus anhand vorgegebener Fragestellungen oder Ziele erfolgen. Insbesondere im Sinne der Effektivität ist die Anwesenheit qualifizierter und verantwortlicher Produkt- und Prozessplaner anzustreben.

5.5.2 Auswahl und Entwicklung notwendiger Methodikelemente

Nachfolgend werden die in Kapitel 4.4.2.5 spezifizierten Methodikelemente durch eine Auswahl bestehender Ansätze oder Neuentwicklung hergeleitet. Die detaillierte Darstellung des Ergebnisses dieser Herleitung erfolgt der Übersichtlichkeit halber in den sich anschließenden Kapiteln 5.5.3 (Hilfsmittelebene), 5.5.4 (Modellebene) und 5.5.5 (Methodenebene).

Strukturierte Vorgehensweise

Um eine vollständige Durchführung des Moduls der Informationsgenerierung zu gewährleisten, soll dem Methodenanwender eine strukturierte Vorgehensweise als unterstützende Methodenanleitung zur Verfügung gestellt werden. Wie in Kapitel 5.5.1 dargelegt wurde, ist hierbei zunächst eine strukturierte, der Prototypenphase vorangehende Organisation sowie ein begleitendes Management dieser notwendig. Auf dieser Basis können der geplante Prototypenbau oder die geplanten Experimente durchgeführt werden, währenddessen durch Beobachtung die notwendigen Informationen generiert werden können. Diese sollen daraufhin strukturiert dokumentiert und als Planungsinput oder als Rückmeldung an die Produktentwicklungsabteilung im Sinne der integrierten Produkt- und Prozessentwicklung kommuniziert werden. Ebenso wird die Prototypenphase für die Aufdeckung unbekannten Unwissens genutzt, welche dem Methodenanwender expliziert als bekanntes Unwissen zum Anstoß für eine erneute Iteration der Methodik dient. Die Vorgehensweise wird in Abbildung 5-32 in Kapitel 5.5.3 übersichtlich dargestellt.

---

[839] Vgl. Ankarbranth und Martenson (2013): Prototypes in Product Development, S. 17.
[840] Vgl. Clausen und Weber (2006): Prototypenplanung, S. 741.
[841] Vgl. Liou (2007): Rapid Prototyping, S. 23.

Informationsmanagementwerkzeug

Für eine effektive und effiziente Zusammenarbeit in multidisziplinären Teams bedarf es Werkzeugen zur Wissensrepräsentation und Wissenskommunikation, auf deren Basis Experten über örtliche, zeitliche und fachliche Grenzen hinweg kooperieren können. Ein Informationsmanagementwerkzeug kann hierbei einen einheitlichen Informationspool bilden und als Grundlage für eine teamübergreifende Zusammenarbeit dienen.[842] Die transparente Dokumentation von Informationen kann einen Planer zudem entlasten und setzt somit Ressourcen für wertschöpfende Tätigkeiten frei.[843] Sie gilt zudem als Grundvoraussetzung für die Umsetzung des Simultaneous Engineering[844] sowie der integrierten Produkt- und Prozessentwicklung.[845]

Anforderungen an ein einsetzbares Informationsmanagementtool sind in der bestehenden wissenschaftlichen Literatur spezifiziert. Als funktional notwendige Umfänge definiert EVERSHEIM die Informationsaufnahme, Informationsaufbereitung, Informationsauswertung sowie Informationsbereitstellung.[846] NINK erweitert diese um die Funktionen des direkten Feedbacks sowie der Benutzerverwaltung.[847] Auf weitere allgemein zu berücksichtigende Anforderungen an eine Software, ihre Benutzerfreundlichkeit und Benutzererfahrung, welche zudem von mehreren Nutzern gleichzeitig verwendet wird, geht diese Arbeit nicht vertiefend ein. Aus dem Anwendungskontext der Methodik heraus ergibt sich zudem die Notwendigkeit einer prozessualen Repräsentation des Wissens. So sollen Prozessschritte (Fertigungs-, Montage- und Prüfprozesse) sowie zugeordnete Technologien und Maschinen- und Anlagenkonzepte mit ihren spezifischen Parametern und Ausprägungen dokumentiert und flexibel zu unterschiedlichen Prozessketten konfiguriert werden können. Dadurch soll zudem die projektübergreifende Wissensnutzung sichergestellt werden.

Sowohl in der wissenschaftlichen Literatur (vgl. Kapitel 3.4.3) als auch im kommerziellen Bereich wurde kein anforderungskonformes, frei zugängliches Softwaretool für das prozessorientierte Informationsmanagement gefunden. Aus diesem Grund wurde im Zuge des Forschungsprozesses dieser Arbeit ein Softwaretool für die Unterstützung der Methodik entwickelt. Um die Zugänglichkeit und Anwendbarkeit zu gewährleisten, wurde die Implementierung als Excel-Tool unter Zuhilfenahme der Programmiersprache Visual Basic sowie eine Access-Datenbank gewählt.[848] Die Entwicklung der Software stellt keinen wissenschaftlichen Schwerpunkt der Arbeit dar. Somit wird lediglich die Funktionalität und Anwendung der Software in Kapitel 5.5.3 kurz beschrieben.

Richtlinien für Prototypenbau und Informationsbedarfsexploration

In den Kapiteln 2.4 sowie 3.3 konnte gezeigt werden, dass dem Prototypenbau ein hohes Informationsgenerierungspotential inhärent ist. Gleichzeitig bieten physische Prototypen und deren Entstehungsprozess die Möglichkeit, unantizipierte Phänomene und Zusammenhänge aufzudecken. Dies hängt zum einen mit dem erstmaligen Zusammenspiel sämtlicher physikalischer Domänen zusammen, welche in der theoretischen und insbesondere digitalen Entwicklungsumgebung nie vollumfänglich antizipiert und

842 Vgl. Bertsche et al. (2007): Entwicklung innovativer Produkte, S. 205.
843 Vgl. Bracht et al. (2011): Methoden zur digitalen Fabrik, S. 61.
844 Vgl. Jonas und Reinhart (2000): Durchgängige Planung von Montageanlagen, S. 40f.
845 Vgl. Eversheim et al. (1995): Simultaneous Engineering, S. 19ff.
846 Vgl. ebd.
847 Vgl. Nink (1991): Informationsvermittlung, S. 5.
848 Die genannten Produkte sind eingetragene Markenzeichen der Microsoft Corporation aus Redmond, USA und weltweit in der industriellen Anwendung etabliert.

abgebildet werden können.[849] Zudem können Fehler in der Planung identifiziert werden.[850] So eignen sich physische Prototypenphasen im Kontrast zum Leitfaden für die Informationsbedarfsanalyse (vgl. Modul 1 in Kapitel 5.1) auch für die Aufdeckung von unbekanntem Unwissen, was nach Voß und Gutenschwager ein geeigneter Ansatz ist und als inkrementelle oder experimentelle Informationsbedarfsermittlung bezeichnet wird.[851] Um das Potential der Informationsgenerierung und der Aufdeckung unbekannten Unwissens im Sinne der Methodik optimal zu nutzen bedarf es Richtlinien, welche dem Methodikanwender zur Orientierung zur Verfügung gestellt werden müssen.[852] Aufgrund der simultan stattfindenden Informationsgenerierung und Aufdeckung unbekannten Unwissens können die Richtlinien hierzu nicht unabhängig voneinander aufgestellt werden, sondern werden nachfolgend integriert betrachtet und entwickelt. Diese ergeben sich aus dem Anwendungszusammenhang der Methodik sowie den Erfahrungen des Autors während der Entwicklung und Validierung der Methodik.[853]

Zunächst ist die Anwesenheit des Methodikanwenders oder verantwortlicher Personen während des Prototypenbaus sicherzustellen. Diese sollen nach Möglichkeit nicht für den eigentlichen Prototypenbau verantwortlich sein, um sich bestmöglich auf die Informationsgenerierung, Aufdeckung unbekannten Unwissens sowie die Dokumentation fokussieren zu können. Zudem müssen der in Modul 3 entwickelte technische Plan und der in Modul 4 entwickelte Zeitplan für den Prototypenbau sowie die Experimente befolgt werden und Abweichungen dazu sauber dokumentiert und kommuniziert werden, da die Notwendigkeit zu einer Abweichung insbesondere auch auf unbekanntes Unwissen hindeuten kann. Hierbei ist der Fokus auf die zu generierenden Informationen zu legen. Zudem müssen sämtliche im Prototypenbau notwendige Schritte sowie deren Einflussfaktoren und Auswirkungen mit der in Modul 1 antizipierten Prozesskette verglichen werden. Dabei sind insbesondere ungeplante Aktivitäten als mögliche Hinweisgeber sinnvoll zu betrachten. Durch einen mentalen Transfer in eine mögliche industrielle Umsetzung von Technologie, Prozess und Anlagentechnik kann somit weiteres unbekanntes Unwissen aufgedeckt werden. Zuletzt ist eine umfassende Dokumentation und Kommunikation von Erkenntnissen in Wort und Bild sowie die Sicherung möglicherweise entstandener elektronischer Daten notwendig. Die aus den Erläuterungen abgeleiteten konkreten Richtlinien für den Prototypenbau und die Informationsbedarfsexploration werden in Kapitel 5.5.3 formuliert.

Prototypenbau und Hardware-Engineering/ Experimente

Die Durchführung des Prototypenbaus sowie der Experimente und ihre Nutzung zur Informationsgenerierung stellen die zentrale operative Leistung der Methodik dar und erfolgt unter Berücksichtigung der obenstehend entwickelten und in Kapitel 5.5.3 detaillierten Richtlinien. Die Planung dieser ist Bestandteil von Modul 3 (vgl. Kapitel 5.3). Die Begriffe Prototypenbau sowie Hardware-Engineering bzw. Experimente wurden zudem bereits in den Kapiteln 3.3 sowie 5.3 eingeführt. Daher bedarf es an dieser Stelle keiner weiteren Ausführungen.

---

849 Vgl. Ulrich und Eppinger (2016): Product design and development, S. 297f.
850 Vgl. Schuh (2012): Innovationsmanagement, S. 217.
851 Vgl. Voß und Gutenschwager (2001): Information management, S. 131ff.
852 Vgl. Ankarbranth und Martenson (2013): Prototypes in Product Development, S. 26.
853 Die Richtlinien wurden im Rahmen von Experteninterviews validiert; Experteninterviews Produkt- und Prozessentwicklung für elektrische Antriebe 01/2018.

5.5.3 Detaillierung der Hilfsmittelebene

Nachfolgend werden die in Kapitel 5.5.2 ausgewählten und entwickelten Elemente der Hilfsmittelebene von Modul 5 detailliert dargestellt.

Strukturierte Vorgehensweise

Die strukturierte Vorgehensweise dient dem Methodenanwender als unterstützende Methodenanleitung zur Sicherstellung der korrekten und vollständigen Nutzung der detaillierten Methodik. Abbildung 5-32 stellt diese übersichtlich dar.

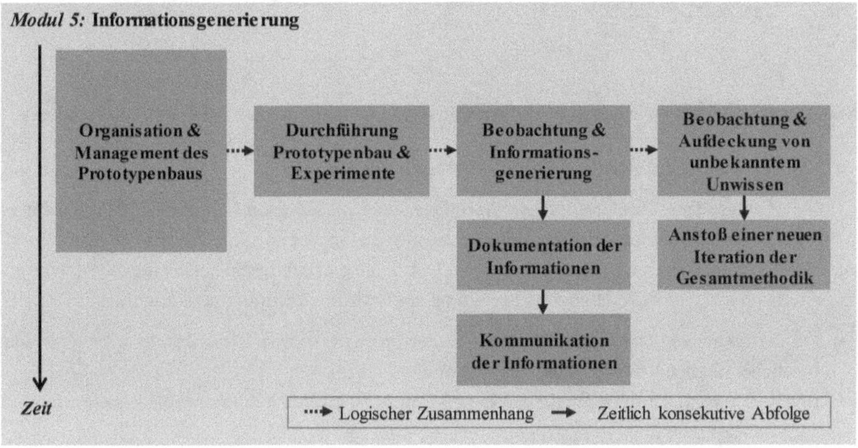

Abbildung 5-32: Strukturierte Vorgehensweise Modul 5: Informationsgenerierung

Informationsmanagementtool

Das Informationsmanagementtool erleichtert die Erfassung, Dokumentation, Organisation und Bereitstellung von Informationen auf prozessualer Ebene und kann im Zuge der Methodikanwendung oder anderweitig eingesetzt werden. Auf der Basis eines für alle Prozessschritte (Fertigungs-, Montage- und Prüfprozesse) gültigen generischen Parametergrundgerüsts können weitere prozessspezifische Parameter, welche sich aus der in Kapitel 5.1.2 erarbeiteten Parameterliste speisen, ausgewählt werden. Die Ausprägungen der einzelnen Parameter können über eine Tastatureingabe eingefügt werden. Darüber hinaus besteht die Möglichkeit, Versionen einzelner Prozesse oder Parameter anzulegen, da diese von verschiedenen Benutzern editiert werden können. Die einzelnen Prozessschritte können zu Prozessen konfiguriert werden. Durch eine Benutzerverwaltung und einen Passwortschutz kann das Programm serverbasiert kooperierenden Teams zugänglich gemacht werden. In Abbildung 5-33 sind die Benutzeroberflächen der Hauptmaske sowie eines Prozessblattes abgebildet.

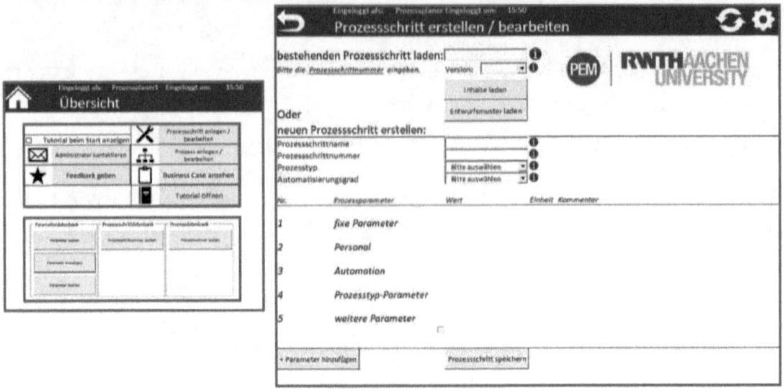

Abbildung 5-33: Prozessorientiertes Informationsmanagementtool zur Methodikunterstützung

Richtlinien für Prototypenbau und Informationsbedarfsexploration

Die Befolgung der nachfolgenden Richtlinien unterstützt bei der optimalen Ausschöpfung des Informationsgenerierungspotentials von Prototypenphasen sowie bei der Aufdeckung unbekannten Unwissens. Die Kommunikation von neu aufgedecktem Unbekannten Unwissen dient als Anstoß für eine erneute Iteration der Methodik durch die Erweiterung des notwendigen Informationsraums.

- Für die Begleitung und Beobachtung des Prototypenbaus oder der Experimente soll ein Verantwortlicher Methodikanwender durchgängig anwesend sein.
- Der Verantwortliche soll nicht für den Prototypenbau oder die Durchführung der Experimente selber verantwortlich sein.
- Der in Modul 3 entwickelte technische Plan und der in Modul 4 entwickelte Zeitplan sollen befolgt werden.
- Der Fokus der Beobachtungen liegt auf den zu generierenden Informationen.
- Darüber hinaus kann durch den Vergleich der notwendigen Schritte des Prototypenbaus mit der in Modul 1 antizipierten Prozesskette sowie deren Einflussfaktoren und Auswirkungen unbekanntes Unwissen aufgedeckt werden.
- Insbesondere ungeplante Aktivitäten deuten auf unbekanntes Unwissen hin.
- Ein mentaler Transfer von Aktivitäten im Prototypenbau in industrielle Produktionsszenarien (Technologie, Prozess, Anlagentechnik) kann bei der Aufdeckung von unbekanntem Unwissen unterstützen.
- Erreichte Erkenntnisse sollen umfassend in Wort und Bild dokumentiert und kommuniziert werden.
- Elektronische Daten sollen gesichert werden.

5.5.4 Detaillierung der Modellebene

Aufgrund des operativen Charakters dieses Moduls ist, wie bereits in Kapitel 4.4.3 dargestellt, keine Modellierung des Sachverhalts notwendig beziehungsweise sinnvoll. Insbesondere die Ausgangshypothese der Nutzung von Prototypen zur Informationsgenerierung aufgrund ihres inhärenten Informationsgenerierungspotentials motiviert zu einer realitäts- und detailgetreuen Betrachtung der Prototypenphase. Das Potential würde insbesondere durch das einem Modell zugrundeliegende Verkürzungsmerkmal gemindert werden.

5.5.5 Detaillierung der Methodenebene

Nachfolgend werden die in Kapitel 5.5.2 ausgewählten und entwickelten Elemente der Methodenebene von Modul 5 detailliert dargestellt.

Prototypenbau und Hardwareengineering/ Experimente

Als Kern der Methodik werden in Modul 5 Prototypen aufgebaut und Experimente durchgeführt und diese für die Generierung von Informationen im Prototypenkontext genutzt. Diese folgen dem in Modul 3 entwickelten Plan sowie den in der Hilfsmittelebene des Modul 5 beschriebenen Richtlinien.

5.5.6 Zusammenfassende Darstellung

Die wesentlichen Merkmale sowie die Eingangsgrößen, die Vorgehensweise und die Ausgangsgrößen des Moduls 5 der Informationsgenerierung werden in Abbildung 5-34 nachfolgend übersichtlich zusammengefasst.

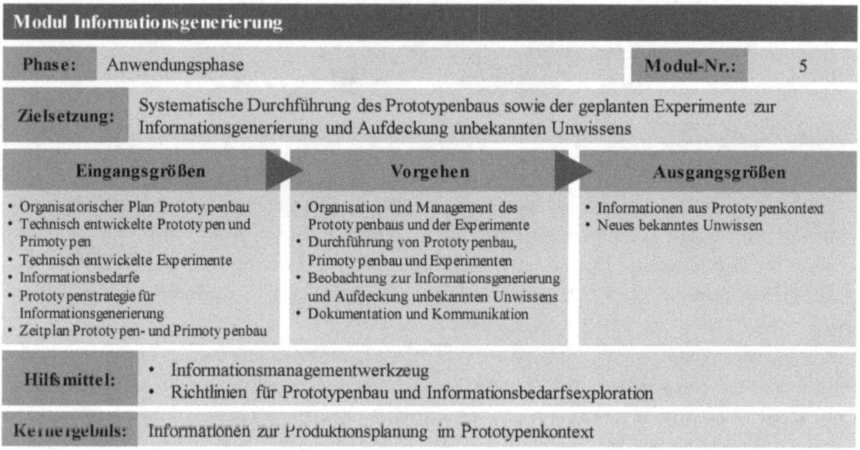

Abbildung 5-34: Zusammenfassende Darstellung Modul 5: Informationsgenerierung

5.6 Modul 6: Informationstransfer

In Kapitel 4.4.2.6 wurde die Umgestaltung und damit Nutzbarmachung des prototypisch generierten Wissens für die Serienproduktionsplanung als zentrales Ziel des sechsten Moduls des Informationstransfers definiert. Auf der Basis einer Bewertung der Qualität und Kontextualität können geeignete Transferfunktionen ausgewählt und gestaltet werden. Die hierfür notwendigen Modelle, Methoden und Hilfsmittel werden nachfolgend auf Grundlage der relevanten Ausgangs- und Rahmenbedingungen ausgewählt oder entwickelt, detailliert und zusammenfassend dargestellt.

5.6.1 Ausgangs- und Rahmenbedingungen

Transfer von Informationen und Wissen beschreibt die Umgestaltung dieser von einer Domäne zur Nutzbarmachung in einer anderen Domäne. Im Kontext der vorliegenden Arbeit fokussiert der Transfer die Nutzbarmachung von im prototypischen Kontext erzeugten Informationen für die Serienproduktionsplanung.[854] Dieser Schritt wird notwendig, weil und wenn diese Informationen in einem serienfernen Kontext erlangt wurden und nicht direkt für die Serienproduktionsplanung weiter nutzbar sind. Die Funktion der Wissensumgestaltung in der Produktionsplanung wird in Anlehnung an die in Kapitel 5.1.1 erläuterte Rolle des Wissens in der Produktionsplanung in Abbildung 5-35 deutlich gemacht.

Abbildung 5-35: Wissensumgestaltung zur Anwendung in Serienproduktionsplanung[855]

Bestehende Ansätze zur Wissensumgestaltung konnten im Zuge einer extensiven Analyse der relevanten wissenschaftlichen Literatur nicht identifiziert werden. Es besteht jedoch eine Analogie zu dem Transfer von Wissen aus der Theorie in die Praxis, welcher in der Literatur behandelt wird. Als grundlegende Herausforderung stellt sich hierbei die Überwindung unterschiedlicher ontologischer und epistemologischer Inhalte von bestehendem und notwendigem Wissen heraus. Dabei wird deutlich, dass einer effektiven Wissensumgestaltung insbesondere der unklare Zusammenhang zwischen den beiden Wissensdomänen entgegensteht. Zudem ist der Anwendungsbereich des Wissens sehr spezifisch, sodass eine direkte Anwendbarkeit des Wissens unwahrscheinlich ist. Ebenfalls besteht das Problem, dass der Fokus von Wissenserschaffung zu selten auf der Anwendbarkeit liegt.[856] Dies motiviert einmal mehr zu einem verstärkten Serienbezug der Prototypenphasen, wie er in Modul 3 der Informationskostenanalyse bereits gefordert wurde. Hierbei stellen sich die bereits in frühen Phasen der Produktentwicklung von Elektromotoren erreichbaren hohen Reifegrade des Produktmodells als einträglich dar.[857]

---

[854] An dieser Stelle sei darauf hingewiesen, dass einige wissenschaftliche Publikationen, insbesondere im englischen Sprachraum, den Begriff Transfer im Kontext des Informationsmanagements im Sinne des Informationstransports, der Kommunikation oder der Übertragung und Weitergabe von Wissen zwischen zwei Personen verwenden; diese Bedeutung macht sich die vorliegende Arbeit explizit nicht zunutze; so zum Beispiel Argote et al. (2000): Knowledge Transfer in Organizations, S. 1; Argote et al. (2000): Knowledge Transfer in Organizations; Moenaert (1990): Information transfer model.

[855] Eigene Abbildung in Anlehnung an Vajna (2014): Integrated Design Engineering, S. 390; Bodendorf (2003): Daten- und Wissensmanagement, S. 1; das Ergebnis der Wissensumgestaltung wird durch das umgedrehte Dreieck symbolisiert.

[856] Vgl. van de Ven und Johnson (2006): Knowledge for Theory and Practice, S. 806ff.

[857] Validiert in Experteninterviews Produkt- und Prozessentwicklung für elektrische Antriebe 01/2018.

5.6.2 Auswahl und Entwicklung notwendiger Methodikelemente

Nachfolgend werden die in Kapitel 4.4.2.6 spezifizierten Methodikelemente durch eine Auswahl bestehender Ansätze oder Neuentwicklung hergeleitet. Die detaillierte Darstellung des Ergebnisses dieser Herleitung erfolgt der Übersichtlichkeit halber in den sich anschließenden Kapiteln 5.6.3 (Hilfsmittelebene), 5.6.4 (Modellebene) und 5.6.5 (Methodenebene).

Strukturierte Vorgehensweise

Um eine vollständige Durchführung des Moduls des Informationstransfers zu gewährleisten, soll dem Methodenanwender eine strukturierte Vorgehensweise als unterstützende Methodenanleitung zur Verfügung gestellt werden. Wie in Kapitel 5.6.1 dargelegt wurde, ist hierbei zunächst die Analyse des Kontextes sowie der Qualität der vorliegenden Informationen notwendig. Auf dieser Basis können Transferfunktionen ausgewählt und gestaltet werden, mit denen die Informationen bei Notwendigkeit nachfolgend transferiert werden können. Das sich daraus ergebende Informationsergebnis muss abschließend dokumentiert und kommuniziert werden, um es der sich anschließenden Produktionsplanung zugänglich zu machen. Die Vorgehensweise wird in Abbildung 5-36 in Kapitel 5.6.3 übersichtlich dargestellt.

Qualitäts- und Kontextualitätsbewertung

Die Sicherstellung der Informationsnutzbarkeit ist eine zentrale Anforderung an die zu entwickelnde Methodik (vgl. Kapitel 4.3.2). Hierbei gilt es, durch eine qualitative Analyse die Nutzbarkeit und durch eine inhaltliche Analyse die Anwendbarkeit auf den Zielbereich, also die Serienproduktionsplanung, zu untersuchen. Auf dieser Basis können geeignete Maßnahmen, in diesem Fall Transferfunktionen, ausgewählt und entwickelt werden. Die Überprüfung soll auf der Basis von Leitfragen erfolgen.

Die **Qualität** einer Information kann an ihrer Relevanz in Bezug auf den Methodenanwender gemessen werden. Die qualitative Bewertung einer Information ist in diesem Zusammenhang an den Nutzer beziehungsweise den Informationsbewerter und dessen subjektive Anforderungen und Erwartungen gekoppelt. Die Verwendbarkeit einer Information ist daher unabhängig von deren Inhalt. Sie beschreibt letztlich die Attraktivität beziehungsweise Einfachheit der Nutzung einer Information, um sie in der Entwicklung zu verwenden. EPPLER definiert die Attribute eindeutig, klar verständlich, eingängig, gut zugänglich und gegebenenfalls zur Weiterverwendung bereits aufbereitet als Eigenschaften einer qualitativ hochwertigen Information.[858] Diese müssen entsprechend überprüft werden.

Für den **Inhalt** sind auf der semantischen Ebene Objekt, Gegenstand und Inhalt die determinierenden Merkmale einer Information. Dabei muss der durch Sicherheit, Geltungsbereich und Bestimmtheit umrissene Informationsgehalt herangezogen werden, welcher letztlich festlegt, ob eine Information informativ ist. Die Bestimmtheit reduziert ein weites Möglichkeitsspektrum auf wenige essentielle Informationen, der Geltungsbereich beschreibt den weiten Umfang oder Gültigkeitsbereich der Information und die Sicherheit bewertet den Wahrheitsgrad, der idealerweise sicher ist, aber in Abhängigkeit der beiden vorausgegangen Variablen selbst variiert (vgl. Kapitel 5.2.1).[859] Während die Bestimmtheit sowie die Sicherheit der Information bereits durch den Verlauf der Methodik sichergestellt ist, kann im Gültigkeitsbereich ein Defizit durch den prototypischen Kontext der Informationsgenerierung bestehen, welches durch die Auswahl und Entwicklung von Transferfunktionen überwunden werden soll. In Kapitel

---

[858] Vgl. Eppler (2006): Managing Information Quality, S. 79.

[859] Vgl. Bode (1993): Betriebliche Produktion von Information, S. 22.

5.6.1 wurde bereits dargelegt, dass diese Überwindung grundsätzlich auf ontologischer und epistemologischer Ebene erfolgen muss.[860] Auf der ontologischen Ebene ist die Frage nach der Allgemeingültigkeit beziehungsweise im Speziellen der Relation zur Serienproduktionsplanung zu stellen. Auf der epistemologischen Ebene müssen Bedingungen erarbeitet werden, welche für die Anwendung in der Serienproduktionsplanung erfüllt sein müssen.[861] Aufgrund der Spezifität und Multidimensionalität des Gestaltungsraums werden an dieser Stelle keine Vorgaben für mögliche Bedingungen gemacht (vgl. Kapitel 2.1 und Kapitel 2.2). Die Leitfragen auf qualitativer und inhaltlicher Ebene, welche als Grundlage für die Auswahl und Entwicklung von Transferfunktionen gestellt werden müssen, werden in Kapitel 5.6.5 aufgeführt.

Auswahl und Anwendung von Transferfunktionen

Aufgrund der Andersartigkeit der Prototypenherstellung im Vergleich zur Serienproduktion können aufgenommene Informationen von Serienproduktionsszenarien abweichen.[862] Daher kann es notwendig sein, erlangtes Wissen zur Produktion der Prototypen durch Transferfunktionen in Wissen zur Serienproduktion umzugestalten. Auf der Basis einer extensiven Literaturrecherche konnte kein Ansatz zum Wissenstransfer von im Prototypenbau generierten Wissen in die Serienproduktionsplanung identifiziert werden (vgl. hierzu Kapitel 3). Die wissenschaftliche Literatur beschränkt sich auf die Beschreibung der Andersartigkeit von physischen Prototypen zu Serienprodukten.[863] MARTINS UND ANTONIO beschreiben in diesem Kontext, dass die Auswahl und Entwicklung der geeigneten und speziellen Werkzeuge die Grundlage eines effektiven Wissenstransfers im Sinne einer Wissensumgestaltung ist.[864] WITTMANN sagt aus, dass Funktionen zur Wissensumgestaltung stets nur kontext- sowie objektspezifisch anwendbar und somit stets spezifisch sind.[865] Die Entwicklung eines anwendbaren Systems direkt anwendbarer Transferfunktionen ist daher nicht möglich. Nachfolgend werden somit grundsätzliche in der Literatur bestehende Ansätze beschrieben, welche als Basis für kontext- und anwendungsspezifische Entwicklung von Transferfunktionen im Verlauf der Methodikanwendung dienen können. Diese werden der Übersichtlichkeit halber in die Bereiche triviale Transferfunktionen, organisatorisch induzierte Transferfunktionen, Transferfunktionen durch explizites oder implizites Wissen und technologisch induzierte Transferfunktionen gegliedert.

Triviale Transferfunktionen

Triviale Transferfunktionen stellen die einfachsten Möglichkeiten der Wissensumgestaltung dar. Sie bestehen aus der Möglichkeit einer direkten Übernahme von Informationen aus dem Anfangs- in den Zielkontext.[866] Zudem kann die Nicht-Transferierbarkeit unter diesen Punkt gefasst werden. Triviale Transferfunktionen zeichnen sich dadurch aus, dass keine Modifikationen an der Information oder den Randbedingungen erfolgen muss.[867] Hierbei kann es für eine Anwendbarkeit der Information in der Serienproduktionsplanung notwendig sein, dass die Information um weitere Informationen ergänzt werden

---

[860] Vgl. van de Ven und Johnson (2006): Knowledge for Theory and Practice, S. 806ff.
[861] Vgl. Guba. Egon G. und Lincoln (1994): Qualitative Research, S. 163.
[862] Vgl. Grover (2003): Prototyping Techniques, S. 1.
[863] Vgl. hierzu u.a. Eversheim und Schuh (2005): Integrierte Produkt- und Prozessgestaltung, S. 230.
[864] Vgl. Martins und António (2010): Knowledge transfer, S. 529.
[865] Vgl. Wittmann (1959): Unvollkommene Information, S. 92.
[866] Vgl. Baden-Fuller und Volberda (2002): Replication of Knowledge, S. 2.
[867] Vgl. Moussaid et al. (2009): Information transfer, S. 12.

muss um anwendbar zu sein. Der Kern der Information ist jedoch direkt für das Ziel des Transfers nutzbar. Folgende Transferfunktionen können identifiziert werden:

- **Direkte Übernahme durch identische Technologiekombinationen:** Im Fall einer Übereinstimmung technologischer Kombinationen von Produkt, Prozess und Technologieintegration (insbesondere Automatisierungsgrad) können erhobene Informationen direkt übernommen werden. Hierbei ist zu beachten, dass dem Prozess zugeführte Materialien und Vorprodukte ebenfalls Serieneigenschaften haben müssen.
- **Direkte Übernahme durch identische Teilmengen:** Bei identifizierten Übereinstimmungen in Teilmengen des oben genannten Dreiklangs aus Produkt, Prozess und Technologieintegration können diese ebenfalls direkt übernommen werden. In diesem Fall ist ein besonderer Fokus aus die präzise Identifikation dieser Teilmenge sowie ergänzend notwendiger Informationsbedarfe zur Vervollständigung zu legen.
- **Direkte Übernahme von Prozessbedarfen:** Im Falle einer notwendigen Bearbeitungsoperation oder einer Bauteilvorbereitung im Prototypenbau ist die Notwendigkeit dieser auch in einem Serienproduktionskontext wahrscheinlich.
- **Direkte Übernahme von Reihenfolgen:** Ähnlich wie bei Prozessbedarfen können Prozessketten sowie Bearbeitungs- und Montagereihenfolgen zumindest als mögliche Lösung allgemeingültig aus einem Prototypenkontext in einen Serienproduktionskontext übernommen werden.
- **Nicht transferierbar:** Ein hoher Improvisationsgrad oder eine hohe technologische Andersartigkeit der Prozesstechnologie, wie sie unter anderem in Rapid-Prototyping-Verfahren im Vergleich zu konventionellen Serientechnologien auftreten kann, kann zu einer Unbrauchbarkeit einer prototypisch generierten Information für die Serienproduktionsplanung führen. Dies soll jedoch bereits möglichst in der Konzeption und Entwicklung der Experimente zur Informationsgenerierung vermieden werden (vgl. Modul 3 der Informationskostenanalyse in Kapitel 5.3.3). Zudem hat nichttransferierbares Wissen oftmals auch keinen über den spezifischen Kontext hinausgehenden Wert.[868]

Transferfunktionen durch explizites oder implizites Wissen

Es existieren Transferfunktionen, welche auf gegebenem Vorwissen beruhen und somit einer gewissen fachlichen Vorqualifikation und Erfahrung des Methodikanwenders bedürfen. Dieses Wissen kann als explizites, dokumentiertes Wissen oder als implizites, persönliches Wissen bestehen. Folgende Transferfunktionen können identifiziert werden:

- **Heuristiken:** Heuristiken sind erprobte, auf Vorwissen sowie Annahmen basierende Vorgehensweisen zur Lösung eines Problems, in diesem Fall zur Umgestaltung von Wissen. Sie zeichnen sich durch eine schnelle und effiziente Anwendung sowie eine fundierte Lösungsfindung aus. Entstehende Lösungen sind in der Regel ein gutes, jedoch kein optimales Ergebnis. Somit müssen diese in der Anwendung durch den Vergleich mit einem angewendeten oder anderweitig erzielten, optimalen Ergebnis validiert werden, um das Risiko der Informationsweiterverwendung zu senken.[869]
- **Transfer durch Erfahrungen:** Transfer durch Erfahrungen, auch empirisches Wissen genannt, beruht ähnlich wie Heuristiken auf vorhergehendem Kontakt des Methodikanwenders mit einer bestimmten Aufgabe, in dem Fall mit der Wissensumgestaltung. Es kann auch als Expertenwissen

---

[868] Vgl. Doloreux et al. (2015): Transferable and Nontransferable Knowledge, S. 33.
[869] Vgl. Nielsen (1993): Usability engineering, S. 1.

umschrieben werden und dient neben der Anwendung als Transferfunktion ebenfalls als Grundlage für die Auswahl und Entwicklung anderer Transferfunktionen. Somit stellt Erfahrung einen zentralen Aspekt in der Wissensumgestaltung in Organisationen im Allgemeinen und in der Methodikanwendung im Speziellen dar.[870]

- **Spezifischer Transfer:** Im Fall einer fehlenden Anwendbarkeit sämtlicher vorgestellter Transferfunktionen können spezifische weitere Transferfunktionen angewendet werden, welche sich aus der Erfahrung des Methodikanwenders ergeben.

Organisatorisch induzierte Transferfunktionen

Organisatorisch induzierte Transferfunktionen ergeben sich aus Zusammenhängen der Betriebswirtschaft und der Produktionsorganisation und beruhen insbesondere auf gut dokumentierten und untersuchten Mengeneffekten. Folgende Transferfunktionen können identifiziert werden:

- **Transfer durch Skaleneffekte:** Skaleneffekte beschreiben die Auswirkungen von erhöhten Stückzahlen auf die Produktion sowie ihre Wirtschaftlichkeit beziehungsweise die Abhängigkeit der Produktion von den Produktionsfaktoren. Durch diese werden die Pro-Stück-Kosten gesenkt. Skaleneffekte sind jedoch auch ein Hauptgrund für die Tatsache, dass sich die Herstellung von Prototypen von der Serienproduktion unterscheidet und somit die Transferierbarkeit gesenkt wird. Es wird zwischen konstanten Skaleneffekten und positiven Skaleneffekten unterschieden. Konstante Skaleneffekte ergeben sich, wenn Produktionsmenge und Produktionsfaktoren um den gleichen Faktor gesteigert werden, wodurch die Grenzkosten konstant bleiben. Bei positiven Skaleneffekten steigert sich die Produktionsmenge überproportional zu den Produktionsfaktoren, was zu einer Senkung der Grenzkosten führt.[871]
- **Transfer durch Lerneffekte:** Lerneffekte oder Lernkurvenmodelle beschreiben das Phänomen ansteigender Produktivität mit zunehmender Erfahrung und führen ähnlich wie Skaleneffekte zu Produktivitätssteigerung und Kostensenkung in der Serienproduktion. Dies ist insbesondere auf Trainingseffekte zurückzuführen, welche Mitarbeiter bei manueller Arbeit schneller arbeiten lassen. Die Effekte werden mit einem bestimmten Prozentsatz an Produktivitätssteigerung bei einer Stückzahlverdopplung kalkuliert und treten nur bei langfristiger und wiederholter Prozessdurchführung auf. Der Faktor wird durch Erfahrung oder Expertenschätzung ermittelt. Die Effekte können sowohl auf einzelne Prozesse als auch auf ganze Produktionssysteme übertragen werden.[872]
- **Transfer durch Segmentierung:** Die Segmentierung komplexer Prozessfolgen in einfache und diskrete Prozessschritte ist eine übliche Vorgehensweise, um Serienproduktionen, insbesondere Montagen oder spanende Bearbeitung, zu planen und auszutakten.[873] Durch diese Vorgehensweise kann der Fokus auf Informationen zu spezifischen Prozessabschnitten und ihre Umsetzung in der industriellen Serienproduktion gelegt werden.
- **Transfer durch Korrelation:** Korrelation kann als die Verbindung sowie den Grad dieser zwischen zwei Variablen definiert werden. Sie stellt somit einen mathematischen Zusammenhang zwischen zwei Messgrößen durch einen Faktor her. Dieser kann auf der Basis einer gegebenen Grundgesamtheit an Werten ermittelt werden. Auf der einen Seite können identifizierte Korrelationen aus dem Prototypenbau auch für die Serienproduktionsplanung angenommen werden. Auf der anderen

---

[870] Vgl. Terzieva (2014): Learn from Experience, S. 1087.
[871] Vgl. Husan (1997): Economies of scale in the automotive industry, S. 38ff.
[872] Vgl. Smunt (1999): Learning curve models for production research, S. 3901.
[873] Vgl. Eversheim (1989): Organisation in der Produktionstechnik - Fertigung und Montage, S. 183.

Seite helfen Korrelationen, Informationen und Werte über diese Grundgesamtheit hinaus zu antizipieren. Mögliche Werkzeuge hierfür sind die Extrapolation oder die Regression.[874]

Technologisch induzierte Transferfunktionen

Technologisch induzierte Transferfunktionen werden durch Zusammenhänge bestimmter Technologien oder der Automatisierung dieser gebildet. Sie beruhen vor allem auf der generellen Erfahrung im Bereich der Produktionstechnik sowie spezieller Erfahrung mit einzelnen Prozessen und Prozesstechnologien. Folgende Transferfunktionen können identifiziert werden:

- **Technologiemorphologien:** Morphologien stellen einen Ansatz für unkonventionelles Denken in der Problemlösung dar. In Morphologien werden zu verschiedenen Aspekten mögliche Lösungsansätze aufgelistet. Sie stellen somit die Struktur eines Sachbereichs, also die Parameter und deren Ausprägungen eines Lösungsraumes, dar. Morphologien sind Bestandteil der wissenschaftlichen Grundlagenliteratur oder ergeben sich aus Expertenwissen und Erfahrung.[875] Für den Transfer von Informationen können diese auf der Basis einer verwendeten Technologie mit einem zufriedenstellenden Prozessergebnis zum einen dazu dienen, Prozesstechnologien für andere Stückzahlszenarien zu identifizieren, welche in der Morphologie dem gleichen Parameter zugeordnet sind. Zum anderen können in Morphologien Zusammenhänge und weitere Prozessschrittbedarfe dokumentiert sein, welche ebenfalls für den Transfer einer Information hilfreich sein können.
- **Skalierungslogiken:** In der Theorie stellt die Skalierung die Anpassung eines Parameters durch einen Skalierungsfaktor dar. In der Produktionstechnik steht Skalierung für die Veränderung der zeitbezogenen Produktionskapazität durch organisatorische und technologische Anpassungen des Produktionssystems. Für den Transfer sind hier insbesondere Ansätze und Effekte der technologischen Dimension relevant. Diese sind in der wissenschaftlichen Literatur beschrieben und können als Grundlage für einen Informationstransfer dienen.[876]
- **Automatisierungseffekte:** Prototypenherstellung findet oftmals mit einem erhöhten manuellen Arbeitseinsatz statt. Entsprechende Prozessschritte können in der Serienproduktion gegebenenfalls automatisiert werden. Diese Automatisierung bringt planbare Effekte mit sich, welche für den Transfer von Informationen genutzt werden können. So wird durch den Einsatz von Automatisierungstechnik zum Beispiel die Prozessgenauigkeit, die Wiederholgenauigkeit oder die Prozessgeschwindigkeit gesteigert.[877]
- **Analogien in Prozessen:** Der Analogieschluss ist ein Verfahren der Logik, wobei durch die Übereinstimmung zweier Parameter auch auf Gleichheit in anderen Parametern geschlossen wird. So können zwei Objekte oder Systeme von Objekten verglichen werden, bei denen eine Ähnlichkeit erwartet wird.[878] Analogien können auf verschiedene Weise als Transferfunktion dienen. Zum einen können Analogien zwischen Prototypen- und Serientechnologien identifiziert werden, auf deren

[874] Vgl. Borden (2012): Understanding correlation, S. 2.
[875] Vgl. Shurig (1984): Technology Morphology, S. 129.
[876] Vgl. u.a. Schack (2008): Skalierung der Digitalen Fabrik; Lanza et al. (2016): Montage mit skalierbarem Automatisierungsgrad.
[877] Vgl. Litz (2013): Grundlagen der Automatisierungstechnik, S. 6.
[878] Vgl. Bartha (2013): Analogy and Analogical Reasoning, S. 1; Wittmann (1959): Unvollkommene Information, S. 126ff.

Basis Informationen umgestaltet werden. Zum anderen können auch Analogien in der Wissensumgestaltung selber genutzt werden, indem sich der Transfer einer Information an dem Transfer einer anderen Information auf Basis eines Analogieschlusses orientiert.

- **Transfer von Prozessparametern:** Der Transfer von Prozessparametern beruht zum einen auf Erfahrungswissen, zum anderen auf physikalischen Zusammenhängen und Grenzen. Diese können genutzt werden, um Prozessparameter so anzupassen oder zu übernehmen, dass diese serienproduktionstauglich sind. Die prototypisch ermittelten Parameter dienen somit als Orientierungsgröße und Machbarkeitsbeweis.

Die möglichen Transferansätze werden als Orientierung zur Auswahl und Entwicklung der Transferfunktionen in Kapitel 5.6.5 dargestellt.

5.6.3 Detaillierung der Hilfsmittelebene

Nachfolgend werden die in Kapitel 5.6.2 ausgewählten und entwickelten Elemente der Hilfsmittelebene von Modul 6 detailliert dargestellt.

Strukturierte Vorgehensweise

Die strukturierte Vorgehensweise dient dem Methodenanwender als unterstützende Methodenanleitung zur Sicherstellung der korrekten und vollständigen Nutzung der detaillierten Methodik. Abbildung 5-36 stellt diese übersichtlich dar.

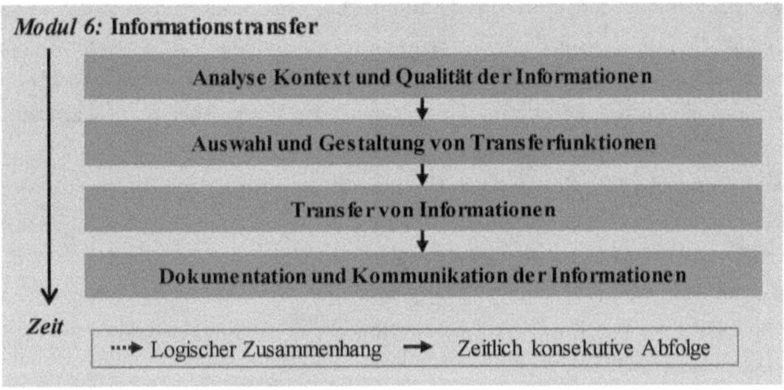

Abbildung 5-36: Strukturierte Vorgehensweise Modul 6: Informationstransfer

5.6.4 Detaillierung der Modellebene

In Modul 6 werden Informationen, welche in einem prototypischen Kontext durch reale physische Protoypenaufbauten oder Experimente erzeugt wurden, in einen Serienproduktionskontext überführt, um die Produktionsplanung zu unterstützen. Diese soll möglichst detailliert, realitätsbezogen und genau erfolgen.[879] Somit wird in Modul 6 auf eine modellhafte Abstraktion verzichtet, um den Informationsgehalt sowie den Realitätsbezug nicht zu vermindern.

879 Vgl. Jäger (1991): Systematische Planung komplexer Produktionssysteme, S. 15.

5.6.5 Detaillierung der Methodenebene

Nachfolgend werden die in Kapitel 5.6.2 ausgewählten und entwickelten Elemente der Methodenebene von Modul 6 detailliert dargestellt.

Leitfaden Qualitäts- und Kontextualitätsbewertung

Durch die Bewertung der Qualität und Kontextualität wird die Anwendbarkeit generierter Informationen in der Serienproduktionsplanung oder die Auswahl und Entwicklung geeigneter Transferfunktionen sichergestellt. Eine negierende Antwort in der qualitativen Ebene macht eine formale Umgestaltung bestehender Informationen notwendig, welche eine notwendige Bedingung für die weitere Betrachtung der Informationen darstellt. Eine negierende Antwort auf der ontologischen Ebene bedingt die Untersuchung auf epistemologischer Ebene, um in einem kreativen Prozess Bedingungen zu erarbeiten, welche die Anwendbarkeit einer Information auf die Serienproduktionsplanung sicherstellt. Die Leitfragen sind nachfolgend aufgeführt:

- **Qualitative Ebene:** Sind die qualitativen Eigenschaften eindeutig, klar verständlich, eingängig, gut zugänglich und gegebenenfalls zur Weiterverwendung bereits aufbereitet für die bestimmte Information erfüllt?
- **Ontologische Ebene:** Ist die Information allgemeingültig?
- **Epistemologische Ebene:** Welche Bedingungen müssen erfüllt werden, damit die Information für die Serienproduktionsplanung verwendbar ist?

Transferfunktionen

Transferfunktionen dienen der Wissensumgestaltung für die Anwendung von im prototypischen Kontext generiertem Wissen in der Serienproduktionsplanung. In Kapitel 5.6.2 konnte gezeigt werden, dass aufgrund der Multidimensionalität des Informationsraums der Produktionsplanung für Elektromotoren kein allgemeines Gestaltungsmodell für Transferfunktionen entwickelt werden kann. Aus diesem Grund müssen Transferfunktionen für Informationen individuell ausgewählt und entwickelt oder angepasst werden. Zur Orientierung wurden in Kapitel 5.6.2 verschiedene Ansätze für Transferfunktionen erläutert und klassifiziert. Diese Ansätze werden in Abbildung 5-37 übersichtlich dargestellt.

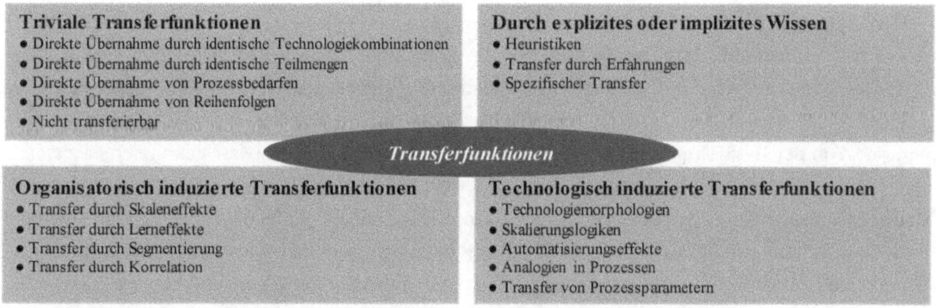

Abbildung 5-37: Ansätze für Transferfunktionen zur Wissensumgestaltung

5.6.6 Zusammenfassende Darstellung

Die wesentlichen Merkmale sowie die Eingangsgrößen, die Vorgehensweise und die Ausgangsgrößen des Moduls 6 des Informationstransfer werden in Abbildung 5-38 nachfolgend übersichtlich zusammengefasst.

Modul Informationstransfer

Phase:	Anwendungsphase	Modul-Nr.:	6
Zielsetzung:	Umgestaltung des im prototypischen Kontext erworbenen Wissens zur Anwendung in der Serienproduktionsplanung		

Eingangsgrößen	Vorgehen	Ausgangsgrößen
• Informationsbedarfe • Prototypisch erhobene Informationen • Produktmodell • Antizipierte Prozesskette	• Kontext- und Qualitätsanalyse der erhobenen Informationen • Auswahl und Gestaltung von Transferfunktionen • Transfer von Informationen • Dokumentation und Kommunikation der Informationen	• Informationen für Serienproduktionsplanung

Hilfsmittel:	• -/-
Kernergebnis:	Informationen zur Verwendung in der Produktionsplanung

Abbildung 5-38: Zusammenfassende Darstellung Modul 6: Informationstransfer

5.7 Zwischenfazit

Im vorangegangenen Kapitel wurde vor dem Hintergrund der Zielsetzung der vorliegenden Arbeit, effiziente Produktionsplanung durch prototypische Informationsgenerierung zu unterstützen, eine Methodik zur informationsorientierten Prototypenplanung entwickelt und detailliert. Mit der Methodik wurde ein problemorientiertes Lösungsvorgehen erarbeitet, welches den Leitgedanken der in Kapitel 4.2 entwickelten Ausgangshypothese systematisch und formalisiert aufgreift und die in Kapitel 4.3 erläuterten formalen und inhaltlichen Anforderungen berücksichtigt. Dadurch kann das in Kapitel 2 erläuterte Praxisproblem sowie das in Kapitel 3 beschriebene Theoriedefizit aufgegriffen und entsprechend überwunden werden. Durch die Berücksichtigung von Wert und Kosten einer Information zur Deckung eines Informationsbedarfs kann die Methodik die Informationsgenerierung effizienzorientiert planen und somit zu einer systematischen Informationsgenerierung durch den Prototypenbau befähigen.

Hervorzuheben ist, dass die Methodik anwendungsgerecht in sechs verschiedene Module strukturiert ist und auf den methodikdefinierenden Ebenen der Methoden, Modelle und Hilfsmittel verschiedene Lösungsbausteine bereitstellt. In **Modul 1** (Informationsbedarfsanalyse) der Methodik wurde eine Vorgehensweise entwickelt, um den Informationsbedarfsraum für die Produktionsplanung a-priori zu explorieren. Auf der Basis strukturierter Leitfragen kann somit bekanntes Unwissen expliziert, systematisiert und für die weitere Analyse im Zuge der Methodikanwendung zur Verfügung gestellt werden. **Modul 2** (Informationswertanalyse) greift diese Informationsbedarfe auf und weist diesen Wertbeiträge für den Produktentstehungsprozess zu. Dafür wurde eine Vorgehensweise entwickelt, die es Entscheidern möglich macht, auf der Basis einer qualitativen und quantitativen Wertanalyse den relevanten organisatorischen Informationswert festzulegen. In **Modul 3** (Informationskostenanalyse) werden Prototypen, Primotypen und Experimente entwickelt und kostenseitig bewertet, welche zur Generierung der benötigten Informationen durchgeführt werden können. Dafür wurden Anforderungen an die Experimente sowie eine Vorgehensweise zur Entwicklung dieser festgelegt und ein Kostenbewertungsverfahren entwickelt, welches Prototypenintegrationskosten sowie Primotypenvollkosten kalkuliert. Die entsprechenden Informationswerte und Informationskosten werden in **Modul 4** (Informationsbeschaffungsplanung) in Beziehung gesetzt und für die zeitliche und inhaltliche Planung der Informationsgenerierung sowie des Prototypenbaus verwendet. Dafür wurde ein heuristischer Optimierungsalgorithmus entwickelt, welcher die Experimente zur Befriedigung der Informationsbedarfe effizienzorientiert in bestehende Produktentstehungsprozesse einplant, diese bestehenden Prototypen zuordnet und über die Erschaffung neuer Primotypen entscheidet. Der somit entstehende Plan wird in **Modul 5** (Informationsgenerierung) aufgegriffen und umgesetzt, um die notwendigen Informationen zu generieren. Dafür wurden Richtlinien für die Durchführung der Experimente aufgestellt und ein Informationsmanagementtool entwickelt, welches den Methodikanwender bei der Dokumentation und Weiterverwendung der generierten Informationen unterstützt. In **Modul 6** (Informationstransfer) werden die generierten Informationen analysiert und für die Verwendung in der Serienproduktionsplanung umgestaltet. Dafür wurde eine Übersicht über mögliche Transferfunktionen gegeben, auf deren Basis diese ausgewählt, entwickelt und angewendet werden können. Die Kernergebnisse der Methodik können somit sowohl in dem erzeugten Plan einer effizienzorientierten Informationsgenerierung für die Produktionsplanung im Prototypenbau als auch in den erzeugten und für die Serienproduktionsplanung bereitgestellten Informationen identifiziert werden.

Die entwickelte und detaillierte Methodik zur informationsorientierten Prototypenplanung wird nachfolgend in Kapitel 6 an einem Beispiel aus der Elektromotorenproduktion demonstriert und kritisch reflektiert.

6 *Validierung:* Anwendung und Überprüfung der entwickelten Methodik

Um der in Kapitel 1.4.2 und in Kapitel 1.5 erläuterten praxisorientierten Forschungsmethodologie gerecht zu werden, erfolgt in diesem Kapitel zur Validierung der Methodik die Prüfung und kritische Reflektion im Anwendungszusammenhang anhand eines Fallbeispiels aus der industriellen Realität. In diesem wurde der Prototypenbau in dem Produktentstehungsprozess eines innovativen Axialflussmotors mit der entwickelten Methodik informationsorientiert geplant. Dadurch konnten während der Prototypenphasen relevante Informationen für die Produktionsplanung generiert werden. Nachfolgend werden in Kapitel 6.1 das Unternehmen sowie deren innovative Motortechnologie und der Status im Entwicklungsprozess zu Beginn der Methodikanwendung zur Darlegung des Praxisbeispiels erläutert. In Kapitel 6.2 erfolgt daraufhin die Ergebnisdokumentation der Durchführung der Methodik für die einzelnen Module. In Kapitel 6.3 wird darauf aufbauend der Erfüllungsgrad der in Kapitel 4.3 dargelegten Anforderungen untersucht und kritisch reflektiert. Das Kapitel schließt mit einem Zwischenfazit in Kapitel 6.4 mit der Verifizierung der in Kapitel 4.2 aufgestellten Ausgangshypothese zur möglichen Effizienzsteigerung im Produktionsplanungsprozess durch informationsorientierte Prototypenplanung.

6.1 Anwendungsbeispiel innovativer Axialflussmotor

Die Methodik wurde anhand des Anwendungsbeispiels eines Produktentstehungsprozesses für einen innovativen Axialflussmotor angewendet und überprüft. Nachfolgend wird das Profil des den Motor entwickelnden Unternehmens sowie die Randbedingungen des Prototypenprozesses erläutert und der Kern des Projektes, die innovative Motortechnologie, vorgestellt. Zudem wird der Status der Motorkonstruktion zu Beginn des Produktentstehungsprozesses aufgegriffen, um die Ergebnisse der einzelnen Module der Methodik nachvollziehbar einordnen zu können.

6.1.1 Unternehmensprofil und Projektrandbedingungen

Das Prototypenprojekt wurde vom PEM der RWTH Aachen in Kooperation mit einem US-amerikanischen Unternehmen durchgeführt. Das Unternehmen ist als Startup zu klassifizieren.[880] Es versteht sich als innovatives Technologieunternehmen mit dem Ziel, die Elektromobilität durch Hochleistungsmotoren zu einem Massenmarkt zu entwickeln. Das Unternehmen hat wenige Mitarbeiter im Bereich der elektromagnetischen, thermischen und mechanischen Auslegung sowie der Betriebswirtschaft. Experten und Verantwortliche im Bereich der Produktionstechnologie und Produktionssystemplanung sind nicht Teil des Unternehmens. Zudem existieren kein Technikum oder technische Fachkräfte für den Prototypenbau. Aus diesem Grund wurde das PEM der RWTH Aachen mit dem Prototypenbau sowie der Produktionsplanung beauftragt. Das Forschungsinstitut hat neben einem umfangreich ausgestatteten Prototypenbau für elektromobile Antriebskomponenten und Erfahrung hierzu umfassende Expertise im Bereich der Prozesstechnologieentwicklung und der Produktionssystemplanung. Zudem hat es Zugang zu einem Partnernetzwerk im Bereich der Motorprüfung. Das sich dadurch ergebene Kompetenzprofil der beiden Partner deckt sämtliche notwendige Funktionen in der Produktentwicklung und Industrialisierung für elektrische Antriebsmotoren ab.

[880] Startup bezeichnet ein neu gegründetes Unternehmen in der frühen Phase, welches sich durch eine innovative Geschäftsidee und hohes ökonomisches Potential auszeichnet.

6.1.2 Zugrundeliegende Motorarchitektur

Der dem Anwendungsbeispiel zugrundeliegende Motor ist ein permanentmagneterregter Motor in Axialflussbauweise. Der Axialflussmotor ist in Rotor-Stator-Rotor-Bauweise konstruiert. Er soll sich nach Angaben des entwickelnden Unternehmens durch eine geringe Komplexität sowie geringe Kosten auszeichnen und ein hohes Drehmoment erzeugen, sodass er ohne ein Getriebe als Direktantrieb für die elektromobile Traktion eingesetzt werden kann.[881] Hierbei ist der Motor sowohl für reine Elektro- als auch Hybridanwendungen geeignet. Der Motor soll in der aktuellen Ausführung eine hohe zweistellige Leistung auf der Kilowattskala abgeben und ein niedriges vierstelliges Drehmoment (in Newtonmetern) erzeugen können. Der Motor zeichnet sich durch diverse innovative Technologien aus. Hierrunter fällt insbesondere der Einsatz des Hochleistungskunststoffs Polyetheretherketon (PEEK), welcher mit Kohle- und Glasfaser verstärkt in Strukturbauteilen sowie zur elektrischen Isolation eingesetzt wird. Zudem werden die Statorwicklungen durch ein Fluid direkt gekühlt, um einen möglichst guten Wärmeabtransport aus dem Stator zu realisieren. Der Stator besteht im Kern aus mehreren PEEK-ummantelten SMC-Komponenten, welche radial sonnenförmig angeordnet, mit einer dreiphasigen Kupferwicklung ausgestattet und durch Fluidleitplatten separiert sind. Diese werden von Statorendplatten sowie einem Innenring und einem Außengehäuse fixiert. In dem Innenring rotiert eine gelagerte Welle, auf der beidseitig vom Stator Scheiben aus Edelstahl aufgehangen sind, welche ebenfalls radial sonnenförmig mit Seltenerd-Magneten bestückt sind. Der Motor wird von zwei Endscheiben abgeschlossen und kann über ein Verschaltgehäuse elektrisch kontaktiert werden. Zudem wird ein Resolver für die Leistungselektronik verbaut. Aufgrund der unkonventionellen Motorarchitektur sowie dem Einsatz innovativer Materialien können für die Produktion des Motors nicht nur etablierte Produktionstechnologien eingesetzt werden. Neuartige Technologien für die Elektromotorenproduktion sind in den Bereichen der Komponentenproduktion (z.B. Großvolumenspritzguss von PEEK), Montagetechnologie (z.B. Stator) und Verbindungstechnologie (z.B. Gehäuse fügen) zu identifizieren. Die Motorkonstruktion ist in Abbildung 6-1 dargestellt.

Abbildung 6-1: Explosionsansicht des Anwendungsbeispiels Innovativer Axialflussmotor

6.1.3 Status im Entwicklungsprozess

Zu Beginn des Prototypenprojektes lag eine Konstruktion und Auslegung des elektromagnetischen Teils des Motors vor. Zudem existierte eine Prinzipkonstruktion der mechanischen Komponenten und Baugruppen. Der Motor wurde daher zu Beginn der Prototypenphase auf einen produzierbaren Stand weiterentwickelt. Ziel der Prototypenphase war zunächst eine reine Validierung des Produktmodells.

[881] Herstellerangaben.

Dieses wurde jedoch durch die Möglichkeit der Informationsgenerierung für die Produktionsplanung zu Beginn des Produktentstehungsprozesses auf ebendieses erweitert.

6.2 Durchführung der Methodik

Anhand des oben dargestellten Anwendungsbeispiels eines innovativen Axialflussmotors wird die Durchführung der entwickelten Methodik nachfolgend dokumentiert und damit bezüglich ihrer Funktionalität und Wirksamkeit überprüft. Das Kapitel orientiert sich an der in den Kapitel 4.4.4 dokumentierten übergeordneten Ablaufstruktur sowie an den jeweiligen strukturierten Vorgehensweisen der einzelnen Module aus Kapitel 5. Hierbei fokussiert sich die Validierung auf die Produktion des Stators, da der Großteil der Wertschöpfung sowie die innovativen und unbekannten Produktionstechnologien insbesondere in diesem Abschnitt der Wertschöpfungskette identifiziert werden konnten. Neben der Dokumentation der Kernergebnisse der gesamten Methodik werden technische Details einzelner Prototypen und Experimente der Übersichtlichkeit halber zudem nur anhand des Prozessschritts Wickeln erläutert.

6.2.1 Modul 1: Informationsbedarfsanalyse

In Modul 1 wurde der Informationsbedarfsraum der Produktionsplanung auf der Basis einer antizipierten Prozesskette für die innovative Axialflussmaschine exploriert. Dazu wurde eine Informationsbedarfsanalyse durchgeführt. Die identifizierten Informationsbedarfe wurden zudem auf Trivialität und Verfügbarkeit untersucht. Anhand der Analyse von Zusammenhängen und Wechselbeziehungen konnten darauf aufbauend Informationsbedarfsklassen gebildet werden, welche abschließend mathematisch formuliert und dargestellt wurden. Das Vorgehen, die Kernergebnisse und die wichtigsten Erkenntnisse aus der Durchführung der einzelnen Detailschritte von Modul 1 werden nachfolgend erläutert und dokumentiert.

Antizipation der Prozesskette

Auf der Basis des digitalen Produktmodells der innovativen Axialflussmaschine konnte eine grobe Prozesskette erarbeitet werden, welche als Rahmenwerk für die weitere Bearbeitung der Methodik diente. Diese wurde in einem Expertenworkshop mit Produkt- und Prozessentwicklern ermittelt. Die übergeordnete Prozesskette des Motors besteht aus der Komponentenproduktion, der Vormontage von Rotor und Stator sowie der Endmontage von Welle, Rotor, Lagerung und Gehäusedeckeln in das Statorgehäuse und der abschließenden Verschaltung und Prüfung. Die Vormontage des Stators besteht im Detail aus der Herstellung der Wicklung auf den Statorkernen, der Wicklungsbearbeitung, dem Verbacken der Spulen, der Montage der Wicklungen und der Verschaltung, der Statormontage, dem Verkleben der Statorendplatten, dem Aushärten des Klebers und dem Stator Prüfen. Die Vormontage des Rotors besteht im Detail aus dem Verkleben und Aushärten der vormagnetisierten Magnete und dem Auswuchten. Die Prozessketten werden in Abbildung 6-2 übersichtlich dargestellt.

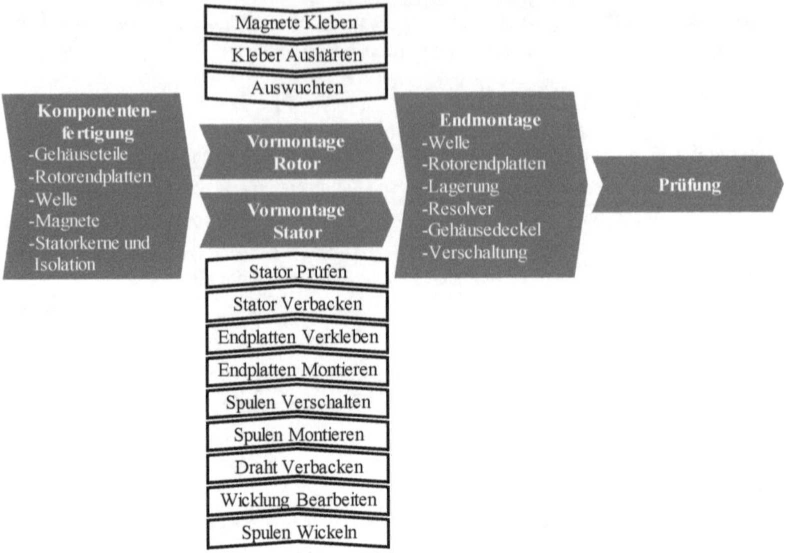

Abbildung 6-2: Antizipierte Prozesskette des innovativen Axialflussmotors

Informationsbedarfsanalyse

Die in Abbildung 6-2 dargestellte Prozesskette der Statorvormontage wurde nachfolgend als Rahmenwerk für die Informationsbedarfsanalyse verwendet. In einem Workshop mit Produkt- und Prozessentwicklern sowie durch die Konsultation von bestehendem und dokumentiertem internen und externen Wissen konnte der grundsätzliche Informationsbedarfsraum exploriert werden. Dafür wurde zunächst die Informationsverfügbarkeit für die neun definierten Prozessschritte anhand des vorgegebenen Leitfadens bewertet. Insgesamt konnten dadurch 164 Informationsbedarfe in den neun Prozessschritten identifiziert werden. Exemplarisch werden die Ergebnisse der Informationsbedarfsanalyse für den Prozessschritt Wickeln in Tabelle 6-1 dargestellt. Es wird deutlich, dass die grundsätzlich zu verwendende Technologie des Nadelwickelns und relevante Randbedingungen bereits bekannt sind. Insbesondere jedoch im Bereich der Ausgestaltung von Prozesskinematik, Parametrisierung und Industrialisierung existieren Informationsdefizite für die Produktionsplanung.

Bereich	Bezeichnung fehlender Informationen	Kenntnis für Schritt Wickeln
Prozesse		
Prozessschrittbedarf	Notwendige Prozessschritte	Ja
Fertigungs- und Montagetechnologie	Anwendbare Prozesstechnologien	Ja
	Geeignetste Technologie	Ja
Produzierbarkeit	Fertigbarkeit	Nein
	Montierbarkeit	Nein
Technologiekompatibilität	Technologiekompatibilität zwischen Prozessschritten	Nein
	Material- und Technologiekompatibilität	Ja
	Vorraussetzungen für Material- und Technologiekompatibilität	Nein
Flexibilität der Prozessparameter & Steuerung	Relevante Prozessparameter	Nein
	Zeit-, qualitäts- und kostenneutraler Flexibilitätskorridor	Nein
	Parameter zur Steuerung	Ja
Sauberkeit	Notwendiger Sauberkeitsgrad	Ja
	Anwendbare Technologie für Sauberkeit	Ja
Anlagen		
Produktionsequipment / Maschinen- & Anlagenkonzepte	Integrierbarkeit der Prozesstechnologie in Maschinen/ Anlagen	Nein
	Auswirkungen Maschine/ Anlage auf Prozess	Ja
	Auswirkungen Maschine/ Anlage auf Fabrik	Ja
	Voraussetzungen für Maschinen-/ Anlagenbetrieb	Ja
Produktionshilfseinrichtungen	Notwendige Hilfseinrichtungen	Ja
	Vorrichtungen für Hilfseinrichtungen	Nein
Automatisierung	Optimaler Automatisierungsgrad	Nein
Ergonomie	Automatisierungsmöglichkeiten	Nein
	Mensch-Maschine-Schnittstelle	Ja
Qualität		
Qualitätsmerkmale	Maßnahmen für Qualitätskonformität	Nein
	Relevante Qualitätsmerkmale	Nein
	Erreichbarkeit Qualitätsmerkmale	Nein
Risiken und Prüfumfänge	Fehler- und Versagensmöglichkeiten der Prozesse	Nein
	Prüfung von Qualitätsmerkmalen und Produkteigenschaften	Nein
Absicherung und Prüftechnologie	Einsetzbare Prüftechnologien	Ja
	Notwendige Sensorik für IoT-Einbindung	Ja
	Mögliche Prozessabsicherung	Nein
Wirtschaftlichkeit		
Zeiten & Zyklen	Notwendige Zykluszeiten	Nein
	Relevante Nebenzeiten	Nein
Kosten	Sich ergebende Prozesskosten	Ja
	Relevante weitere Kosten	Ja
Optimierung	Optimale Technologie- und Parameterkombination	Nein
Produkt/ IPPE		
IPPE-Feedback	Auswirkung Prozess auf Produktgestaltung	Nein
	Optimale Kombination möglicher Produkt- und Prozessgestaltungen	Nein

Tabelle 6-1: Informationsbedarfsanalyse für den Prozessschritt Wickeln

Analyse Trivialität und Verfügbarkeit

Weiterhin wurden die identifizierten Informationsbedarfe auf Trivialität und Verfügbarkeit untersucht. Dadurch konnten weitere Informationsbedarfe eliminiert werden, wodurch schlussendlich 101 Informationsbedarfe für die weitere Verarbeitung in der Methodik übriggeblieben sind. Die Ergebnisse der Analyse für den Prozessschritt Wickeln sind in Tabelle 6-2 zusammengefasst. Für diesen Prozessschritt konnte lediglich eine einfach erschließbare externe Quelle für die Automatisierungsmöglichkeiten durch die Zuliefererkonsultation auf einer Fachmesse identifiziert werden. Für die dem Wickeln nachfolgenden Prozessschritte konnten zum Teil deutlich mehr Informationsbedarfe ausgeschlossen werden.

Bezeichnung	Verfügbarkeit	Trivialität	Informationsbedarf
Fertigbarkeit	Nein	Nein	$q_{b,n,1}$
Montierbarkeit	Nein	Nein	$q_{b,n,2}$
Technologiekompatibilität zwischen Prozessschritten	Nein	Nein	$q_{b,n,3}$
Vorraussetzungen für Material- und Technologiekompatibilität	Nein	Nein	$q_{b,n,4}$
Relevante Prozessparameter	Nein	Nein	$q_{b,n,5}$
Zeit-, qualitäts- und kostenneutraler Flexibilitätskorridor	Nein	Nein	$q_{b,n,6}$
Integrierbarkeit der Prozesstechnologie in Maschinen/ Anlagen	Nein	Nein	$q_{b,n,7}$
Vorrichtungen für Hilfseinrichtungen	Nein	Nein	$q_{b,n,8}$
Optimaler Automatisierungsgrad	Nein	Nein	$q_{b,n,9}$
Automatisierungsmöglichkeiten	Ja	Nein	-/-
Maßnahmen für Qualitätskonformität	Nein	Nein	$q_{b,n,10}$
Relevante Qualitätsmerkmale	Nein	Nein	$q_{b,n,11}$
Erreichbarkeit Qualitätsmerkmale	Nein	Nein	$q_{b,n,12}$
Fehler- und Versagensmöglichkeiten der Prozesse	Nein	Nein	$q_{b,n,13}$
Prüfung von Qualitätsmerkmalen und Produkteigenschaften	Nein	Nein	$q_{b,n,14}$
Mögliche Prozessabsicherung	Nein	Nein	$q_{b,n,15}$
Notwendige Zykluszeiten	Nein	Nein	$q_{b,n,16}$
Relevante Nebenzeiten	Nein	Nein	$q_{b,n,17}$
Optimale Technologie- und Parameterkombination	Nein	Nein	$q_{b,n,18}$
Auswirkung Prozess auf Produktgestaltung	Nein	Nein	$q_{b,n,19}$
Optimale Kombination möglicher Produkt- und Prozessgestaltungen	Nein	Nein	$q_{b,n,20}$

Tabelle 6-2: Trivialitäts- und Verfügbarkeitsanalyse für den Prozessschritt Wickeln

Analyse Zusammenhänge und Wechselbeziehungen

Die übrigen 101 Informationsbedarfe wurden in einem weiteren Schritt gemäß der Methodik auf ihre Zusammenhänge und Wechselbeziehungen analysiert. Die Ergebnisse dieser Analyse sind in einer Design-Struktur-Matrix in Abbildung 6-3 dokumentiert. Hierbei werden mehrere Effekte deutlich. Zum einen können in dem einen Prozessschritt Wickeln mehrere Informationsbedarfsklassen identifiziert werden. Zum anderen können die Prozesse Endplatten Montieren und Endplatten Verkleben sowie Spulen Montieren und Spulen Verschalten jeweils zu Informationsbedarfsklassen zusammengefasst werden. Weiterhin sind sämtliche Informationsbedarfe der übrigen Prozessschritte jeweils zu einer eigenen Informationsbedarfsklasse zusammengefasst worden.

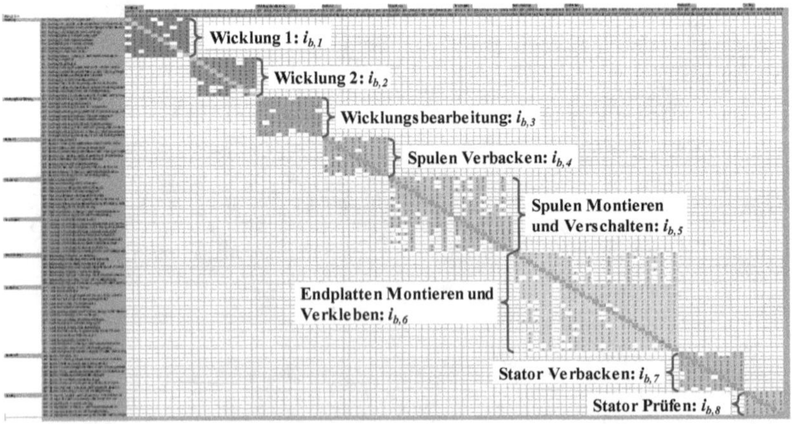

Abbildung 6-3: Zusammenhänge und Wechselbeziehungen in der Design-Struktur-Matrix

Mathematische Formulierung und Darstellung

Die acht sich daraus ergebenen Informationsbedarfsklassen $i_{b,1}$-$i_{b,8}$ wurden in dem Zeilenvektor I_{bedarf} [8x1] zusammengefasst.

6.2.2 Modul 2: Informationswertanalyse

In Modul 2 wurden die Informationswerte der identifizierten Informationsbedarfe aus Modul 1 analysiert und quantifiziert. Dafür wurden auf der Basis der modellhaften Abstraktion des Entwicklungsprozesses eine qualitative, eine quantitative und eine organisatorische Informationswertanalyse durchgeführt und die ermittelten Werte abschließend mathematisch formuliert und dargestellt. Das Vorgehen, die Kernergebnisse und die wichtigsten Erkenntnisse aus der Durchführung der einzelnen Detailschritte von Modul 2 werden nachfolgend erläutert und dokumentiert.

Modellhafte Abstraktion des Produktentstehungsprozesses

Auf der Basis von Expertenworkshops, Marktstudien sowie Informationen der Geschäftsführung des Startups konnten die Randbedingungen des Produktentstehungsprozesses für die innovative Axialflussmaschine abstrahiert werden. Die Ergebnisse dieser Abstraktion können Tabelle 6-3 entnommen werden.

Abschätzung Marktvolumen elektrische Antriebe für Elektro-PKW				
Einflussgrößen	**Ausprägung**	**Einheit**	**Quelle**	
Anzahl verkaufter Fahrzeuge in 2025	110.000.000	#	*Marktstudie*	
Marktanteil HEV, PHEV, BEV	16	%	*Marktstudie*	
Durchschnittliche Leistung Motor	65	kWh	*Validierte Schätzung*	
Zielkosten Motor	8	€/kWh	*Experteninterview*	
Dauer Lebenszyklus Fahrzeug	5	a	*Referenz VW Golf (6 Jahre, abnehmende Zyklusdauer)*	
Ergebnisse	**Ausprägung**	**Einheit**		
Anzahl Elektrofahrzeuge in 2025	17.600.000	#		
Durchschnittliche Motorzielkosten	520	€		
Jährliche Marktgröße	9.152.000.000	€		
Marktgröße über einen Fahrzeuglebenszyklus	45.760.000.000	€		
Abschätzung Marktanteil StartUp für Axialflussmotor				
Einflussgrößen	**Ausprägung**	**Einheit**	**Quelle**	
Anteil Motoreigenfertigung	70	%	*Validierte Schätzung*	
entsprechend Anteil Commodity von Zulieferer	30	%	*Validierte Schätzung*	
Anteil Radialflussmotoren in 2025	85	%	*Validierte Schätzung*	
entsprechend Anteil Axialflussmotoren in 2025	15	%		
Anzahl Marktteilnehmer Axialflussmotoren	5	#	*Marktüberblick/ eigene Recherche*	
Abdeckungsgrad Produktportfolio	80	%		
Ergebnisse	**Ausprägung**	**Einheit**		**Bezeichnung**
Marktvolumen Commodity Axialflussmotoren	1.647.360.000	€		
Anteil vorliegendes Betrachtungsobjekt	329.472.000	€		M
Einflussgrößen Marktanteil				
Einflussgrößen	**Ausprägung**	**Einheit**	**Quelle**	**Bezeichnung**
Verlust durch Monat Verspätung	1	%/Monat	*Schätzung*	Delta T spät
Hinzugewinn durch Monat früher	1	%/Monat	*Schätzung*	Delta T früh
Eigenschaften Entwicklungsprozess				
Einflussgrößen	**Ausprägung**	**Einheit**	**Quelle**	**Bezeichnung**
Gesamtvolumen Entwicklung	5.000.000	€	*Annahme*	K
Dauer Entwicklungsprozess	3	a	*Annahme*	
Kostengradient	38.462	€/Woche		Delta K

Tabelle 6-3: Modellhafte Abstraktion des Produktentstehungsprozesses

Qualitative Informationswertanalyse

Für die qualitative Informationswertanalyse wurde im Zuge eines Workshops mit Experten der Produkt- und Prozessentwicklung ein Abgleich zwischen sämtlichen Informationsbedarfen in den einzelnen Informationsbedarfsklassen sowie den in Abbildung 5-16 dokumentierten Wertbeitragshebeln von Informationen auf qualitativer Ebene vorgenommen. Diese stellen das Rahmengerüst für die nachfolgende quantitative Informationswertanalyse dar. Hierbei wurde der Fokus auf wenige vorhersehbare, konkrete und offensichtliche Wertbeiträge gelegt, um die nachfolgende quantitative Wertanalyse möglichst realitätsbezogen ausführen zu können. Die Ergebnisse sind nachfolgend in Tabelle 6-4 exemplarisch für die beiden Informationsbedarfsklassen des Prozessschritts Wickeln dargestellt.

	$i_{b,1}$: Wicklung 1	1	2	3	4	5	6	7	8	9
$q_{b,1,}$	Wicklung-Relevante Prozessparameter	Nein	Ja	Nein	Nein	Nein	Nein	Nein	Nein	Nein
$q_{b,1,}$	Wicklung-Zeit-, qualitäts- und kostenneutraler Flexibilitätskorridor	Nein	Nein	Nein	Nein	Nein	Nein	Ja	Nein	Nein
$q_{b,1,}$	Wicklung-Integrierbarkeit der Prozesstechnologie in Maschinen/ Anlagen	Nein	Nein	Ja	Nein	Nein	Nein	Nein	Ja	Nein
$q_{b,1,}$	Wicklung-Vorrichtungen für Hilfseinrichtungen	Ja	Nein	Nein	Nein	Nein	Nein	Nein	Ja	Nein
$q_{b,1,}$	Wicklung-Optimaler Automatisierungsgrad	Nein	Nein	Nein	Nein	Nein	Nein	Nein	Nein	Ja
$q_{b,1,}$	Wicklung-Relevante Qualitätsmerkmale	Nein	Nein	Nein	Nein	Nein	Ja	Nein	Nein	Nein
$q_{b,1,}$	Wicklung-Mögliche Prozessabsicherung	Nein	Nein	Nein	Nein	Nein	Nein	Ja	Nein	Nein
$q_{b,1,}$	Wicklung-Notwendige Zykluszeiten	Nein	Nein	Nein	Nein	Ja	Nein	Nein	Nein	Nein
$q_{b,1,}$	Wicklung-Relevante Nebenzeiten	Nein	Nein	Nein	Nein	Ja	Nein	Nein	Nein	Nein
$q_{b,1,}$	Wicklung-Optimale Technologie- und Parameterkombination	Nein	Nein	Nein	Nein	Nein	Nein	Nein	Nein	Nein

	$i_{b,2}$: Wicklung 2	1	2	3	4	5	6	7	8	9
$q_{b,2,}$	Wicklung-Fertigbarkeit	Ja	Nein	Nein	Nein	Nein	Nein	Nein	Ja	Nein
$q_{b,2,}$	Wicklung-Montierbarkeit	Ja	Nein	Nein	Nein	Nein	Nein	Nein	Ja	Nein
$q_{b,2,}$	Wicklung-Technologiekompatibilität zwischen Prozessschritten	Nein	Nein	Nein	Nein	Nein	Ja	Ja	Nein	Nein
$q_{b,2,}$	Wicklung-Voraussetzungen für Material- und Technologiekompatibilität	Nein	Nein	Nein	Nein	Ja	Ja	Nein	Nein	Nein
$q_{b,2,}$	Wicklung-Maßnahmen für Qualitätskonformität	Nein	Nein	Nein	Ja	Nein	Nein	Nein	Nein	Nein
$q_{b,2,}$	Wicklung-Erreichbarkeit Qualitätsmerkmale	Nein	Nein	Nein	Nein	Nein	Ja	Nein	Nein	Nein
$q_{b,2,}$	Wicklung-Fehler- und Versagensmöglichkeiten der Prozesse	Nein	Nein	Nein	Ja	Nein	Ja	Nein	Nein	Nein
$q_{b,2,}$	Wicklung-Prüfung von Qualitätsmerkmalen und Produkteigenschaften	Ja	Nein	Nein	Nein	Nein	Nein	Nein	Nein	Nein
$q_{b,2,}$	Wicklung-Auswirkung Prozess auf Produktgestaltung	Nein	Nein	Ja	Nein	Nein	Nein	Nein	Ja	Nein
$q_{b,2,}$	Wicklung-Optimale Kombination möglicher Produkt- und Prozessgestaltungen	Nein	Nein	Ja	Nein	Nein	Nein	Nein	Nein	Nein

Wertbeitragshebel:
1 Ergebnisse früher erzielen
2 Ergebnisse schneller erzielen
3 Ergebnisse kostenoptimal erzielen (Planung)
4 Kostenoptimale Ergebnisse erzielen (Produkt)
5 Kostentransparenz schaffen
6 Änderungskosten vermeiden
7 Feedback integrierte Produkt- und Prozessentwicklung
8 Optimale Technologieauswahl
9 Optimaler Technologieeinsatz

Tabelle 6-4: Qualitative Wertbeiträge für Informationsbedarfe des Prozessschritts Wickeln

Quantitative Informationswertanalyse

Unter Berücksichtigung der modellhaften Abstraktion des Produktentstehungsprozesses wurden die quantitativen Informationswerte der qualitativ identifizierten Wertbeiträge kalkuliert und in Expertengesprächen bestimmt. Die Ergebnisse sind exemplarisch im Detail für den Prozessschritt Wickeln in Tabelle 6-5 dokumentiert. Die übergeordneten Ergebnisse der gesamten quantitativen Informationswertanalyse sind zudem in Tabelle 6-6 dokumentiert.

	$i_{b,1}$: Wicklung 1	1 [Monat]	2 [Wochen]	3 [€]	4 [€]	5 [€]	6 [€]	7 [€]	8 [€]	9 [%]
$q_{b,1,1}$	Wicklung-Relevante Prozessparameter		1							
$q_{b,1,2}$	Wicklung-Zeit-, qualitäts- und kostenneutraler Flexibilitätskorridor							1.000		
$q_{b,1,3}$	Wicklung-Integrierbarkeit der Prozesstechnologie in Maschinen/ Anlagen			1.000					20.000	
$q_{b,1,4}$	Wicklung-Vorrichtungen für Hilfseinrichtungen	0,5							5.000	
$q_{b,1,5}$	Wicklung-Optimaler Automatisierungsgrad									0,05
$q_{b,1,6}$	Wicklung-Relevante Qualitätsmerkmale						30.000			
$q_{b,1,7}$	Wicklung-Mögliche Prozessabsicherung							8.000		
$q_{b,1,8}$	Wicklung-Notwendige Zykluszeiten					10.000				
$q_{b,1,9}$	Wicklung-Relevante Nebenzeiten					15.000				
$q_{b,1,10}$	Wicklung-Optimale Technologie- und Parameterkombination									
	Summe:	**0,5**	**1**	**1.000**	**0**	**25.000**	**30.000**	**9.000**	**25.000**	**0,05**
	$i_{b,2}$: Wicklung 2	1 [Monat]	2 [Wochen]	3 [€]	4 [€]	5 [€]	6 [€]	7 [€]	8 [€]	9 [%]
$q_{b,2,1}$	Wicklung-Fertigbarkeit	0,5							20.000	
$q_{b,2,2}$	Wicklung-Montierbarkeit	0,5							10.000	
$q_{b,2,3}$	Wicklung-Technologiekompatibilität zwischen Prozessschritten						20.000	2.000		
$q_{b,2,4}$	Wicklung-Voraussetzungen für Material- und Technologiekompatibilität					3.000	9.000			
$q_{b,2,5}$	Wicklung-Maßnahmen für Qualitätskonformität				15.000					
$q_{b,2,6}$	Wicklung-Erreichbarkeit Qualitätsmerkmale						5.000			
$q_{b,2,7}$	Wicklung-Fehler- und Versagensmöglichkeiten der Prozesse				10.000		7.000			
$q_{b,2,8}$	Wicklung-Prüfung von Qualitätsmerkmalen und Produkteigenschaften	0,5								
$q_{b,2,9}$	Wicklung-Auswirkung Prozess auf Produktgestaltung			10.000					20.000	
$q_{b,2,10}$	Wicklung-Optimale Kombination möglicher Produkt- und Prozessgestaltungen			5.000						
	Summe:	**1,5**	**0**	**15.000**	**25.000**	**3.000**	**41.000**	**2.000**	**50.000**	**0**

Wertbeitragshebel:
1 Ergebnisse früher erzielen
2 Ergebnisse schneller erzielen
3 Ergebnisse kostenoptimal erzielen (Planung)
4 Kostenoptimale Ergebnisse erzielen (Produkt)
5 Kostentransparenz schaffen
6 Änderungskosten vermeiden
7 Feedback integrierte Produkt- und Prozessentwicklung
8 Optimale Technologieauswahl
9 Optimaler Technologieeinsatz

Tabelle 6-5: Detaillierte quantitative Informationswerte des Prozessschritts Wickeln

	1	2	3	4	5	6	7	8	9	Summe
$I_{b,1}$: Wicklung 1	1.647 €	38.462 €	1.000 €	0 €	25.000 €	30.000 €	9.000 €	25.000 €	42.831 €	**172.940 €**
$I_{b,2}$: Wicklung 2	4.942 €	0 €	15.000 €	25.000 €	3.000 €	41.000 €	2.000 €	50.000 €	0 €	**140.942 €**
$I_{b,3}$: Wicklungsbearbeitung	3.295 €	38.462 €	13.000 €	60.000 €	2.000 €	11.000 €	5.000 €	35.000 €	25.699 €	**193.455 €**
$I_{b,4}$: Spulen Verbacken	988 €	11.538 €	0 €	19.000 €	0 €	11.000 €	17.000 €	17.000 €	34.265 €	**110.792 €**
$I_{b,5}$: Spulen Montieren und Verschalten	2.636 €	53.846 €	21.000 €	10.000 €	9.000 €	7.000 €	4.000 €	30.000 €	34.265 €	**171.747 €**
$I_{b,6}$: Endplatten Montieren und Verkleben	329 €	38.462 €	59.000 €	20.000 €	1.000 €	29.000 €	8.000 €	26.000 €	42.831 €	**224.622 €**
$I_{b,7}$: Stator Verbacken	988 €	38.462 €	2.000 €	2.000 €	5.000 €	7.000 €	25.000 €	15.000 €	8.566 €	**104.016 €**
$I_{b,8}$: Stator Prüfen	0 €	48.077 €	50.000 €	20.000 €	4.000 €	10.000 €	25.000 €	0 €	8.566 €	**165.643 €**
Summe	**14.826 €**	**267.308 €**	**161.000 €**	**156.000 €**	**49.000 €**	**146.000 €**	**95.000 €**	**198.000 €**	**197.024 €**	**1.284.158 €**

Wertbeitragshebel:
1 Ergebnisse früher erzielen
2 Ergebnisse schneller erzielen
3 Ergebnisse kostenoptimal erzielen (Planung)
4 Kostenoptimale Ergebnisse erzielen (Produkt)
5 Kostentransparenz schaffen
6 Änderungskosten vermeiden
7 Feedback integrierte Produkt- und Prozessentwicklung
8 Optimale Technologieauswahl
9 Optimaler Technologieeinsatz

Tabelle 6-6: Aggregierte quantitative Informationswerte sämtlicher Informationsbedarfsklassen

Unter Berücksichtigung des Zeitplans der einzelnen Entwicklungsumfänge im Produktentstehungsprozess sowie der in Modul 4 beschriebenen Phasengliederung (vgl. Kapitel 6.2.4), welche den Entwicklungsprozess prototypenbezogen in zehn Phasen unterteilt, wurde zudem die zeitliche Relevanz der Informationswerte bestimmt. Das Ergebnis dieser Analyse ist in Tabelle 6-7 dokumentiert. Es wird deutlich, dass die komponentenbezogenen Produktionsprozesse eher früh und die Montageschritte eher spät Relevanz besitzen, was auf den Fortschritt des Reifegrades des Produktmodells im Produktentstehungsprozess zurückzuführen ist. Hierbei werden zunächst die einzelnen Komponenten und nachfolgend die gesamte Baugruppe gestaltet.

	t_1	t_2	t_3	t_4	t_5	t_6	t_7	t_8	t_9	t_{10}
$I_{b,1}$: Wicklung 1	1	1	1	1	1	1	0	0	0	0
$I_{b,2}$: Wicklung 2	1	1	1	1	1	1	0	0	0	0
$I_{b,3}$: Wicklungsbearbeitung	1	1	1	1	1	1	0	0	0	0
$I_{b,4}$: Spulen Verbacken	0	0	1	1	1	1	0	0	0	0
$I_{b,5}$: Spulen Montieren und Verschalten	0	0	1	1	1	1	1	1	0	0
$I_{b,6}$: Endplatten Montieren und Verkleben	0	0	1	1	1	1	1	1	0	0
$I_{b,7}$: Stator Verbacken	0	0	0	1	1	1	1	1	1	1
$I_{b,8}$: Stator Prüfen	0	0	0	0	0	0	1	1	1	1

1: Relevant 0: Nicht Relevant

Tabelle 6-7: Zeitliche Relevanz der Informationswerte

Organisatorische Informationswertanalyse

Auf Basis der quantitativen Informationswertanalyse wurden die Präferenzen der Entscheider, in diesem Fall des Geschäftsführers des Startups sowie des Projektverantwortlichen auf Seiten des PEM, für die jeweiligen Informationsbedarfsklassen und Zeitpunkte bestimmt. Hierbei entschied man sich für eine faktorielle Bewertung der jeweiligen Zeitpunkte und der jeweiligen Informationsbedarfe, um den Aufwand für eine Bewertung jeder Informationswert-Zeitpunkt-Kombination zu vermeiden. Die Ergebnisse dieser Bestimmung sind als zeitliche und inhaltliche Präferenzen in der Tabelle 6-8 und der Tabelle 6-9 dokumentiert. Es wird deutlich, dass die Informationswerte eher als geringer bewertet werden, was zunächst auf eine produktfokussierte Skepsis gegenüber der Produktionsplanung zurückzuführen war. Bei den zeitlichen Präferenzen wurden insbesondere eine frühe Phase (aufgrund fehlendem antizipierten Reifegrad des Produktmodells zu dem Zeitpunkt) sowie die letzten beiden Phasen (aufgrund des verminderten Einflusses von entsprechend spät generierten Informationen) abgewertet.

$p_{w,1}$	0,70	0	0	0	0	0	0	0
$p_{w,2}$	0	0,50	0	0	0	0	0	0
$p_{w,3}$	0	0	0,35	0	0	0	0	0
$p_{w,4}$	0	0	0	0,35	0	0	0	0
$p_{w,5}$	0	0	0	0	0,40	0	0	0
$p_{w,6}$	0	0	0	0	0	0,30	0	0
$p_{w,7}$	0	0	0	0	0	0	0,25	0
$p_{w,8}$	0	0	0	0	0	0	0	0,40

Tabelle 6-8: Präferenzen des Entscheiders zu den Informationswerten

$p_{t,1}$	0,50	0	0	0	0	0	0	0	0	0
$p_{t,2}$	0	1,00	0	0	0	0	0	0	0	0
$p_{t,3}$	0	0	1,00	0	0	0	0	0	0	0
$p_{t,4}$	0	0	0	1,00	0	0	0	0	0	0
$p_{t,5}$	0	0	0	0	0,50	0	0	0	0	0
$p_{t,6}$	0	0	0	0	0	1,00	0	0	0	0
$p_{t,7}$	0	0	0	0	0	0	1,00	0	0	0
$p_{t,8}$	0	0	0	0	0	0	0	1,00	0	0
$p_{t,9}$	0	0	0	0	0	0	0	0	0,50	0
$p_{t,10}$	0	0	0	0	0	0	0	0	0	0,50

Tabelle 6-9: Präferenzen des Entscheiders zu den Zeiten

Durch die Anwendung der zeitlichen Relevanz der Informationswerte sowie der inhaltlichen und zeitlichen Präferenzen des Entscheiders auf die in Tabelle 6-6 dokumentierten Informationswerte konnten abschließend die gesamten organisatorischen Informationswerte bestimmt werden. Diese sind in Tabelle 6-10 zusammenfassend dargestellt.

	P_1		P_2		P_3		P_4		P_5	
	t_1	t_2	t_3	t_4	t_5	t_6	t_7	t_8	t_9	t_{10}
$W_{1,j}$	60.529 €	121.058 €	121.058 €	121.058 €	60.529 €	121.058 €	0 €	0 €	0 €	0 €
$W_{2,j}$	35.236 €	70.471 €	70.471 €	70.471 €	35.236 €	70.471 €	0 €	0 €	0 €	0 €
$W_{3,j}$	33.855 €	67.709 €	67.709 €	67.709 €	33.855 €	67.709 €	0 €	0 €	0 €	0 €
$W_{4,j}$	0 €	0 €	38.777 €	38.777 €	19.389 €	38.777 €	0 €	0 €	0 €	0 €
$W_{5,j}$	0 €	0 €	68.699 €	68.699 €	34.349 €	68.699 €	68.699 €	68.699 €	0 €	0 €
$W_{6,j}$	0 €	0 €	67.387 €	67.387 €	33.693 €	67.387 €	67.387 €	67.387 €	0 €	0 €
$W_{7,j}$	0 €	0 €	0 €	26.004 €	13.002 €	26.004 €	26.004 €	26.004 €	13.002 €	13.002 €
$W_{8,j}$	0 €	0 €	0 €	0 €	0 €	0 €	66.257 €	66.257 €	33.129 €	33.129 €

Tabelle 6-10: Organisatorische Informationswerte

Mathematische Formulierung und Darstellung

Die in Tabelle 6-10 dokumentierten organisatorischen Informationswerte wurden in der Matrix $W_{orgawert}$ [8x10] zusammengefasst.

6.2.3 Modul 3: Informationskostenanalyse

In Modul 3 wurden die Informationskosten für die Informationsgenerierung der verschiedenen in Modul 1 identifizierten Informationsbedarfsklassen ermittelt. Dafür wurde auf der Grundlage der Analyse und Abstraktion des vorhandenen Prototypenportfolios des PEM Experimente entwickelt, diese auf Integrierbarkeit in die geplanten Prototypen sowie Kombinierbarkeit untereinander untersucht und abschließend die Prototypenintegrationskosten sowie die Primotypenvollkosten kalkuliert. Das Vorgehen, die Kernergebnisse und die wichtigsten Erkenntnisse aus der Durchführung der einzelnen Detailschritte von Modul 3 werden nachfolgend erläutert und dokumentiert.

Analyse und Abstraktion Prototypenportfolio

Das Portfolio des Prototypenbaus am PEM zeichnet sich durch eine hohe Bandbreite an verschiedenen Maschinen und Anlagen spezifisch für die Elektromotorenproduktion sowie für allgemeine Produktionsprozesse aus, welche direkt für den Prototypenbau oder den Vorrichtungsbau als Vorstufe einsetzbar sind. Zudem hat das PEM Zugriff auf erfahrene Ingenieure und Techniker aus dem Bereich Elektromaschinenbau, Elektrik, Schweißtechnik, Fahrzeugtechnik und Metallverarbeitung. Ein abstrahierter Überblick über das für den Prototypenbau der innovativen Axialflussmaschine relevante Technologieportfolio ist in Tabelle 6-11 dokumentiert. Zudem hat das PEM Zugriff auf ein Netzwerk von Partnern aus dem Bereich der mechanischen Fertigung, der Kunststoffkomponentenfertigung sowie der Prüfung elektrischer Maschinen und mechanischer Komponenten, welches neben dem bestehenden Portfolio ebenfalls für die Konzeption der Experimente berücksichtigt wurde.

Maschinen- und Anlagentechnologie	Bewertung Technologie	Bewertung Technologieeinsatz
Elektromotorenspezifische Maschinen und Anlagen		
Nadelwickelmaschine inkl. Drahtzugmesseinrichtung	Serientechnologie	Teilautomatisiert, Investitionsoptimiert, Flexibel, Spezifisches Werkzeug
Auswuchtmessmaschine	Serientechnologie	Manuell, Investitionsoptimiert, Flexibel, Werkzeugfrei
Magnetisieranlage	Serientechnologie	Teilautomatisiert, Investitionsoptimiert, Flexibel, Spezifisches Werkzeug
Fügeanlage	Serientechnologie	Teilautomatisiert, Investitionsoptimiert, Flexibel, Generisches Werkzeug
Vormontagevorrichtungen	Prototypentechnologie	Manuell, Investitionsoptimiert, Flexibel, Spezifisches Werkzeug
Statorprüfgerät	Serientechnologie	Manuell, Investitionsoptimiert, Flexibel, Werkzeugfrei
Oszilloskop	Serientechnologie	Manuell, Investitionsoptimiert, Flexibel, Werkzeugfrei
Drahtrichter	Prototypentechnologie	Manuell, Investitionsoptimiert, Flexibel, Generisches Werkzeug
Hairpinprägevorrichtung	Prototypentechnologie	Manuell, Investitionsoptimiert, Flexibel, Spezifisches Werkzeug
Hairpinfügevorrichtung	Prototypentechnologie	Manuell, Investitionsoptimiert, Flexibel, Spezifisches Werkzeug
Allgemeine Produktionsmittel		
Laserschneidanlage	Prototypentechnologie	Teilautomatisiert, Investitionsoptimiert, Flexibel, Werkzeugfrei
Kantmaschine	Serientechnologie	Manuell, Investitionsoptimiet, Flexibel, Werkzeugsatz
Fräsmaschine	Serientechnologie	Teilautomatisiert, Investitionsoptimiert, Flexibel, Werkzeugsatz
Drehmaschine	Serientechnologie	Manuell, Investitionsoptimiert, Flexibel, Werkzeugsatz
Laserschweißanlage	Serientechnologie	Teilautomatisiert, Investitionsoptimiert, Flexibel, Werkzeugfrei
3D-Drucker Polyjet	Additive Manufacturing Technologie	Vollautomatisiert, Investitionsoptimiert, Flexibel, Werkzeugfrei
Mechanische Werkstatt	Handwerkliche Werkstattausstattung	Manuell, Investitionsoptimiert, Flexibel, Werkzeugsatz
Thermoformanlage	Serientechnologie	Teilautomatisiert, Investitionsoptimiert, Flexibel, Spezifisches Werkzeug
Ofen	Prototypentechnologie	Manuell, Investitionsoptimiert, Flexibel, Werkzeugfrei

Tabelle 6-11: Abstrahiertes elektromotorenspezifisches Prototypenportfolio des PEM

Entwicklung Experimente zu Informationsbedarfsklassen

Unter Berücksichtigung des abstrahierten Prototypenportfolios und der detaillierten Informationsbedarfe wurden für die identifizierten Informationsbedarfsklassen der innovativen Axialflussmaschine Prototypen, Primotypen und Experimente konzipiert. Nachfolgend wird dies für die Informationsbedarfsklasse $i_{b,1}$ detailliert erläutert. Für diesen Prozessschritt war bekannt, dass die Linearwickeltechnologie eingesetzt werden muss. Im Zentrum der Informationsbedarfsklasse standen die Prozessparameter und Zykluszeiten, die Automatisierung, die Qualitätsmerkmale sowie eine mögliche Prozessabsicherung. Somit musste ein Experiment konzipiert werden, in dem die mechanische Kinematik sowie die Prozessparametrisierung möglichst flexibel überprüft werden kann. Ziel sollte es sein, die optimale Kinematik, einen optimalen Parametersatz sowie Feedback für die integrierte Produkt- und Prozessentwicklung zu erarbeiten. Als einträglich für dieses Experiment wurde die Nadelwickelmaschine identifiziert, welche einen flexiblen Maschinentisch sowie eine adaptierbare Drahtbremse besitzt. Auf dieser Grundlage wurde eine Vorrichtung konzipiert, auf welcher die verschiedenen Kinematik- und Parametereinflussgrößen des Wickelprozesses flexibel variiert werden können. So sollen die Statorkerne sonnenförmig radial auf einer drehbar gelagerten Platte fixiert werden. Die Kerne werden einzeln bewickelt. Der jeweils zu bewickelnde Kern soll in der Höhe verstellbar sein, sodass dieser exponiert über die Drehung der gesamten Platte bewickelt werden kann, um eine Verdrillung zwischen den einzelnen Spulen zu vermeiden. Zwischen den einzelnen Platten soll der Draht an einem radial verstellbaren Zylinder terminiert und somit die Drahtlänge zwischen den Spulen variiert werden können. Der Drahtzuführwinkel, die horizontale und vertikale Drahtzuführung, der Drahtanstellwinkel und der Drahtzug sollen ebenfalls einstellbar sein. Zudem soll der Draht flexibel gerichtet und vorgeformt (Ausbauchung vor Drahtablegen) werden können. Die Vorrichtung ist manuell aktuiert. Auf der Basis dieses technischen Konzeptes wurde zudem ein statistischer Versuchsplan ausgearbeitet, der die verschiedenen Einflussmöglichkeiten möglichst eingrenzt und für jeden Parameter den optimalen Wert ermitteln kann. In Abbildung 6-4 ist ein Teil der Wickelkinematikvorrichtung dargestellt. Dieser wird auf dem Maschinentisch der Wickelmaschine in Kombination mit ihrer Drahtbremse und einer Drahtvorformeinrichtung eingesetzt. An dieser Stelle ist zu berücksichtigen, dass die Konstruktion gemäß der Methodik erst nach der Entscheidung der Experimentdurchführung in Modul 4 erfolgt ist. Die nachfolgende Kostenkalkulation erfolgte auf einer konzeptionelleren Ebene.

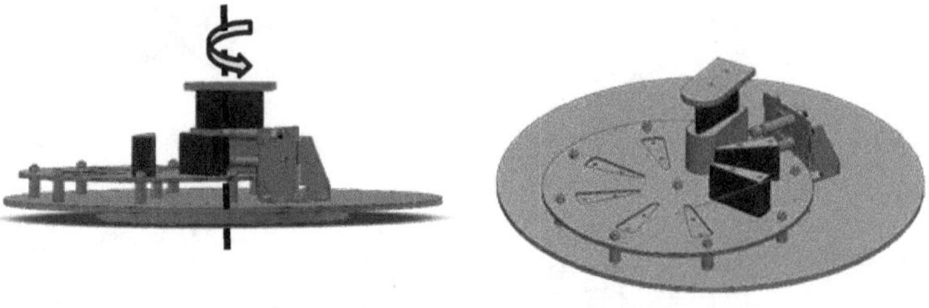

Abbildung 6-4: Konstruktion der flexiblen Wickelkinematikvorrichtung

Analyse Integrierbarkeit und Kombinierbarkeit

Auf der Basis der Experimentkonzepte sowie der in Modul 4 beschriebenen geplanten Prototypen im Produktentstehungsprozess des innovativen Axialflussmotors wurden die Experimente auf Kombinierbarkeit untereinander sowie auf Integrierbarkeit in die jeweiligen Prototypen untersucht. Die Ergebnisse sind in Abbildung 6-5 dargestellt. Es wird deutlich, dass die Experimente im Bereich Wickeltechnologie (Experimente 1-3) kompatibel sind, sich aber aufgrund eines anderen Fokus nicht sinnvoll mit den bezogen auf die Prozesskette nachfolgenden Experimenten kombinieren lassen. Zudem wird deutlich, dass sich die ersten Experimente vornehmlich in den frühen Prototypen integrieren lassen, da diese ihren Fokus auf die Komponenten und Unterbaugruppen richten. Die späten Prototypen fokussieren eher auf den gesamten Zusammenbau des Motors und eignen sich daher zum Beispiel eher für die Experimente zur Statormontage.

$I_{Kompatibilität}$	Experiment 1	Experiment 2	Experiment 3	Experiment 4	Experiment 5	Experiment 6	Experiment 7	Experiment 8
Experiment 1	x	x	x					
Experiment 2	x	x	x					
Experiment 3	x	x	x					
Experiment 4				x				
Experiment 5					x			
Experiment 6						x	x	
Experiment 7						x	x	
Experiment 8								x

x: Kompatibel

$I_{Integration}$	Prototyp 1	Prototyp 2	Prototyp 3	Prototyp 4	Prototyp 5
Experiment 1	x	x	x		
Experiment 2	x	x	x		
Experiment 3	x	x	x		
Experiment 4					
Experiment 5		x	x	x	x
Experiment 6			x	x	x
Experiment 7			x	x	x
Experiment 8			x	x	x

x: Integrierbar

Abbildung 6-5: Kompatibilitäts- und Integrationsmatrix der konzipierten Experimente

Kalkulation Prototypenintegrationskosten und Primotypenvollkosten

In Workshops mit Experten aus dem Bereich Konstruktion, Prototypenbau und technischer Einkauf und unter Zuhilfenahme von groben Kostenkalkulationen konnten die Prototypenintegrationskosten sowie die Primotypenvollkosten bestimmt werden. Hierfür wurden zunächst die detaillierten Entwicklungskosten der einzelnen Experimente ermittelt, welche in Tabelle 6-12 dokumentiert sind. Es wird deutlich, dass die Entwicklung von Primotypen aufgrund geringerer Restriktionen des vorgegebenen Produktentstehungsprozesses kostengünstiger ist.

Informationsbedarfsklasse	Experiment	Entwicklungskosten Prototyp	Entwicklungskosten Primotyp
$I_{b,1}$: Wicklung 1	Experiment 1	13.000 €	12.000 €
$I_{b,2}$: Wicklung 2	Experiment 2	8.000 €	5.000 €
$I_{b,3}$: Wicklungsbearbeitung	Experiment 3	7.000 €	4.000 €
$I_{b,4}$: Spulen Verbacken	Experiment 4	3.000 €	2.000 €
$I_{b,5}$: Spulen Montieren und Verschalten	Experiment 5	8.000 €	6.000 €
$I_{b,6}$: Endplatten Montieren und Verkleben	Experiment 6	12.000 €	6.500 €
$I_{b,7}$: Stator Verbacken	Experiment 7	3.000 €	2.000 €
$I_{b,8}$: Stator Prüfen	Experiment 8	15.000 €	12.000 €

Tabelle 6-12: Experimententwicklungskosten für Prototypen- und Primotypennutzung

Daraufhin wurden die Kosten der einzelnen Experimente für die jeweiligen Prototypen gemäß der Integrationsmatrix ermittelt. Tabelle 6-13 stellt das Ergebnis exemplarisch für Prototyp 3 dar.

Informationsbedarfsklasse	Anpassungskosten	Materialkosten	Entwicklungskosten	Durchführungskosten	Integrationskosten $\Delta K_{n,3}$
$I_{b,1}$: Wicklung 1	5.000 €	1.500 €	13.000 €	2.500 €	22.000 €
$I_{b,2}$: Wicklung 2	5.000 €	2.000 €	8.000 €	1.000 €	16.000 €
$I_{b,3}$: Wicklungsbearbeitung	5.000 €	500 €	7.000 €	1.000 €	13.500 €
$I_{b,4}$: Spulen Verbacken	-/-	-/-	-/-	-/-	-/-
$I_{b,5}$: Spulen Montieren und Verschalten	7.000 €	1.500 €	8.000 €	4.000 €	20.500 €
$I_{b,6}$: Endplatten Montieren und Verkleben	4.500 €	4.000 €	12.000 €	5.000 €	25.500 €
$I_{b,7}$: Stator Verbacken	7.000 €	10.000 €	3.000 €	3.000 €	23.000 €
$I_{b,8}$: Stator Prüfen	0 €	0 €	15.000 €	4.000 €	19.000 €

Tabelle 6-13: Exemplarische Experimentintegrationskosten für Prototyp 3

Zusammenfassend für sämtliche Prototypen wurde die Matrix der Prototypenintegrationskosten summiert, welche in Tabelle 6-14 dargestellt ist.

Informationsbedarfsklasse	Prototyp 1	Prototyp 2	Prototyp 3	Prototyp 4	Prototyp 5
$I_{b,1}$: Wicklung 1	16.000 €	21.000 €	22.000 €	-/-	-/-
$I_{b,2}$: Wicklung 2	12.000 €	17.000 €	16.000 €	-/-	-/-
$I_{b,3}$: Wicklungsbearbeitung	9.500 €	14.500 €	13.500 €	-/-	-/-
$I_{b,4}$: Spulen Verbacken	-/-	-/-	-/-	-/-	-/-
$I_{b,5}$: Spulen Montieren und Verschalten	-/-	18.000 €	20.500 €	19.400 €	18.700 €
$I_{b,6}$: Endplatten Montieren und Verkleben	-/-	-/-	25.500 €	26.000 €	27.000 €
$I_{b,7}$: Stator Verbacken	-/-	-/-	23.000 €	23.500 €	9.500 €
$I_{b,8}$: Stator Prüfen	-/-	-/-	19.000 €	24.000 €	20.000 €

Tabelle 6-14: Matrix der Prototypenintegrationskosten $K_{Integrationskosten}$

Weiterhin wurden die Kosten für die einzelnen Primotypengrundkörper ermittelt. Die Ergebnisse sind nachfolgend in Tabelle 6-15 exemplarisch für den ersten möglichen Primotypenzeitraum dokumentiert.

Informationsbedarfsklasse	Standardkomponenten	Spezifische Materialien	Fertigungskosten	Investitionskosten	Lohnkosten	Montagekosten	Aufschlag	Overhead	Primotypengrundkörper
$I_{b,1}$: Wicklung 1	2.500 €	1.000 €	500 €	3.500 €	1.500 €	100 €	200 €	10 €	**9.310 €**
$I_{b,2}$: Wicklung 2	2.500 €	1.000 €	500 €	3.500 €	1.500 €	100 €	200 €	10 €	**9.310 €**
$I_{b,3}$: Wicklungsbearbeitung	1.500 €	0 €	500 €	3.500 €	1.500 €	100 €	200 €	10 €	**7.310 €**
$I_{b,4}$: Spulen Verbacken	1.800 €	300 €	500 €	3.500 €	1.500 €	100 €	200 €	10 €	**7.910 €**
$I_{b,5}$: Spulen Montieren und Verschalten	1.500 €	0 €	500 €	500 €	1.500 €	100 €	200 €	10 €	**4.310 €**
$I_{b,6}$: Endplatten Montieren und Verkleben	2.000 €	500 €	500 €	500 €	1.500 €	100 €	200 €	10 €	**5.310 €**
$I_{b,7}$: Stator Verbacken	2.000 €	500 €	500 €	3.500 €	1.500 €	100 €	200 €	10 €	**8.310 €**
$I_{b,8}$: Stator Prüfen	1.500 €	0 €	500 €	500 €	1.500 €	100 €	200 €	10 €	**4.310 €**

Tabelle 6-15: Kosten der Primotypengrundkörper für Primotypenzeitraum 1

Zum Abschluss von Modul 3 wurden die gesamten Primotypenkosten analog zu der in Tabelle 6-13 aufgezeigten Kalkulationslogik bestimmt. Zusammenfassend für sämtliche Primotypen wurde die Matrix der Primotypenvollkosten summiert, welche in Tabelle 6-14 dargestellt ist. Die zunächst unintuitiven Veränderungen der Kosten ergeben sich zum einen aus Veränderungen des Produktmodells entlang des Produktentstehungsprozesses, zum anderen aus veränderten Randbedingungen hinsichtlich der Verfügbarkeit der Maschinen und Anlagen im Prototypenbau und veränderlichen Skaleneffekten im Einkauf.

Informationsbedarfsklasse	Primotyp 1	Primotyp 2	Primotyp 3	Primotyp 4	Primotyp 5
$I_{b,1}$: Wicklung 1	24.310 €	31.810 €	38.310 €	35.310 €	42.310 €
$I_{b,2}$: Wicklung 2	18.310 €	25.810 €	30.310 €	29.110 €	35.810 €
$I_{b,3}$: Wicklungsbearbeitung	13.810 €	21.310 €	25.810 €	24.910 €	35.810 €
$I_{b,4}$: Spulen Verbacken	19.410 €	24.910 €	34.910 €	34.410 €	34.910 €
$I_{b,5}$: Spulen Montieren und Verschalten	13.310 €	22.810 €	30.810 €	29.710 €	29.510 €
$I_{b,6}$: Endplatten Montieren und Verkleben	16.810 €	26.810 €	29.310 €	25.310 €	35.310 €
$I_{b,7}$: Stator Verbacken	22.810 €	32.310 €	38.310 €	33.310 €	34.810 €
$I_{b,8}$: Stator Prüfen	22.310 €	26.810 €	30.310 €	33.310 €	30.810 €

Tabelle 6-16: Matrix der Primotypenvollkosten $K_{Vollkosten}$

6.2.4 Modul 4: Informationsbeschaffungsplanung

In Modul 4 wurde die Informationsbeschaffung durch den Primotypen- und Prototypenbau terminiert. Dafür wurde auf der Grundlage der modellhaften Abstraktion des zeitlichen Verlaufs der Prototypen im Produktentstehungsprozess sowie der Kalkulation der Profitabilitätsmatrizen der Gestaltungsraum der Prototypenphase effizienzorientiert optimiert und die Informationsbedarfsklassen den entsprechenden bestehenden Prototypen oder neu definierten Primotypen zugeordnet. Das Vorgehen, die Kernergebnisse und die wichtigsten Erkenntnisse aus der Durchführung der einzelnen Detailschritte von Modul 4 werden nachfolgend erläutert und dokumentiert.

Modellhafte Abstraktion des zeitlichen Verlaufs der Prototypen im Produktentstehungsprozess

Als Grundlage für das Rahmenwerk der Optimierung wurde der ursprüngliche Prototypenplan des Projektes verwendet und um mögliche Primotypenphasen erweitert. Hierbei wurden die Entwicklungsprototypen bis zur Lastenheftfreigabe der Produktionsmittel fokussiert, um einen möglichst großen Einfluss der Informationsgenerierung auf die Produktionsplanung zu generieren. Der Plan im Produktentstehungsprozess des innovativen Axialflussmotors sah den Aufbau von 5 Prototypen innerhalb der ersten zwei Jahre des dreijährigen Produktentstehungsprozesses vor. Den Prototypen ist hierbei ein Flexibilitätskorridor von jeweils 2 Monaten zugeordnet worden. Zusätzlich wurden 5 Primotypenphasen definiert. Dadurch konnten insgesamt 10 Optimierungszeitpunkte festgelegt werden. Diese wurden bereits in den Modulen der Wert- und Kostenanalyse zur Strukturierung genutzt. Der für die Prototypenphase und die festgelegten Zeitpunkte relevante Ausschnitt des Produktentstehungsprozesses ist in Abbildung 6-6 übersichtlich dargestellt.

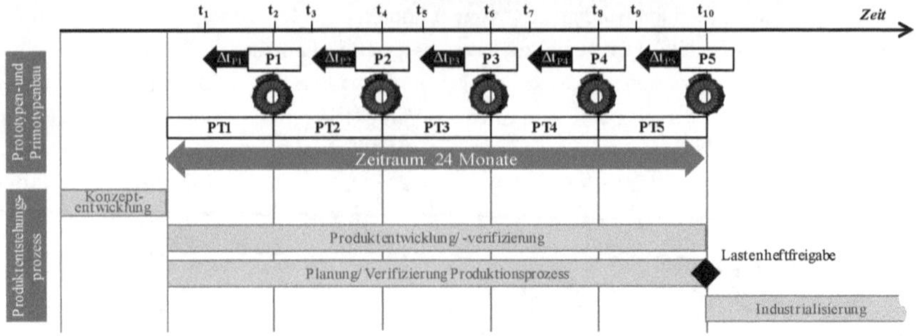

Abbildung 6-6: Abstrahierter Prototypenplan als Ausschnitt des Produktentstehungsprozesses

Berechnung der Profitabilitätsmatrizen

Als Basis für die nachfolgende Optimierung der Informationsbeschaffung wurden zunächst die Profitabilitätsmatrizen für den Prototypen- und Primotypenbau aus den Informationskosten und Informationswerten für die frühen und späten Zeitpunkte der jeweiligen Prototypen- und Primotypenzeiträume kalkuliert. Die Ergebnisse dieser Kalkulation sind in der Tabelle 6-17 und der Tabelle 6-18 dokumentiert. Es wird deutlich, dass sich zumeist positive Profitabilitäten ergeben, jedoch auch negative Profitabilitäten durch erhöhte Kosten im Vergleich zu den Wertbeiträgen entstehen können.

	t_1	t_2	t_3	t_4	t_5	t_6	t_7	t_8	t_9	t_{10}
Informationsbedarfsklasse	P1 früh	P1 spät	P2 früh	P2 spät	P3 früh	P3 spät	P4 früh	P4 spät	P5 früh	P5 spät
$I_{b,1}$: Wicklung 1	44.529 €	105.058 €	100.058 €	100.058 €	38.529 €	99.058 €	-/-	-/-	-/-	-/-
$I_{b,2}$: Wicklung 2	23.236 €	58.471 €	53.471 €	53.471 €	19.236 €	54.471 €	-/-	-/-	-/-	-/-
$I_{b,3}$: Wicklungsbearbeitung	24.355 €	58.209 €	53.209 €	53.209 €	20.355 €	54.209 €	-/-	-/-	-/-	-/-
$I_{b,4}$: Spulen Verbacken	-/-	-/-	-/-	-/-	-/-	-/-	-/-	-/-	-/-	-/-
$I_{b,5}$: Spulen Montieren und Verschalten	-/-	-/-	50.699 €	50.699 €	13.849 €	48.199 €	49.299 €	49.299 €	-18.700 €	-18.700 €
$I_{b,6}$: Endplatten Montieren und Verkleben	-/-	-/-	-/-	-/-	8.193 €	41.887 €	41.387 €	41.387 €	-27.000 €	-27.000 €
$I_{b,7}$: Stator Verbacken	-/-	-/-	-/-	-/-	-9.998 €	3.004 €	2.504 €	2.504 €	3.502 €	3.502 €
$I_{b,8}$: Stator Prüfen	-/-	-/-	-/-	-/-	-19.000 €	-19.000 €	42.257 €	42.257 €	13.129 €	13.129 €

Tabelle 6-17: Profitabilitätsmatrix Informationsgenerierung durch Prototypen $P_{protoprofitabilität}$

	t_1	t_2	t_3	t_4	t_5	t_6	t_7	t_8	t_9	t_{10}
Informationsbedarfsklasse	PT1 früh	PT1 spät	PT2 früh	PT2 spät	PT3 früh	PT3 spät	PT4 früh	PT4 spät	PT5 früh	PT5 spät
$I_{b,1}$: Wicklung 1	36.219 €	96.748 €	89.248 €	89.248 €	22.219 €	82.748 €	-35.310 €	-35.310 €	-42.310 €	-42.310 €
$I_{b,2}$: Wicklung 2	16.926 €	52.161 €	44.661 €	44.661 €	4.926 €	40.161 €	-29.110 €	-29.110 €	-35.810 €	-35.810 €
$I_{b,3}$: Wicklungsbearbeitung	20.045 €	53.899 €	46.399 €	46.399 €	8.045 €	41.899 €	-24.910 €	-24.910 €	-35.810 €	-35.810 €
$I_{b,4}$: Spulen Verbacken	-19.410 €	-19.410 €	13.867 €	13.867 €	-15.521 €	3.867 €	-34.410 €	-34.410 €	-34.910 €	-34.910 €
$I_{b,5}$: Spulen Montieren und Verschalten	-13.310 €	-13.310 €	45.889 €	45.889 €	3.539 €	37.889 €	38.989 €	38.989 €	-29.510 €	-29.510 €
$I_{b,6}$: Endplatten Montieren und Verkleben	-16.810 €	-16.810 €	40.577 €	40.577 €	4.383 €	38.077 €	42.077 €	42.077 €	-35.310 €	-35.310 €
$I_{b,7}$: Stator Verbacken	-22.810 €	-22.810 €	-32.310 €	-6.306 €	-25.308 €	-12.306 €	-7.306 €	-7.306 €	-21.808 €	-21.808 €
$I_{b,8}$: Stator Prüfen	-22.310 €	-22.310 €	-26.810 €	-26.810 €	-30.310 €	-30.310 €	32.947 €	32.947 €	2.319 €	2.319 €

Tabelle 6-18: Profitabilitätsmatrix Informationsgenerierung durch Primotypen $P_{primoprofitabilität}$

Effizienzorientierte Optimierung des Gestaltungsraums

Gemäß des in Kapitel 5.4.5 beschriebenen Algorithmus wurde der Gestaltungsraum der Informationsgenerierung durch Prototypenphasen optimiert. Dafür wurde zunächst die Kompatibilität der Experimente mit den Prototypen überprüft. Dadurch wurde festgestellt, dass für die Informationsbedarfsklasse des Spulen Verbackens ein Primotyp zwingend erforderlich ist. Der direkte Kostenvergleich zwischen Prototypen und Primotypen hat zudem ergeben, dass sich Primotypen weiterhin nur bei der Statormontage, dem Stator Kleben und dem Stator Verbacken wirtschaftlich auszahlen. Dies ist insbesondere durch die kostenintensiven Primotypengrundkörper begründet. Im weiteren Durchlauf der Optimierung konnten zudem sämtliche Informationsbedarfsklassen den entsprechenden Prototypen und Primotypen zugeordnet und diese terminiert werden. Somit konnte die Informationsbeschaffungsplanung im Gestaltungsraum effizienzorientiert durchgeführt werden. Dadurch hat sich folgende Zuordnung ergeben:

- $I_{b,1}$: Prototyp 1 zum späten Zeitpunkt
- $I_{b,2}$: Prototyp 1 zum späten Zeitpunkt
- $I_{b,3}$: Prototyp 1 zum späten Zeitpunkt
- $I_{b,4}$: Primotyp 2 zum frühen Zeitpunkt
- $I_{b,5}$: Prototyp 2 zum frühen Zeitpunkt
- $I_{b,6}$: Primotyp 4 zum frühen Zeitpunkt
- $I_{b,7}$: Prototyp 5 zum frühen Zeitpunkt
- $I_{b,8}$: Prototyp 4 zum frühen Zeitpunkt

Es wird deutlich, dass lediglich in frühen Phasen des Produktentstehungsprozesses eine späte Informationsgenerierung durch den bis dahin gesteigerten Reifegrad des Produktmodells lohnenswert war und sich sonst die frühe Informationsgenerierung auszahlte. Dieser Effekt ist nicht zu verallgemeinern, folgt jedoch nachvollziehbaren Effekten im Produktentstehungsprozess.

Terminierung der Informationsbeschaffung im Primotypen- und Prototypenbau

Die einzelnen Prototypen- und Primotypenaufbauten sowie Experimente wurden unter Berücksichtigung der relevanten Randbedingungen (u.a. Verfügbarkeit von Maschinen und Anlagen im Prototypenbau am PEM, Personalverfügbarkeit, Partnerverfügbarkeit, Beschaffungszeiten für Material und Komponenten, Vorlaufzeit für Vorrichtungsbau) detailliert terminiert. Parallel dazu wurde eine Budget- und Cash-Flow-Planung[882] durchgeführt. Hierbei diente das Ergebnis der effizienzorientierten Optimierung als Grundlage, um in Kombination mit der betrieblichen Realität zu einem umsetzbaren Zeitplan zu gelangen. Dieser diente daraufhin im Zuge des Projektverlaufs als Planungs-, Steuerungs- und Kontrollinstrument.

6.2.5 Modul 5: Informationsgenerierung

In Modul 5 wurden die Experimente für die Informationsgenerierung durchgeführt. Dafür wurde a-priori der Prototypen- und Primotypenbau organisiert und entlang des Produktentstehungsprozesses gemanagt. Daraufhin wurden der Prototypen- und Primotypenbau und die Experimente durchgeführt und für die Informationsgenerierung sowie für die Beobachtung und Aufdeckung von unbekanntem Unwissen genutzt, wodurch eine weitere Iteration der Methodik zur Verfeinerung des Informationsbedarfsraums angestoßen wurde. Zudem wurden die Informationen gemäß der entwickelten Methodik dokumentiert und an die Produktionsplanung kommuniziert. Das Vorgehen, die Kernergebnisse und die wichtigsten Erkenntnisse aus der Durchführung der einzelnen Detailschritte von Modul 5 werden nachfolgend erläutert und dokumentiert. Im gesamten Verlauf des Produktentstehungsprozesses wurden zu

[882] Engl.: Cash-Flow: Zahlungsstrom.

den verschiedenen identifizierten Informationsbedarfsklassen insgesamt 8 umfassende Experimentreihen durchgeführt. Das nachfolgende Kapitel stellt der Übersichtlichkeit halber die Ergebnisse der Informationsbedarfsklasse 1, Wickeln, vor.

Organisation & Management des Prototypenbaus

Für die Organisation und das Management des Prototypenbaus wurde der hauptverantwortliche Methodikanwender eingesetzt, welcher sowohl für die initiale operative Prototypen- und Primotypenbauplanung als auch für das Projektmanagement während des Produktentstehungsprozesses verantwortlich war. Dieser war Mitarbeiter des Produktionsplanungsteams und konnte somit ein besonderes Augenmerk auf die Informationsgenerierung legen, für die er ebenfalls verantwortlich gewesen ist. Zu den verschiedenen Experimenten hat er jeweils die verantwortlichen Prozessschrittexperten hinzugezogen, sodass das Informationsgenerierungspotential umfassend ausgenutzt wurde.

Durchführung Prototypenbau und Experimente, Beobachtung & Informationsgenerierung

Das Experiment zur Wicklung wurde über mehrere Wochen hinweg in einem Team aus verantwortlichem Methodikanwender, verantwortlichem Planer für die Produktionsplanung des Wickelprozesses, verantwortlichem Produktentwickler, Technikern und Hilfskräften durchgeführt. Zunächst sollte die Produzierbarkeit der einzelnen Spulen sowie des gesamten Spulensystems überprüft werden. Daraufhin sollte eine Studie zur optimalen Wickelmaschinenkinematik sowie zur optimalen Wickelprozessparametrisierung durchgeführt werden. Weiterhin sollten relevante Qualitätsparameter und deren Erreichbarkeit bestimmt werden. Gleichzeitig sollte das Experiment dazu dienen, Rückmeldung für eine integrierte Produkt- und Prozessentwicklung zu generieren und anzuwenden. Abschließend sollte eine finale Wicklung für die weitergehende Produktvalidierung des Prototypen 1 entstehen. Abbildung 6-7 zeigt Bilder der Wickelvorrichtung sowie der Spulen und des Spulensystems, welche während der Experimente entstanden sind.

Abbildung 6-7: Wickelvorrichtung und Spulen für Wickelexperimente

Die Erkenntnisse aus den Bereichen Feedback Integrierte Produkt- und Prozessentwicklung, Wickelkinematik, Wickelparameter sowie Qualitätsparameter werden nachfolgend zusammengefasst erläutert.[883]

Wickelkinematik

Als Ziel der Experimente zur Wickelkinematik wurde ein Prozessergebnis vorgegeben, welches die Bewicklung vorisolierter Statorkerne mit einer orthozyklischen gespreizten Lagenwicklung von relativ dickem Backlackdraht und Kreuzungen in einer Spule beinhaltete. Das Wickelsystem bestand aus mehreren Wicklungen, welche kontinuierlich durchgewickelt werden sollten, bei denen zwischen den einzelnen Spulen jedoch der Wickelsinn verändert wurde und eine bestimmte Drahtlänge zwischen den einzelnen Wicklungen vorgegeben war. Die Einhaltung des Wickelschemas sowie der mechanischen, geometrischen und isolatorischen Vorgaben waren entscheidend, um die Erreichung der Leistungs- und Laufeigenschaften des zu entwickelnden innovativen Axialflussmotors sicherzustellen. Nach Vorauswahl eines groben Parametersatzes konnten daraufhin Kinematikstudien auf der in Modul 3 konzipierten, entwickelten sowie mittlerweile hergestellten und in Betrieb genommenen Wickelvorrichtung durchgeführt werden. Dabei wurden anhand eines statistischen Versuchsplans verschiedene Varianten von kinematischen Kombinationen überprüft und das Wickelbild Schritt für Schritt qualifiziert und optimiert. Hierbei konnten insbesondere die horizontalen, vertikalen und tiefenbezogenen Positionen verschiedener Vorrichtungskomponenten und der Spulenformkörper, das relative Verhältnis verschiedener Positionen, die Winkellage und die dynamische Anpassung von Positionen während eines Wickelschritts oder zwischen verschiedenen Wickelschritten variiert werden. Ebenso wurde der Drahtzuführwinkel variiert. Zudem wurden verschiedene Geometrien und Positionen von Terminierstiften zwischen den einzelnen Spulen getestet, um den korrekten Spulenabstand zu realisieren. Weiterhin wurden Drahtfixierungen an verschiedenen Stellen im Prozess (insbesondere für die Kreuzungsherstellung) ausprobiert. Nach der grundlegenden Anpassung des Wickelschemas (vgl. nachfolgend Feedback Integrierte Produkt- und Prozessentwicklung) konnte somit eine geeignete Kinematikkonfiguration ermittelt werden. Hierzu bedurfte es jedoch der Einführung eines weiteren Kinematikbauteils, nämlich einer Drahtvorformung. Diese wurde initial nicht berücksichtigt. Sie wurde dadurch notwendig, dass auch bei erhöhtem Drahtzug keine spezifikationskonforme sehr hohe Flankenabdeckung zwischen Draht und Wickelkörper hergestellt werden konnte. Die Einführung der Drahtvorformung durch zwei Umlenkrollen stellte einen entscheidenden Beitrag für die Planung einer Serienproduktionswickelmaschine dar. Das grobe Konzept der Wickelvorformung sowie die physische Realisierung sind in Abbildung 6-8 dargestellt.

[883] Eine einführende Übersicht über einen Teil der genannten Bereiche wurde bereits in Kampker et al. (2017): Experimental engineering dargelegt.

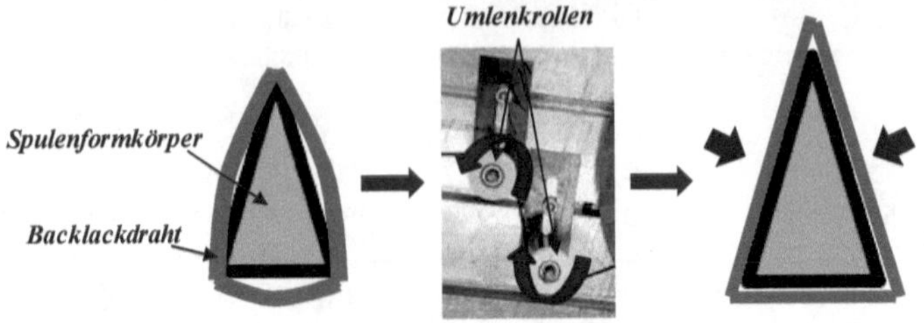

Abbildung 6-8: Kinematik zur Drahtvorformung für Flankenabdeckungsoptimierung

Weiterhin ist bei den Experimenten zu Wicklungsherstellung die Notwendigkeit einer stirnseitigen Fixierung der Spulen nach dem Wickelprozess bis zum Verbacken der Spulen deutlich geworden. Dies ist auf die hohe Vorspannkraft des Drahts im Wickelprozess zurückzuführen. Der hohe Druck der oberen zweiten Drahtlage auf die untere Lage ist hier als Grund anzuführen. Dies wurde ebenfalls als Information für die Produktionsplanung aufbereitet.

Wickelparameter

Als relevante Parameter für die Prozessführung konnte der Drahtzug, die Wickelgeschwindigkeit (Rotation), die Zustellgeschwindigkeit der relativen Position zwischen Draht und Spulenformkörper sowie die Umgebungstemperatur während der Wickelkinematikstudien identifiziert werden. Zudem haben die genannten Parameter Einfluss auf die zunächst unbekannte erreichbare Zykluszeit einzelner Spulen und des gesamten Wicklungssystems (Hauptzeiten und Wechsel-/ Nebenzeiten). Aus diesem Grund wurden statistische Versuche durchgeführt, um insbesondere die optimale Drahtvorspannung zu ermitteln. Hierbei wurden die Einflüsse auf ein sauberes Wickelergebnis sowie das Verhalten der Spulen während des Verbackprozesses im Ofen untersucht. So wurde deutlich, dass eine zu hohe Drahtvorspannung zu Isolationsdefekten oder Kurzschlüssen durch den Backprozess und eine zu niedrige Drahtvorspannung zu einem unsauberen Wickelbild und Bauraumkollisionen führte. Zudem wurde überprüft, ob bei realistischen Wickelgeschwindigkeiten unvorhersehbare dynamische Effekte auftreten. Diese konnten nicht identifiziert werden. Somit wurde nach der Identifikation der optimalen Parameter eine Prozesszeitaufnahme durchgeführt. Einen Einfluss der Temperatur auf das Drahtverhalten und das Wickelergebnis konnte für ein relevantes Raumtemperaturfenster nicht identifiziert werden.

Qualitätsparameter

Aufgrund des entscheidenden Einflusses des Wickelprozesses auf die Qualität des Motors, insbesondere auf die Leistung, Laufhomogenität und Langlebigkeit, wurde ein besonderer Fokus der Experimente auf die Ermittlung relevanter Qualitätsmerkmale gelegt. Für die Planung der Qualitätsüberwachungsmaßnahmen im Prozess und nachträglichen Qualitätssicherungsmaßnahmen wurden somit verschiedene Qualitätsmerkmale identifiziert, indem Schwankungen und Abweichungen zwischen den einzelnen hergestellten Spulen (mit gleichen oder verschiedenen Parametern und Kinematiken) ermittelt wurden. Hierzu gehören insbesondere die exakte Positionierung des Drahtes, die Anzahl und Art der Drahtbeschädigungen, die Beschädigung der Grundisolation sowie der Beschädigung des Kernmaterials durch die hohen Prozesskräfte. Zudem wurden der ohmsche Widerstand und die Isolationsfestigkeit als relevante Merkmale bestimmt. Ebenso wurden Übergabeparameter und Toleranzen dieser für nachfolgende Prozessschritte identifiziert, welche das Wickelergebnis charakterisieren.

Feedback Integrierte Produkt- und Prozessentwicklung

Im Zuge der Durchführung der Experimente konnte umfangreiches Feedback für die Integrierte Produkt- und Prozessentwicklung der innovativen Axialflussmaschine und insbesondere für die Statorwicklung generiert werden. Dies wird nachfolgend zusammenfassend erläutert:

- **Fixierung der Spulenformkörper:** Die Fixierung der Spulenformkörper durch Stahlstifte, welche in Durchgangsbohrungen durch diese durchgeführt und stirnseitig verschraubt wurden, stellte sich aufgrund der starken Belastung durch die hohen Prozesskräfte als nicht sinnvoll heraus, da dies trotz hochwertigem Materialeinsatzes häufig zu Vorrichtungsdefekten führten. Eine mögliche Lösung wurde mit der Fixierung durch Spannbacken an den Stirnflächen konzipiert und mit der Produktentwicklung diskutiert. Ein einträglicher Nebeneffekt war hierbei zudem, dass die Durchgangsbohrungen initial für die Fixierung eingebracht wurden und zudem die Effizienz des Axialflussmotors aufgrund von Einflüssen auf den magnetischen Fluss gemindert haben. Dies wurde letztendlich im Produktmodell umgesetzt.
- **Drahtabstützung und Drahtführung:** Die hergestellte Wicklung wurde aufgrund des hohen Lagendrucks der Wicklung an den Stirnflächen stets abgedrängt. Durch eine Abstützung der Enddrähte an den Stirnflächen, welche in die Isolation integriert werden kann, kann dies vermieden, der Prozess vereinfacht, das Prozessergebnis verbessert sowie der Ausschuss vermindert werden. Zudem können Führungsrillen in der Isolation für jede einzelne Windung einträglich sein und das Prozessergebnis weiterhin verbessern und dadurch die Prozessgeschwindigkeit steigern. Auch dies wurde an die Produktentwicklung kommuniziert. Aus Bauraumgründen wurde diese Funktionalität letztendlich jedoch durch Prozessvorrichtungen und den Verbackprozess sichergestellt und nicht im Produktmodell umgesetzt.
- **Wicklungssystemherstellung:** Während der Experimente hat sich die Herstellung einzelner Spulen als bedeutend einfacher gegenüber der kontinuierlichen Wicklung des gesamten Spulensystems herausgestellt. Als einfachere und umsetzbare Lösung hat sich eine Vercrimpung der einzelnen Spulen gezeigt, welche nach Rücksprache mit der Produktentwicklung im Produkt- und Prozessmodell umgesetzt wurde. An dieser Stelle wurde unbekanntes Unwissen identifiziert, was in einem folgenden Abschnitt der vorliegenden Arbeit weiter ausgeführt wird.
- **Wickelbild:** Die Herstellung einer gespreizten Wicklung mit derart dicken Kupferdrähten hat sich als nicht realisierbar herausgestellt, da zum einen die Positionierung der unteren Lage sehr aufwändig war und das Wickelbild durch das Einbringen der oberen Lage durch den hohen Druck aufgrund hoher Drahtvorspannung zerstört wurde. Diverse Versuche mit verschiedenen Drahtabstützungskonzepten haben ebenfalls nicht zu einem Ziel geführt, sodass an dieser Stelle die Neuentwicklung eines Wickelbildes notwendig war. Durch die gewonnene Erfahrung konnte ein orthozyklisches Wickelbild favorisiert werden, welches letztendlich auch umgesetzt wurde. An dieser Stelle ist durch Feedback aus Prozesssicht ein entscheidender Teil des innovativen Axialflussmotors vollständig umgestaltet worden. Das zugrundeliegende Problem sowie die finale Lösung sind in Abbildung 6-9 dargestellt.

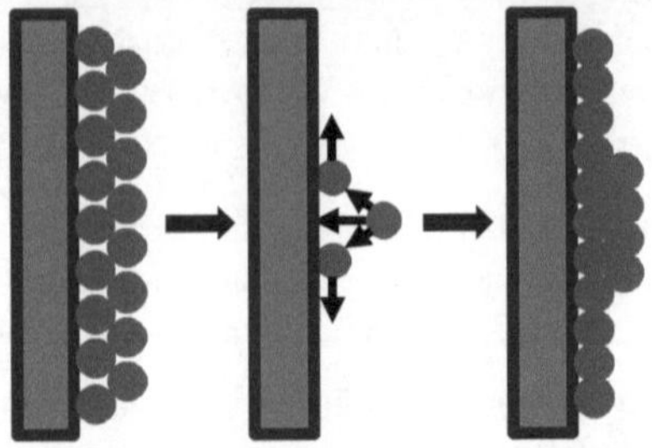

Abbildung 6-9: Feedback Wickelbild für Integrierte Produkt- und Prozessentwicklung

Dokumentation der Informationen

Die generierten Informationen und Ergebnisse der Experimente wurden in dem in Kapitel 5.5 beschriebenen Informationsmanagementtool dokumentiert und strukturiert. Abbildung 6-10 zeigt exemplarisch einen Ausschnitt aus der Dokumentation für den Prozessschritt Wickeln.[884]

[884] Die exakten Werte der Parameter etc. können aus Geheimhaltungsgründen nicht veröffentlicht werden und sind daher nur verschwommen dargestellt.

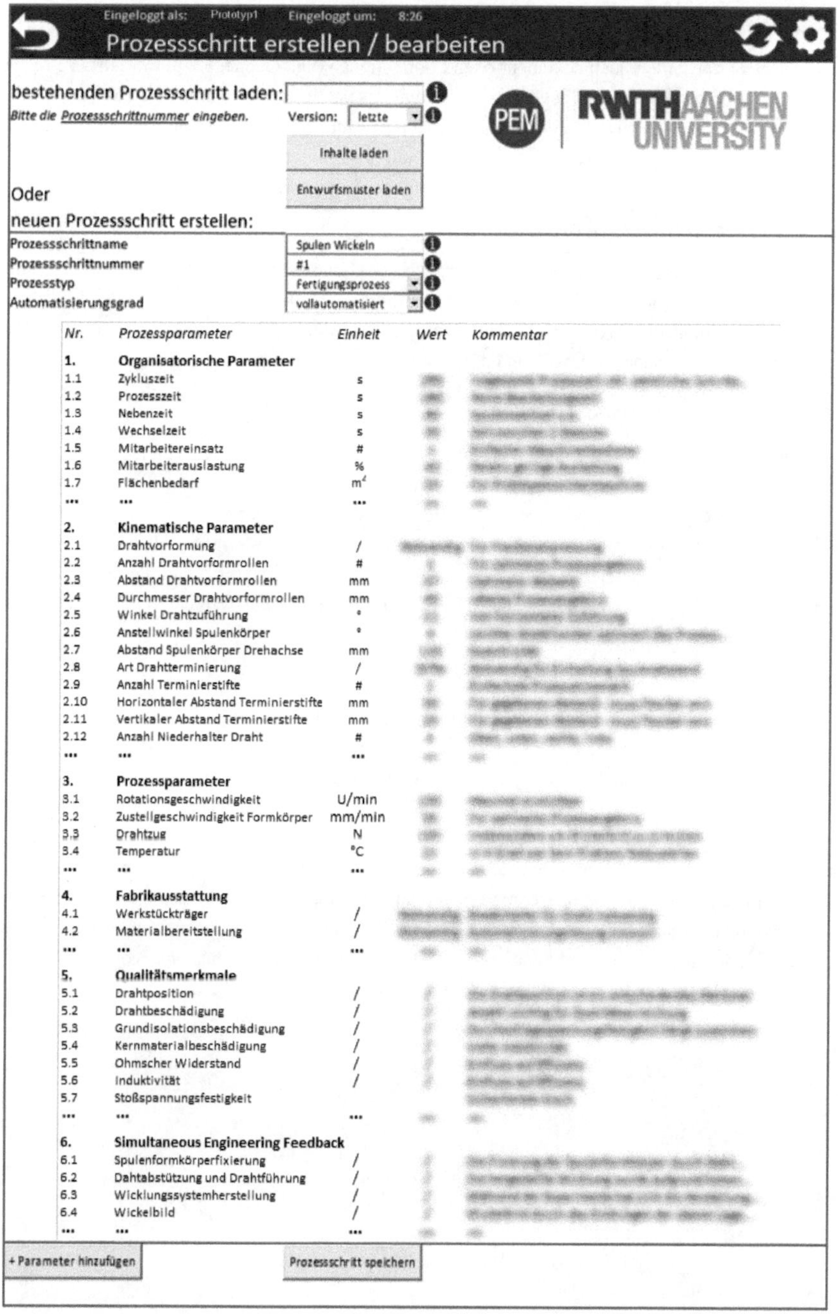

Eingeloggt als: Prototyp1 Eingeloggt um: 8:26

Prozessschritt erstellen / bearbeiten

bestehenden Prozessschritt laden:

Bitte die Prozessschrittnummer eingeben. Version: letzte

Inhalte laden

Entwurfsmuster laden

Oder

neuen Prozessschritt erstellen:

Prozessschrittname	Spulen Wickeln
Prozessschrittnummer	#1
Prozesstyp	Fertigungsprozess
Automatisierungsgrad	vollautomatisiert

Nr.	*Prozessparameter*	*Einheit*	*Wert*	*Kommentar*
1.	**Organisatorische Parameter**			
1.1	Zykluszeit	s		
1.2	Prozesszeit	s		
1.3	Nebenzeit	s		
1.4	Wechselzeit	s		
1.5	Mitarbeitereinsatz	#		
1.6	Mitarbeiterauslastung	%		
1.7	Flächenbedarf	m^2		
...	...	...		
2.	**Kinematische Parameter**			
2.1	Drahtvorformung	/		
2.2	Anzahl Drahtvorformrollen	#		
2.3	Abstand Drahtvorformrollen	mm		
2.4	Durchmesser Drahtvorformrollen	mm		
2.5	Winkel Drahtzuführung	°		
2.6	Anstellwinkel Spulenkörper	°		
2.7	Abstand Spulenkörper Drehachse	mm		
2.8	Art Drahtterminierung	/		
2.9	Anzahl Terminierstifte	#		
2.10	Horizontaler Abstand Terminierstifte	mm		
2.11	Vertikaler Abstand Terminierstifte	mm		
2.12	Anzahl Niederhalter Draht	#		
...	...	...		
3.	**Prozessparameter**			
3.1	Rotationsgeschwindigkeit	U/min		
3.2	Zustellgeschwindigkeit Formkörper	mm/min		
3.3	Drahtzug	N		
3.4	Temperatur	°C		
...	...	...		
4.	**Fabrikausstattung**			
4.1	Werkstückträger	/		
4.2	Materialbereitstellung	/		
...	...	...		
5.	**Qualitätsmerkmale**			
5.1	Drahtposition	/		
5.2	Drahtbeschädigung	/		
5.3	Grundisolationsbeschädigung	/		
5.4	Kernmaterialbeschädigung	/		
5.5	Ohmscher Widerstand	/		
5.6	Induktivität	/		
5.7	Stoßspannungsfestigkeit			
...	...	...		
6.	**Simultaneous Engineering Feedback**			
6.1	Spulenformkörperfixierung	/		
6.2	Dahtabstützung und Drahtführung	/		
6.3	Wicklungssystemherstellung	/		
6.4	Wickelbild	/		
...	...	...		

+ Parameter hinzufügen

Prozessschritt speichern

Abbildung 6-10: Ausschnitt aus der Prozessdokumentation des Prozessschritts Wickeln

Kommunikation der Informationen

Die nicht zu transferierenden dokumentierten Informationen (vgl. Kapitel 6.2.6) wurden der Produktionsplanung und der Produktentwicklung zur Verfügung gestellt und in ausführlichen Workshops erläutert und diskutiert. Die enge Einbindung der genannten Einheiten in den Prototypenbau sowie in die Experimente hat zudem dafür gesorgt, dass ein Großteil der Informationen schon während der Experimente Einzug in die Arbeit dieser Entwicklungseinheiten gefunden hat.

Aufdeckung von Unbekanntem Unwissen

Speziell im Prozessschritt Wickeln wurde unbekanntes Unwissen zum Teilprozessschritt Verbinden der einzelnen Spulen identifiziert. Zusammen mit weiterem identifizierten Unwissen wurde dadurch eine weitere Iteration zur Erweiterung und Verfeinerung des Informationsgenerierungsplans durch Prototypen angestoßen, welche der Übersicht halber nicht weiter erläutert werden soll.

6.2.6 Modul 6: Informationstransfer

In Modul 6 wurden die Informationen vom Prototypenkontext in den Serienproduktionskontext transferiert. Dafür wurden die erhobenen Informationen hinsichtlich ihres Kontextes und ihrer Qualität analysiert und geeignete Transferfunktionen für diese ausgewählt und gestaltet. Auf dieser Basis konnten die Informationen transferiert, dokumentiert und abschließend an die verantwortlichen Produkt- und Prozessentwickler kommuniziert werden. Das Vorgehen, die Kernergebnisse und die wichtigsten Erkenntnisse aus der Durchführung der einzelnen Detailschritte von Modul 6 werden nachfolgend erläutert und dokumentiert.

Analyse Kontext und Qualität der Informationen

Die generierten Informationen wurden auf ihre Qualität für eine weitere Verwendung sowie auf ihren Kontext untersucht. Dafür wurden gemäß der entwickelten Leitfragen die Form, die Allgemeingültigkeit sowie eventuelle Bedingungen für die Allgemeingültigkeit abgefragt. Es wurde deutlich, dass eine hohe Qualität der Informationen im Bereich Wickeln durchgängig gegeben war. Dies ist auf den Fokus der Prototypenphasen auf die Informationsgenerierung und Dokumentationsmöglichkeit im Informationsmanagementtool zurückzuführen. Auch auf der ontologischen Ebene konnten viele Informationen, aufgrund der für die Informationsgenerierung für Serienproduktionsszenarien konzipierten Experimente, als Allgemeingültig klassifiziert werden. Für die nicht allgemeingültigen Informationen wurden Bedingungen auf der epistemologischen Ebene definiert. Die Ergebnisse der Qualitäts- und Kontextbewertung sind exemplarisch für den Prozessschritt Wickeln in Tabelle 6-19 dargestellt.

	Informationsgruppe	Qualitative Ebene	Ontologische Ebene	Epistemologische Ebene
Kinematik	Drahtzuführung	Nutzbar	Allgemeingültig	-/-
	Drahtvorformung	Nutzbar	Allgemeingültig	-/-
	Spulenposition	Nutzbar	Allgemeingültig	-/-
	Drahtabstand	Nutzbar	Allgemeingültig	-/-
	Terminierung	Nutzbar	Allgemeingültig	-/-
	Automatisierung der Kinematik	Nutzbar	Prototypenspezifisch	Abstraktion der Kinematik mit automatisierter Aktuatorik
Parameter	Rotationsgeschwindigkeit	Nutzbar	Prototypenspezifisch	Anpassung an automatisiert erreichbare Geschwindigkeiten
	Zustellgeschwindigkeit	Nutzbar	Allgemeingültig	-/-
	Drahtzug	Nutzbar	Allgemeingültig	-/-
	Temperatur	Nutzbar	Allgemeingültig	-/-
	Zykluszeit	Nutzbar	Prototypenspezifisch	Anpassung an Geschwindigkeiten in Serienproduktion
Qualitätsmerkmale	Drahtposition	Nutzbar	Allgemeingültig	-/-
	Drahtbeschädigung	Nutzbar	Prototypenspezifisch	Überprüfung des Einflusses der Wickelgeschwindigkeit
	Grundisolationsbeschädigung	Nutzbar	Allgemeingültig	-/-
	Kernmaterialbeschädigung	Nutzbar	Allgemeingültig	-/-
	Ohmscher Widerstand	Nutzbar	Prototypenspezifisch	Überprüfung des Einflusses der Wickelgeschwindigkeit
	Induktivität	Nutzbar	Allgemeingültig	-/-
	Stoßspannungsfestigkeit	Nutzbar	Allgemeingültig	-/-
IPPE	Fixierung Spulenformkörper	Nutzbar	Allgemeingültig	-/-
	Drahtabstützung/ Drahtführung	Nutzbar	Allgemeingültig	-/-
	Wicklungssystemherstellung	Nutzbar	Allgemeingültig	-/-
	Wickelbild	Nutzbar	Allgemeingültig	-/-

Tabelle 6-19: Ergebnis der Informationsqualitäts- und -kontextanalyse für Wickelprozess

Auswahl und Gestaltung von Transferfunktionen

Unter Berücksichtigung der in Kapitel 5.6.5 vorgestellten Ansätze für mögliche Transferfunktionen wurden in Expertenworkshops für die von Prototypenkontext in ein Serienproduktionsszenario zu transferierenden Informationen geeignete Transferfunktionen ausgewählt, gestaltet und angewendet. Hierdurch konnten sämtliche in Tabelle 6-19 dokumentierten Informationen für die Serienproduktionsplanung nutzbar gemacht werden. Einen Überblick über die angewandten Transferfunktionen für den Wickelprozess wird in Tabelle 6-20 gegeben.

Information	Transferfunktion	Detailbeschreibung
Kinematik: Automatisierung der Kinematik	Automatisierungseffekte	Berücksichtigung von Möglichkeiten und Einfluss von Automatisierungslösungen auf Genauigkeit, Geschwindigkeit
Parameter: Rotationsgeschwindigkeit	Skalierung	Hochskalierung der Geschwindigkeit unter Berücksichtigung der physikalischen Randbedingungen
Parameter: Zykluszeit	Lerneffekte	Anpassung der Prozess- und Nebenzeiten gemäß zu erwartender Lernkurvendegressionen
Qualitätsmerkmal: Drahtbeschädigung	Transfer durch Erfahrung	Anpassung der zu erwartenden Fehlerarten und Fehlermenge durch Anpassungen der Prozessparameter, insbesondere der Rotationsgeschwindigkeit und Berücksichtigung des höherwertigen Serienequipments und -rohmaterials
Qualitätsmerkmal: Ohmscher Widerstand	Spezifischer Transfer	Berücksichtigung der Effekte von Geschwindigkeit, Drahtzug etc. auf Durchmesserverjüngung

Tabelle 6-20: Exemplarische Transferfunktionen für Wickelprozessinformationen

Transfer von Informationen

Die Informationen wurden gemäß der obenstehend beschriebenen Transferfunktionen transferiert. Dadurch konnten diese zuverlässig für die Serienproduktionsplanung nutzbar gemacht werden.

Dokumentation und Kommunikation der Informationen

Die transferierten Informationen wurden analog zu der Dokumentation in Modul 5 dokumentiert und den verantwortlichen Produkt- und Prozessplanern zur Verfügung gestellt. Hierbei wurde auf eine nachvollziehbare Kennzeichnung der transferierten Informationen geachtet.

6.3 Kritische Reflektion: Überprüfung der Anforderungserfüllung

Mit der in Kapitel 6.2 dokumentierten Durchführung der entwickelten Methodik am Fallbeispiel einer innovativen Axialflussmaschine konnte die Anwendbarkeit und Wirksamkeit der Methodik in der Praxis grundsätzlich belegt werden. In Kapitel 4.3 wurden detaillierte formale und inhaltliche Anforderungen an eine Methodik zur informationswertorientierten Prototypenplanung formuliert. Die Erfüllung dieser Anforderungen wird nachfolgend kritisch reflektiert.

6.3.1 Kritische Reflektion der formalen Anforderungen

In Kapitel 4.3.1 wurden das Abbildungsmerkmal, das Verkürzungsmerkmal sowie das Pragmatismusmerkmal als zentrale formale Anforderungen an die Methodik formuliert. Zudem wurde aufgezeigt, dass diese empirisch und formal richtig, auf Produktivität ausgerichtet sowie handhabbar und mit niedrigem Aufwand durchzuführen sein soll. Durch die Fokussierung der Methodik auf den Betrachtungsbereich Elektromotorenproduktionsplanung und den Gestaltungsbereich Prototypenbau und Informationsmanagement erfüllt die Methodik das Abbildungsmerkmal vollumfänglich. Zudem wird durch die modellhafte Vereinfachung des Produktentstehungsprozesses sowie der Randbedingungen im Prototypenbau den Forderungen des Verkürzungsmerkmals nachgekommen. Die Erfüllung des Pragmatismusmerkmals ist insbesondere in der Anwendung der Methodik deutlich geworden, da die Methodik den Fokus der Produkt- und Prozessentwickler und der Methodenanwender an den richtigen Stellen auf das prioritäre Ziel der Informationsgenerierung für die Produktionsplanung lenkt. Dass die Methodik als Ergebnis sinnvolle und anwendbare Informationen lieferte lässt den Rückschluss zu, dass diese empirisch richtig konzipiert und entwickelt ist. Die Anwendung der Methodik konnte zudem zeigen, dass diese widerspruchsfrei und formal einwandfrei ist und somit der Anforderung der formalen Richtigkeit entspricht. Die Anwendbarkeit der Ergebnisse im Produktentstehungsprozess hat zudem gezeigt, dass die Methodik der Anforderung der Produktivität gerecht wird. Ebenso hat die ausführliche und strukturierte Dokumentation der Methodik mit den strukturierten Vorgehensweisen zur Handhabbarkeit dieser beigetragen. Hinsichtlich des Aufwands muss festgestellt werden, dass die Anwendung der Methodik Ausdauer und Disziplin zur konsekutiven Abarbeitung der einzelnen Module und Detailschritte bedarf. Relativ gesehen zum Beitrag der Informationsgenerierung für eine effiziente Produktionsplanung kann die Anforderung eines niedrigen Aufwands jedoch ebenfalls als erfüllt angesehen werden. Somit können die formalen Anforderungen an die Methodik zur effizienzorientierten Protoypenplanung insgesamt als erfüllt angesehen werden.

6.3.2 Kritische Reflektion der inhaltlichen Anforderungen

In Kapitel 4.3.2 wurden die Anwendbarkeit auf Planungsprozesse für Elektromotoren, die Nutzung von Prototypen, die Fokussierung auf die Produktionsplanung, die Berücksichtigung des Rahmenwerkes etablierter Produktentstehungsprozesse, die Sicherstellung der Existenz von Meilensteinen, die Effizienzorientierung, die Informationsnutzbarkeit, die Frühzeitigkeit sowie die Möglichkeit zur iterativen

Anpassung der Ergebnisse als zentrale inhaltliche Anforderungen an die Methodik formuliert. Den frühzeitig hohen Reifegrad von elektrischen Maschinen im Produktentstehungsprozess macht sich die Methodik zu Nutzen und kann somit trotz der frühzeitigen Anwendung im Produktentstehungsprozess die Anforderung der Anwendbarkeit auf Planungsprozesse für Elektromotoren erfüllen. Die Anwendung der Methodik hat jedoch ebenfalls gezeigt, dass sie insbesondere durch den iterativen Charakter auch für andere Produktgruppen anwendbar sein muss. Die Nutzung von Prototypen war die initiale Idee und Anstoß für die Entwicklung der Methodik und steht im Mittelpunkt dieser, sodass die Anforderung an die Nutzung von Prototypen ebenfalls erfüllt ist. Die Fokussierung auf die Produktionsplanung ist ebenfalls konstituierendes Merkmal in der Konzeption und Ausarbeitung der Methodik gewesen und hat sich in der Anwendung als wirksam herausgestellt. Hier wurde jedoch auch deutlich, dass ein ähnlicher Ansatz durchaus auch für die Produktentwicklung im Sinne des Hardware Engineering anwendbar ist und einen effizienzsteigernden Beitrag leisten kann. Zudem hat sich herausgestellt, dass sich die Anwendung der Methodik in bestehende Rahmenwerke von Produktentstehungsprozessen eingliedern kann. So musste keine Anpassung an dem grundsätzlich geplanten konsekutiven Entwicklungsvorgehen vorgenommen werden, wodurch diese Anforderung ebenfalls als erfüllt angesehen werden kann. Der Nachweis der Anwendbarkeit in agilen Entwicklungsprozessen steht noch aus. Jedoch hat die Erfahrung gezeigt, dass ein höheres Maß an Agilität der Anwendbarkeit und Effizienzorientierung der Methodik sogar noch einträglicher ist. Zudem war die Anwendung auf den Produktentstehungsprozess eines Startups sowie die damit einhergehende kleine Teamgröße und erhöhte Flexibilität für die Anwendung der Methodik von Vorteil. Somit steht der Nachweis der Anwendbarkeit auf etablierte Produktentstehungsprozesse beispielsweise bei großen OEM noch aus. Dieser sollte jedoch durch die Berücksichtigung des genannten Anwendungsfalls bei der Aufstellung der Anforderungen sowie die bei der Anwendung der Methodik gemachten Erfahrungen ebenfalls gegeben sein. Ebenso wurde der effizienz- und synchronisierungsfördernde Einfluss von Meilensteinen trotz der Flexibilisierung der Prototypenphasen als weiterhin wirksam identifiziert, sodass die Methodik auch dieser Anforderung entspricht. Die Effizienzorientierung ist durch die Berücksichtigung des Verhältnisses aus Informationskosten und Informationswert ebenfalls gegeben. Zudem konnte während der Anwendung der Methodik festgestellt werden, dass diese neben einem Effizienzbeitrag auch zu der grundlegenden integrierten Entwicklungsarbeit beiträgt. Das durch die Prototypenphasen entwickelte Feedback für die Integrierte Produkt- und Prozessentwicklung wäre ohne diese in der effektiven und zielgerichteten Form nicht möglich gewesen. Des Weiteren konnten die generierten Informationen effizient in der Produktionsplanung weiterverwendet werden. Die standardisierte Informationsdokumentation und der strukturierte Informationstransfer haben dazu beigetragen, der Anforderung der Informationsnutzbarkeit gerecht zu werden. Die Möglichkeit zur initialen Anwendung der Methodik zu Beginn eines Produktentstehungsprozesses durch die prospektive und systematische Exploration des Informationsbedarfsraums hat zudem dazu beigetragen, der Anforderung der Frühzeitigkeit Rechnung zu tragen. So wurde deutlich, dass ein Großteil der Informationsbedarfe bereits zu Beginn des Produktentstehungsprozesses identifiziert werden konnten. Abschließend kann zudem die Anforderung der Iterativität als erfüllt charakterisiert werden. So wurden an verschiedenen Stellen neue oder veränderte Informationsbedarfe identifiziert, welche durch einen erneuten Durchlauf der Methodik effizient in die Prototypenphasen eingeplant werden konnten und zu Veränderungen in der Planung geführt haben, ohne den Prototypenplan oder sogar den Produktentstehungsprozess grundlegend zu beeinflussen. Somit können die inhaltlichen Anforderungen an die Methodik zur effizienzorientierten Protoypenplanung ebenfalls insgesamt als erfüllt angesehen werden.

6.4 Zwischenfazit: Verifizierung der Ausgangshypothese

Durch die Erfüllung der Anforderungen kann ein grundsätzlich positives Fazit über die Effektivität und die Effizienz der entwickelten Methodik zur Planung einer effizienzorientierten Informationsgenerierung für die Produktionsplanung durch Prototypen gezogen werden. Ziel der vorliegenden Arbeit war es, durch die Entwicklung einer entsprechenden Methodik einen Beitrag für die Effizienzsteigerung in Produktionsplanungsprozessen im Allgemeinen sowie eine grundsätzliche Befähigung für Produktionsplanungsprozesse disruptiver Technologien im Speziellen zu leisten. Die Effizienzsteigerung im Produktionsplanungsprozess erfolgt dabei durch die effizienzorientierte Bereitstellung von Informationen, die ohne die Anwendung der Methodik nicht vorlägen. Das Ergebnis der erfolgreichen Anwendung der entwickelten Methodik anhand des Fallbeispiels eines innovativen Axialflussmotors hat gezeigt, dass diese der Zielsetzung gerecht wird. So konnte die Informationsgenerierung während der Prototypenphase durch die systematische Exploration des Informationsbedarfsraums sowie der Gegenüberstellung der entsprechenden Informationswerte und Informationskosten effizienzorientiert geplant werden, die Informationen während verschiedener Prototypenphasen generiert und bezüglich der Bedürfnisse der Serienproduktionsplanung umgestaltet und dokumentiert werden. Handlungsleitend war hierbei die mögliche Überwindung des Praxisdefizits, welches zum einen in fehlenden Informationen und einem hohen Informationsbedarf für die Produktionsplanung elektrischer Traktionsmaschinen für die Elektromobilität bestand und sich durch einen diversifizierten Lösungsraum, einen hohen Disruptionsgrad sowie fehlende Erfahrung in der Automobilindustrie begründet. Zum anderen wurde die wertvolle Informationsquelle des Prototypenbaus nicht systematisch ausgeschöpft und somit Effizienzpotentiale vernachlässigt. Das beschriebene Praxisdefizit konnte insbesondere durch das Aufheben des ebenfalls aufgezeigten Theoriedefizits erfolgreich überwunden werden. Dieses bestand darin, dass keine Ansätze zur effizienzorientierten Prototypenplanung existierten, welche den Widerspruch aus kostentreibenden Zusatzexperimenten während der Prototypenphasen aufgehoben haben. Die Gegenüberstellung von Informationswerten und Informationskosten hat dazu beigetragen, diesen Widerspruch und damit auch das Theoriedefizit zu überwinden.

Es konnte während der Anwendung der Methodik sowie in retrospektiven Expertengesprächen ein positiver Beitrag der entwickelten Methodik für Produktentstehungsprozesse und insbesondere Produktionsplanungsprozesse im Spannungsdreieck von Zeit, Qualität und Kosten identifiziert werden. Auf der zeitlichen Ebene wurden zwei Effekte deutlich. Zum einen konnten Planungsaufgaben durch die zur Verfügung gestellten Informationen schnell und effizient durchgeführt werden. Zum anderen konnten positive Effekte durch einen sehr frühen Erkenntnisgewinn im Sinne der Integrierten Produkt- und Prozessplanung identifiziert werden. Dadurch konnten frühzeitig Entscheidungen für das Produktmodell und die notwendigen Produktionsprozesse getroffen werden, welche während des gesamten Produktentstehungsprozesses Bestand hatten. Der Effekt auf monetärer Ebene kann aufgrund fehlender empirischer Vergleichsdaten lediglich antizipiert werden. Es ist durch die anforderungsgerechte Entwicklung und Anwendung jedoch davon auszugehen, dass die Methodik durch die Wert- und Kostenorientierung grundsätzlich positiven kostensenkenden Einfluss auf Produktentstehungsprozesse hat. Die Informationsbeschaffung, insbesondere die Generierung, folgt einem wirtschaftlichen Optimierungsbestreben. Durch die zielorientiert bereitgestellten Informationen dürfte die Produktionsplanung zudem ebenfalls kostengünstiger durchgeführt werden können. Zudem stellt das frühzeitig generierbare Problem- und Lösungsbewusstsein einen weiteren positiven monetären Wert dar. Auf der qualitativen Ebene steht neben der Erarbeitung hochwertiger Planungsergebnisse auf Produkt- und Prozessebene die grundsätzliche Qualifizierung der Produktionsplanung, insbesondere in frühen Phasen sowie im Hinblick auf Feedback für die Integrierte Produkt- und Prozessentwicklung, den entscheidendsten Beitrag der entwickelten Methodik dar. Dieser kann vor allem in disruptiven Produktentstehungsprozessen zum Vorteil gereichen.

Es wurde jedoch auch deutlich, dass die Anwendung der Methodik sowie die Informationsgenerierung durch Prototypen einen hohen Aufwand mit sich bringen. Auch wenn die Effizienzorientierung der Methodik weiterhin zu einem deutlichen positiven wirtschaftlichen Beitrag für Produktentstehungsprozesse führt, darf der Aufwand nicht unterschätzt werden. So bedarf die Durchführung eines verantwortlichen Methodikanwenders, welcher genügend Zeit für die inhaltliche und organisatorische Arbeit hat, die die Anwendung mit sich bringt. Zudem wurde deutlich, dass Erfahrung in der Methodikanwendung hilfreich für die Effizienz und Effektivität in der Anwendung ist. Die Erarbeitung, Dokumentation und Veröffentlichung dieser Erfahrung können einen weiteren positiven Effekt auf den Nutzen und die Verbreitung der Methodik haben. Die Erfahrung ist insbesondere in den Modulen der Informationsbedarfsanalyse, der Informationswertanalyse sowie des Informationstransfers hilfreich. Diese Module sind charakterisiert durch einen hohen Anteil notwendigen Expertenwissens für die Produktionsplanung und Produktentstehungsprozesse im Allgemeinen, aber auch in der Methodikanwendung im Speziellen. Weiterhin ist festzustellen, dass die entwickelte Methodik keinen Anspruch auf eine vollständige Exploration des Informationsbedarfsraums haben kann. Dies ist zum einen in der Unmöglichkeit begründet, sämtliches bekanntes und unbekanntes Unwissen zu antizipieren. Zum anderen steht die Effizienzorientierung im Mittelpunkt der Methodik, welche Vereinfachungen sowie einen sinnvollen Pragmatismus notwendig macht.

In Kapitel 4.2 wurde die Hypothese aufgestellt, dass die Nutzung und zielgerichtete Gestaltung von Prototypenphasen bereits in frühen Phasen des Produktentstehungsprozesses elektrischer Traktionsmotoren für die Elektromobilität zur Informationsgenerierung für die Produktionsplanung befähigend und effizienzsteigernd wirkt und dass dies durch die Entwicklung einer Methodik erreicht werden kann, welche Informationsbedarfe systematisch und iterativ identifiziert und die Generierung dieser informationswertorientiert in den Produktentstehungsprozess einplant. Die erfolgreiche Anwendung der entwickelten Methodik hat gezeigt, dass diese Hypothese plausibel ist.

Zusammenfassend ist festzustellen, dass die entwickelte Methodik den Methodikanwender dazu befähigt, Informationsgenerierung für die Produktionsplanung durch Prototypenphasen effizienzorientiert zu planen und durchzuführen. Die Methodik wurde anforderungsgerecht entwickelt und konnte in der Anwendung zeigen, dass sie einen umfänglichen Beitrag zur Überwindung des der Arbeit zugrundeliegenden Praxisdefizits (Informationsdefizite für die Produktionsplanung von Elektromotoren) sowie Theoriedefizits (fehlende Ansätze zur effizienzorientierten Prototypenplanung für die Informationsgenerierung) leistet.

7 *Zusammenfassung und Ausblick:* Informationsorientierung als Stellhebel zur Effizienzsteigerung!

Durch den disruptiven Wandel zur Elektromobilität sowie die Neuartigkeit und fehlende Erfahrung in der Produktionsplanung für elektrische Traktionsmotoren sieht sich die Automobilindustrie der **Herausforderung** eines gesteigerten Informationsbedarfs ausgesetzt, welcher durch bestehendes eigenes Wissen nicht gedeckt werden kann. Dies liegt zum einen in der Diversität des technologischen und produktarchitektonischen Lösungsraums sowie einer anhaltenden Disruption im Bereich elektrischer Antriebe begründet. Zum anderen zeichnet sich die Elektromotorenproduktion durch eine lange und komplexe Prozesskette und den Einsatz technologieintensiver Produktionsprozesse aus, für die bei automobilen OEM oftmals keine Vorerfahrung existiert. Gleichzeitig bietet der Prototypenbau als modellhaft vereinfachtes Abbild einer Serienproduktion die Möglichkeit, bereits frühzeitig im Produktentstehungsprozess Informationen für die Produktionsplanung zu generieren und der Produktionsplanung zur Verfügung zu stellen. Dadurch können die Integrierte Produkt- und Prozessentwicklung befähigt und Produktionsplanungsprozesse effizienter durchgeführt werden. Als hinderndes **Praxisdefizit** wurde in Kapitel 2 jedoch herausgearbeitet, dass kostensteigernde Experimente im Prototypenbau im Widerspruch zu effizienten Produktentstehungsprozessen stehen und dass die etablierte starre und determinierte Prototypenplanung weiterhin der zeitlich und inhaltlich optimalen Informationsgenerierung entgegensteht. Ebenso konnte gezeigt werden, dass Prototypenphasen insbesondere nur für die Produktmodellvalidierung eingesetzt werden. Durch den aufgezeigten empirisch belegten Handlungsbedarf motiviert, fokussiert die vorliegende Arbeit die zentrale **Forschungsfrage**, ob Prototypenphasen trotz der aufgezeigten Barrieren zu einer Effizienzsteigerung im Produktionsplanungsprozess beitragen können und wie eine Methodik gestaltet sein muss, die hierzu befähigt.

Ziel und **Ergebnis** der vorliegenden Arbeit ist somit die Entwicklung einer Methodik zur effizienzorientierten Planung von Prototypen zur Informationsgenerierung für die Produktionsplanung im Produktentstehungsprozess. Die aufgezeigten Barrieren sollen hierbei durch eine strukturierte kosten- und wertorientierte Informationsgenerierungsplanung sowie eine inhaltliche und zeitliche Flexibilisierung des Prototypenbaus erreicht werden. Durch die Bestimmung und Definition von Anforderung an eine derartige Methodik und die Untersuchung bestehender Ansätze konnte eine strukturierte, anwendbare, effektive und effiziente Vorgehensweise entwickelt werden, die die Nutzung des Prototypenbaus für die Informationsgenerierung zur Produktionsplanung ermöglicht.

Für die Konzeption und Entwicklung der geforderten Methodik wurden in Kapitel 3 zunächst bestehende Ansätze aus der wissenschaftlichen Literatur hinsichtlich eines möglichen Lösungsbeitrages untersucht. Dafür wurden Beiträge der Produkt- und Prozessentwicklung, des Prototypeneinsatzes im Produktentstehungsprozess sowie des organisationalen Lernens und Wissens in der Produktionsplanung analysiert. Diese wurden in Bezug auf den Themenkomplex Effizienz in Produktentstehungsprozessen bewertet. Dabei wurde zunächst deutlich, dass Wertbeiträge durch Kostensenkung, Qualitätssteigerung und Zeitvorteilen generiert werden können und insbesondere in frühen Phasen einen großen Hebel besitzen. Weiterhin konnte festgestellt werden, dass die Vermehrung organisationalen technologischen Wissens über einen speziellen Produktentstehungsprozess hinaus einen großen Wert besitzt, der durch längerfristiges Wirken auch höher als lokal beschränkter Fortschritt im Reifegrad des Produktmodells eines bestimmten Produktentstehungsprozesses bewertet werden kann. Vor diesem Hintergrund wurde als **Theoriedefizit** deutlich, dass umfassende Lösungsbeiträge in den genannten theoretischen Wissenschaftsbereichen fehlen und somit die Entwicklung einer zielgerichteten Methodik notwendig war, um den gesteigerten Informationsbedarf in der Produktionsplanung für elektromobile Traktionsmotoren zu decken.

Gemäß der Hypothese, dass die Nutzung und zielgerichtete Gestaltung von Prototypenphasen für die Informationsgenerierung bereits in frühen Phasen befähigend und effizienzsteigernd für Produktionsplanungsprozesse wirken kann, konnte in Kapitel 4 auf der Basis der Modelltheorie und der Systemtechnik eine Methodik hierzu konzipiert werden. Als zentraler Lösungsbaustein diente dabei die Inversion der führenden und folgenden Planungsgrößen in der Prototypenentwicklung. Durch die zeitliche Flexibilisierung von Prototypenphasen bei gleichzeitiger Beibehaltung notwendiger Deadlines im automobilen Produktentstehungsprozess konnte die Information als konstituierende Größe für Prototypen definiert werden, welche nicht mehr starr und zeitorientiert, sondern dynamisch und wertbeitragsorientiert festgelegt werden sollen. Der sich ergebende zeitliche und inhaltliche Spielraum der Prototypenphasen kann durch die **konzeptionierte Methodik** in drei Phasen gestaltet werden. In der Analysephase soll der Informationsbedarfsraum exploriert und strukturiert werden, woraufhin in der Planungsphase sowohl die technische Entwicklung der Informationsgenerierung als auch die organisatorische, zeitliche und finanzielle Optimierung der Prototypenphasen stattfindet. In der finalen Anwendungsphase sollen die Informationen generiert und für die sich anschließende Nutzung aufbereitet werden. Für die industrielle Anwendung dieser Methodik wurden weiterhin sechs Module abgeleitet: Informationsbedarfsanalyse, Informationswertanalyse, Informationskostenanalyse, Informationsbeschaffungsplanung, Informationsgenerierung und Informationstransfer. Diese können iterativ durchlaufen werden.

Die abgeleiteten Module wurden in Kapitel 5 anwendungsgerecht detailliert. In **Modul 1 (Informationsbedarfsanalyse)** wird auf der Grundlage einer antizipierten Prozesskette eines bestehenden Produktmodells und unter Zuhilfenahme entwickelter Leitfragen der Informationsbedarfsraum exploriert. Die identifizierten Informationsbedarfe werden daraufhin auf Trivialität, Verfügbarkeit und Zusammenhänge analysiert. Dadurch können viele detaillierte Informationsbedarfe zu Informationsbedarfsklassen zusammengefasst werden, welche das Rahmenwerk für den weiteren Verlauf der Methodik bilden. In **Modul 2 (Informationswertanalyse)** werden diese Informationsbedarfsklassen hinsichtlich ihres möglichen Wertbeitrages für den spezifischen Produktentstehungsprozess bewertet. Dafür werden zunächst definierte mögliche Wertbeitragsmechanismen auf qualitativer Ebene im Spannungsdreieck von Zeit, Qualität und Kosten identifiziert. Diese werden daraufhin durch die Berücksichtigung der wirtschaftlichen und zeitlichen Randbedingungen des Produktentstehungsprozesses quantifiziert und durch die Präferenzen des Entscheiders zum organisatorischen Informationswert der einzelnen Informationsbedarfsklassen aggregiert. Weiterhin werden in **Modul 3 (Informationskostenanalyse)** mögliche Experimente konzipiert. Diese werden zunächst auf Kompatibilität untereinander sowie Integrierbarkeit in bestehende geplante Prototypen untersucht. Daraufhin werden zwei Kostenkalkulationen durchgeführt. Zum einen werden die Kostenimplikationen der Integration der Experimente in bestehende Prototypen ermittelt. Zum anderen besteht die Möglichkeit, auf das Entwicklungsziel ausgerichtete, spezielle Primotypen einzuführen, was ebenfalls kostenseitig bewertet wird. Die sich daraus ergebenen Prototypenintegrationskosten sowie die Primotypenvollkosten können den Informationswerten in **Modul 4 (Informationsbeschaffungsplanung)** gegenübergestellt werden. Dadurch kann der Gestaltungsraum der Informationsgenerierung durch Prototypenphasen hinsichtlich des Erkenntnisbeitrags, des Wertbeitrags sowie der

Kosten effizienzorientiert optimiert werden. Somit werden die Informationsbedarfsklassen mit dem entwickelten heuristischen Algorithmus den Prototypen zugeordnet oder neue Primotypen definiert. Abschließend werden die Prototypen und Primotypen im Rahmen der vorgegebenen Flexibilitätskorridore und unter Berücksichtigung organisatorischer Randbedingungen terminiert. Auf Basis der dadurch entwickelten Informationsgenerierungs- und Prototypenstrategie können die Experimente in **Modul 5 (Informationsgenerierung)** im Zuge des Prototypen- und Primotypenbaus generiert werden. Hierbei unterstützen aufgestellte Richtlinien für den Prototypenbau sowie ein entwickeltes Informationsdokumentationswerkzeug. Zudem soll der Hardwareaufbau dazu genutzt werden, weiteres unbekanntes Unwissen zu identifizieren und somit eine weitere Iteration der Methodik zu starten. So wird der Informationsbedarfsraum stets weiter verfeinert. Durch den serienproduktionsfernen Kontext, welchem die prototypisch generierten Informationen entstammen, müssen diese zum Teil noch auf ein Serienproduktionsszenario angepasst werden. Dies erfolgt in **Modul 6 (Informationstransfer)**. Hierfür wird zunächst der Kontext und die Qualität der generierten Informationen analysiert und diese bei Notwendigkeit auf der Basis geeigneter Transformationsfunktionen umgestaltet und dokumentiert. Zum Abschluss der Methodik werden der Produktionsplanung sämtliche Informationen zur Verfügung gestellt und im weiteren Produktentstehungsprozess wertsteigernd eingesetzt.

Durch die **Validierung in der Praxis** in Kapitel 6 konnte weiterhin gezeigt werden, dass die Methodik effizient und effektiv genutzt werden kann, um die Informationsgenerierung für die Produktionsplanung elektrischer Traktionsmotoren in der Elektromobilität zu nutzen. Das Fallbeispiel eines innovativen Axialflussmotors hat gezeigt, dass die Methodik nutzbare Informationen für die Produktionsplanung bereitstellen kann. So konnte durch die Anwendung der Methodik die Integrierte Produkt- und Prozessentwicklung in frühen Phasen befähigt werden. Weiterhin konnten technologische Entwicklungsaufgaben wie Kinematik- und Parameterstudien durchgeführt und als Grundlage für die Produktionsplanung genutzt werden, ohne die Effizienz des Produktentstehungsprozesses zu mindern. Durch die systematische Exploration des Informationsbedarfsraums entlang der Methodik, die Wert- und Kostenorientierung sowie die strukturierte Vorgehensweise in den Modulen steht der Praxis mit der Methodik sogar ein Werkzeug zur Verfügung, welches aufgrund der Erweiterung der Rolle von Prototypen und Primotypen durch Informationsbereitstellung zu einer Effizienzsteigerung in der Produktionsplanung beitragen kann. Die extensive Untersuchung und Bewertung bestehender Ansätze der Produkt- und Prozessgestaltung, des Informationsmanagements sowie der Rolle des Prototyps im Produktentstehungsprozess stellen zudem einen eigenen Wert und den der Arbeit immanenten **Beitrag zur Wissenschaft** dar. Weiterhin adressiert die hypothesengetriebene wissenschaftliche Entwicklung der Methodik das Theorie- und Praxisdefizit und hebt das beobachtbare und relevante Problem des ungedeckten Informationsbedarfs in der Produktionsplanung elektrischer Traktionsmaschinen systematisch auf.

Die vorliegende Arbeit stellt somit eine Methodik zur Verfügung, welche Informationslücken in der Produktionsplanung elektrischer Traktionsmotoren durch Informationsgenerierung in Prototypenphasen strukturiert schließt. Durch die Berücksichtigung von Wertbeitrag und Kostenimplikation identifizierter Informationsbedarfe und ihrer Generierung können diese Lücken effizienzorientiert geschlossen und die generierten Informationen anschließend anwendungsgerecht bereitgestellt werden. Dadurch kann die in Kapitel 1.5 aufgestellte Forschungsfrage, ob Prototypenphasen zu einer Effizienzsteigerung im Produktionsplanungsprozess für Elektromotoren beitragen können, eindeutig positiv beantwortet werden. Dies folgt logisch aus der validierten effizienzorientierten Informationsbereitstellung.

Während des in dieser Arbeit dokumentierten Forschungsprozesses sind nicht berücksichtigte Aspekte und Potentiale im Themenkomplex Informationsgenerierung durch Prototypenphasen deutlich geworden, welche in einem nächsten Schritt untersucht werden müssen und nachfolgend in einem **Ausblick** adressiert werden:

- **Adaption auf gesamten Produktentstehungsprozess:** Die Untersuchung des Theoriefeldes Prototypenbau hat gezeigt, dass auch das Potential von Prototypenphasen für die Produktentwicklung im Sinne des Hardware Engineering nicht vollumfänglich und systematisch ausgenutzt wird. Die Erweiterung der Methodik auf diese kann einen weiteren Beitrag für effizientere Produktentstehungsprozesse leisten.
- **Erweiterung des Betrachtungsbereichs:** Durch eine anwendungsorientierte Überprüfung und Erweiterung der Anforderungen an die Methodik und deren Konzeption kann diese auch für andere mechatronische oder allgemein physische Produktgruppen anwendbar gemacht und somit für Produktentstehungsprozesse generell eingesetzt werden.
- **Prozessübergreifendes Verständnis vertiefen:** In ihrer jetzigen Form fokussiert die Methodik insbesondere die Ausgestaltung einzelner Prozessschritte. Zusammenhänge innerhalb der Prozesskette sind lediglich im Bereich der Analyse der Zusammenhänge einzelner Informationsbedarfe berücksichtigt. Eine mögliche Untersuchung und Erweiterung der Methodik auf prozesskettenübergreifende Interdependenzen kann die Potentialausnutzung von Prototypenphasen weiter vergrößern.
- **Datenintegration im Prototypenbau:** Ebenso fokussiert die Methodik in ihrer aktuellen Form vor allem Aspekte physischer Produktionsprozesse. Hierbei stellt sich die Frage, wie Prototypenphasen auch für die anwendungsgerechte Planung und Optimierung des Digitalen Schattens einer Produktion genutzt werden können und somit die Erkenntnisebene von der physischen auf die digitale erweitert werden kann.
- **Optimierung des Produktionsanlaufs:** Neben der Möglichkeit, Informationen zur Produktionsplanung zu sammeln, muss die Möglichkeit untersucht werden, Prototypenphasen ebenfalls für die Optimierung von Anlaufprozessen zu nutzen. Hierbei können tiefergehende Erkenntnisse zur Prozessparametrisierung und zur Prozessstabilität in den Mittelpunkt der Untersuchung gerückt werden.

Literaturverzeichnis

Abad, G. (2017): Electric drives for traction application
Power electronics and electric drives for traction applications (2017).
Chichester, West Sussex: Wiley.

Ahituv, N.; Neumann, S.; Riley, H. N. (1994): Principles of information systems
Principles of information systems for management. 4. Aufl., Dubuque, Iowa: Business and Educational Technologies.

Akita, H.; Nakahara, Y.; Miyake, N.; Oikawa, T. (2003): Manufacturing Method for Permanent Magnet Motors
New Core Structure and Manufacturing Method for High Efficiency of Permanent Magnet Motors.
In: *Conference record of the 2003 IEEE Industry Applications Conference*, S. 367-372.

Andreasen, M. M.; Hein, L. (1987): Integrated product development
Integrated product development. Berlin: Springer.

Ankarbranth, C.; Martenson, M. (2013): Prototypes in Product Development
Strategy for using Prototypes in the Product Development Process. Götheburg: Chalmers.

Ardiansyah, R.; Sutopo, W.; Nizam, M. (2013): Parametric cost estimation model for prototypes
A parametric cost estimation model to develop prototype of electric vehicle based on activity-based costing. In: *IEEE International Conference on Industrial Engineering and Engineering Management (IEEM)*, S. 385-389.

Argote, L.; Ingram, P.; Levine, J. M.; Moreland, R. L. (2000): Knowledge Transfer in Organizations
Knowledge Transfer in Organizations. Learning from the Experience of Others.
In: *Organizational Behavior and Human Decision Processes*, Nr. 82 (1), S. 1-8.

Babiel, G. (2014): Elektrische Antriebe in der Fahrzeugtechnik
Elektrische Antriebe in der Fahrzeugtechnik. Lehr- und Arbeitsbuch. 3. Aufl.,
Wiesbaden: Springer Vieweg.

Baden-Fuller, C.; Volberda, H. (2002): Replication of Knowledge
Replication of Knowledge without Direct Transfer. Firms can Do more than they Know.
In: *LINK conference*, S. 1-25.

Baetge, J. (1974): Betriebswirtschaftliche Systemtheorie
Betriebswirtschaftliche Systemtheorie. Regelungstheoretische Planungs-Überwachungsmodelle für Produktion, Lagerung und Absatz. Wiesbaden: VS Verlag für Sozialwissenschaften.

Barnard, F. B. (1921): A Picture's Worth
A Picture's Worth. In: *Printers' Ink*, (8), S. 96-97.

Bartha, P. (2013): Analogy and Analogical Reasoning
Analogy and Analogical Reasoning. In: *Stanford Encyclopedia of Philosophy*,
URL: https://plato.stanford.edu/entries/reasoning-analogy/, zuletzt geprüft am 29.11.2018.

Bastiaens, R.; Detand, J.; Rysman, O.; Defloo, T. (2010): Efficient use of Prototyping
Efficient use of Traditional-, Rapid- and Virtual Prototyping in the industrial product development process. In: Paulo Jorge da Silva Bártolo (Hg.): Innovative developments in design and manufacturing. Advanced research in virtual and rapid prototyping.
Boca Raton, Florida: CRC Press, S. 515-520.

Beretta, J. (2013): Automotive Electric Drives
Automotive Electricity. Electric Drives. London: Wiley.

Bergmann, G.; Daub, J. (2008): Innovations- und Kompetenzmanagement
Systemisches Innovations- und Kompetenzmanagement. Grundlagen - Prozesse - Perspektiven. 2. Aufl., Wiesbaden: Gabler.

Berndt, R. (2004): Competitiveness und Ethik
Competitiveness und Ethik. Berlin: Springer.

Bertsche, B.; Bullinger, H.-J.; Graf, H.; Rogowski, T.; Warschat, J. (2007): Entwicklung innovativer Produkte
Entwicklung und Erprobung innovativer Produkte - Rapid Prototyping. Grundlagen, Rahmenbedingungen und Realisierung. Berlin: Springer.

Bibliographisches Institut (2015): Duden
Duden. Deutsches Universalwörterbuch; das umfassende Bedeutungswörterbuch der deutschen Gegenwartssprache. 8. Aufl., Berlin: Duden.

Binder, A. (2012): Elektrische Maschinen und Antriebe
Elektrische Maschinen und Antriebe. Grundlagen, Betriebsverhalten. Berlin: Springer.

Binder, V. A.; Kantowsky, J. (1996): Technologiepotentiale
Technologiepotentiale. Neuausrichtung der Gestaltungsfelder des Strategischen Technologiemanagements. Wiesbaden: Deutscher Universitätsverlag.

Bjoerkli, M. (2014): Virtual Prototyping Approaches
A Review of Virtual Prototyping Approaches for User Testing of Design Solutions.
Trondheim: Norwegian University of Science and Technology.

Böcker, J. (2010): Elektrofahrzeuge
Elektrofahrzeuge. Bedeutung, Stand der Technik, Handlungsbedarf.
Frankfurt am Main: VDE Verband der Elektrotechnik Elektronik Informationstechnik e.V..

Bode, J. (1993): Betriebliche Produktion von Information
Betriebliche Produktion von Information. Wiesbaden: Deutscher Universitätsverlag.

Bodendorf, F. (2003): Daten- und Wissensmanagement
Daten- und Wissensmanagement. Berlin: Springer.

Boehm, B. W. (1988): Spiral Model
A spiral model of software development and enhancement. In: *Computer*, Nr. 21 (5), S. 61-72.

Borden, L. (2012): Understanding correlation
Understanding correlation. A How-To Guide. Arizona: University of Arizona.

Borysowich, C. (2007): Types of Prototypes
Prototyping. Types of Prototypes. URL: http://it.toolbox.com/blogs/enterprise-solutions/prototyping-types-of-prototypes-14927, zuletzt geprüft am 29.11.2018.

Botthof, A.; Hartmann, E. (2015): Zukunft der Arbeit
Zukunft der Arbeit in Industrie 4.0. Berlin: Springer Vieweg.

Bowen, H. K.; Clark, K. B.; Holloway, C. A.; Wheelwright, S. C. (1994): Successful product and process development
The Perpetual enterprise machine. Seven keys to corporate renewal through successful product and process development. New York: Oxford University Press.

Bower, J. L.; Christensen, C. M. (1995): Disruptive Technologies
Disruptive Technologies. Catching the Wave. In: *Harvard Business Manager*, Nr. 73 (1), S. 43-53.

Bracht, U.; Geckler, D.; Wenzel, S. (2011): Methoden zur digitalen Fabrik
Digitale Fabrik. Methoden und Praxisbeispiele. Berlin: Springer.

Brenner, W.; Witte, C. (2011): Business Innovation
Business Innovation. CIOs im Wettbewerb der Ideen.
Frankfurt am Main: Frankfurter Allgemeine Buch.

Brockhoff, K. (1996): Management von Innovationen
Management von Innovationen. Planung und Durchsetzung, Erfolge und Mißerfolge; Fallstudien mit Lösungen. Wiesbaden: Gabler.

Bruns, M. (1991): Ingenieurwissenschaftliche Methodik: Systemtechnik
Systemtechnik. Ingenieurwissenschaftliche Methodik zur interdisziplinären Systementwicklung. Berlin: Springer.

Bryden, D. (2014): Rapid prototyping for product design
CAD and rapid prototyping for product design. London: Laurence King Pub.

Budde, R.; Kuhlenkamp, K.; Mathiassen, L.; Züllighoven, H. (1984): Approaches to Prototyping
Approaches to Prototyping. Berlin: Springer.

Buijs, J. (2003): Modelling Product Innovation Processes
Modelling Product Innovation Processes, from Linear Logic to Circular Chaos.
In: *Creativity & Inn Man*, Nr. 12 (2), S. 76-93.

Burghardt, M. (2018): Projektmanagement
Projektmanagement. Leitfaden für die Planung, Überwachung und Steuerung von Projekten.
10. Aufl., Erlangen: Publicis Publishing.

Buxmann, P. (2001): Informationsmanagement in vernetzten Unternehmen
Informationsmanagement in vernetzten Unternehmen. Wirtschaftlichkeit, Organisationsänderungen und der Erfolgsfaktor Zeit. Wiesbaden: Deutscher Universitätsverlag.

Camere, S.; Bordegoni, M. (2016): Prototyping Practice
A lens on future products: an expanded notion of prototyping practice.
In: *Proceedings of the International Design Conference*, S. 1-10.

Canuto da Silva, G.; Kaminski, P. C. (2015): Virtual and physical prototypes
Selection of virtual and physical prototypes in the product development process.
In: *The International Journal of Advanced Manufacturing Technology*, Nr. 80 (5), S. 1513-1530.

Cassack, I. (2006): Prototypgestützte Kosten- und Erlösplanung
Prototypgestützte Kosten- und Erlösplanung für produktbegleitende Dienstleistungen.
Wiesbaden: Deutscher Universitätsverlag.

Chau, K. T. (2015): Electric vehicle drives
Electric vehicle machines and drives. Design, analysis and application.
Singapore: Wiley IEEE Press.

Chau, K. T.; Chan, C. C.; Liu, C. (2008): Permanent-Magnet Brushless Drives
Overview of Permanent-Magnet Brushless Drives for Electric and Hybrid Electric Vehicles. In: *IEEE Transactions on Industrial Electronics*, Nr. 55 (6), S. 2246-2258.

Chau, K. T.; Zhang, D.; Jiang, J. Z.; Liu, C.; Zhang, Y. (2007): Outer-Rotor Motor
Design of a Magnetic-Geared Outer-Rotor Permanent-Magnet Brushless Motor for Electric Vehicles. In: *IEEE Transactions on Magnetics*, Nr. 43 (6), S. 2504-2506.

Chen, H.-S.; Dorrell, D.; Tsai, M.-C. (2010): Axial Segments Rotor
Design and Operation of Interior Permanent-Magnet Motors With Two Axial Segments and High Rotor Saliency. In: *IEEE Transactions on Magnetics*, Nr. 46 (9), S. 3664-3676.

Christensen, C. M. (2016): The innovator's dilemma
The innovator's dilemma. When new technologies cause great firms to fail. Boston, Massachusetts: Harvard Business Review Press.

Clark, K. B.; Fujimoto, T. (1991): Product development performance
Product development performance. Strategy, organization, and management in the world auto industry. Boston, Massachusetts: Harvard Business School Press.

Clausen, U.; Weber, J. (2006): Prototypenplanung
Prototypenplanung im Nutzfahrzeugbau. In: *ATZ - Automobiltechnische Zeitschrift*, Nr. 108 (9).

Cohen, A. (2015): Prototype to product
Prototype to product. A practical guide for getting to market. 1. Aufl.,
Sebastopol, Kalifornien: O'Reilly Media.

Cohen, M. A.; Eliasberg, J.; Ho, T.-H. (1996): New Product Development
New Product Development. The Performance and Time-to-Market Tradeoff.
In: *Management Science*, Nr. 42 (2), S. 173-186.

Cominetti, P.; Ciampolini, F.; Giorgianni, V. (2014): Electric machine with rigid bars
Patent: Electric machine having a stator winding with rigid bars, and related method of construction. Angemeldet durch Magneti Marelli S.p.A.; Veröffentlichungsnummer: EP2437378B1.

Cook, E. (2015): Prototyping
Prototyping. Ann Arbor, Michigan: Cherry Lake Publishing.

Cooper, R. (1994): Third-generation new product processes
Perspective third-generation new product processes. In: *Journal of Product Innovation Management*, Nr. 11 (1), S. 3-14.

Cooper, R. G. (2002): Produktentwicklung
Top oder Flop in der Produktentwicklung. Erfolgsstrategien: von der Idee zum Launch. 1. Aufl., Weinheim: Wiley-VCH.

Cooper, R. G. (2014): After Stage Gate
What's Next?: After Stage-Gate. Progressive companies are developing a new generation of idea-to-launch processes. In: *Research - Technology Management*, Nr. 57 (1), S. 20-31.

Cormen, T. H.; Leiserson, C. E.; Rivest, R. L.; Stein, C. (2007): Introduction to algorithms
Introduction to algorithms. 2. Aufl., Cambridge, Massachusetts: MIT Press; McGraw-Hill.

Corre, A.; Mischke, G. (2005): Innovation Game
The Innovation Game. A New Approach to Innovation Management and R&D. Boston, Massachusetts: Springer Science + Business Media Inc.

Crawford, C. M.; Di Benedetto, C. A. (2015): New products management
New products management. 11. Aufl., Boston, Massachusetts: McGraw-Hill.

Daengelmaier, W. (2017): Methoden der Produktion
Methoden der computergestützten Produktion und Logistik. Paderborn: Heinz Nixdorf Institut.

Danneels, E. (2004): Disruptive Technology Reconsidered
Disruptive Technology Reconsidered. A Critique and Research Agenda. In: *The Journal of Product Innovation Management*, Nr. 21 (1), S. 246-258.

Deutsches Institut für Normung: DIN 8580 - Fertigungsverfahren
DIN 8580:2003-09. Fertigungsverfahren - Begriffe, Einteilung. Berlin: Beuth.

Doloreux, D.; Shearmur, R.; Guillaume, R. (2015): Transferable and Nontransferable Knowledge
Collaboration, Transferable and Nontransferable Knowledge, and Innovation. A Study of a Cool Climate Wine Industry (Canada). In: *Growth and Change*, Nr. 46 (1), S. 16-37.

Dombrowski, U. (2015): Lean Development
Lean Development. Aktueller Stand und zukünftige Entwicklungen. Berlin: Springer Vieweg.

Domschke, W.; Scholl, A. (2005): Grundlagen der Betriebswirtschaftslehre
Grundlagen der Betriebswirtschaftslehre. Eine Einführung aus entscheidungsorientierter Sicht. 3. Aufl., Berlin: Springer.

Dyckhoff, H. (1994): Betriebliche Produktion
Betriebliche Produktion. Theoretische Grundlagen einer umweltorientierten Produktionswirtschaft. 2. Aufl., Berlin: Springer.

Ehrlenspiel, K.; Kiewert, A.; Lindemann, U.; Mörtl, M. (2014): Kostengünstig Entwickeln und Konstruieren
Kostengünstig Entwickeln und Konstruieren. Kostenmanagement bei der integrierten Produktentwicklung. 7. Aufl., Berlin: Springer Vieweg.

Ehrlenspiel, K.; Meerkamm, H. (2013): Integrierte Produktentwicklung
Integrierte Produktentwicklung. Denkabläufe, Methodeneinsatz, Zusammenarbeit. 5. Aufl., München: Hanser.

Ehsani, M.; Emadi, A.; Gao, Y. (2010): Modern Electric Vehicles
Modern electric, hybrid electric, and fuel cell vehicles. Fundamentals, theory, and design. 2. Aufl., Boca Raton, Florida: CRC Press.

Ehsani, M.; Gao, Y.; Miller, J. M. (2007): Hybrid Electric Vehicle Drives
Hybrid Electric Vehicles. Architecture and Motor Drives.
In: *Proceedings of the IEEE*, Nr. 95 (4), S. 719-728.

Eichgrün, K. (2003): Prozesssicherheit in Prozessketten
Prozesssicherheit in fertigungstechnischen Prozessketten. Systemanalyse, ganzheitliche Gestaltung und Führung. Kaiserslautern: Universität Kaiserslautern.

Emura, M.; Landgraf, F. J. G.; Ross, W.; Barreta, J. R. (2003): Steel cutting techniques
The influence of cutting technique on the magnetic properties of electrical steels.
In: *Journal of Magnetism and Magnetic Materials*, S. 358-360.

Eppinger, S. D.; Browning, T. R. (2012): Design structure matrix methods
Design structure matrix methods and applications. Cambridge, Massachusetts: MIT Press.

Eppler, M. J. (2006): Managing Information Quality
Managing Information Quality. Increasing the Value of Information in Knowledge-intensive Products and Processes. 2. Aufl., Berlin: Springer.

Eversheim, W. (1989): Organisation in der Produktionstechnik - Fertigung und Montage
Organisation in der Produktionstechnik Band 4. Fertigung und Montage. 2. Aufl., Berlin: Springer.

Eversheim, W. (1996): Produktionstechnik und -verfahren.
Produktionstechnik und -verfahren. In: Werner Kern (Hg.): Handwörterbuch der Produktionswirtschaft. 2. Aufl., Stuttgart: Schäffer-Poeschel.

Eversheim, W. (2002): Organisation in der Produktionstechnik - Arbeitsvorbereitung
Organisation in der Produktionstechnik Band 3. Arbeitsvorbereitung. 4. Aufl., Berlin: Springer.

Eversheim, W. (2003): Innovationsmanagement für technische Produkte
Innovationsmanagement für technische Produkte. Berlin: Springer.

Eversheim, W.; Bochtler, W.; Laufenberg, L. (1995): Simultaneous Engineering
Simultaneous Engineering. Erfahrungen aus der Industrie für die Industrie. Berlin: Springer.

Eversheim, W.; Bochtler, W.; Laufenberg, L.; St. Breit (1994): Pilotprojekte statt Trockenübung
Pilotprojekte statt Trockenübung. Einführung von Simultaneous Engineering im Maschinenbau.
In: Wettbewerbsvorteile durch integrierte Produktentwicklung.
Tagung Karlsruhe 23. und 24. September 1994. Düsseldorf: VDI-Verlag, S. 263-280.

Eversheim, W.; Schuh, G. (1999): Gestaltung von Produktionssystemen
Produktion und Management 3. Gestaltung von Produktionssystemen. Berlin: Springer.

Eversheim, W.; Schuh, G.; (2005): Integrierte Produkt- und Prozessgestaltung
Integrierte Produkt- und Prozessgestaltung. Berlin: Springer.

Fastermann, P. (2012): 3D-Druck/Rapid Prototyping
3D-Druck/Rapid Prototyping. Eine Zukunftstechnologie - kompakt erklärt. Berlin: Springer.

Feldhusen, J.; Grote, K.-H. (2013): Pahl/Beitz Konstruktionslehre
Pahl/Beitz Konstruktionslehre. Methoden und Anwendung erfolgreicher Produktentwicklung. 8. Aufl., Berlin: Springer Vieweg.

Fickenscher, H.; Hanke, P.; Kollmann, K.-H. (1990): Zielorientiertes Informationsmanagement
Zielorientiertes Informationsmanagement. Ein Leitfaden zum Einsatz und Nutzen des Produktionsfaktors Information. Braunschweig: Vieweg.

Finken, T.; Felden, M.; Hameyer, K. (2008): Electrical machine types
Comparison and design of different electrical machine types regarding their applicability in hybrid electrical vehicles.
In: *Proceedings of the 2008 International Conference on Electrical Machines*, S. 1-5.

Fleischer, J.; Haag, S.; Hofmann, J. (2017): Quo Vadis Wickeltechnik?
Quo Vadis Wickeltechnik? Eine Studie zum aktuellen Stand der Technik und zur Recherche zukünftiger Trends im Automobilbau. Karlsruhe: Institut für Produktionstechnik (WBK) des Karlsruher Institut für Technologie (KIT).

Frohne, H.; Ueckert, E. (1984): Grundlagen der Meßtechnik
Grundlagen der elektrischen Meßtechnik. Wiesbaden: Vieweg+Teubner.

Fyhr, P.; Domingues, G.; Reinap, A.; Andersson, M.; Alaküla, M. (2017): Different electrical machine designs
Performance and manufacturability tradeoffs of different electrical machine designs.
In: *IEEE International Electric Machines and Drives Conference (IEMDC)*, S. 1-7.

Galliers, R. (1987): Information analysis
Information analysis. Selected readings. Sydney: Addison-Wesley.

Gartzen, T.; Brambring, F.; Basse, F. (2016): Target-oriented Prototyping
Target-oriented Prototyping in Highly Iterative Product Development.
In: *Procedia CIRP*, Nr. 51, S. 19-23.

Gaus, W. (2005): Dokumentations- und Ordnungslehre
Dokumentations- und Ordnungslehre. Theorie und Praxis des Information Retrieval. 5.Aufl., Berlin: Springer.

Gausemeier, J.; Brandis, R.; Kaiser, L. (2012): Integrative design of mechatronic systems
Integrative conceptual design of products and production systems for mechatronic systems.
In: *International Workshop on Mechatronics*, Nr. 13 (1), S. 237-244.

Gebhardt, A. (2012): Understanding additive manufacturing
Understanding additive manufacturing. Rapid prototyping, rapid tooling, rapid manufacturing. München: Hanser.

Geiger, M. J. (2015): Multikriterielle Ablaufplanung
Multikriterielle Ablaufplanung. Unter Mitarbeit von Walter Habenicht.
Wiesbaden: Deutscher Universitätsverlag.

Gerberich, C. W. (2004): Erfolgreiches Innovationsmanagement
Erfolgreiches Innovationsmanagement. In: Ralph Berndt (Hg.): Competitiveness und Ethik.
Berlin: Springer.

Gerling, D. (2016): Elektrische Antriebe
Elektrische Maschinen und Antriebe. Grundlagen und stationärer Betrieb. 2. Aufl.,
München: Universität der Bundeswehr.

Geuer, A. (1996): Rapid Prototyping in der Produktentwicklung
Einsatzpotential des Rapid Prototyping in der Produktentwicklung. Berlin: Springer.

Gleich, R.; Sauter, R. (2008): Operational Excellence
Operational Excellence. Innovative Ansätze und Best Practices in der produzierenden Industrie.
München: Rudolf Haufe.

Gloger, B. (2013): Scrum
Scrum. Produkte zuverlässig und schnell entwickeln. 4. Aufl., München: Hanser.

Goll, J.; Hommel, D. (2015): Mit Scrum zum gewünschten System
Mit Scrum zum gewünschten System. Wiesbaden: Springer Vieweg.

Göpfer, I.; Schulz, M. D. (2016): Neuproduktentwicklung in der Automobilindustrie
Zukünftige Neuprodukt- und Logistikentwicklung am Beispiel der Automobilindustrie.
In: Göpfert, I. (Hg.): Logistik der Zukunft - Logistics for the Future. 7. Aufl.,
Wiesbaden: Springer Gabler, S. 235-257.

Gor, C.; Shah, V.; Gor, M. (2016): Electric Vehicle Drive Selection
Electric Vehicle Drive Selection related Issues. In: *International conference on Signal Processing, Communication, Power and Embedded System (SCOPES)*, S. 1-6.

Götze, U. (2010): Kostenrechnung und Kostenmanagement
Kostenrechnung und Kostenmanagement. 5. Aufl., Berlin: Springer.

Götzenauer, J. (2010): Innovationsmanagement in Kleinunternehmen
Innovationsmanagement in Klein- und Kleinstunternehmen. Ein Leitfaden für die Praxis.
München: AVM.

Govindarajan, V.; Kopalle, P. K. (2006): Disruptiveness of Innovations
Disruptiveness of Innovations. Measurement and an assessment of reliability and validity.
In: *Strategic Management Journal*, Nr. 27 (1), S. 189-199.

Greitemann, J.; Zaggl, M. A.; Hehl, M.; Raasch, C.; Reinhart, G. (2017): Search for production technologies
Technology lifecycle-oriented search for production technologies.
In: *CIRP Journal of Manufacturing Science and Technology*, Nr. 16 (1), S. 21-33.

Grimes, J. (2016): Product Prototype Development
Product Prototype Development. Difference Between Alpha & Beta Prototypes. Grimes Industrial Design, California. URL: http://www.gidcompany.com/blog/product-prototype-development-2/product-prototype-development-difference-between-alpha-beta-prototypes/, zuletzt geprüft am 29.11.2018.

Grønhaug, K.; Kaufmann, G. (1988): Innovation
Innovation. A cross-disciplinary perspective. Oslo: Norwegian University Press.

Grover, D. (2003): Prototyping Techniques
Prototyping Techniques. Michigan: State University.

Guba. Egon G.; Lincoln, Y. S. (1994): Qualitative Research
Competing Paradigms in Qualitative Research. In: *Handbook of qualitative research*, Nr. 2 (1), S. 163-194.

Günther, S. (2010): Alternative Problemlösungszyklen
Design for Six Sigma. Konzeption und Operationalisierung von alternativen Problemlösungszyklen auf Basis evolutionärer Algorithmen. 1. Aufl., Wiesbaden: Gabler.

Gürtler, J.; Meyer, J. (2013): Design Thinking
30 Minuten Design Thinking. Offenbach am Main: GABAL.

Haberfellner, R. (2015): Systems Engineering
Systems Engineering. Grundlagen und Anwendung. 13. Aufl., Zürich: Orell Füssli.

Haberfellner, R.; Daenzer, W. F.; Becker, M. (1997): Systems Engineering Methodik
Systems engineering. Methodik und Praxis. 9. Aufl., Zürich: Verlag Industrielle Organisation.

Hagedorn, J.; Sell-Le Blanc, F.; Fleischer, J. (2016): Handbuch der Wickeltechnik
Handbuch der Wickeltechnik für hocheffiziente Spulen und Motoren. Ein Beitrag zur Energieeffizienz. Berlin: Springer Vieweg.

Hallgrimsson, B. (2012): Prototyping and modelmaking
Prototyping and modelmaking for product design. London: Laurence King Pub.

Hallmann, M. (1990): Prototyping komplexer Softwaresysteme
Prototyping komplexer Softwaresysteme. Ansätze zum Prototyping und Vorschlag einer Vorgehensweise. Wiesbaden: Vieweg+Teubner.

Hansmann, K.-W. (1992): Praxis und Theorie der Unternehmung
Praxis und Theorie der Unternehmung. Produktion - Information - Planung. Wiesbaden: Gabler.

Heesen, M.; von Ahsen, A. (2009): Innovationsportfoliomanagement
Innovationsportfoliomanagement. Bewertung von Innovationsprojekten in kleinen und mittelgrossen Unternehmen der Automobilzulieferindustrie. Wiesbaden: Gabler.

Heimes, H. H. (2014): Auswahl von Fertigungsressourcen
Methodik zur Auswahl von Fertigungsressourcen in der Batterieproduktion. Aachen: Apprimus.

Heinen, E. (1992): Einführung in die Betriebswirtschaftslehre
Einführung in die Betriebswirtschaftslehre. 9. Aufl., Wiesbaden: Gabler.

Henzler, R. G. (1992): Information und Dokumentation
Information und Dokumentation. Sammeln, Speichern und Wiedergewinnen von Fachinformation in Datenbanken. Berlin: Springer.

Hering, E. (2015): Kostenrechnung und Kostenmanagement für Ingenieure
Kostenrechnung und Kostenmanagement für Ingenieure. Wiesbaden: Springer Vieweg.

Hering, E.; Martin, R.; Gutekunst, J.; Kempkes, J. (2012): Elektrotechnik und Elektronik
Elektrotechnik und Elektronik für Maschinenbauer. 2. Aufl., Berlin: Springer.

Hering, E.; Vogt, A.; Bressler, K. (1999): Handbuch der elektrischen Maschinen
Handbuch der elektrischen Anlagen und Maschinen. Berlin: Springer.

Herstatt, C. (2007): Management früher Innovationsphasen
Management der frühen Innovationsphasen. Grundlagen, Methoden, neue Ansätze. 2. Aufl., Wiesbaden: Gabler.

Heertje, A.; Artus, P.; Bröder, E.-G. (1988): Technology innovation
Innovation, technology, and finance. Oxford: Blackwell.

Heuck, K.; Dettmann, K.-D.; Schulz, D. (2010): Elektrische Energieversorgung
Elektrische Energieversorgung. Erzeugung, Übertragung und Verteilung elektrischer Energie für Studium und Praxis. 8. Aufl., Wiesbaden: Vieweg+Teubner.

Heyn, M. (1999): Methodik zur Entwicklungskooperation
Methodik zur schnittstellenorientierten Gestaltung von Entwicklungskooperationen. Aachen: Shaker.

Hilgers, M. (2017): Alternative Antriebe
Alternative Antriebe und Ergänzungen zum konventionellen Antrieb. Wiesbaden: Springer Fachmedien.

Hjørland, B. (1995): Informationsvidenskabelige grundbegreber
Informationsvidenskabelige grundbegreber. 2. Aufl., Kopenhagen: Danmarks biblioteksskole.

Hofbauer, G.; Schweidler, A. (2006): Professionelles Produktmanagement
Professionelles Produktmanagement. Der prozessorientierte Ansatz, Rahmenbedingungen und Strategien. Erlangen: Publicis Publishing.

Hofmann, P. (2014): Hybridfahrzeuge
Hybridfahrzeuge. Ein alternatives Antriebssystem für die Zukunft. 2. Aufl., Wien: Springer.

Hsieh, M.; Hsu, Y.; Dorrell, D. (2010): Postassembly Magnetization
Design of Large-Power Surface-Mounted Permanent-Magnet Motors Using Postassembly Magnetization. In: *IEEE Transactions on Industrial Electronics*, Nr. 57 (10), S. 3376-3384.

Huang, K.-T.; Lee, Y. W.; Wang, R. Y. (1999): Quality information and knowledge
Quality information and knowledge. Manage your information as a product; Capitalize your knowledge as assets; Survive and prosper in the digital economy. Upper Saddle River, New Jersey: Prentice-Hall.

Hubka, V. (1980): Allgemeines Vorgehensmodell des Konstruierens
Allgemeines Vorgehensmodell des Konstruierens. Konstruktionsmethodik. Zürich: Fachpresse Goldach.

Hughes, G. D.; Cafin, D. C. (1996): New Product Development
Turning New Product Development into a Continuous Learning Process. In: *Journal of Product Innovation Management*, Nr. 13 (1), S. 89-104.

Husan, R. (1997): Economies of scale in the automotive industry
The continuing importance of economies of scale in the automotive industry. In: *European Business Review*, Nr. 97 (1), S. 38-42.

Isa, S. S.; Liem, A. (2014): Physical Models and Prototypes
Classifying physical models and prototypes in the design process. A Study on the Economical and Usability Impact of Adopting Models and Prototypes in the Design Process. In: *International Design Conference*, S. 1-12.

Isa, S. S.; Liem, A.; Steinert, M. (2015): The value of prototypes
The value of prototypes in the early design and development process. In: *Proocedings of the 20th International Conference on Engineering Design (ICED15)*, S. 1-8.

Jacobsen, A. (2000): Intelligenz von Unternehmen
Intelligenz von Unternehmen. Management technologischer Kompetenz in Innovationsprozessen. Wiesbaden: Deutscher Universitätsverlag.

Jäger, A. (1991): Systematische Planung komplexer Produktionssysteme
Systematische Planung komplexer Produktionssysteme. Berlin: Springer.

Jonas, C.; Reinhart, G. (2000): Durchgängige Planung von Montageanlagen
Konzept einer durchgängigen, rechnergestützten Planung von Montageanlagen. München: Utz.

Juergens, J.; Fricassè, A.; Marengo, L.; Gragger, J.; de Gennaro, M.; Ponick, B. (2016): Innovative design for automotive traction application
Innovative design of an air cooled ferrite permanent magnet assisted synchronous reluctance machine for automotive traction application. In: *International Conference on Electrical Machines (ICEM)*, Nr. 22 (1), S. 803-810.

Kaltwasser, A. (1994): Wissenserwerb
Wissenserwerb für Forschung & Entwicklung. Eine Make-or-Buy-Entscheidung. Wiesbaden: Deutscher Universitätsverlag.

Kalweit, A.; Paul, C.; Peters, S. (2012): Technisches Produktdesign
Handbuch für Technisches Produktdesign. Dordrecht: Springer.

Kämpf, G. (2003): Verfahren zur Herstellung einer dünnwandigen Isolation
Patent: Verfahren und Werkzeugsystem zur Herstellung einer dünnwandigen Isolation, sowie damit hergestellte dünnwandige Isolation. Angemeldet durch Kämpf, G.; Veröffentlichungsnummer: EP1541315B1.

Kampker, A. (2014): Elektromobilproduktion
Elektromobilproduktion. Berlin: Springer Vieweg.

Kampker, A. (2015): Effizienzsteigerung im Industrialisierungsprozess
"Wir müssen früh scheitern, um schneller erfolgreich zu sein". Effizienzsteigerung im Industrialisierungsprozess am Beispiel des StreetScooter. Aachen: Apprimus.

Kampker, A.; Burggräf, P.; Deutskens, C.; Niebuhr, C. (2013): Value Creation During Disruptive Innovations
Competitive Strategies for Value Creation During Disruptive Innovations.
In: *International Conference on Competitive Manufacturing COMA*, S. 1-9.

Kampker, A.; Burggräf, P.; Nee, C. (2012): Value Chain of Electric Engine Production
Costs, Quality and Scalability. Impact on the Value Chain of Electric Engine Production.
In: *Electric Drives Production Conference (EDPC)*, Nr. 2 (1), S. 1-6.

Kampker, A.; Burggräf, P.; Nee, C.; Kleine Büning, M. (2013): Integrated Product and Process Development
Integrated Product and Process Development for Electric Engine Production.
In: *Electric Drives Production Conference (EDPC)*, Nr. 3 (1), S. 1-5.

Kampker, A.; Deutskens, C. (2015): Return on Engineering
Return on Engineering. Effizienzsteigerung im Industrialisierungsprozess am Beispiel des StreetScooter. Aachen: Apprimus.

Kampker, A.; Förstmann, R.; Ordung, M.; Haunreiter, A. (2016): Prototypen im agilen Entwicklungsmanagement
Prototypen im agilen Entwicklungsmanagement. In: *ATZ - Automobiltechnische Zeitschrift*, Nr. 118 (7-8), S. 72-77.

Kampker, A.; Gerdes, J.; Schuh, G. (2017): Think Big, Start Small
Think Big, Start Small. StreetScooter die e-mobile Erfolgsstory: Innovationsprozesse radikal effizienter. Berlin: Springer.

Kampker, A.; Heimes, H. H.; Kreisköther, K.; Kleine Büning, M.; Haunreiter, A. (2018): Prototyping im elektrischen Antriebsstrang
Prototyping im elektrischen Antriebsstrang. Effizientere Wege für neue Produkte.
In: *e-mobility tec*, Nr. 2 (1), S. 1-6.

Kampker, A.; Kreisköther, K.; Kleine Büning, M. (2017): Experimental engineering
Experimental engineering for electric drive production planning.
In: *Electric Drives Production Conference (EDPC)*, Nr. 7 (1), S. 1-6.

Kampker, A.; Kreisköther, K.; Kleine Büning, M.; Adam, M. (2016): Slot insulation
Thin-walled injection molding for slot insulation of long stator sheet stacks.
In: *Electric Drives Production Conference (EDPC)*, Nr. 6 (1), S. 166-171.

Kampker, A.; Kreisköther, K.; Kleine Büning, M.; Kuhn, M. (2016): Elektromotorenproduktion in Deutschland
Fit machen für die Zukunft – Ist die Elektromotorenproduktion in Deutschland in der Krise?
In: *Antriebstechnik*, Nr. 8 (1), S. 15-18.

Kampker, A.; Kreisköther, K.; Kleine Büning, M.; Treichel, P. (2017): Automotive process capability
Automotive quality requirements and process capability in the production of electric motors. In: *Electric Drives Production Conference (EDPC)*, Nr. 7 (1).

Kampker, A.; Vallée, D.; Schnettler, A. (2013): Elektromobilität
Elektromobilität. Grundlagen einer Zukunftstechnologie. Berlin: Springer.

Kamrani, A. K.; Nasr, E. A. (2010): Engineering Design and Rapid Prototyping
Engineering Design and Rapid Prototyping. 1. Aufl., Boston, Massachusetts: Springer Science+Business Media LLC.

Karnavas, Y. L.; Chasiotis, I. D. (2016): Simple Knowledge Base Software
A Simple Knowledge Base Software Architecture for Industrial Electrical Machine Design: Application to Electric Vehicle's In-Wheel Motor. In: Wilimowska, Z.; Borzemski, L.; Grzech, A. Świątek, J. (Hg.): Information Systems Architecture and Technology: Proceedings of 36th International Conference on Information Systems Architecture and Technology – ISAT 2015, Nr. 432 (4), Cham: Springer International Publishing, S. 111-122.

Kassicieh, S.; Walsh, S. T.; Cummings, J. C.; McWorther, P. J.; Romig, A. D.; Williams, W. D. (2002): Commercialization of Disruptive Technologies
Factors Differentiating the Commercialization of Disruptive and Sustaining Technologies. In: *IEEE Transactions on Engineering Management*, Nr. 49 (4), S. 375-388.

Kern, E.-M.; Sackmann, S.; Koch, M. (2009): Wissensmanagement in Projektorganisationen
Wissensmanagement in Projektorganisationen. Instrumentarium zur Überwindung von Wissensbarrieren. In: Frank Keuper (Hg.): Wissens- und Informationsmanagement. Strategien, Organisation und Prozesse. 1. Aufl., Wiesbaden: Gabler, S. 53-69.

Kersten, H.; Reuter, J.; Schröder, K.-W. (2013): IT-Sicherheitsmanagement nach ISO 27001
IT-Sicherheitsmanagement nach ISO 27001 und Grundschutz. Der Weg zur Zertifizierung. 4. Aufl., Wiesbaden: Springer Vieweg.

Keuper, F. (2009): Wissens- und Informationsmanagement
Wissens- und Informationsmanagement. Strategien, Organisation und Prozesse. 1. Aufl., Wiesbaden: Gabler.

Klenecker, S. (1999): Wissenskapital
Retten Sie Ihr Wissenskapital. In: *Versicherungswirtschaft*, Nr. 1 (9), S. 622-625.

Klabunde, S. (2003): Wissensmanagement in der Produkt- und Prozessgestaltung
Wissensmanagement in der integrierten Produkt- und Prozessgestaltung. Best-Practice-Modelle zum Management von Meta-Wissen. Wiesbaden: Deutscher Universitätsverlag.

Klein, T. (2016): Agiles Engineering
Agiles Engineering im Maschinen- und Anlagenbau. Göttingen: GBV Gemeinsamer Bibliotheksverbund.

Klocke, F. (2015): Fertigungsverfahren 5
Fertigungsverfahren 5. Gießen, Pulvermetallurgie, Additive Manufacturing. 4. Aufl., Berlin: Springer.

Klocke, F. (2017): Fertigungsverfahren 4
Fertigungsverfahren 4. Umformen. 6. Aufl., Berlin: Springer Vieweg.

Klocke, F. (2018): Fertigungsverfahren 1
Fertigungsverfahren 1. Zerspanung mit geometrisch bestimmter Schneide. 9. Aufl., Berlin: Springer Vieweg.

Klocke, F.; König, W. (2005): Fertigungsverfahren 2
Fertigungsverfahren 2. Schleifen, Honen, Läppen. 4. Aufl., Berlin: Springer.

Klocke, F.; König, W. (2007): Fertigungsverfahren 3
Fertigungsverfahren 3. Abtragen, Generieren Lasermaterialbearbeitung. 4. Aufl., Berlin: Springer.

Kohler, J. (2008): Wissenstransfer bei Produkt- und Prozesskomplexität
Wissenstransfer bei hoher Produkt- und Prozesskomplexität. Pilotierung, Rollout und Migration neuer Methoden am Beispiel der Automobilindustrie. Wiesbaden: Gabler.

Kolb, D. A. (1976): Management and the Learning Process
Management and the Learning Process. In: *California Management Review*, Nr. 18 (3), S. 21-31.

Kornwachs, K. (2013): Technikwissenschaften
Technikwissenschaften. Erkennen - Gestalten - Verantworten. Berlin: Springer Vieweg.

Korte, B. H.; Vygen, J. (2008): Kombinatorische Optimierung
Kombinatorische Optimierung. Theorie und Algorithmen. Berlin: Springer.

Krcmar, H. (2015): Informationsmanagement
Informationsmanagement. 6. Aufl., Wiesbaden: Springer Gabler.

Kreisköther, K. (2016): Next Generation Powertrain
Next Generation Powertrain: Die Aachener Perspektive. Produktionstechnik für den E-Antrieb von Morgen. In: *Elektromobilproduktionstag EPT am PEM der RWTH Aachen*.

Krottmaier, J. (1995): Leitfaden Simultaneous Engineering
Leitfaden Simultaneous Engineering. Kurze Entwicklungszeiten; Niedrige Kosten; Hohe Qualität. Berlin: Springer.

Kubicek, H. (1976): Heuristisches Forschungsdesign
Heuristische Bezugsrahmen und heuristisch angelegte Forschungsdesign als Elemente einer Konstruktionsstrategie empirischer Forschung. Berlin: Institut für Unternehmungsführung im Fachbereich Wirtschaftswissenschaften der Freien Universität Berlin.

Kuhn, T. S.; Neurath, O. (1962): Structure of scientific revolutions
The Structure of scientific revolutions. 2. Aufl., Chicago: Chicago University Press.

Kurbel, K. (1989): Expertensysteme
Entwicklung und Einsatz von Expertensystemen. Eine anwendungsorientierte Einführung in wissensbasierte Systeme. Berlin: Springer.

Kurosaki, Y.; Mogi, H.; Fujii, H.; Kubota, T.; Shiozaki, M. (2008): Punching on electrical steel sheets
Importance of punching and workability in non-oriented electrical steel sheets. In: *Journal of Magnetism and Magnetic Materials*, Nr. 320 (20), S. 2474-2480.

Lachenmaier, J. F.; Lasi, H.; Kemper, H.-G. (2015): Informationsversorgungskonzept für die Produktionsplanung
Entwicklung und Evaluation eines Informationsversorgungskonzepts für die Prozess- und Produktionsplanung im Kontext von Industrie 4.0.
In: *Proceedings der 12. Internationalen Tagung Wirtschaftsinformatik*, S. 1-15.

Lamprecht, E.; Hömme, M.; Albrecht, T. (2012): Stacking Processes
Investigations of Eddy Current Losses in Laminated Cores Due to the Impact of Various Stacking Processes. In: *Electric Drives Production Conference (EDPC)*, Nr. 2 (1), S. 1-8.

Lanza, G.; Stähr, T.; Sapin, S. (2016): Montage mit skalierbarem Automatisierungsgrad
Planung einer Montagelinie mit skalierbarem Automatisierungsgrad.
In: *ZWF - Zeitschrift für wirtschaftlichen Fabrikbetrieb*, Nr. 111 (10), S. 614-617.

Laufenberg, L. (1996): Methodik zur integrierten Projektgestaltung
Methodik zur integrierten Projektgestaltung für die situative Umsetzung des simultaneous engineering. Aachen: Shaker.

Laux, H.; Gillenkirch, R. M.; Schenk-Mathes, H. Y. (2012): Entscheidungstheorie
Entscheidungstheorie. Berlin: Springer.

Lei, G.; Zhu, J.; Guo, Y. (2016): Design Optimization Methods for Electrical Machines
Multidisciplinary Design Optimization Methods for Electrical Machines and Drive Systems. Berlin: Springer.

Li, J.; Meerkov, S. M. (2009): Production Systems Engineering
Production Systems Engineering. Boston, Massachusetts: Springer.

Liebl, J.; Lederer, M.; Rohde-Brandenburger, K.; Biermann, J.-W.; Roth, M.; Schäfer, H. (2014): Energiemanagement im Kraftfahrzeug
Energiemanagement im Kraftfahrzeug. Optimierung von CO2-Emissionen und Verbrauch konventioneller und elektrifizierter Automobile. Wiesbaden: Springer Vieweg.

Liggesmeyer, P. (2012): Softwareentwicklung
Softwareentwicklung. Prozessmodelle. Kaiserslautern: Technische Universität Kaiserslautern.

Lindemann, U. (2009): Entwicklung technischer Produkte
Methodische Entwicklung technischer Produkte. Methoden flexibel und situationsgerecht anwenden. 3. Aufl., Berlin: Springer.

Linton, J. D. (2002): Disruptive and Discontinuous Innovation
Forecasting the Market Diffusion of Disruptive and Discontinuous Innovation.
In: *IEEE Transactions on Engineering Management*, Nr. 49 (4), S. 365-374.

Liou, F. W. (2007): Rapid Prototyping
Rapid Prototyping and Engineering Applications. A Toolbox for Prototype Development. Boca Raton, Florida: CRC Press.

Litz, L. (2013): Grundlagen der Automatisierungstechnik
Grundlagen der Automatisierungstechnik. Regelungssysteme - Steuerungssysteme - Hybride Systeme. München: Oldenbourg Wissenschaftsverlag.

Loch, C. H.; Terwiesch, C. (2000): Concurrernt Engineering
Product Development and Concurrent Engineering. In: Swamidass, P. M. (Hg.): Innovations in Competitive Manufacturing. Boston, Massachusetts: Springer, S. 263-273.

Luhmann, N.; Baecker, D. (2009): Einführung in die Systemtheorie
Einführung in die Systemtheorie. 5. Aufl., Heidelberg: Auer.

Luhmann, N. (2017): Systemtheorie
Systemtheorie der Gesellschaft. Unter Mitarbeit von Christoph Gesigora. Berlin: Suhrkamp.

Macht, M. (1999): Einsatz von Rapid Prototyping
Ein Vorgehensmodell für den Einsatz von Rapid Prototyping. München: Utz.

Mancinelli, P.; Stagnitte, S.; Cavallini, A. (2017): Hairpin wound stator
Lifetime analysis of an automotive electrical motor with hairpin wound stator. In: *IEEE Conference on Electrical Insulation and Dielectric Phenomena (CEIDP)*, Nr. 5 (1), S. 807-810.

Marczinski, G. (2005): Digitale Fabrik
Digitale Fabrik. mit dem 4-Stufenmodell zum Erfolg. In: *PPS Management*, Nr. 10 (2), S. 38-41.

Martins, J.; António, N. (2010): Knowledge transfer
Knowledge transfer to the subsidiaries operating in overseas.
In: *Industrial Management & Data Systems*, Nr. 110 (4), S. 516-531.

Matschke, M. J.; Brösel, G. (2013): Unternehmensbewertung
Unternehmensbewertung. Funktionen - Methoden - Grundsätze. 4. Aufl., Wiesbaden: Springer.

Maue, A. (2015): Gestaltung des Produktionsanlaufs
Aufwandsorientierte Gestaltung des Produktionsanlaufs am Beispiel der Automobilproduktion. Aachen: Apprimus.

Mayr, A.; Meyer, A.; Gönnheimer, P.; Gramlich, J.; Reiser, M.; Franke, J. (2017): Integrated Product and Process Development of Electric Drives
Concept for an Integrated Product and Process Development of Electric Drives Using a Knowledge-based System. In: *Electric Drives Production Conference (EDPC)*, Nr. 7 (1), S. 120-126.

Mennig, G.; Stoeckhert, K. (2013): Mold-Making handbook
Mold-Making handbook. 3. Aufl., München: Hanser.

Memmel, T.; Gundelsweiler, F.; Reiterer, H. (2007): Prototyping user interfaces
Prototyping corporate user interfaces. Towards a visual specification of interactive systems.
In: *Proceedings of the Second IASTED International Conference on Human Computer Interaction*, S. 177-182.

Miessen, E. (1989): Rechnergestützte Produktionsplanung
Rechnergestützte Produktionsplanung und -steuerung. Effizienzorientierte Auswahl anpaßbarer Standardsoftware. Berlin: Springer.

Moenaert, R. (1990): Information transfer model
An information transfer model for integrating marketing and R&D Personnel in new product development projects. In: *Journal of Product Innovation Management*, Nr. 7 (2), S. 91-107.

Moussaid, M.; Garnier, S.; Theraulaz, G.; Helbing, D. (2009): Information transfer
Information transfer and self-organized behavior in swarms, flocks and crowds.
Zürich: Eidgenössische Technische Hochschule Zürich.

Müller-Prothmann, T.; Dörr, N. (2009): Strategien des Innovationsmanagement
Innovationsmanagement. Strategien, Methoden und Werkzeuge für systematische Innovationsprozesse. München: Hanser.

Nau, B. (2012): Anlauforientierte Technologieplanung
Anlauforientierte Technologieplanung zur Auswahl von Fertigungstechnologien.
Aachen: Apprimus.

Naumoski, H.; Riedmüller, B.; Minkow, A.; Herr, U. (2015): Cutting techniques for electrical steel
Investigation of the influence of different cutting procedures on the global and local magnetic properties of non-oriented electrical steel. In: *Journal of Magnetism and Magnetic Materials*, Nr. 392 (1), S. 126-133.

Nee, C. (2014): Wertschöpfungsnetzwerke in der Elektromotorenproduktion
Strategien für Wertschöpfungsnetzwerke in der Elektromotorenproduktion. Aachen: Apprimus.

Neff, T. (2002): Front Load Costing
Front Load Costing. Produktkostenmanagement auf der Basis unvollkommener Information.
Wiesbaden: Deutscher Universitätsverlag.

Nelson, D. F.; Luan, S. P.; Pearce, E. M.; Fong, W. R. (2013): Rotor Assembly with Electronic Beam Welding
Patent: Rotor Assembly with Electronic Beam Welded End Caps.
Angemeldet durch Tesla Motors, Inc.; Veröffentlichungsnummer: US2014/0339950A1.

Nielsen, J. (1993): Usability engineering
Usability engineering. Boston, Massachusetts: AP Professional.

Nink, H. (1991): Informationsvermittlung
Informationsvermittlung. Aufgaben, Möglichkeiten und Probleme.
Wiesbaden: Deutscher Universitätsverlag.

Nöcker, J. C. (2012): Zustandsbasierte Fabrikplanung
Zustandsbasierte Fabrikplanung. Aachen: Apprimus.

Oeltjenbruns, H.; Bracht, U.; Neidlein, G. (2000): Standardized Product Creation Process
Standardized Product Creation Process in Commercial Vehicle Development.
In: *International Mobility Technology Conference and Exhibit*, S. 1-6.

Olsson, F. (1981): Machine design procedure
Machine design procedure related to product development procedure. In: Vladimir Hubka (Hg.): Review of Design Methodology. Rom: ICED.

Ottmann, T.; Widmayer, P. (2017): Algorithmen und Datenstrukturen
Algorithmen und Datenstrukturen. 6. Aufl., Berlin: Springer Vieweg.

Ottosson, S. (2004): Dynamic Product Development
Dynamic Product Development. DPD. Norrköping: Linköping University.

Park, G.-J. (2007): Analytic methods for design practice
Analytic methods for design practice. London: Springer.

Patzak, A.; Bachheibl, F.; Baumgardt, A.; Dajaku, G.; Moros, O.; Gerling, D. (2016): ISCAD
ISCAD. Electric High Performance Drive for Individual Mobility at Extra-Low Voltages. In: *SAE International Journal of Alternative Powertrains*, Nr. 5 (1), S. 148-156.

Patzak, G. (1982): Grundlagen der Systemtechnik
Systemtechnik - Planung komplexer innovativer Systeme. Grundlagen, Methoden, Techniken. Berlin: Springer.

Pellegrino, G.; Jahns, T. N.; Bianchi, N.; Soong, W. L.; Cupertino, F. (2016): Reluctance and permanent magnet motors
The rediscovery of synchronous reluctance and ferrite permanent magnet motors. Tutorial course notes. Berlin: Springer.

Penschke, S.; Große, A.; Heinen, F. (1996): Parallele Gestaltung von Produkten und Fertigungsprozessen
Ansätze zur parallelen Gestaltung von Produkten und Fertigungsprozessen. In: *IMW - Institutsmitteilung*, Nr. 21 (1), S. 45-52.

Peter, I.; Scutaru, G.; Nistor, C. G. (2014): Manufacturing of asynchronous rotors
Manufacturing of asynchronous motors with squirrel cage rotor, included in the premium efficiency category IE3, at S.C. Electroprecizia Electrical-Motors S.R.L. Săcele. In: *International Conference on Optimization of Electrical and Electronic Equipment (OPTIM)*, S. 421-425.

Peter, M.; Blanc, F. S.-L.; Fleischer, J. (2013): Trends im Elektromaschinenbau
Trends im Elektromaschinenbau. In: *ZWF - Zeitschrift für wirtschaftlichen Fabrikbetrieb*, Nr. 108 (6), S. 435-439.

Pfeifer, T.; Schmitt, R. (2014): Handbuch Qualitätsmanagement
Masing Handbuch Qualitätsmanagement. 1. Aufl., München: Carl Hanser.

Picot, A.; Franck, E. (1988): Unternehmensressource Information
Die Planung der Unternehmensressource "Information". Teil II. In: *Das Wirtschaftsstudium*, Nr. 17 (11), S. 608-614.

Pisano, G. P. (1997): Development factory
The development factory. Unlocking the potential of process innovation. Boston, Massachusetts: Harvard Business School Publishing.

Pleschak, F.; Sabisch, H. (1996): Management von Innovationen
Innovationsmanagement. Stuttgart: Schäffer-Poeschel.

Plötz, P.; Eichhammer, W. (2011): Zukunftsmarkt Effiziente Elektromotoren
Zukunftsmarkt Effiziente Elektromotoren. Fallstudie im Rahmen des Vorhabens „Wissenschaftliche Begleitforschung zu übergreifenden technischen, ökologischen, ökonomischen und strategischen Aspekten des nationalen Teils der Klimaschutzinitiative". Karlsruhe.

Probst, G. J. B.; Gomez, P. (1991): Vernetztes Denken
Vernetztes Denken. Ganzheitliches Führen in der Praxis. Wiesbaden: Gabler.

Probst, G. J. B.; Raub, S. P.; Romhardt, K. (2012): Wissen managen
Wissen managen. Wie Unternehmen ihre wertvollste Ressource optimal nutzen. 7. Aufl., Wiesbaden: Springer Gabler.

Proff, H.; Proff, H.; Fojcik, T. M.; Sandau, J. (2014): Radikale Innovationen in der Mobilität
Radikale Innovationen in der Mobilität. Wiesbaden: Springer.

Pyrhönen, J.; Jokinen, T.; Hrabovcová, V.; Niemelä, H. (2010): Rotating electrical machines
Design of rotating electrical machines. Chichester: Wiley.

Ratcliffe, L.; McNeill, M. (2012): Agile Experience Design
Agile Experience Design. A Digital Designer's Guide to Agile, Lean, and Continuous. Berkeley: New Riders.

Reiß, M. (1993): Komplexitätsmanagement
Komplexitätsmanagement (I). In: *Das Wirtschaftsstudium*, S. 54-60.

Rivera, C. A.; Poza, J.; Ugalde, G.; Almandoz, G. (2017): Electrical machine design process
A Knowledge Based System architecture to manage and automate the electrical machine design process. In: *IEEE International Workshop of Electronics, Control, Measurement, Signals and their Application to Mechatronics (ECMSM)*, S. 1-6.

Rix, A. J.; Kamper, M. J. (2012): Rotor and Stator Topologies
Radial-Flux Permanent-Magnet Hub Drives. A Comparison Based on Stator and Rotor Topologies. In: *IEEE Transactions on Industrial Electronics*, Nr. 59 (6), S. 2475-2484.

Roth, Armin (2016): Einführung von Industrie 4.0
Einführung und Umsetzung von Industrie 4.0. Grundlagen, Vorgehensmodell und Use Cases aus der Praxis (2016). Berlin: Springer Gabler.

Royce, W. W. (1970): Development of large software systems
Managing the development of large Software Systems. In: *Proceedings of the 9th international conference on Software Engineering (ICSE)*, S. 328-338.

Rudd, J.; Stern, K.; Isensee, S. (1996): Low vs. high-fidelity prototyping
Low vs. high-fidelity prototyping debate. In: *interactions*, Nr. 3 (1), S. 76-85.

Sabisch, H. (1991): Produktinnovationen
Produktinnovationen. Stuttgart: Poeschel.

Salwa Isa, S. (2014): Classifying physical models and prototypes
Classifying physical models and prototypes in the design process. A study on the economical and usability impact of adopting models and prototypes in the design process. In: *International Design Conference*.

Sandström, C. G. (2010): Disruptive Innovation
A revised perspective on disruptive innovation. Exporing value, networks and business models. Göteborg: Chalmers University of Technology.

Sandström, C. G. (2011): High-end disruptive technologies
High-end disruptive technologies with an inferior performance. In: *International Journal of Technology Management*, Nr. 56 (2/3/4), S. 109-122.

Santiago, J. de; Bernhoff, H.; Ekergård; B.; Eriksson, S.; Ferhatovic, S. (2012): Electrical Motors in Electric Vehicles
Electrical Motor Drivelines in Commercial All-Electric Vehicles. A Review. In: *IEEE Transactions on Vehicular Technology*, Nr. 61 (2), S. 475-485.

Schaaf, A. T. (1999): Entwicklungsmanagement in der Automobilindustrie
Marktorientiertes Entwicklungsmanagement in der Automobilindustrie. Ein kundennutzenorientierter Ansatz zur Steuerung des Entwicklungsprozesses. Wiesbaden: Deutscher Universitätsverlag.

Schack, R. (2008): Skalierung der Digitalen Fabrik
Methodik zur bewertungsorientierten Skalierung der Digitalen Fabrik. München: Utz.

Scheer, A.-W. (1993): Handbuch Informationsmanagement
Handbuch Informationsmanagement. Aufgaben - Konzepte - Praxislösungen. Wiesbaden: Gabler.

Schlink, H. (2017): Wirtschaftlichkeitsrechnung für Ingenieure
Wirtschaftlichkeitsrechnung für Ingenieure. Grundlagen für die Entwicklung technischer Produkte. 2. Aufl., Wiesbaden: Springer Gabler.

Schmidt, T. S.; Paetzold, K. (2016): Agilität in der Entwicklung physischer Produkte
Agilität als Alternative zu traditionellen Standards in der Entwicklung physischer Produkte. Chancen und Herausforderungen. In: *Design for X Conference Hamburg*, S. 255-267.

Schmitt, R.; Pfeifer, T. (2015): Qualitätsmanagement
Qualitätsmanagement. Strategien - Methoden - Techniken. 5. Aufl., München: Hanser.

Schönsleben, P. (2001): Integrales Informationsmanagement
Integrales Informationsmanagement. Informationssysteme für Geschäftsprozesse - Management, Modellierung, Lebenszyklus und Technologie. 2. Aufl., Berlin: Springer.

Schoppa, A.; Louis, H.; Pude, F.; Rad, C. von (2003): Waterjet cutting for elelctrical steel
Influence of abrasive waterjet cutting on the magnetic properties of non-oriented electrical steels. In: *Journal of Magnetism and Magnetic Materials*, Nr. 254-255 (1), S. 370-372.

Schoppa, A.; Schneider, J.; Wuppermann, C.-D. (2000): Manufacturing process of electrical steel
Influence of the manufacturing process on the magnetic properties of non-oriented electrical steels. In: *Journal of Magnetism and Magnetic Materials*, Nr. 215 (1), S. 74-78.

Schrage, M. (2008): Serious play
Serious play. How the world's best companies simulate to innovate. Boston, Massachusetts: Harvard Business School Press.

Schröder, D. (2009): Grundlagen elektrische Antriebe
Elektrische Antriebe - Grundlagen. Mit durchgerechneten Übungs- und Prüfungsaufgaben. 4. Aufl., Berlin: Springer.

Schuh, G. (2012): Innovationsmanagement
Innovationsmanagement. Handbuch Produktion und Management 3. 2. Aufl., Berlin: Springer.

Schuh, G. (2013): Lean Innovation
Lean Innovation. Berlin: Springer.

Schuh, G.; Klappert, S. (2011): Technologiemanagement
Technologiemanagement. Handbuch Produktion und Management 2. 2. Aufl., Berlin: Springer.

Schuh, G.; Rudolf, S.; Riesener, M.; Kantelberg, J. (2016): Highly-Iterative Product Development
Application of Highly-Iterative Product Development in Automotive and Manufacturing Industry. In: *ISPIM Innovation Forum*, S. 1-13.

Schuh, G.; Stich, V. (2012): Produktionsplanung und -steuerung
Produktionsplanung und -steuerung. 4. Aufl., Berlin: Springer Vieweg.

Schuh, G.; Stölzle, W.; Straube, F. (2008): Anlaufmanagement in der Automobilindustrie
Anlaufmanagement in der Automobilindustrie erfolgreich umsetzen. Ein Leitfaden für die Praxis. Berlin: Springer.

Schulz, M. (2014): Produktentstehungsprozess in der Automobilindustrie
Der Produktentstehungsprozess in der Automobilindustrie. Eine Betrachtung aus Sicht der Logistik. Wiesbaden: Springer Gabler.

Schwaber, K. (1997): Scrum Development Process
Scrum Development Process. In: Sutherland, J.; Casanave, C.; Miller, J.; Patel, P.; Hollowell, G. (Hg.): Business Object Design and Implementation. OOPSLA '95 Workshop Proceedings. London: Springer, S. 117-134.

Schwaber, K. (2012): Agiles Projektmanagement
Agiles Projektmanagement mit Scrum. Unterschleißheim: Microsoft Press.

Schwankl, L. (2002): Analyse und Dokumentation
Analyse und Dokumentation in den frühen Phasen der Produktentwicklung. München: Hut.

Sell-Le Blanc, F. (2017): Prototype Production
Flexible Robot Manufacturing Cell for Prototype Production. In: *Electric Drives Production Conference (EDPC)*, Nr. 7 (1).

Shurig, R. (1984): Technology Morphology
Morphology: A tool for exploring new technology. In: *Long Range Planning*, Nr. 17 (3), S. 129-140.

Siddique, Z.; Rosen, D. W. (1997): Virtual prototyping approach
A virtual prototyping approach to product disassembly reasoning. In: *Computer-Aided Design*, Nr. 29 (12), S. 847-860.

Sitapati, K.; Krishnan, R. (2001): Comparison of Radial and Axial Field Machines
Performance Comparisons of Radial and Axial Field, Permanent-Magnet, Brushless Machines. In: *IEEE Transaction on Industry Applications*, Nr. 37 (5), S. 1219-1226.

Smunt, T. L. (1999): Learning curve models for production research
Log-linear and non-log-linear learning curve models for production research and cost estimation. In: *International Journal of Production Research*, Nr. 37 (17), S. 3901-3911.

Spring, E. (2009): Elektrische Maschinen
Elektrische Maschinen. Eine Einführung. Berlin: Springer.

Spur, G. (1991): Vom Wandel der industriellen Welt
Vom Wandel der industriellen Welt durch Werkzeugmaschinen. Eine kulturgeschichtliche Betrachtung der Fertigungstechnik. München: Hanser.

Stachowiak, H. (2013): Allgemeine Modelltheorie
Allgemeine Modelltheorie. Wien: Springer.

Stan, C. (2015): Alternative Antriebe für Automobile
Alternative Antriebe für Automobile. Hybridsysteme, Brennstoffzellen, alternative Energieträger. 4. Aufl., Berlin: Springer Vieweg.

Steinmetz, O. (1993): Strategie der Integrierten Produktentwicklung
Die Strategie der Integrierten Produktentwicklung. Wiesbaden: Vieweg+Teubner.

Stern, T. (2010): Erfolgreiches Innovationsmanagement
Erfolgreiches Innovationsmanagement. Wiesbaden: Springer.

Stone, G. C.; Boulter, E. A.; Culbert, I.; Hussein, D. (2014): Electrical insulation for rotating machines
Electrical insulation for rotating machines. Design, evaluation, aging, testing, and repair. 2. Aufl., Hoboken: IEEE Wiley.

Suh, N. P. (2001): Axiomatic design
Axiomatic design. Advances and applications. New York, New York: Oxford University Press.

Suhl, L.; Mellouli, T. (2013): Optimierungssysteme
Optimierungssysteme. Modelle, Verfahren, Software, Anwendungen. 3. Aufl., Berlin: Springer.

Sutcliffe, A.; Sawyer, P (2013): Unknown Unknowns
Requirements Elicitation. Towards the Unknown Unknowns. In: *Proceedings of 21st IEEE International Requirements Engineering Conference*, S. 92-104.

Teece, D. J.; Nonaka, I. (2001): Managing industrial knowledge
Managing industrial knowledge. Creation, transfer and utilization. London, Thousand Oaks: SAGE.

Teigelkötter, J. (2013): Energieeffiziente elektrische Antriebe
Energieeffiziente elektrische Antriebe. Grundlagen, Leistungselektronik, Betriebsverhalten und Regelung von Drehstrommotoren. Wiesbaden: Vieweg+Teubner.

Terzieva, M. (2014): Learn from Experience
Project Knowledge Management. How Organizations Learn from Experience. In: *Procedia Technology*, Nr. 16, S. 1086-1095.

Thom, N. (1976): Effizienz betrieblicher Innovationsprozesse
Zur Effizienz betrieblicher Innovationsprozesse. Vorstudie zu einer empirisch begründeten Theorie des betrieblichen Innovationsmanagements. Köln: Hanstein.

Thom, N. (1980): Betriebliches Innovationsmanagement
Grundlagen des betrieblichen Innovationsmanagements. 2. Aufl., Königstein: Hanstein.

Tomczak, T. (1992): Forschungsmethoden
Forschungsmethoden in der Marketingwissenschaft. Ein Plädoyer für den qualitativen Forschungsansatz. In: *Marketing ZFP – Journal of Research and Management*, Nr. 15 (2), S. 77-87.

Trommsdorff, V.; Gizycki, V. v. (1995): Innovationsmarketing
Fallstudien zum Innovationsmarketing. München: Vahlen.

Trzesniowski, M. (2014): Rennwagentechnik
Rennwagentechnik. Grundlagen, Konstruktion, Komponenten, Systeme. 4. Aufl., Wiesbaden: Springer Vieweg.

Tseng, M. M.; Jiao, J.; Su, C. (1998): Virtual Prototyping Development
Virtual Prototyping for Customized Product Development. In: *Integrated Manufacturing Systems*, Nr. 9 (6), S. 1-24.

Ullman, D. G. (2010): Mechanical design process
The mechanical design process. 4. Aufl., New York, New York: McGraw-Hill Higher Education.

Ulrich, H. (1970): Unternehmung als produktives System
Die Unternehmung als produktives soziales System. Grundlagen der allgemeinen Unternehmungslehre. In: *Schriftenreihe Unternehmung und Unternehmungsführung*.

Ulrich, H. (1982): Anwendungsorientierte Wissenschaft
Anwendungsorientierte Wissenschaft. In: *Die Unternehmung*, Nr. 36 (1), S. 1-10.

Ulrich, H.; Dyllick, T.; Probst, G. J. B. (1984): Management
Management. Bern: Haupt.

Ulrich, K. T.; Eppinger, S. D. (2016): Product design and development
Product design and development. 6. Aufl., New York, New York: McGraw-Hill.

Ulrich, P.; Hill, W. (1976): Wissenschaftstheoretische Grundlagen (Teil I)
Wissenschaftstheoretische Grundlagen der Betriebswirtschaftslehre (Teil I). In: *Wirtschaftswissenschaftliches Studium (WiSt): Zeitschrift für Studium und Forschung*, Nr. 5 (7), S. 304-309.

Ulrich, P.; Hill, W. (1976): Wissenschaftstheoretische Grundlagen (Teil II)
Wissenschaftstheoretische Grundlagen der Betriebswirtschaftslehre (Teil II). In: *Wirtschaftswissenschaftliches Studium (WiSt): Zeitschrift für Studium und Forschung*, Nr. 5 (8), S. 345-350.

Vahs, D.; Burmester, R. (2005): Von der Produktidee zur Vermarktung
Innovationsmanagement. Von der Produktidee zur erfolgreichen Vermarktung. Stuttgart: Schäffer-Poeschel, S. 379-392.

Vajna, S.; Bley, H.; Hehenberger, P.; Weber, C.; Zeman, K. (2009): CAx für Ingenieure
CAx für Ingenieure. Eine praxisbezogene Einführung. 2. Aufl., Berlin: Springer.

Vajna, S. (2014): Integrated Design Engineering
Integrated Design Engineering. Ein interdisziplinäres Modell für die ganzheitliche Produktentwicklung (2014). Berlin: Springer Vieweg.

van de Ven, A.; Johnson, P. E. (2006): Knowledge for Theory and Practice
Knowledge for Theory and Practice. In: *The Academy of Management Review*, Nr. 31 (4), S. 802-821.

Vennapoosa, C. (2008): Prototype Model
SDLC – Prototype Model. GeekInterview.com. URL: http://www.learn.geekinterview.com/it/sdlc/prototype-model.html, zuletzt geprüft am 30.11.2018.

Verband der Automobilindustrie VDA (1998): Qualitätsmanagement in der Automobilindustrie
Qualitätsmanagement in der Automobilindustrie 4. Sicherung der Qualität vor Serieneinsatz. Projektplanung. 2. Aufl., München: VDA.

Verein Deutscher Ingenieure (1993): VDI-Richtlinie 2221 - Methodik zum Entwickeln und Konstruieren
VDI-Richtlinie 2221 - Methodik zum Entwickeln und Konstruieren technischer Systeme und Produkte. Berlin: Beuth.

Verein Deutscher Ingenieure (2004): VDI-Richtlinie 2206 - Entwicklungsmethodik für mechatronische Systeme
VDI-Richtlinie 2206 - Entwicklungsmethodik für mechatronische Systeme. Berlin: Beuth.

Verein Deutscher Ingenieure (2007): VDI-Richtlinie 3404 - Generative Fertigungsverfahren
VDI-Richtlinie 3404 - Generative Fertigungsverfahren. Rapid-Technologien (Rapid Prototyping) Grundlagen, Begriffe, Qualitätskenngrößen, Liefervereinbarungen. Berlin: Beuth.

Versteegen, G. (2002): Management-Technologien
Management-Technologien. Konvergenz von Knowledge-, Dokumenten-, Workflow- und Contentmanagement. Berlin: Springer.

Verworn, B.; Herstatt, C. (2000): Modelle des Innovationsprozesses
Modelle des Innovationsprozesses. In: *Arbeitspapier*, Nr. 1 (6), S. 1-13.

Vetter, M. (2011): Praktiken des Prototyping
Praktiken des Prototyping im Innovationsprozess von Start-up-Unternehmen. Wiesbaden: Gabler.

Vogel-Heuser, B.; Lindemann, U.; Reinhart, G. (2014): Innovationsprozesse zyklenorientiert managen
Innovationsprozesse zyklenorientiert managen. Verzahnte Entwicklung von Produkt-Service Systemen. Berlin: Springer Vieweg.

Voß, S.; Gutenschwager, K. (2001): Information management
Informationsmanagement. Berlin: Springer.

Wagner, F.; Wohlfahrt, L.; Wichert, P. (2010): Low-Cost-Innovationen
Low-Cost-Innovationen. Erschließung neuer Kundengruppen in bestehenden und neuen Märkten. Stuttgart: Fraunhofer IAO.

Waide, P.; Brunner, C. U. (2012): Electric Motor Driven Systems
Energy-Efficiency Policy Opportunities for Electric Motor-Driven Systems. Paris: International Energy Agency.

Wallentowitz, H.; Freialdenhoven, A. (2011): Elektrifizierung des Antriebsstranges
Strategien zur Elektrifizierung des Antriebsstranges. Technologien, Märkte und Implikationen. 2. Aufl., Wiesbaden: Vieweg+Teubner.

Wang, A.; Jia, Y.; Soong, W. L. (2011): Topologies for Permanent-Magnet Machine
Comparison of Five Topologies for an Interior Permanent-Magnet Machine for a Hybrid Electric Vehicle. In: *IEEE Transactions on Magnetics*, Nr. 47 (10), S. 3606-3610.

Wang, R. Y.; Strong, D. M. (1996): Beyond Accuracy
Beyond Accuracy. What Data Quality Means to Data Consumers. In: *Journal of Management Information Systems*, Nr. 12 (4), S. 5-33.

Warfel, T. Z. (2009): Prototyping Guide
Prototyping. A practitioner's guide. Brooklyn, New York: Rosenfeld Media.

Weitert, C.; Milling, P. (2014): Wettbewerbsimplikationen technologischen Wandels
Wettbewerbsimplikationen technologischen Wandels. Eine simulationsbasierte Untersuchung der Anpassungsfähigkeit von Unternehmen. Wiesbaden: Springer Gabler.

Wenzel, F. (1975): Entscheidungsorientierte Informationsbewertung
Entscheidungsorientierte Informationsbewertung. Opladen: Westdeutscher Verlag.

Werner, B. M. (2002): Leistung im Innovationsprozess
Messung und Bewertung der Leistung von Forschung und Entwicklung im Innovationsprozess. Darmstadt: Technische Universität Darmstadt.

Westkämper, E.; Englert, E.; Kempf, M.; Koch, K. U. (1996): Qualitätsmanagement im Rapid Prototyping
Qualitätsmanagement im Rapid Prototyping. In: *ZWF - Zeitschrift für wirtschaftlichen Fabrikbetrieb*, Nr. 91 (12), S. 616-620.

Wheelwright, S. C.; Clark, K. B. (2011): Revolutionizing product development
Revolutionizing product development. Quantum leaps in speed, efficiency and quality. New York, New York: Simons & Schuster.

Wirtschaftslexikon24.com (2017): Informationsarten
Informationsarten. Wirtschaftslexikon24.com. URL: http://www.wirtschaftslexikon24.com/d/informationsarten/informationsarten.htm, zuletzt geprüft am 30.11.2018.

Witt, J. (1996): Produktinnovation
Produktinnovation. Entwicklung und Vermarktung neuer Produkte. München: Vahlen.

Wittmann, W. (1959): Unvollkommene Information
Unternehmung und Unvollkommene Information. Unternehmerische Voraussicht - Ungewißheit und Planung. Wiesbaden: VS Verlag für Sozialwissenschaften.

Wöltje, J. (2017): Investition und Finanzierung
Investition und Finanzierung. Grundlagen, Verfahren, Übungsaufgaben, Lösungen. 2. Aufl., Freiburg: Haufe.

Wooldridge, M.; Jennings, N. R. (1995): Intelligent agents
Intelligent agents. Theory and practice. In: *The Knowledge Engineering Review*, Nr. 10 (02), S. 115.

Zeraoulia, M.; El Hachemi Benbouzid, M.; Diallo, D. (2006): Electric Motor Drive Selection
Electric Motor Drive Selection Issues for HEV Propulsion Systems. A Comparative Study. In: *IEEE Transactions on vehicle technology*, Nr. 55 (6), S. 1756-1764.

Zhao, W.; Lipo, T. A.; Kwon, B.-I. (2014): Permanent Magnet Motors With Ferrite Magnets
Comparative Study on Novel Dual Stator Radial Flux and Axial Flux Permanent Magnet Motors With Ferrite Magnets for Traction Application. In: *IEEE Transactions on Magnetics*, Nr. 50 (11), S. 1-4.

Zheng Li, J. (2015): Prototype Experimentation
CAD, 3D Modeling, Engineering Analysis, and Prototype Experimentation. Industrial and Research Applications. Cham: Springer.

Zhu, Z. Q.; Chan, C. C. (2008): Electrical Machine Topologies
Electrical Machine Topologies and Technologies for Electric, Hybrid, and Fuel Cell Vehicles. In: *IEEE Vehicle Power and Propulsion Conference (VPPC)*, S. 1-6.

Zhu, Z. Q.; Howe, D. (2007): Electrical Machines and Drives
Electrical Machines and Drives for Electric, Hybrid, and Fuel Cell Vehicles. In: *Proceedings of the IEEE*, Nr. 95 (4), S. 746-766.

In der Reihe **Ergebnisse aus der Elektromobilproduktion** zuletzt erschienen:

Kleine Büning, Max:
Informationsorientierte Prototypenplanung zur Effizienzsteigerung im Produktionsplanungsprozess
ISBN: 978-3-86359-744-3
Erscheinungsdatum: 23.08.2019

Schumacher, Marius:
Proaktive Resequenzierung zur Reduzierung von Modell-Mix-Verlusten in der Fahrzeugendmontage
ISBN: 978-3-86359-732-0
Erscheinungsdatum: 24.06.2019

Gillen, Sebastian Christoph:
Produktionsseitige Gestaltung von Produktanforderungen für den elektrischen Antriebsstrang
ISBN: 978-3-86359-721-4
Erscheinungsdatum: 29.05.2019

Kreisköther, Kai D.:
Flexibilisierung der Elektrofahrzeugendmontage durch selbstfahrende Fahrzeugchassis
ISBN: 978-3-86359-680-4
Erscheinungsdatum: 11.01.2019

Edition Wissenschaft
Apprimus

Sarovic, Nemanja:

Gestaltung variantenrobuster Produkt-Produktionssysteme am Beispiel des Lithium-Ionen-Batteriemoduls

ISBN: 978-3-86359-663-7
Erscheinungsdatum: 17.10.2018

Ordung, Mathias:

Gestaltungsmodell für den Entwicklungsprozess von Werkstückträgern für die Lithium-Ionen-Batteriezellproduktion

ISBN: 978-3-86359-640-8
Erscheinungsdatum: 08.08.2018

Deutskens, Christoph:

Konfiguration der Wertschöpfung bei disruptiven Innovationen am Beispiel der Elektromobilität

ISBN: 978-3-86359-269-1
Erscheinungsdatum: 21.11.2014

Edition Wissenschaft
Apprimus

FSC
www.fsc.org
MIX
Papier | Fördert gute Waldnutzung
FSC® C083411

Kolibri 360 GmbH
Ferdinand-Jühlke-Straße 7
99095 Erfurt, Deutschland
produktsicherheit@kolibri360.de